高等院校"十二五"规划教材

极端环境生物学效应与营养

Extreme Environmental Bioeffect and Nutrition

- 主　编　卢卫红
- 副主编　张树明　李冲伟　唐丽杰
- 参　编　谢海龙　孟　丹　刘石磊
　　　　　白海玉　王荣春
- 主　审　王振宇

U0223090

哈尔滨工业大学出版社

内 容 简 介

　　本书共分 10 章,系统地介绍了空间、远洋、潜水、野战、灾后、高寒、高温、高原、噪声等极端环境的特点以及对人体的影响,并从营养元素、中医理论、药食同源中药等角度进行了阐述。

　　本书可作为极端环境营养学科方向的硕士研究生的教材,也适合药学、营养学、食品科学、生物物理学、空间生物学等学科交叉方向的研究生学习使用,同时可供相关研究学科的研究人员参考。

图书在版编目(CIP)数据

极端环境生物学效应与营养/ 卢卫红主编. —哈尔滨:哈尔滨工业大学出版社,2013.1
　ISBN 978 - 7 - 5603 - 3664 - 0

Ⅰ. ① 极…　　Ⅱ. ①卢…　　Ⅲ. ①环境生物学-研究 ②营养(生物)-研究　Ⅳ. ①X17 ②Q493

中国版本图书馆 CIP 数据核字(2012)第 154747 号

策划编辑	杜 燕　赵文斌　李 岩
责任编辑	李长波
出版发行	哈尔滨工业大学出版社
社　　址	哈尔滨市南岗区复华四道街 10 号　邮编 150006
传　　真	0451-86414749
网　　址	http://hitpress.hit.edu.cn
印　　刷	黑龙江省地质测绘印制中心印刷厂
开　　本	787mm×1092mm　1/16　印张 18　字数 413 千字
版　　次	2013 年 1 月第 1 版　2013 年 1 月第 1 次印刷
书　　号	ISBN 978-7-5603-3664-0
定　　价	32.80 元

前　言

随着地球物理化学的变化,人类赖以生存的环境发生了很大的改变,在极端环境中生活或工作的人也日益增多,研究极端环境对人类的影响以及采用生物化学等各种方法进行损伤修复或防御,具有深远的意义。

本书是哈尔滨工业大学食品科学与工程学院在"985"学科建设过程中为极端环境营养学科方向的硕士研究生编写的教材,也是哈尔滨工业大学"十二五"研究生教材建设的立项教材。全书分为10章,分别从空间、远洋、潜水、野战、灾后、高寒、高温、高原、噪声九个方面,对环境特殊性、极端环境下的生物学效应与营养进行了介绍,并从营养元素、中医理论、药食同源中药等角度进行了阐述。

本书由哈尔滨工业大学卢卫红主编。卢卫红负责全书统稿并参与了各章编写;王荣春(哈尔滨工业大学)编写了第1章第1节;李冲伟(黑龙江大学)编写了第1章第2、3节;唐丽杰(东北农业大学)编写了第1章第4节;谢海龙(黑龙江中医药大学)编写了第4、5章;孟丹编写了第7、8、9章;刘石磊(黑龙江中医药大学)编写了第2章;张树明(黑龙江中医研究院)编写了第3、6章;白海玉(黑龙江中医研究院)编写了第10章。全书由哈尔滨工业大学王振宇担任主审。在这里对他们的辛勤劳动表示感谢!

同时,哈尔滨工业大学食品科学与工程学院的老师们对本书提出了宝贵的意见,任佩佩、张浩、赵越、高波等研究生在本书的编写过程中提供了大力帮助,哈尔滨工业大学出版社的编辑也为本书的出版付出了辛勤的劳动,在此一并表示感谢。

本书可作为极端环境营养学科方向的硕士研究生的教材,也适合药学、营养学、食品科学、生物物理学、空间生物学等学科交叉方向的研究生使用,同时可供相关研究学科的研究人员参考。

本书在编写过程中参考了大量的文献,在此对这些文献的作者表示衷心的感谢!

由于时间仓促,书中难免有疏漏之处,敬请广大读者批评指正!

编　者
2012 年 7 月

前　言

目　　录

第1章　空间环境生物学效应及营养

1.1　空间环境条件

地球周围有大气层包围,大气的自身重量形成大气压,它随着距地球表面距离的增加而逐渐下降。在海平面处,大气压的标准值是 $P_0 = 101.3$ kPa。大气压随海拔高度增高而下降。

地球接受到各种辐射,包括电磁辐射和电离辐射。电磁辐射是各种波长的电磁波,电离辐射是能在其经过的路径上打出电子的高能粒子或光子。地球的大气和磁场阻挡住多数有害成分,如电离辐射的多种成分和太阳的电磁辐射部分。

1.1.1　重　力

重力是地球对地面上物体的万有引力的一个分力,万有引力的另一个分力提供了物体绕地轴做圆周运动所需要的向心力。物体所处的地理位置纬度越高,圆周运动轨道半径越小,需要的向心力也越小,重力将随之增大,重力加速度也变大。国际上将在纬度 $45°$ 的海平面精确测得物体的重力加速度 $g_0 = 9.81$ m/s^2 作为重力加速度的标准值。绕地球轨道飞行的航天器不需要随地球自转,所以它受到的重力就等于它所受到的万有引力。在以后的描述中,根据习惯和场合的不同,有时候仍把在轨航天器或其内部物体受到的地球引力称为重力。

物体受到的重力(地球引力)随着高度而变化,某一点处重力的大小与该点到地心距离的平方成反比。在离地面 $200 \sim 1\,000$ km 高度范围内,重力是地面的 $75\% \sim 94\%$,即重力加速度为 $0.75\,g_0 \sim 0.94\,g_0$;在 $10\,000$ km 的高空,重力是地面重力的 15%,即 $0.15\,g_0$。通常,低轨道卫星的轨道高度为 $200 \sim 2\,000$ km;中高轨道卫星的轨道高度为 $2\,000 \sim 20\,000$ km;地球同步卫星的轨道高度为 $35\,786$ km,位于赤道上空。航天器或卫星轨道的高度不相同,它们受到地球重力的大小也不同。但它们都是在地球引力(重力)的作用下绕地球运转的。

在行星际轨道飞行时,基本上可以假定是为重力条件,对靠近行星表面的卫星轨道,则在径向存在重力梯度。轨道上的卫星或空间站上,基本上受两个力的作用,即离心力和重力。在质心处两力平衡,可以看出在此点重力为零。若用一般方法称重,物体不表现出重量,称为失重。在飞行器上其他点,两力不平衡,在质心的远方,向心力超过重力,而在近端则小于重力。在卫星轨道上飞行器内,还由于设备及乘员的动作、稀薄大气的阻力以及天体的作用,即使在质心处,也有微小的加速度。这就不是对应于零重力,而是称为微重力。

微重力对于人体的生理过程有影响,突出的表现为心血管系统、骨骼和肌肉、感官和神经系统等方面的改变。因此对于在空间长期飞行的人类,如在空间站上或月球、火星基地上,需要引入人工重力。如使一个居住舱或整个空间站旋转,可以由其向心加速度形成人工重力。

人工重力与已知的地球重力有四个方面不同:人工重力的水平,重力的梯度,科里奥利力,交叉偶联角加速度。向心加速度是半径的线性函数,因此旋转舱内不同地点的向心力不同,形成一个线性的重力梯度。旋转舱的最重要的效应是由科里奥利力引起的。在旋转的系统内以线性速度 v 移动的物体所受的力称为科里奥利力。

若在旋转系统内发生一个角运动,轴与系统的旋转轴不平行,还会产生一个科里奥利交叉偶联角加速度。由此会有一个回旋力而使人出现眩晕、定向能力障碍和反胃。这些就是运动病的症状。

1.1.2 空间辐射环境

地球大气和地磁场阻挡了宇宙辐射中的大多数有害成分,只有电磁辐射中的可见光及部分紫外光、红外光和无线电波能到达地球的表面。空间的辐射环境究竟是什么样子呢?根据辐射的来源的不同,可把太空辐射分为三类。

1. 银河宇宙射线

银河宇宙射线(Galactic Cosmic Radiation,GCR)是指来自太阳系以外的能量极高,而通量很低的带电粒子。它们可能起源于超新星的爆炸。据观测,GCR 中的 98% 是质子及更重的离子,2% 是电子和正电子。在重粒子部分,质子占 87%,氦离子占 12%,其他重离子占 1%。在空间辐射研究中,常把这些高原子序数(High Atomic Number)和高能量(High Energy)的粒子简称为 HZE 粒子。银河宇宙射线粒子的能谱范围很宽,为 $10^5 \sim 10^{20}$ eV,而其注入量较大的粒子能量范围为 $10^2 \sim 10^5$ MeV。因为具有很高的能量,因此 GCR 的贯穿能力极强,一般质量厚度如 30 g/cm² 难以完全屏蔽,反而因粒子与金属的相互作用会产生次级辐射粒子,而增加了其后空间内的辐射强度。它们通过物质时会产生强的电离作用,从而对生物大分子造成较大的损伤,所以这类粒子的生物学效应是空间放射生物学研究的主要内容。重带电粒子中,以碳、氧、氖、硅、铁等粒子对 GCR 总剂量的贡献最大。

银河宇宙射线在整个星际空间基本上是均匀分布的,但它们在星际空间中传播时也会受星际磁场的影响。在太阳系中,它们的时间特性明显受到太阳活动周期的影响。在太阳活动弱的年份,银河宇宙射线强度较高;而在太阳活动强的年份,由于太阳粒子事件增大了星际磁场的强度,使得更多的宇宙射线被星际磁场俘获,从而使其强度明显下降。例如,从已有观测及计算得知,在太阳活动高峰的 1989—1990 年,吸收剂量降至 0.04 mGy/d,而在太阳活动极小的 1995—1996 年,吸收剂量升至 0.145 mGy/d。

在地磁场以外,银河系宇宙射线的最大注量率(太阳活动最弱时段)约是:4 个质子 cm⁻²/s,0.4 个氦离子 cm⁻²/s,0.04 个高能重粒子 cm⁻²/s。身体中的一个面积是 100 μm² 的细胞核,将每三天被质子击中一次,每月被氦核击中一次,每年被 HZE 击中一次。

2. 太阳粒子事件

太阳粒子事件(Solar Particle Events，SPE)是指太阳上发生耀斑(指太阳色球层有时发生局部区域的短暂增亮现象)时发射出大量带电粒子，如质子、氦核及更重的离子。太阳粒子事件的主要成分是质子，因此有时也称为太阳质子事件。这些粒子的能量范围为 10~500 MeV。太阳粒子事件的发生具有随机性，目前还无法进行准确预测。统计表明它主要发生在太阳活动的高峰年份，每个太阳周期有 30~50 次重要的粒子事件。太阳粒子事件一发生，质子通量在数小时内急剧增高(可达到 10^{10} 粒子/cm^2)。如和平号空间站上记载了 1992 年 10 月发生的一次 SPE，数天内吸收剂量从 0.4 mGy/d 增加到 1.6 mGy/d。

由于这种辐射的高通量性和难以预测性，太阳粒子事件成为空间飞行，尤其是星际飞行中威胁性最大的辐射因素。在自由空间飞行中，必须为飞行人员提供由剂量计控制的报警系统。当测出剂量在数小时内达到一定水平时，飞行人员就应躲避到具有一定厚度的屏蔽层内，以保证不受到大的 SPE 的危害。

3. 俘获带辐射

地球磁场捕获的带电粒子形成俘获带辐射(Trapped Belt Radiation，TBR)。这类辐射是由美国科学家 Van Allen 博士于 1958 年首先发现的，故地磁场俘获带又称为 Van Allen 辐射带。这一辐射带主要由质子和电子组成，也包括少量的其他离子，如氦、碳和氧的原子核。这类粒子可能有几个来源，例如 GCR 和 SPE 中的带电粒子，或这些带电粒子与大气中的组分作用产生自由中子，自由中子再蜕变生成的质子和电子。

根据电磁学的知识可知，被地球磁场俘获的带电粒子的运动由三部分组成：由于洛伦兹力的作用而产生的绕地球磁力线的旋转，在南北半球的镜像点间的反冲(向着极区及背离极区)，及相对于地球纵向(经度方向)的漂移(电子向东而质子向西)。

俘获带分为靠近地球的内辐射带和距离地球远些的外辐射带。内辐射为靠近地球的区域，半径可从地面以上约为 6 000 km 处到地球半径的 2.8 倍，主要由不同能量的质子组成，能量范围为 1~1 000 MeV，能量大于 30 MeV 的质子通量可达 10^4 个 cm^{-2}。外辐射带为从地球半径 2.8~12 倍的区域，其主要成分是电子，通量可达内层电子通量的 10~100 倍。内外带之间是一个低辐射强度区域。

对在低轨道飞行的航天器，来自 Van Allen 带的辐照剂量相当低。然而，在非洲及南美洲间有一个强度最大的区域，延伸范围为西经 0°~60°，南纬 20°~50°。在那里，螺旋状的质子流在达到其镜像点前下沉到距离地球表面 200 km 的地方。这一区域被称为"南大西洋近地点"(South Atlantic Anomaly)。在低轨道、低倾角的航天飞机上飞行的人员，他们所受的大部分辐射，都是在 200 km 以上高度飞经这个地区时遭受到的。

典型的 28.5°倾角飞行会使航天器在每天绕地球一周的 15 次轨道飞行中，有 6 次经过"南大西洋近地点"。所以，一般把"舱外活动"安排在其余的 9 次进行，以减少俘获带辐射对飞行人员的危害。

1.1.3　空间微重力环境

生活在地球上，人们每时每刻都处在 1 g 的重力环境中。重力对陆地上各种生物的形态产生一定影响,这一研究可以追溯到 1638 年,由伽利略最先提出。他通过观察发现,大型动物的承重骨要厚于小型动物。随着动物体型的增加,其骨骼尺寸和质量也相应增加,这就是众所周知的放缩效应,见表 1.1。这种变化是由重力引起的,正如体型同样大小的海洋哺乳动物由于海水的浮力其骨骼尺寸要小于陆地哺乳动物,因此,相比较而言,大型动物比小型动物更容易受到重力的影响。

表 1.1　骨质量随着体重的增加而增加

动物	体重/kg	骨质量(体重%)
小鼠	0.02	8
狗	5	13 ~ 14
人	75	17 ~ 18

但是,随着科技的发展及载人航天技术的实现,微重力生物学已经成为当前一个非常重要的研究领域。宇航员在进入空间环境后,重力几乎完全消失,这使得宇航员处在一种失重状态,这种失重状态对于宇航员产生的影响和能否保证宇航员顺利进入太空成为人们越来越关注的问题。因此,在人类探索太空的过程中始终伴随着动物实验。回顾历史,为了保证人类在空间环境中的安全,美国和前苏联做了大量的动物实验以检测包括发射系统、辐射、微重力环境、生命保障系统和返回系统对于生物体的影响。最初,为了研究宇宙辐射的效应,一些小的生物体,例如昆虫和植物种子,被送到太空。然后是哺乳动物和灵长类的实验飞行,以检测加速和失重对生理的影响。早期的动物飞行是为了评价短期飞行的危害,为人类进入太空作准备。当研究发现生物体能够在空间的复杂环境中生存,人类顺利进入太空之后,动物搭载成为空间实验的研究对象。随着人类在太空中停留的时间越来越长,更多的生物学样品被送入太空,以研究空间环境中微重力和辐射对于生物样品长期处在太空环境下的生理效应。可以说,空间微重力生物学是随着航天技术的发展而建立起来的。

根据航天学的发展情况,可以将微重力生物学的发展分为准备阶段和系统研究阶段。

1. 准备阶段

准备阶段又可分为亚轨道飞行和轨道飞行。

(1)亚轨道飞行

在这一期间,主要是进行近地实验,采用生物火箭和生物卫星模拟失重,以检测微重力环境对于生物体造成的影响。在飞行器制造史上,动物往往先于人类被送入太空。1783 年,一只鸡、一只鸭子和一只羊乘坐热气球升到约 450 m 高的空中,成为第一批乘坐热气球的"乘客"。飞行约 8 min 后,三只动物顺利降落在 3 km 外的森林中。在动物实验证明高空环境能够生存后,人类开始搭乘热气球并首次经历了缺氧状态。

1946 年 6 月,V - 2 火箭带着果蝇和玉米种子被发射到太空中,这是生物体首次被送入太空中。不久,更多的物种被 V - 2 火箭带入太空中,甚至包括苔藓。1946—1949 年间,美国先后发射了 8 枚生物火箭,里面装有植物种子、细菌芽胚和果蝇等生物。1948

年,美国首次进行了猴失重飞行研究,搭载的是一只 4 kg 被麻醉的叫艾博的恒河猴,飞行高度 62 km,失重时间仅为 2~3 s,可惜由于太空舱过于狭小导致艾博在着陆前就因为呼吸困难而死亡。1949 年,美国对太空舱进行改进后再次将恒河猴送入太空,遗憾的是由于降落伞系统失火导致其受冲击而死亡。所幸,它的各项生理数据包括呼吸和心率等已经被记录并且传回地面,这些数据证实恒河猴在整个飞行过程中(飞行高度 133 km,起飞中加速度为 5.5 g,降落时为 13 g)能够生存。工程学的飞速发展使得在飞行中监测各项生理指标得以实现。接下来的 V-2 飞行实验(1950 年)搭载的是小鼠,搭载小鼠的目的是为了研究重力改变后在清醒状态下小鼠的反应。基于这个目的,小鼠的飞行舱内安装有可以定时拍摄照片的照相机。遗憾的是,由于返回系统出现了问题,小鼠在着陆时受冲击而死亡。传回来的照片显示,在极短的微重力时间内,小鼠的骨骼肌肉并没有出现问题。

1951 年和 1952 年发射的"空蜂"号火箭比以前的 V-2 火箭在技术上有了极大的改进,数次"空蜂"号火箭实验搭载了大量的动物和植物飞入太空并将它们安全地带回地面,同时"空蜂"号火箭上安装有可以记录心跳、呼吸、血压的设备。1951 年,美国"空蜂"号火箭将 1 只猴子和 11 只小鼠发射到 71 km 的高空,其中,9 只小鼠仅仅用于观察暴露在空间环境的各种辐射的影响,另外 2 只小鼠用于观察短期微重力的影响,小鼠和猴子都顺利地回到地面,不过,猴子在着陆 2 h 后死亡。

1958 年 12 月,"木星"号弹道飞弹在美国佛罗里达发射升空,其上搭载了由美国海军训练的南美松鼠猴,遗憾的是返回地面时降落伞系统出现问题而无法打开,最终导致松鼠猴的死亡。自动测量记录仪传回的数据显示,在飞行过程中,松鼠猴可以承受发射时的 10 倍重力。同年,美国利用生物火箭进行了 3 次飞行高度为 224 km 的载小鼠亚轨道飞行实验,以研究动物在 20~30 min 失重时间内的生理反应。1958—1959 年期间,美国又利用"丘比特"火箭进行了 3 次搭载动物飞行实验。1959 年,一只恒河猴和一只松鼠猴搭载"木星"号飞行并成为最先能够在空间飞行中存活的猴子。它们在短短 16 min 的飞行过程中承受了 38 倍重力和 9 min 的微重力后安全返回地面,各项数据显示它们状态良好。

当时苏联空间动物实验领先于美国,在 1949 年以前,苏联就曾用 A-3 和 A-4 系列火箭将狗送入空间。1949—1959 年间共进行了 26 次火箭实验,共有 52 只狗参加实验。1959 年,苏联将两只狗和一只兔子发射到 160 km 以上的高空,发射总质量为 2 kg,创造了发射质量最高的纪录。除了美国和苏联,还有其他国家相继将动物送到亚轨道进行飞行实验,1961 年和 1962 年,法国将大鼠送入太空,1963 年又将两只猫送入太空,猫的脑中植入电极以检测神经冲动。第一只猫顺利地活着返回地面,第二只却没有那么幸运。1967 年 3 月,法国最后用生物火箭送入太空的动物是两只猴子。1964 年和 1965 年,我国用生物火箭将大鼠和小鼠送入太空进行亚轨道飞行,1966 年又搭载了两只狗。

1948—1952 年期间,美国共发射了 8 枚生物火箭,搭载的动物包括 7 只猴子和 14 只小鼠,生物火箭的飞行高度为 58~134 km。

(2)轨道飞行

世界上第一颗生物卫星是由苏联在 1957 年发射的,该卫星称为"人造地球卫星 2

号",搭载有一条名为莱卡的雌性猎狗(见图1.1),它是由地球进入太空的第一只动物,卫星在轨道上飞行了6天。1960—1961年两年间,苏联利用返回式飞船先后进行了5次实验,后4艘飞船上都载有动物,包括狗、大鼠、小鼠、豚鼠、蛙和果蝇等。美国的卫星实验主要是以黑猩猩作为研究对象,1961年一只叫哈姆的黑猩猩在"水星"号飞船的座舱内完成了16 min 32 s的亚轨道飞行实验(见图1.2),同年11月,另一只黑猩猩搭乘"水星"号完成了3圈轨道飞行。生物卫星的优势在于比生物火箭飞行的时间要长,因而具有较长时间的失重环境,可以获得更多的实验资料。

图1.1　莱卡在加压密封舱内　　　　图1.2　哈姆返回地面后进行体检

在发射到高空后,对这些小动物的脉搏、呼吸、动脉压等进行记录,同时记录心电图,拍下它们的活动,以观察失重条件对生物体生理机能和行为反应的影响。

2. 系统研究阶段

通过之前生物火箭和生物卫星的搭载证实,人类可以在微重力环境中生存,1961年4月,苏联航天员加加林成为第一个进入太空的人。在这之后,进入太空中的动物数量有所减少,研究也集中在人的身上。虽然之前包括小鼠在内很多动物都曾进入太空,但空间环境对动物的基本生物学反应的系统性研究始于1966年美国的生物卫星计划。生物卫星1号和生物卫星2号计划是研究微重力环境对于生物体的生长发育、形态、生化反应等影响。这期间搭载的生物体包括植物、细菌、果蝇、蛙卵等。

1960—1972年间,"阿波罗"计划共进行了16次发射,大部分飞行并没有搭载动物,阿波罗16号搭载了线虫,阿波罗17号搭载了5只囊鼠,目的是为了研究空间辐射的危害。苏联从1970年开始发射以"宇宙"命名的一系列生物卫星,之后还邀请各国参加。20世纪70年代发射的"宇宙"系列卫星中携带的哺乳动物主要有大鼠,后来还增加了猴子。1971年苏联发射了世界上第一个载人空间站——"礼炮1号"空间站。1973年美国发射了"天空号"空间站作为其实验性空间站。1986年苏联又将"和平号"空间站送入太空。空间站的发射为研究长期微重力环境对生物体影响提供了条件。

苏联在"礼炮号"空间站与"和平号"空间站中都进行过动物实验。动物实验研究的范围很广,包括遗传学、胚胎学、细胞学、组织学、形态学、解剖学、生理学、生物化学、行为学、放射生物学等。研究的结果不仅证实了以前短期航天飞行时所观察到的一些生物现象,而且还获得了一些新的发现。美国在"天空号"空间站中研究过空间环境对小鼠昼夜节律的影响及微重力环境对蜘蛛织网能力的影响。除此之外,美国还和欧洲空间局联合专门在航天飞机上设置空间实验室进行动物实验,研究细胞生物学、发育生物学和生理学等以及失重环境对动物生长、血液、免疫、心血管、肌肉、骨骼等方面的影响。

我国空间微重力生物学研究始于 20 世纪 60 年代,在 1964—1966 年间,我国发射的 T7A－S1 和 T7A－S2 生物探空火箭,其上搭载有狗、大白鼠和小白鼠等动物及多种生物样品试管,试管内分别放有果蝇、细胞、多种微生物和多种酶,发射高度为 70~80 km,目的在于研究火箭发射过程中的主动段、失重段和返回段对动物机体的影响。

20 世纪 80 年代以后,我国利用返回式卫星进行了多种生物样品的搭载和一些生物学实验,其中包括动物细胞搭载、空间蛋白质结晶实验、微生物培养箱实验以及二元和三元微生态系统的搭载实验。1996 年利用返回式科学实验卫星(JB－1 号)进行了一次较大规模的空间生物学效应实验,搭载了包括动物、植物和微生物在内的 33 种科学样品。在我国发射的"神舟"系列飞船上搭载了通用生物学培养箱、蛋白质结晶装置、动植物细胞融合装置等空间生命科学实验设备,进行了大量的空间生物学实验研究。

1999 年 11 月,我国成功发射"神舟一号"返回式飞船,其上搭载的植物种子包括青椒、甜瓜、番茄、西瓜、豇豆、萝卜等品种以及甘草、板蓝根等中药,此外,还搭载了有利于心脑血管疾病药物开发的 Monascus 生物活性菌株。"神舟二号"是我国第一艘无人航天飞船,它所进行的空间生物效应研究,是我国航天领域首次进行多物种综合性生物学研究。飞船上携带有空间通用生物培养箱,箱内装有石刁柏、圆红萝卜种子,蛋白核小球藻、鱼星藻、螺旋藻、果蝇、小型动物龟心肌组织,灵芝大肠杆菌,大鼠心肌细胞、胚胎、腿部肌肉等 19 类 25 种植物、动物、水生生物、微生物、细胞和细胞组织,此外还有 15 种蛋白质和其他生物大分子。

2002 年发射的"神舟三号"飞船上搭载的生物样品包括蛋白质和细胞,除此之外,"神舟三号"飞船首次成功地搭载了植物的试管苗。其目的是为了了解太空环境对于胚胎发育、遗传和繁殖的影响,为载人航天提供依据。"神舟四号"飞船于 2002 年 12 月 30 日在酒泉卫星发射中心成功发射,它是中国"神舟"飞船在无人状态下考核最全面的一次飞行实验。其上进行了空间细胞电融合实验,将纯化的乙肝疫苗病毒表面抗原免疫的小鼠 B 淋巴细胞和骨髓细胞进行动物细胞电融合;将有液泡的黄花烟草原生质体和脱液泡的"革新一号"烟草原生质体进行植物细胞电融合。此外,还进行了生物大分子和细胞的空间分离纯化实验等空间科研项目。"神舟四号"飞船还搭载了甜瓜、番茄、西瓜、向日葵、蝴蝶兰、烟草、雅安黄连槐、水稻、小麦、棉花、玉米、大豆、蔬菜、水果、药材、花卉等上百种农作物和植物的种子或样品。

2003 年 10 月 15 号,"神舟五号"载人飞船在酒泉卫星中心发射升空,中国航天第一人杨利伟飞行 21 h、14 圈后顺利返回,这标志着我国载人航天新纪元的开始。2005 年发射的"神舟六号"返回式飞船上搭载了花卉种子、普洱茶、微生物菌种、农作物种子、鸡蛋、蚕卵等。

1.1.4　航天飞机发射过程中的环境变化

航天器在太空的飞行环境与地球环境在诸多方面都有所不同,航天器内部的环境与其外部环境也有着很大的不同,下面分别介绍舱内环境的这些不同特征。

1. 舱内辐射环境

航天器内部的辐射环境不仅与其所处轨道的空间辐射环境有关,同时也与航天器壳体材料及其厚度相关。虽然航天器壳体能阻止宇宙射线中的部分粒子进入舱内,并可对进入舱体内的粒子起到能量衰减的作用,但是,航天器壳体也可导致次级粒子的产生,如电子在壳体材料中受阻止产生韧致辐射等。现在的航天器上主要的舱壁材料除了铝合金外还有其他复合材料。实验证明,依靠增加壳体金属层厚度来减少宇宙射线对航天器内部的辐射是不可行的。目前这方面的研究主要集中在对壳体加适当涂层,以减少宇宙射线对航天器内部的辐射。

对于近地飞行的航天器,如果航天器的壳体材料及其厚度、飞行的轨道和倾角、飞行所处的太阳活动周期时段等不同,它们内部的辐射环境也就不同。即使在同一航天器的同一次飞行中,位于航天器不同位置的地方,它们的辐射环境也不尽相同。对于不同的地球轨道,航天器内部的辐射剂量率在 $10^{-8} \sim 10^{-6}$ Gy/s 之间,对于近地高倾角地球轨道,0.5 cm 厚的铝壳体内年辐射剂量少于 10 Gy。而在辐射环境最为恶劣的地球轨道(约为地球同步轨道的高度一半的 18 000 km 的地方),航天器内部的年辐射剂量可达 10^4 Gy。

为了考察和研究空间辐射对宇航员和舱内仪器设备的影响,在每次飞行中,都应对航天器内的辐射吸收剂量进行探测。实际的测量表明了剂量对轨道参数的明显依赖关系,如前苏联"和平号"空间站的轨道倾角为 51.6°,轨道高度为 300~400 km。利用组织等效计数器进行的连续 12 天的监测结果表明,吸收剂量率变化范围为 0.1~0.8 mGy/d,与太阳的活动期明显相关;前苏联在轨道倾角为 53°~70°,高度为 210~410 km 的飞行中,测出的舱内平均剂量率为 0.1~0.3 mGy/d;美国的航天器,在轨道飞行倾角为 28°~57°,高度为 280~528 km 的飞行中,测得的舱内平均剂量率为 0.04~1.072 mGy/d,最大剂量率出现在最高飞行高度为 510 km 的航天飞机飞行中;我国的多次返回式卫星飞行也都带回了辐射剂量的探测结果,如 1987 年的两颗卫星的辐射水平为 0.21~0.3 mGy/d。从每次飞行的总剂量来说,美国登月的阿波罗飞行及近年航天飞机飞行中的平均总剂量为 10 mGy,而 20 世纪 70 年代飞行时间较长的天空实验室总剂量略低于 80 mGy。

对于远离地球的载人深空探测,传统的航天器长时间地暴露在宇宙辐射环境下,各种高能粒子直接或间接引起的舱内辐射环境会使其内部设施的功能失效,特别是会严重地威胁航天员的身体健康。进行深空探测时,航天器内部的辐射环境问题已成为制约载人深空探索进一步发展的瓶颈。与此相关的空间环境辐射致生物损伤和变异机理的研究,已是目前各宇航大国在空间生命科学领域里资金投入最多的研究方向。其主要目的是在不可能完全屏蔽空间辐射的条件下,尽可能地降低舱内器件及航天员所接受的辐射剂量。

2. 舱内微重力环境

航天器在近地轨道绕地球飞行时,其内部存在着持续的、较长时间的微重力环境。为了能在航天器中工作和生活,需要进行微重力研究;同时,这些空间飞行器也为微重力科学的发展提供了实验条件。

失重的概念:如果以绕地球轨道飞行的航天器为参照系,则根据牛顿力学,它是个非惯性系。在理想情况下,航天器只受两个力的作用,惯性离心力和地球引力(重力)。在质心处这两个力平衡,合力为零。此时,若用通常的方法在质心处称重,物体不表现出重量,也可说物体处于"失重"状态。但应该指出的是,"失重"是指物体失去重量,而不是失去重力(地球引力)。重量通常定义为物体在地面惯性系中对其下面水平面的压力或对竖直悬线的拉力;重力则是由地球对物体的万有引力引起的。重量减小或消失,不等于重力减小或消失。"失重"是物体在理想情况下,在引力场中自由运动(自由下落或绕天体轨道运动)时有质量而不表现重量的一种状态。

实际上,引力是随着高度变化的,即引力沿径向的梯度不为零。从航天器的质心来看,与质心高度不同,相对质心静止的舱内物体受到的合力不为零,会有一个相对于质心的加速度。另外,由于稀薄大气的阻力、航天器变轨机动或姿态调整时产生的推力、航天器绕质心的转动,以及航天器内设备及乘员的动作等,都可能会使航天器内部的物体受到微小的力的作用,从而也会产生相对于质心的加速度。所有这些舱内物体相对于质心的加速度的矢量和的大小与地面的重力加速度相比通常都很微小。人们就把航天器中单位质量的物体受到的合力(加速度)称为"微重力"。此处的"微"是指很小的意思,并不一定是指 g_0 的 10^{-6} 这样的数量级。可见,航天器中的"微重力"并不是指由于物体离地球遥远而受到的地球的微小重力。由于产生"微重力"的原因众多而且复杂多变,一般而言,航天器中的"微重力"的大小和方向是不固定的。

应该说明,人们在航天器中进行材料加工、生命科学和流体力学等实验研究,想要利用的是航天器中的零微重力环境。正是这种完全失重的零微重力状态提供的物理条件,才能实现无容器冶炼、悬浮生长、不同密度流体的均匀混合以及用电泳法高效制取高纯度生物药品等。而微重力恰恰破坏了这种完全失重环境的理想条件。因此,为了提高空间材料加工、流体力学以及空间生命科学等实验研究的效果和精确性,应尽可能减小微重力以保持实验所必需的理想失重条件。比如,航天器运行轨道高度不能太低;航天器运行时要尽量避免太阳耀斑;实验材料和装置应尽可能靠近航天器的质心;在自旋稳定的航天器中不宜进行上述实验研究;不在变轨和姿态调整时进行上述实验;在载人航天器中进行有关实验研究时,应避免航天员走动等。

3. 舱内其他环境

在空间飞行中,尽管地磁场对近地球或中地球轨道航天器的姿态会有影响,但一般来说,太空舱基本上会将地磁场屏蔽,使得舱内几乎处于零磁场环境。磁场对生物体的影响涉及许多方面,但磁场是一种有多个可变参数的物理量,其强度大小、方向、作用时间的长短等都可能对生物体和人体产生明显不同甚至截然相反的影响。因此,目前关于磁场的生物学效应的研究结果不尽相同。由于在太空飞行中,面临地磁场消除和减弱的问题,也有人考虑是否应对进入太空的宇航员人为地进行一定剂量的磁场补偿,以保证其正常生理活动的需求。

宇航员长时间地工作和生活在与日常世界隔离的狭小的航天器中,那里的昼夜节律与在地球上是不同的。地球自转以 24 h 为周期,决定了地面上的昼夜节律,而载人的轨道飞行器绕地球一周一般约需 90 min,飞行器进入地球阴影区时,宇航员就相当于过黑夜。

载人航天器内的环境控制与生命保障系统可为宇航员创造一个接近地面大气的生存环境。环境控制和生命保障系统通过供气调压、通风净化、温湿度控制、测量控制等子系统的设备,可将舱内的大气总压、氧分压、二氧化碳分压、温度和湿度等关系航天员生存的大气环境指标,控制在与地面大气环境参数基本一致的水平,为航天员提供一个与地面类似的舒适的生命环境。

4. 加速度

飞行器在各个飞行阶段中,其加速度的变化很大。火箭起飞时,加速度很小,随着火箭的上升,加速度不断增大,在火箭熄火瞬间达最大值。不同的飞行器的加速度的最大值不同,一般接近 $10\ g$。

在飞行器脱出轨道进入大气层时,将遇到巨大的峰值减速度,一般峰值会超过 $10\ g$。在加速度作用下,人体内部的体液和组织会发生位移。巨大的加速会引起胸痛、呼吸困难、肌肉紧张、身体极端受压、流泪、黑视甚至死亡。为防止或减轻加速度的影响,航天员要经过挑选并经特殊训练,在飞船上升过程中要保持适当的体位。

5. 噪声

在发射阶段,运载火箭的喷气产生噪声。起飞后约半分钟,飞行速度迅增,气动噪声增大。早期载人飞船上升时,舱外噪声约为 140 dB。采取各种措施后,宇航员经受的噪声峰值约 120 dB。在飞船进入大气层时,飞船周围紊流边界层造成的气动噪声,峰值可达 140 dB。噪声影响听觉,干扰休息,若频率接近人体腹部的自然频率,还可能使内脏移动,导致肠胃紊乱,出现头晕和呕吐等症状。

6. 振动和冲击

在发射台上和发射阶段,振动主要来自火箭发动机。点火抖动时,低频振动最大。火箭上升过程中,由发动机燃烧室内的燃烧过程和喷气管出口处膨胀气体造成的紊流,引起运载火箭振动。气动力矩等也会使火箭横向弯曲和纵向振动。各级发动机点火与熄火,会出现瞬时的纵向振动;在级间分离的瞬间,火箭的振动频率会突然改变。一般火箭结构的固有振动频率范围为 $2 \sim 15$ Hz。

火箭再上升,速度迅增,气动力引起火箭振动。随着大气密度减小,气动声振也渐减。冲击是振动的特殊形式。在飞船应急事件中宇航员弹出座舱时,短时承受的加速度可达 $20\ g$。进入大气层,开伞也带来冲击力。着陆时,飞船还会产生 $40\ g \sim 60\ g$ 的瞬时冲击加速度。采取逐次开伞、缓冲等措施,可降低上述冲击力。

1970 年以后,为探讨航天病的机理以找出相应的防护措施,为利用空间的特殊条件揭露生命活动的奥秘,并为地面人员带来好处,进行了大量的、系统的空间生物学实验研究。1983 年开始了航天飞机的空间实验室飞行,对空间生物学实验进行更为系统和广泛的研究。

我国在 20 世纪 60 年代中期也发射了 5 枚生物火箭,飞行生物安全返回。通过对狗、大、小白鼠及其他多种生物样品的实验,获得了有价值的资料,为我国的空间生物学研究迈出了第一步。通过我国返回式卫星的剩余空间搭载和利用国外的飞行器,进行了一些空间生物学和空间医学的实验。

随着空间科学技术的商业化热潮的出现,关于空间生物技术的应用在 20 世纪 80 年代也成为热点。自 80 年代后期起,逐步转向生物技术的基本过程的研究。

在第四个阶段,特别是 20 世纪 90 年代以来,逐步深入到机理研究。由以前的普查实验,发展到控制实验条件,在有机体的各种结构层次上探索微重力的效应,并且采用飞行中的 1 g 对照和地面对照。

例如对于承重骨骼的骨质量损失,是有关航天员长期空间飞行及返地时的健康、安全的最重要问题。要了解骨损失的机理,提出有效的物理的或药物的对策,就需要了解微重力对于决定骨生长和骨吸收的细胞有何影响;分析承重骨内感受和响应重力的细胞所遵循的分子和细胞的机理;鉴别和分析微重力引起肌肉活性及血流的变化对骨代谢所可能引起的效应;测定及了解与骨代谢调节有关的、应力与环境所引起的在激素水平的变化。相应地,采用从分子生物学到整体生理学的实验方法,采取整合的、多学科的研究途径。

1.2　空间辐射生物学效应

1.2.1　空间辐射特点

空间辐射是在空间飞行中导致生物体损伤的主要因素之一。根据辐射来源不同,可把空间辐射分为三部分,银河宇宙射线、太阳粒子事件和地磁场俘获带辐射。其中银河宇宙射线由来自太阳系的粒子组成,其中98%是质子及更重的粒子,只有2%是电子和正电子;太阳粒子事件发射大量的带电粒子如质子、氦核及更重的粒子,这些粒子的能量范围一般在 10 ~ 200 MeV;俘获带主要由质子和电子组成,也包括少量的其他粒子,如氦,碳和氧;人们一般把比氦粒子更重的粒子称为高能重粒子,这三类辐射中,银河宇宙射线中的高能重粒子所占的比例最大。与其他粒子和射线相比,高能重粒子具有更高的传能线密度(Linear Energy Transfer, LET),其相对生物学效应(Relative Biological Effects, RBE)要远大于其他的粒子和射线。因此,高能重粒子是空间环境产生诱变效应的最主要因素,能够造成基因组水平的不可恢复性损伤。

对空间飞行搭载的生物体而言,接受空间辐射的影响与如下三个因素有关:一是飞行高度。当飞行高度增加时,地球磁场强度下降,对辐射的屏蔽作用减弱,同时,飞行器穿过俘获带的频率增加,所受辐射强度增加。二是太阳黑子活动周期。在高峰年和低峰年之间太阳粒子事件辐射强度差别显著。三是受试生物体对辐射的敏感性不同也会造成对空间辐射产生不同的反应。对同一种受试生物在同一时间进行的空间飞行实验中,其所受空间辐射的影响主要与飞行轨道的高度有关。

根据不同的飞行参数,其所接受的俘获带辐射剂量约为 20 mSv/m。需要特别指出的是在南大西洋异常区(South Atlantic Anomaly),内部质子辐射带的边缘可以下降到约 400 km 的高度,飞行器在该区域所接受的辐射可占地轨道辐射总剂量的 90%。飞行器内部的辐射剂量除与飞行轨道参数有关外,还与屏蔽材料的屏蔽能力及产生次级辐射的能力有关。

深空飞行的轨道远离地球磁场的保护及俘获带辐射的作用,因而认为与银河宇宙射线和太阳粒子事件有关。其他行星表面的辐射与这些行星的自身磁场和大气状况相关。例如,月球所接受的辐射条件与地球类似,但其缺乏磁场,粒子或射线到达其表面引起二次辐射形成电离带,产生辐射屏蔽作用;火星同样缺乏磁场的保护,低能量粒子直接被大气阻挡;木星强大的磁场俘获电子,产生类似地球的俘获带。屏蔽材料为 4 g/cm^2 的飞行器穿越木星俘获带时,监测到每天 3 mSv 的舱内辐射剂量。

1.2.2 辐射损伤机理

1. 电离辐射作用时间表

辐射作用的时间范围至少跨越 26 个数量级,近来由于高分辨计时和快速记录技术的发展,在 10^{-18} s 内发生的最原始物理事件的观察已有可能缩短到 10^{-24} s,这样可以使观察的时间跨度达到 32 个数量级。目前关于各时间阶段的划分,不同作者报道不一致:有的将物理化学阶段并入物理阶段;将生物化学阶段并入化学阶段;有的将生物学阶段又分为早期和晚期阶段等。至于时间阶段的划分,也不一致,有的相差 2~3 个数量级,有时各阶段之前有交叉重叠的现象。表 1.2 概述了分子放射生物学的时间效应。

表1.2　分子放射生物学的时间效应

时间/s	发生过程
物理阶段	
10^{-18}	快速粒子通过原子
$10^{-16} \sim 10^{-17}$	电离作用 $H_2O \sim H_2O^+ + e^-$
10^{-15}	电子激发 $H_2O^+ \sim H_2O^*$
10^{-14}	离子-分子反应,如 $H_2O^+ + H_2O \rightarrow OH + H_3O^+$
10^{-14}	分子振动导致激发态解离：$H_2O^* \rightarrow H + OH$
10^{-12}	转动弛豫,离子水合作用 $C^- \rightarrow e_{aq}^-$
化学阶段	
$<10^{-12}$	e^- 水合作用前与高浓度的活性溶质反应
10^{-10}	e^-_{aq}、OH、H 及其他基团与活性溶质的反应(浓度约 1 mol/L)
$<10^{-7}$	基团*(Spur)内自由基相互作用
10^{-7}	自由基扩散和均匀分布
10^{-3}	e_{aq}^-、OH、H 与低浓度活性溶质反应(约 10^{-7} mol/L)
1	自由基反应大部分完成
10^3	生物化学过程
生物学阶段	
数小时	原核和真核细胞分裂受抑制
数天	中枢神经系统和胃肠道损伤显现
约 1 个月	造血障碍性死亡
数月	晚期肾损伤、肺纤维样变性
若干年	癌症和遗传变化

2.传能线密度和相对生物学效应

（1）传能线密度概念

各种带电粒子由于电荷质量比不同,运动速度不同,它们产生的电离事件的空间分布差别也很大。1950 年以前,常用线性电离密度来描述一些电离辐射的品质。这是指线性在一个单位长度射程中所产生的离子对数目。但是,这只有在气体中才能对所产生的离子对数目进行合理准确的测量。由于仿色生物学许多现象涉及辐射与生物介质的相互作用,Zirkle 等于 1952 年提出传能线密度(Linear Energy Transfer ,LET)的概念。传能线密度定义为"带电电离离子在物质中穿行 dl 距离时,与电子发生能量损失小于 Δ 的碰撞所造成的能量损失 dE 与 dl 之比"。传能线密度(L_Δ)可表示为

$$L_\Delta = (dE/dl)_\Delta$$

简言之,传能线密度是指直接电离离子在其单位长度径迹上消耗的平均能量,单位是 J/m ,习惯上用 $keV/\mu m$, $1\ keV/\mu m = 1.602 \times 10^{-10}\ J/m$ 。X,γ 射线和中子虽然不是直接电离粒子,但是它们在与物质作用后产生次级带电粒子,所以 LET 的概念对这些射线也适用。

生物效应的大小与 LET 值有重要关系。一般来说,LET 值越大,生物效应也就越大。

（2）相对生物学效应

电离辐射的生物效应,或者更严格地说是生物学有效性(Biological Effectiveness),不仅取决于某一特定时间内吸收的总剂量,而且还受能力分布的制约。沿粒子径迹的能量分布决定某一剂量所产生的生物效应的程度。在剂量相同时,高 LET 辐射大于低 LET 辐射的生物学效应。在放射生物学中通常用"相对生物效应"(Relative Biological Effectiveness,RBE)来表示这种差异。RBE 更贴切的译名应为"相对生物学效率",也有人称为相对生物效应系数,它通常以 X 射线为相互比较的基础,一般可用下面两种方式表示:

RBE = 250 kV X 射线产生生物效应的剂量/所辐射产生相同生物效应的剂量

RBE = 所辐射产生的生物效应/相同剂量 250 kV X 射线产生的生物效应

选择 250 kV X 射线作为生物效应比较的标准,从能量的单一性和 LET 值等方面考虑可能不是一个最佳的选择,但由于历史条件的原因,它的生物效应已有充分的文献记载,所以沿用至今。

RBE 的数值大小随所比较的剂量不同而有些差别,最好在平均灭活剂量或平均致死剂量下进行生物效应的比较,即

$$RBE = D_0/D_0'$$

这里,D_0 指 X 射线的平均灭活剂量或平均致死剂量;D_0'指受试射线的相应剂量。但文献上也有用半致死剂量(LD_{50})或其他生物效应指标的。

3. 辐射与自由及损伤

空间环境复杂,宇航员受到的损伤除来自微重力外,还来自于各种各样的辐射因素。空间辐射环境主要是指电离辐射,即能够引起物质电离的辐射,包括电磁辐射和高能粒子辐射,由多种高能带电粒子组成,包括电子、质子、氦核及重离子。尽管空间辐射环境非常复杂,但是由于飞行器能够阻挡那些低能量的粒子,因此空间辐射生物学效应研究

主要集中在空间环境中高能粒子,特别是重离子及其穿透星体壁所产生的次级粒子。对生命物质产生的生物学效应,是空间辐射环境预警预测的最主要研究内容之一。研究表明,在空间飞行过程中接收到的重离子虽然剂量很低,但能量高,通常在 16^6 电子伏(MeV)能量级上,在穿越介质过程中具有较高的传能线密度(LET),因此在其离子径迹上有较大的能量沉积,属致密电离辐射,能够诱发生物损伤,产生较高的相对生物学效应(RBE)。

　　生物分子损伤是一切辐射生物效应的物质基础,而生物分子损伤与自由基生成密切相关。生物分子自由基的生成有两种方式:直接作用和间接作用。直接作用是指电离辐射直接引起靶分子电离和激发而发生物理化学变化生成生物分子自由基;间接作用是指电离辐射作用于生物分子的周围介质(主要是水)生成水解自由基,这些自由基再与生物分子发生物理化学变化生成生物分子自由基,称次级自由基。此外,近年来在研究辐射生物学效应时发现,受到辐射的细胞可以将辐射造成的影响传递给其他没有受到辐射的相邻的细胞。人们将这种效应称为"旁效应"。由此可见,辐射对有机体造成的影响是一种复杂的综合效应。

　　当辐射作用于有机体时,生物体内的一些大分子可以作为靶分子直接被辐射能量损伤。目前最受重视的是基因组 DNA、生物膜和蛋白质分子。基因组 DNA(Genomic DNA)是细胞生长、增殖、遗传的重要物质基础,是细胞功能的调节枢纽。辐射一方面可能对 DNA 的结构造成损伤,包括碱基损伤、糖基的破坏、DNA 链断裂、DNA 交联等。另一方面,辐射还可能对 DNA 的代谢和功能改变造成影响,包括 DNA 代谢变化、DNA 合成抑制、DNA 降解增强、DNA 功能变化等。目前已有大量研究表明,辐射能够引起染色体畸变和基因组 DNA 的损伤。生物膜系统包括质膜、核膜或细胞器(线粒体、溶酶体等)膜。膜也被视为辐射作用的靶之一。细胞的膜系统具有重要的生物功能,同时又对辐射比较敏感。辐射作用于细胞膜后可发生膜的脂质过氧化作用,因而导致氧增强效应较明显。辐射能够对蛋白质和酶造成分子破坏,即蛋白质和酶分子在照射后可发生分子结构的破坏,包括肽键电离、肽键断裂、巯基氧化、二硫键还原、旁侧羟基被氧化等,从而导致蛋白质分子功能的改变。此外辐射还能够对蛋白质的合成和代谢产生影响。

　　辐射对生物造成的影响是复杂多样的,在给生物体带来损伤甚至致死效应的同时也作为生物进化的一种选择压力影响着生物内部的微观变化。辐射不仅能够对生物大分子造成直接的损伤,还能够影响基因的表达,从而使生物体产生在辐射条件下的损伤或者适应。与细胞辐射抗性相关的基因包括癌基因、抑癌基因、DNA 损伤修复相关基因、细胞生长调控基因、细胞凋亡相关基因以及编码一些酶类的基因等。

　　总之,辐射能够对有机体产生很大的影响。这些影响既包括生物体表型性状的突变和细胞学损伤,同时也包括 DNA 分子水平的改变。但是在研究的过程中也发现不同类型的辐射对生物体的效应有很大的区别。而且,即使是同样的辐射,在不同的外界环境下产生的生物效应也不相同。所以,针对特殊环境如空间飞行环境的辐射效应的研究是十分必要的。

4.低剂量辐射生物学效应

　　辐射能够引起生物体各个层面的损伤,包括细胞损伤和染色体损伤等。近年来随着研究的深入,发现低剂量辐射能够造成比高剂量更为严重的损伤,并提出低剂量辐射生物学效应的概念。

随着近 20 年对辐射引起的低剂量生物学效应研究的进展,辐射引起的基因组不稳定性和旁效应被提出,前者指细胞受到辐射后,基因组出现不稳定,并在多世代细胞中表现出辐射生物学效应,包括染色体异常、点突变等;旁效应指未受辐射的细胞受到周围受辐射的细胞产生的信号而产生辐射生物学效应。研究表明,重离子辐射可以引起基因组的不稳定,其产生的原因尚不清楚,可能与体内多种调控有关,有研究认为辐射造成的基因组不稳定性使整个基因组处于一种损伤易感态,加速了其他损伤的发生与累积,因而产生恶性转化的倾向,但促使整个基因组处于一种易损伤状态的生物学机制,还是一个谜。miRNAs 是近年发现的在体内起主要调控功能的调控元件,已经被证实参与机体正常生长发育与逆境胁迫的基因表达与调控。

(1)低剂量生物学效应研究的现状

研究人员对因二次大战投入日本的两颗原子弹而造成的癌症死者,以及生还者体内的辐射剂量计算辐射风险,结果发现随着剂量的增加风险也随之提高。即使只有一个辐射粒子依然会伤害细胞的 DNA,根据这个证据,研究者指出低剂量电离辐射也具有使人患肿瘤和遗传性疾病概率增加的潜力,不存在阈值,即所谓的线性无阈值假说(Linear No-Threshold Model,LNT)。LNT 理论是现有的辐射防护的基础。但是 LNT 对于低剂量辐射是否适用,是大家广泛争论的。一般认为当辐射剂量低于 100 mSv 时,产生的影响不具有统计学意义,称为低剂量辐射。随着现在对低剂量辐射的研究发现,当受到 1 mSv 每年的剂量的辐射后,细胞每天会有 10^{-4} 双链断裂概率。人们远远低估了低剂量辐射造成的生物学效应,LNT 假说在低剂量范围越来越遭到质疑。因此对低剂量引起的生物学效应的评判迫在眉睫,低剂量生物学效应就是在此基础上提出和发展的。对于重离子辐射,人们认为 1 Gy 的能量是划分低剂量和高剂量的分界,认为在小于 1 Gy 的能量的重离子辐射不遵循 LNT 理论,而属于非线性无阈值范畴。

(2)低剂量生物学产生的旁效应

辐射引起的旁效应是指未受到粒子辐射的细胞,由于接收到周围受辐射细胞产生的损伤信号而出现的效应。损伤信号可能直接经过细胞间连接传递或通过周围介质中的可溶性因子传递。

Pharson 等人于 1954 年首次发现 X 射线可以引起脾脏的旁效应,并引起慢性粒性白血病。Nagasawa 等人证明,当单层细胞受到相当于低于 1% 细胞被单个 α 离子击中的 α 离子剂量辐射后,大于 30% 的细胞姐妹染色单体交换频率增加。

旁效应可以引起细胞贴壁性降低,增加姐妹染色单体交换频率,形成微核体,改变基因表达。Morgan 等人提出假说认为受到辐射的细胞产生可溶性细胞因子,这些因子作为信号导致周围细胞产生旁效应,并最终引起细胞凋亡。

Azzam 等人发现出现旁效应的细胞系中 p53、p21 以及 WAF - 1、p34、cyclin B、RAD1 均出现不同程度的过表达,这些基因都参与 p53 凋亡通路。这些因子参与细胞凋亡、细胞周期阻滞以及信号传导等重要通路。β - integrin 和 IL - 1α 是细胞内重要的免疫因子,参与炎症反应,可以作为检测旁效应的分子标记。

研究发现,辐射引起的旁效应没有明确的剂量相关性。在极低剂量,约 1 mGy 剂量下仍能发现旁效应。高 LET 辐射能够更有效地引起旁效应。研究修复系统缺失的细胞系发现,旁效应与修复系统关系密切。

旁效应可能通过 ROS 介导,并且具有组织特异性。Azzam 在研究单层细胞受到低剂量 α 离子辐射产生的旁效应时,发现氧胁迫在调解信号传导和微核体形成中起重要作用。研究证明含黄素氧化酶产生超氧化物和过氧化氢,激活胁迫通路从而形成微核体。还有研究认为 NO 在激活细胞间信号传导而引起旁效应。

研究发现,当细胞受到低剂量 α 粒子辐射后,ERK、JNK 和 p38 均发生活化反应,这些活化反应均能被抗氧化剂、超氧化物歧化酶和过氧化氢酶抑制,结果显示旁效应可能与 MAPK 信号传导通路相关。MAPK 通路在细胞受到辐射后细胞的存活过程中起重要作用。

Ca^{2+} 是细胞内的重要信号分子,参与细胞代谢信号传导。当细胞间 Ca^{2+} 浓度改变,可能影响细胞的分泌、酶活性以及细胞周期调控,并引起细胞凋亡。增加 Ca^{2+} 浓度引起线粒体 ROS 形成,Lyng 等人报道 Ca^{2+} 流能引起 ROS 产生,产生线粒体膜缺失的旁效应。这些都说明 Ca^{2+} 与旁效应密切相关。

辐射引起的旁效应是辐射引起的间接生物学效应之一,与体内多条代谢调控信号通路有关,具有重要的生物学意义。现阶段对于辐射引起的旁效应的研究已取得一些进展,但还主要集中在对旁效应引起的现象的研究,而对旁效应如何产生的机理性研究较少。因此,对于辐射引起的旁效应的机理性研究就显得十分重要和紧迫。

(3)低剂量生物学效应产生的基因组不稳定

生物有机体基因组 DNA 经常会受到内源性或外源性因素的影响,导致结构发生变化,产生生理损伤,在长期的进化过程中,生物体相应形成了一系列应对与修复损伤 DNA,并维持染色体基因组正常结构功能的机制,称为基因组稳定性。基因组稳定性同肿瘤的发生、发展密切相关,维持基因组稳定性对于细胞行使正常的生理功能是至关重要的。基因组不稳定泛指基因组获得性突变增加。

Demerec 和 Latarjet 于 1946 年首次提出,辐射除了具有直接生物学效应外,还具有通过使基因组不稳定而造成染色体或细胞质影响的间接生物学效应,即辐射引起的基因组不稳定性,指细胞受到辐射(电离辐射或粒子辐射)后在被辐射的细胞的多世代中仍出现基因组突变率增加,不稳定表现为染色体异常,染色体倍数改变,微核体形成,基因突变。

在辐射引起的基因组不稳定现象中,染色体不稳定出现的频率最高,染色体不稳定主要产生两类染色体异常,分别为不稳定异常和稳定异常。不稳定异常对于细胞大多是致死的,包括染色体双着丝粒、成环和大片段缺失;稳定异常可以在细胞多世代传递,引起染色体缺失或加倍、倒位或小片段缺失。以往研究人员认为染色体的缺口或断裂是被主要观察到的异常,但是染色体缺口不造成表型改变,而染色体断裂往往对于细胞是致死的。染色体突变更主要的表现为染色体的重排、特殊的染色体复制和三倍体的产生。

Kadhim 等人研究发现,鼠类干细胞受到 1 个细胞当量的 α 粒子辐射后,有 40% ~ 60% 的细胞核型异常。Limoli 等人观察到人鼠杂交细胞 GM10115 受到 1 Gy 辐射照射后,存活细胞中约有 3% 产生染色体不稳定。当采用 1 Gy 高 LET 粒子辐射细胞 GM10115

后,存活细胞中约有 4% 产生染色体不稳定。

经辐射照射后,许多细胞系在培养过程中表现为非整倍体。现在主流的假说认为细胞受到辐射后,基因组的稳定性受到动摇,在其后代中引起连续的基因组突变产生,发生染色体变异。辐射引起的不稳定性在多种细胞中均被报道,包括人的正常细胞受辐射后代细胞、鼠的骨髓细胞基因组不稳定还表现在自发突变率的增加,尤其在小卫星序列。检测高度易变区的串联重复位点,通常作为测量辐射引起的遗传效应的主要方法。人类和鼠类基因组中存在自然突变率较高(约百分之几)的小卫星位点,包括串联重续序列,当采用 1 Gy γ 辐射照射小鼠后,小卫星突变率增加一倍。对于辐射造成人体干细胞小卫星变化的研究存在争议,研究发现广岛原子弹爆炸幸存者后代基因组小卫星突变率没有明显变化,而研究发现前苏联切尔诺贝利核电站工作人员后代小卫星突变率明显上升,且后者所受到的辐射剂量明显低于前者。Noda 等人研究认为,辐射引起的基因组不稳定在串联重复序列的不稳定变化不能作为编码区不稳定的前兆。Bouffler 等人认为,虽然有些小卫星的变化与人类疾病相关,并影响基因的转录调控,但机制尚不清楚,现在对串联重复序列突变的研究不足以证明辐射生物学效应与患癌症的风险相关。

虽然已经发现大量的与辐射引起基因组不稳定相关的表型突变,但是产生基因组不稳定性的原因,无论是在细胞层面还是在生化、分子层面,机制都尚不清楚。

1.2.3　空间辐射环境下的人体生物学效应

1. 空间环境对人体血液循环系统的影响

电离辐射所致造血系统损伤的主要环节是造血细胞增殖能力的丧失和抑制,其中造血干细胞以及造血祖细胞有很高的辐射敏感性,又是机体赖以不断生成血细胞以维持稳态造血、保障生命活动正常进行的关键细胞。因此,造血祖细胞遭受辐射损伤、增殖分裂功能减弱或丧失及其后能否恢复对骨髓急性放射病的发生和发展以及结局起重要作用。

(1)造血干细胞

造血干细胞是造血系统受损后造血重建的关键。造血系统受到辐射损伤后,造血功能低下,白细胞、红细胞和血小板数明显减少,从而诱发感染贫血、出血等并发症,这些并发症相互影响彼此加重,一方面是并发症日趋严重,另一方面又增加造血组织的负担,从而形成恶性循环,最终可导致机体死亡。因此造血系统辐射损伤被认为是急性放射并发的关键病变,决定病情的轻重;影响预后的好坏,也是治疗的中心环节。

肠型急性放射病在极性期可死于胃肠严重损伤、水盐代谢极度紊乱、脱水衰竭。脑型放射病可在照后短期内死于脑性混迹衰竭,这时血液系统的辐射损伤实际上比骨髓型时为重;通常骨髓微核只残留若干变了性的、退化的较成熟造血细胞和严重出血渗出、血窦结构模糊的造血微环境状况,甚至出现大片荒芜区域和“血湖”状的髓腔。

(2)外周血细胞

白细胞经过照射后,除有数量的减少外,形态上可有核右移、胞浆内毒性颗粒空泡形成,胞核固缩碎裂、溶解等凋亡或坏死征象;功能上也可见吞噬能力降低、丝裂原刺激后增殖受抑、抗体生成和细胞因子表达等的失衡。

幼稚红系细胞有较高的辐射敏感性,受照后很快分裂增殖受抑,网织红细胞很快减少甚至完全消失。除数量的变化外，照射后红细胞还有大小不均、异型和多染性细胞出现等形态学变化。有时尤其是恢复期，外周血中可见到幼稚红细胞。关于照后红细胞功能方面的研究报道极少。

血小板的寿命是 9 ~ 10 d，加上射线未及伤害的成熟细胞在照后初期仍保留其生成血小板的能力，因此外周血中的血小板数在射线作用后的头 1 ~ 2 周内下降缓慢。随后，血小板数进行性减少并降低到最低值。血小板数下降的速度和程度与照射剂量有关。剂量越大，血小板数的降低越快越显著。血小板照后形态变化可有初期的固缩型和无结构型等变性型血小板增多和恢复期的大型、不整型等再生型血小板的出现。超微结构方面也可观察到伪足消失，致密颗粒减少、β 颗粒膨胀液化和 α 颗粒空泡化等变化。照射后血小板的聚集功能、抗出血功能均受损，成为临床出血症候群发生的重要环节。

（3）骨髓

骨髓的辐射损伤和恢复与射线剂量和病情有关。照射剂量较大时，骨髓象改变明显，有时相性。中度和高度骨髓型急性放射病时相变化相似，而程度不同。照射剂量大，病情属极重度骨髓型及肠型脑型急性放射病时骨髓的辐射损伤更严重，骨髓中细胞稀疏甚至荒芜空虚呈血水样。骨髓象的时相变化一般分为四个阶段，即初期破坏阶段、暂时回升阶段、严重抑制阶段和恢复阶段。

骨髓的辐射损伤和恢复是辐射后外周血细胞数减少和回升的前提。由于造血干细胞发育到成熟血细胞需要十数日，因此骨髓损伤的各阶段与临床放射损伤的四期分期时间并不一致；再加上操作较复杂，故而骨髓象较难像血象那样用来帮助判断病程，指导治疗和了解预后。

另外，骨髓的辐射损伤后恢复正常是不完全的。病人临床症状治愈后，有时遗留红细胞数低下，被认为是一类残余损伤。这种残余损伤有时变为潜隐性，即一般情况下未见造血异常，而当机体急需血细胞生成时，表现为增殖能力降低，血细胞生成数减少。

（4）造血干细胞

造血干细胞对射线极为敏感。照射后造血干细胞可因坏死和凋亡而数量迅速减少；而残留者增殖分裂能力的抑制使射线作用停止后，其数量进一步减少，这就是即刻效应和照射后效应。即刻效应与照射剂量呈正相关。照射后效应与照射剂量有关，照射剂量大者，造血干细胞损伤但"后效应"相对较轻，较快开始恢复；照射剂量小者，CFU - S 下降可在射线作用停止后持续较长时间，开始恢复较晚。

照射后，造血干细胞受到损伤，照后干细胞池中有两部分造血干细胞，一部分遭致死性辐射损伤，在细胞分裂过程中死亡而离开干细胞池；另一部分仍具增殖能力，是辐射损伤后恢复的基本力量。较大剂量照射后，造血干细胞损伤虽较轻，其数量的减少也缓慢，但其恢复可能较慢。其原因可能是通过造血干细胞的增殖和分化相互制约相互影响处于相对稳定状态，从而维持干细胞池的大小的动态平衡。射线使造血干细胞遭到了破坏时，造血干细胞可通过增强自身增殖和限制分化速率以加快数量的恢复。

（5）造血祖细胞

骨髓细胞悬液经不同剂量射线照射后，在体外含外源性集落刺激因子的培养体系中所形成的集落的产率随照射剂量的增加而进行性减少。各系造血祖细胞的剂量存活曲线及其有关参数不完全相同。其中粒单系造血祖细胞即 CFU – GM 的剂量存活曲线形状与 CFU – S 的颇为相似,其影响因素也大同小异。有关多向造血祖细胞的辐射损伤及敏感的研究较少,因此 CFU – GEMM 的观测结果可能更好地反应体内造血干细胞的变化。

(6)造血微环境

造血微环境的辐射敏感性虽逊于造血干细胞,但是其损伤持久,恢复缓慢。对造血微环境辐射敏感性及其辐射损伤和恢复过程的研究表明,造血微环境的辐射敏感性虽稍低于 CFU – S,但引起急性放射骨髓综合征发生的射线剂量也足以造成造血微环境的损伤,且其损伤恢复缓慢。

(7)造血因子

有关这方面的研究仅有零星而不系统的报道。有文献报道,照射后小鼠、狗、猴等动物血清较正常,血清有更高的支持 CFU – GM 集落生成的活性,提示器血清中 G – CSF 或GM – CSF 类造血因子增高;这种造血刺激活性的增强与动物外周血白细胞数的变化成相反趋势,即此消彼长的关系。因此照射后血清中造血刺激活性提高的原因是声场增加而消耗减少。

造血系统对射线作用十分敏感。照射后血细胞生成各阶段的细胞数量和功能以及其调控网络的各个环节都可发生明显异常,且与照射剂量有关。对骨髓型急性放射病,造血系统损伤的轻重和造血重建的好坏与放射病的发展和结局关系十分密切。任何能减轻造血系统辐射损伤或促进造血功能恢复的措施都能缓和病情,促进恢复甚至挽救生命。因此,造血系统辐射损伤发生早而明显,是临床感染出血等致死并发症发生发展的关键环节之一,故而意义十分重大。

2. 空间环境对人体免疫系统的影响

(1)淋巴细胞的辐射损伤效应

淋巴细胞是辐射最敏感的细胞群体,早期放射病诊断和受照试剂估算,常常以淋巴细胞作为重要参考指标。淋巴细胞被广泛应用于研究辐射诱发的重要事件,如 DNA 断裂与修复、染色体畸变、细胞凋亡初始启动基因及抗凋亡基因的研究。淋巴细胞在整个机体辐射免疫效应中居于极为重要的位置。

电离辐射后,循环中的淋巴细胞将迅速出现规律性的改变,与照射剂量有一定量效关系,因此成为急性辐射事故剂量估算的重要依据,同时也被用来比较个体辐射敏感性。一例事故病人经 Ir 不均匀照射,估计剂量为 2.9 Gy,照后 1 周,E 花结形成率下降到12%,T 淋巴细胞亚群失调,CD4/CD8 比例倒置,血清补体低于正常值。在以后的治疗和恢复过程中,虽然有回复的趋势,但免疫指标始终低于常值。

①T 淋巴细胞及亚群的辐射敏感性。与其他细胞一样,淋巴细胞在幼稚阶段辐射敏感性最高,随着分化成熟敏感性降低。然而,对各亚系的敏感性,不同作者报道的结果不尽相同。今年的研究证实,在同一功能细胞群体中,如 CD4 或 CD8 淋巴细胞的剂量曲线呈现出双向性特征,这表明细胞群体的不均一性,可能存在辐射敏感性不同的亚系。CD4、CD8 和 CD3 是早期被识别的 T 淋巴细胞分化抗原,分别代表抗原限定的 T 辅助淋巴细胞、T 抑制淋巴细胞和 T 淋巴细胞抗原受体配体细胞群。近年报道了 T 淋巴细胞中白细胞抗原 CD45 有酪氨酸膦酸酯酶活性,在信号转导途径中起到了重要作用。其中

CD45RO + 和 CD45RO − 分别代表激活前的记忆 T 淋巴细胞(Memory T Cell,CD45RO − CD2 +)和自然 T 淋巴细胞(Native T Cell, CD45RO − CD2 +),是代表不同成熟阶段的标准,与细胞激活有关。

②自然杀伤细胞的辐射效应。在淋巴细胞系中,NK 细胞对辐射有一定抗性,在人外周血受中子照射后的剂量效应曲线中,对 T 淋巴细胞和 B 淋巴细胞的 D_0 值为 5.0 ~ 5.5 Gy,而 NK 细胞的 D_0 值为 7.5 ~ 8.5 Gy。大多是报道 4 ~ 5 Gy 的 X 或 γ 线照射,即可引起 NK 细胞活性降低。然而,各作者报道的结果不一致,其原因可能与照射后反应的时相性和 NK 细胞群体的异质性有关。

辐射激活 NK 活性原因如下:第一,在一定剂量范围内,淋巴细胞群体中辐射敏感性高的细胞迅速死亡,致使 NK 细胞相对比率提高;第二,在敏感细胞损伤过程中,伴随的继发症可能对 NK 细胞构成了刺激因素,导致 NK 活性一过性上升。例如病毒感染初期,腹腔聚集大颗粒细胞,诱发 IL − 2 和 IFN 类细胞因子均能促进 NK 活性提高。虽然 NK 细胞有一定辐射抗性,然而大剂量照射后,NK 的活性仍然受到明显抑制,长期 NK 活性低下,抗肿瘤侵袭能力下降,是辐射损伤远期效应肿瘤和白血病发生免疫逃逸的重要原因之一。

③辐射对 B 淋巴细胞和抗体生成细胞的影响。用抗羊红细胞血凝集抗体实验得出,人抗体形成细胞 D_0 值为 0.5 ~ 0.7 Gy,小鼠抗体形成细胞照射后 10 h,空斑形成实验测定 D_{37} 值为 0.8 Gy。对 B 淋巴细胞群的辐射敏感报道不一致,一般认为幼 B 淋巴细胞是辐射高敏感性群体,而浆细胞对辐射有一定的抗性,然而在幼 B 淋巴细胞中也存在辐射抗性亚群。一例宫颈癌病人淋巴细胞减少达 5 年之久,E − 花结形成 T 淋巴细胞、Ig 表面标志 B 淋巴细胞和无 T/B 标志的淋巴细胞均减少,唯有绵羊红细胞受体 B 淋巴细胞形成 EAC 花结无变化。

在成熟的浆细胞中,对辐射的反应性也不同。一般来说大剂量(2 Gy 以上)照后,初期反应是抗体生成抑制,这种抑制效应是体液免疫系统损伤反应,经过一定潜伏期之后,伴随辐射损伤的继发反应,机体处于极其复杂的紊乱状态;高敏感细胞死亡产生碎片,释放因子,肠道内毒素以及外界感染源的刺激,引起抗体增强反应,有些抗体形成功能可能发生亢进,如辐射事故病人在急性期 IgA、IgG 或 IgE 水平显著增加,有时可持续到受照后 4 ~ 7周。

图 1.3 中,T_H 为辅助 T 淋巴细胞,T_S 为抑制 T 淋巴细胞,T_{DH} 为迟发超敏反应 T 淋巴细胞,T_M 为记忆 T 淋巴细胞,NK 为自然杀伤细胞,B_V 为处女 B 淋巴细胞,B_{IG} 为抗体生成细胞。S/MS 为敏感/中等敏感性,R/HR 为抗性/高抗性。

④单核和巨噬细胞的辐射效应。单核和巨噬细胞是发育成熟的细胞,一般来说具有辐射抗性,其亚系对辐射的敏感性不同。用 89Sr 照射(3.7 MBq)肿瘤时,具有杀伤肿瘤细胞活性的巨噬细胞亚系的杀伤活性消失,TNF − α 和 IL − 1 释放也明显降低。这表明巨噬细胞活性将直接影响复合伤时伤口早期愈合。我们实验室早期的工作证明,60 Co − γ 射线照射大鼠 8 Gy,数小时后,巨噬细胞表现出功能亢进,细胞内溶酶体增加,吞噬活跃,在受照 3 d 以后,随胸腔或胸腺空虚,巨噬细胞处于凋零状态。

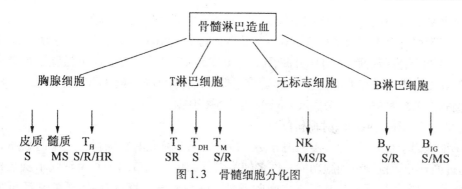

图 1.3　骨髓细胞分化图

Kawana 等报道,大鼠经 60 Co – γ 治疗机局部一次照射 20 Gy,2 ~ 3 周后肺巨噬细胞数明显下降,4 ~ 8 周又逐渐恢复到正常水平。这表明辐射不仅仅损伤巨噬细胞,其祖细胞(CFU – GM – CFU – M)具有比较成熟的单核 – 巨噬细胞更高的辐射敏感性。

(2)辐射诱发炎性细胞激活剂细胞网络调节

近年不断发现辐射诱发多种基因表达,如血小板衍生生长因子(PDGF),成纤维细胞生长因子(FGF),某些原癌基因(c – fos/jun)等,这些细胞因子表达与辐射诱发炎性细胞激活密切相关。

①辐射诱发炎性细胞激活。大鼠局部照射 40 Gy,照后 2 周,肺组织出现淋巴样巨噬细胞和大泡沫样巨噬细胞,膜抗原 MHC 阳性,这表明巨噬细胞被激活。脑组织被认为是放射不敏感的组织,大剂量照射所产生的损伤往往不能被察觉,但出现明显的炎性细胞浸润、血管内皮细胞增生以及调控生长和分化的因子基因表达发生紊乱。脑局部放疗的活检标本中,发现淋巴细胞浸润,淋巴细胞主要是 CD4 + 和 CD8 +;巨噬细胞被激活(HLA – DR +),在其周围 TNF – α、转移生长因子(TGF – β),IL – 6、IL – 1 高表达,原作者认为主要与巨噬细胞激活有关。

②辐射对 IL – 2 表达的影响。组织纤维化是多因子参与的病变过程,在放射性肺损伤中除 TNF、IL – 1、ICAM – 1、HLA – DR 表达外,还涉及其他细胞因子基因表达。我们曾观察到一例乳腺癌胸腔转移病人,用局部 IL – 2 注射控制了胸水,两年后病人出现肺纤维化。Alileche 等发现源于受照皮肤的纤维细胞,表面表达 IL – 2 受体(IL – 2Rα/β),体外培养 8 d 后,可检测到 IL – 2 的分泌。上调 I – CAM – 1 和 CD44 表达,如果用抗 IL – 2 抗体预处理,上述活性完全被抑制。可以推测,IL – 2 基因的激活可能先于 ICAM – 1 的表达,是控制纤维化的关键基因。

③辐射诱导神经内分泌参与免疫网络调节。20 世纪 90 年代初,大量的工作研究神经内分泌系统与免疫活性细胞及细胞因子的联系,提出了下丘脑 – 垂体 – 肾上腺轴与免疫调节彼此相互影响的推测,并证实了粗肾上腺皮质激素(ACTH)受 IL – 1 的调节。Girinsky 对 26 例骨髓移植病人施全身照射,大剂量(10 Gy,4 h)一次或小剂量分次(12 Gy,2 Gy ×6,3 d 或 14.8Gy,1.35 Gy ×11,5 d)照射后即可采血样,检测 ACTH、IL – 1、IL – 6、TNF – α、ACTH,结果表明,11 例接受小剂量 1.35 ~ 2.0 Gy 照射后 3 ~ 6 h,ACTH 升高为照前值的 130%,其他细胞因子未见明显改变。大剂量累积照射 5 Gy,照后 2 h,ACTH 平均升高为照前值的 158%。照射 10 Gy 结束(4 h)升高到照前值的 1 271% 和 434%,回复

到照前水平的时相也与 ACTH 相一致。

大剂量照射组中有两例病人 TNF – α增高时间早于 ACTH，似乎 TNF – α诱发 ACTH，然而，接受小剂量照射后，ACTH 升高，IL – 6、TNF – α未见明显改变。下丘脑是神经内分泌的传导途径中最重要的部位，ACTH 受控于促皮质激素释放因子（CRF），在 10 Gy 照射的 7 例病人的技术中，有 6 例血液 CRT 中等水平（204%）。

（3）细胞因子促免疫辐射损伤修复

①细胞因子自分泌、旁分泌和内分泌。传统的内分泌是有特殊器官分泌的物质如激素，通过循环到靶位调节细胞功能。许多细胞因子如免疫调节因子是由细胞本身或相邻细胞所分泌，进行局部调节及细胞之间的通信。从免疫学角度，细胞因子的来源可分为两类，一类是免疫细胞所分泌的因子，或者说主要参与免疫调节的因子，如白细胞介素类因子、干扰素、抗肿瘤坏死因子等。另一类是来源于非免疫细胞的肽类，如转化生长因子（TGF）。TGF – β 存在于肝脏、肌肉、血小板等许多正常组织中。然而，就其功能而言，许多细胞因子的作用已超过了经典的作用范围，如 IL – 1 能作用于成纤维细胞、角质细胞、软骨细胞；IL – 6 能调节神经元细胞和干细胞的蛋白质合成。来源于非免疫细胞的 TGF – β具有强烈的免疫调节作用，抑制 T 淋巴细胞的功能比环孢素（Cyclosporin）强 10 倍，同时能抑制 B 淋巴细胞合成免疫球蛋白。某些细胞因子在特定的微环境中，其作用可能相反，如 IL – 2 是 T 淋巴细胞的强丝裂原，当 IL – 2 受体过度表达时，却起到抗丝裂原的作用，这代表了正常细胞因子调节平衡的一种生理特征。

②IL – 1 促免疫辐射损伤修复。IL – 1 基因广泛地分布于单核、巨噬、淋巴（T、B、NK）等免疫活性细胞，集成纤维细胞、血管内皮细胞和上皮性细胞、小角质细胞等多种非免疫细胞。IL – 1、IL – 1α 和 IL – 1β 两种类型，分别由各自基因编码蛋白序列，两种基因结构相似，含 7 个外显子。人和小鼠 IL – 1β 序列广泛同源，而两类 IL – 1 前提蛋白氨基酸同源性仅有 25%，分子质量为 31 ~ 33 kD，成熟的 IL – 1 来自前体蛋白羧基端部分，分子质量为 17.5 kD。天然 IL – 1 可来自单核细胞培养物及 ConA 刺激的胸腺细胞，两种 IL – 1 的受体结合活性区处于同一部位，受体广泛存在于淋巴细胞及其他白细胞和结缔组织多种细胞。

③干扰素的辐射防护作用。早期工作曾发现，IFN – α 作为抑制剂抑制淋巴细胞 DNA 合成和 DNA 聚合酶 – α 活化。小鼠注射 IFN – α 后 24 ~ 48 h，对 DNA 修复和防御系统活性已达到相当高水平。小鼠全身 γ 照射（10 Gy）前 24 ~ 48 h，用天然 IFN – α（5 × 10^5 U/kg 体重）处理小鼠，用彗星实验和 AP 点检测外周血、脾和胸腺细胞 DNA 的损伤及修复。结构表面 IFN – α 能够减轻射线诱发的淋巴细胞 DNA 损伤，同时也发现 DNA 损伤修复的出现时间明显比对照组早。照后 90 min 用 IFN – α 处理小鼠，外周血和脾淋巴细胞 DNA 自发和辐射诱导 AP 位点水平比未处理小鼠明显降低，这表明 IFN – α 能够激活 DNA 修复作用。然而，这样的结论与 IFN – α 协同化学毒剂在抗肿瘤作用中，抑制 DNA 修复的机理相矛盾。有证据表明，IFN – α 在体外能够增强细胞对毒剂的抗性，DNA 突变频率降低，原因在于激活了 DNA 修复系统。十分有趣的是细胞毒剂，尤其是中等剂量照射能诱导哺乳动物 IFN – α 基因表达。纵观这些现象可以认为，IFN – α 和其他细胞因子一样，在生理条件下是平衡调节，在病理情况下，以应急反应起防护作用。最近的研

究提示,细胞因子的应急反应是通过激活抗凋亡基因 Bcl - 2 蛋白表达,组织淋巴细胞死亡。到目前为止,受照试剂机体中,IFN - α 在整体和分子水平的作用,以及伴随发生的其他因子之间相互关系还远没有被认识清楚。

④其他类型免疫调节剂对辐射损伤的修复作用。

a. 酮锌超氧化物歧化酶。SOD 作为辐射防护剂,已有许多报道,国内最近报道了受 60 Co - γ 射线照射 5 Gy,照前照后 1 d 腹腔注射 rhCuZn - SOD,明显增强脾脏淋巴细胞对 ConA 的增殖反应性、NK 活性,提高外周血淋巴细胞计数,小鼠 30 d 存活率比对照组提高了 17% ~34%,平均存活时间延长 5 ~7 d。

CuZnSOD 对免疫系统的保护作用同其他细胞一样是通过 CR 清除自由基,保护 SOD、CAT、GSH - Px 等抗氧化酶活性,增强抗辐射能力。

b. IL - 12。IL - 12 又称为自然杀伤细胞刺激因子,最早是从 EB 病毒转化的 B 淋巴细胞培养液中分离纯化出来的主要是由巨噬细胞分泌。IL - 12 分子是由 p35 和 p40 链通过二硫键连接起来的异源性二聚体构成。天然与重组的 IL - 12 能诱导 T 淋巴细胞、NK 细胞表达多种生物活性,如诱导产生 IFN - γ,激活细胞毒,促 IL - 2 诱导的 LAK 活性,增强外源性凝集素和佛波酯诱导的增殖活性等。表达 TCRα/β、CD4 + CD8 + 及 TCRγ/δ 的淋巴细胞等,几乎所有的 T 淋巴细胞亚群对 IL - 12 都有反应性。外源性 IL - 2 通过细胞产生 IFN - γ 活化巨噬细胞表达 IFN 和 IL - 12,如此循环放大,促进 TH1 细胞分化并产生重要防护因子,如 IL - 2、TNF - β。活化的巨噬细胞产生活化氧和一氧化氮等抗感染的重要因子。免疫缺陷(缺乏 TH1)的 BALB/c 小鼠,对利什曼原虫感染十分敏感,当接受 IL - 12 处理后,可提高小鼠对利什曼原虫感染的抗性。

IL - 12 主要是针对体内感染的各种原生物,诱发初期免疫应答反应,在感染期起辅助治疗作用。鉴于以上特性,探索了 IL - 12 抗辐射防护作用,结果发现 IL - 12 协同 IL - 13、IL - 6,SCF 促进致死剂量辐射损伤防护作用。小鼠接受 LD100/30 照射剂量,照射前用 IL - 12 处理,照后 3 d 小鼠骨髓中 c - Kit + (干细胞因子 SCF 受体)明显增高,照后 6 d 骨髓细胞数增加到照射前的 5 倍;然而,IL - 12 不能减轻辐射引起的肠道损伤,相反表现为致敏作用,小鼠死于肠道综合征,IL - 12 分别处理接受 12 Gy(B2N6F1)和 9 Gy(C3H/HeJ)照射的小鼠,肠道损伤程度相当于不用 IL - 12 受照 15 Gy 的小鼠肠道损伤程度。

1.2.4　空间辐射环境下的细胞效应

早在 1927 年,美国遗传学家马勒(H. J. Muller)就发现 X 射线能够使果蝇发生基因突变。同样早在 1928 年,科学家斯塔德勒(L. J. Stadler)又发现电离辐射能够诱发玉米和大麦产生基因突变。从此以后,辐射遗传变异效应的研究开始迅速地发展起来。近年来,随着航空宇航科学技术的发展,人类已将科学探索的脚步从地球迈向了太空。美国国家航空宇航局(NASA)已于 2007 年开始制订关于建立月球基地并以之为基础飞往火星的计划。我国的航天技术目前在世界上已处于一定的领先地位。1970 年 4 月 24 日我国第一颗人造地球卫星"东方红一号"发射成功,使我国成为世界上第五个发射卫星的国家。随着"神舟 5 号"载人航天的实现和"嫦娥"探月卫星的成功发射,中国无疑已经成为世界上的航天大国。除此之外,辐射资源在工农业生产和医疗卫生事业以及科学研究上的广泛应用使得人们接触射线越来越多,要求阐明辐射诱发基因突变和染色体畸变的规律和机理,防止辐射危害,以及更有计划地通过辐射选育动、植物和微生物的优良品种等,也越来越迫切,从而推动了辐射遗传学迅速发展。自我国利用空间飞行器搭载植物种子,空间辐射生物效应的研究已从突变表型、染色体畸变、基因组突变率和蛋白质组改变等不同层面体现出来。

目前,辐射对生物体造成损伤的研究进行得十分广泛。大量研究表明,辐射能够对动物细胞产生多方面的影响,包括 DNA 的损伤、基因表达的改变、线粒体的裂解、细胞周期的紊乱和细胞凋亡等。在辐射造成的所有影响中,DNA 的损伤是最为直接的,这也是辐射能够导致癌症产生的主要原因。近年来,越来越多的研究者致力于辐射导致癌症发生的机理研究。与此同时,辐射还作为一种基本的治疗手段在癌症的治疗中发挥着重要的作用。这主要是由于对于不同的细胞来说,辐射造成的影响不同。肿瘤细胞的辐射敏感性要大于正常细胞,所以,特定剂量的辐射治疗对于肿瘤细胞有抑制的作用而对正常细胞影响较小。

各种细胞对电离辐射的敏感程度存在很大差异。体内的细胞群体依据其更新速率不同可分为三大类,第一类是不断分裂、更新的细胞群体,对电离辐射的敏感性较高。这类细胞包括造血淋巴组织的细胞、胃肠黏膜上皮细胞和生殖上皮细胞等。第二类是不分裂的细胞群体,对电离辐射有相对的抗性。这类细胞包括神经细胞、肌肉细胞、成熟粒细胞、红细胞等。第三类细胞在一般状态下基本不分裂或分裂的速率很低,因而对辐射相对不敏感,但在受到刺激后可以迅速分裂,其放射敏感性随之增高。细胞周期不同时相受照射时结果也不完全一致,这是因为处于不同时相细胞的放射敏感性不同。一般说来,M 相细胞对辐射很敏感,较小剂量即可引起细胞死亡或染色体畸变,使下一代子细胞夭折。在间期细胞中,G2 时相对辐射最敏感,其次为 G1 时相,而 S 时相则相对较不敏感,若 S 时相较长,则早 S 期比晚 S 期较敏感。

电离辐射所致细胞死亡可分两类,即增殖死亡和间期死亡。增殖死亡发生于分裂期、增殖的细胞,照射后依剂量不同细胞可能分裂数次,或细胞增大而不能分裂,在体外培养中未能形成集落,体内实验中未能形成脾结节而死亡。通过计数集落数或结节数,可得出细胞存活的比例。增殖死亡的发生机制可能与 DNA 损伤和染色体畸变有关。染色体畸变可使分裂后子细胞不能获得一套完整的染色体,因而不能进入下一次细胞分裂而死亡。当很大剂量(100 Gy 或更大)照射细胞时,细胞立即在有丝分裂的间隙期死亡,这称为间期死亡。但有几种细胞在中等或中等以下的剂量照射后也可发生间期死亡。例如,A 型精原细胞、淋巴细胞和胸腺细胞。这些细胞对辐射十分敏感,1 Gy 以内的剂量即足以引起 50% 以上的细胞死亡,细胞死亡的发展要经历一定时间,一般在照射后 24 h 内即达顶点。

电离辐射还能够引起细胞功能的变化。辐射对转录调节的影响说明电离辐射通过其电离产物如活性氧或 DNA 损伤改变转录因子的活性或丰度,从而影响基因表达。基因表达的产物体现细胞功能,调节细胞生长和增殖细胞自身调节也可以自分泌的形式出现。DNA 损伤可促使细胞内的生长因子释放,此后又作用于细胞表面或胞浆的生长因子受体,影响细胞内的转录活动。细胞间调节可以旁分泌或内分泌方式表达。辐射作用后细胞(正常或肿瘤细胞)分泌 bFGF 作用于附近细胞,可能是诱发纤维化的重要因素,有些产物进入血液循环可作用于远隔部位。全身照射引起神经内分泌功能变化当然也能够产生。体内有许多细胞具有防卫功能,包括皮肤、黏膜细胞的屏障功能、呼吸道上皮细胞的纤维运动、网状内皮细胞的固定、滤过作用等,具有阻挡、排出和清除侵入机体的各种异物的作用。电离辐射可使这些防卫功能受到抑制,降低机体的抵抗力,免疫系统各细胞成分在实现机体的防卫上具有特别重要的作用。有关低剂量辐射对免疫系统的刺激效应,下面举数例说明不同剂量辐射对某些免疫细胞防卫功能的影响。巨噬细胞能吞食和消化异物,包括细菌和肿瘤细胞。小鼠受中等剂量(3.5~4.5 Gy)全身照射明显降低腹腔巨噬细胞消化异物(鸡红细胞)的功能。当小鼠受低剂量 X 射线照射时,则出现相反的现象,腹腔巨噬细胞吞噬和消化鸡红细胞的功能受到刺激。低剂量辐射对巨噬细胞吞食、消化功能的刺激作用,脾细胞对肿瘤细胞的杀伤作用也呈现类似的规律,即大剂量辐射全身照射使此种功能抑制,低剂量则可有刺激作用。以 NK 细胞活性和 ADcc 活性为指标均见到相同现象。NK 细胞在 0.5 Gy 照射后出现更高的刺激峰。免疫系统的防卫功能涉及许多细胞成分,低剂量辐射引起免疫功能增强是免疫系统中不同细胞相互作用的综合结果,其发生机制十分复杂。细胞功能表现在许多方面,各器官、组织的组成细胞各有其特殊的功能。不同剂量的辐射对细胞功能可以产生截然不同的效应。

通常情况下,辐射的生物学效应随着辐射能量的增加而增大。高传能线密度(LET)值的重离子辐射产生的生物效应要大于低 LET 值的辐射,如 X 射线和 γ 射线等。此外,重离子辐射的作用方式与 X 射线和 γ 射线存在差异。重离子辐射作用于生物体后,在生物体内能量的分布不是沿着粒子的径迹减少,而是在其径迹的末端出现一个峰值——Bragg 峰。这一性质使得重离子辐射能够更为有效地作用于肿瘤细胞,同时使得对正常细胞的影响降至最低。苏锋涛等(苏锋涛、李强、金晓东对低 LET 值的 X 射线辐照和高 LET 值的 12 C 辐射对人肺癌细胞 H1299 的生物学效应进行了比较研究。见《原子核物理》刊载的文章"12 C 和 X 射线辐照人肺癌细胞 H1299 的生物学效应")研究发现 12 C 离子束辐照与 X 射线辐照相比导致了 H1299 细胞更为明显的细胞存活率下降和细胞的早期凋亡率,且持续时间更长。这说明 H1299 细胞对高 LET 的 12 C 离子束的辐射敏感性高于对 X 射线的敏感性。在动物细胞中,DNA 分子是辐射作用的主要靶位点。辐射能够对 DNA 分子造成多种损伤,包括 DNA 碱基的氧化、链的断裂和交联等。这种辐射造成的损伤会导致基因突变甚至死亡。与低 LET 值的辐射相比,高 LET 值的辐射之所以能够引起更大的生物效应与其能够产生更严重的 DNA 损伤密切相关。何晶等(据期刊《核技术》报道,何晶、李强、金晓东研究碳离子辐射对人体干细胞影响的结果发现 12 C6 + 离子辐照诱发人类肝 L02 细胞 hprt 基因的突变)进一步研究辐射对动物细胞基因表达的影响发现辐射能够引起大鼠肝细胞趋化因子基因表达的变化。该结果说明辐射对细胞产生的影响与细胞对外界刺激反应的内在机制相关。

1.2.5　空间辐射对植物的影响

辐射能够对植物体产生非常广泛的影响,而且不同能量和种类的辐射往往产生不同的效应。以往的研究表明,重离子辐照对植物生命活动的影响具有双重效应,低剂量时常表现为刺激效应，而高剂量则带来抑制效应。重离子辐照后，植物种子的发芽势、发芽率以及多种抗氧化酶活性都随剂量增加先升高后降低。人们采用更为详细的剂量梯度研究了 N^+ 注入对紫花苜蓿的生物学效应，结果表明低剂量的 N^+ 注入对紫花苜蓿种子存在刺激效应，随 N^+ 剂量增加呈现出"马鞍形"剂量效应曲线。N^+ 注入甘草种子也发现了这种效应趋势。"马鞍形"曲线可能是重离子辐照诱导的新的修复机制作用的结果，同时它表明了离子注入生物体内自由基产生和清除是一个动态反应过程。（见曲颖、李文建、周利斌、王转子、董喜存、余丽霞、刘青芳、何金玉在期刊《原子核物理评论》上发表的文章"重离子辐射植物的诱变效应研究及应用"）

植物很容易受到外界环境变化的影响，尤其是辐射环境。前期研究表明，辐照不仅能够引起种子胚活力、幼苗和根生长、育性及愈伤组织不定根生长发育等改变，而且能够引起植物光合系统、自由基代谢和膜脂质过氧化等生理生化的变化和植物荧光特性、发光光谱等物理学特性的改变及辐射的增加。因此，增强的 UV－B 辐射产生的生物学和生态学效应受到了广泛的重视和深入的研究。目前已有大量的实验报道，增强的 UV－B 辐射对种子植物萌发后的生长发育和生理生化特征能够产生影响。幼苗的生长对增强的 UV－B 辐射非常敏感。在 UV－B 辐射处理下，植物种子的萌发虽然没有受到显著影响，但是幼苗上胚轴的伸长、生长显著地受到了抑制。此外，还发现在强度大于 0.15 W/m^2 时，植物可能通过加强呼吸来减轻伤害，使幼苗可溶性糖含量显著减少，从而导致幼苗生物量的降低。另外，不同强度的 UV－B 辐射能降低叶绿素 a、b 及总叶绿素含量，当强度大于 0.20 W/m^2 时，发现幼苗的膜系统受到了 UV－B 辐射的损伤（见张红霞，吴能表，洪鸿的文章"不同强度的 UV2B 辐射对蚕豆种子萌发及幼苗生长的影响"）。冯虎元等的研究表明 UV－B 辐射使植物幼苗的胚根变短增粗，叶绿素 a、叶绿素 b 和总叶绿素含量受到明显的抑制。此外，UV－B 作用能促进类黄酮在幼苗中的积累，紫外吸收色素的增加有利于提高对 UV－B 的抵抗力（见冯虎元等发表的文章"UV－B 辐射对 8 个大豆品种种子萌发率和幼苗生长的影响"）。此外，离子束的注入能够对种子的萌发能力和生长势产生影响。有研究表明，离子束贯穿和注入产生的往往是抑制作用，而且离子束对幼苗造成的辐射损伤随辐射能量增加而增大，两者呈显著的正相关。

辐射对植物的影响还包括染色体变异。通过细胞学方法观测到重离子辐照引起植物细胞染色体的变异，包括微核、断片、染色体桥、染色体缺失、落后染色体、染色体断裂、染色体易位和插入等。离子束贯穿和注入也能够对植物产生此类的影响，例如在植物胚根细胞中引起微核、小核、桥、断片、游离染色体和环状染色体等多种畸变。

重离子对 DNA 序列的改变，通过基因表达最终将反映在 mRNA 和蛋白质水平上。研究发现，辐射引起的植物细胞色素减少、叶绿体发育停滞与基因表达改变有关。在重离子辐照的水稻、拟南芥中也分别筛选到了叶绿素缺失突变体，叶绿素缺失可能与基因缺失和重排有关。离子束对小麦根、芽、胚、胚乳过氧化物同功酶均具有影响，尤其是对胚的影响较为明显。另外，碳离子辐照也能够使蛋白质含量、SOD 酶活性、POD 酶活性、CAT 酶活性和 MDA 含量等发生显著变化。氮离子注入对小麦可溶性蛋白质和过氧化物酶的影响效果随剂量的增加更为明显，通过蛋白质组学方法研究辐射处理的植物蛋白质组也发现了差异。这些差异可能是 DNA 变异在翻译水平上的表现，最终可能导致植物生长发育的变化。碳离子束可以诱发玉米产生多种表型变异,包括植株矮化、雄性不育、白化苗、多穗型等。还有研究表明,碳和氧离子束诱发冬小麦产生的早熟和矮秆突变最多,品种间的变异频率也存在差异。注入作用高于贯穿,注入和贯穿处理两者同样有明显的诱变作用,可引起 DNA 的损伤和修复。M2 代诱变效果显著,突变谱宽,有益突变(早熟、矮秆、穗形)频率明显高于 γ 射线,且较易诱发早抽穗性状变异,并在大田中得到了增产、早熟、矮秆和抗(条锈)病的一些新变异。

在辐射生物学效应的研究中,植物种子是应用最为广泛的实验材料。近年来,人们使用不同能量的离子辐射作为诱变剂成功地获得了大量有应用价值的新植物品种。从 20 世纪 80 年代中期,我国科研工作者就开始尝试离子束辐照育种,经过 20 年的积累,他们通过离子束辐照作物种子等方法获得了一些优质品种,如生玉米、高荚数大豆、抗病水稻和抗病毒番茄等。颉红梅等利用中科院兰州近代物理研究所的 HIRLF 装置产生的中能离子对小麦种子辐照后经南繁加代 3 ~ 5 代,对系统选育,筛选出增产、矮秆、抗(条锈)病、抗干旱风和早熟等 9 个稳定突变系。董喜存等(见其发表的文章"碳离子束对甜高粱辐射诱变的当代效应")利用碳离子束对甜高粱进行了不同剂量的辐照处理。当代田间实验结果表明,甜高粱在田间的存活曲线均呈"类马鞍形",随着剂量的增加,其存活率先降后升再下降。随着辐照剂量的变化,其茎秆亩产量、糖度和对照相比,均发生了明显的变化。而且,经过碳离子束辐照,出现了株高、单秆重、糖度高、早熟、茎粗等突变类型。

随着人类的脚步向太空的迈进,空间辐射生物效应的研究成为备受人们关注的研究领域。但是由于受到目前技术等条件的限制,在太空进行动物的研究有一定的困难。由于植株尤其是植物的种子便于搭载,可以进行大量样本的研究等优点,种子就成为研究空间辐射生物效应的很好的实验材料。但是种子是植物生长发育过程中一个极为特殊的时期——休眠期。所以对种子辐射效应的研究也是必要的。由于种子处于休眠期,并且由于有种皮的保护,所以种子对外界环境的刺激有一定的抵御能力。采用 UV - B 作为辐射源对植物种子进行处理后发现,UV - B 照射对种子的萌发影响并不大,而 UV - B 照射对幼苗生长的影响很明显,这一结果说明种子的确具有保护能力来对抗环境的变化。王瑞祥采用不同剂量的碳、氖、铁对春小麦进行注入实验,结果表明小麦剥皮后提高了离子注入的敏感性。韩榕将铁离子注入剥皮与未剥皮的小麦种子,表明铁离子能够轻微刺激未剥皮种子的发芽率和生长势,但对剥皮种子来说却显示了抑制作用。因此认为铁离子的注入深度有限,剥皮能够明显提高注入效果。

但是,当种子遇到能够穿透种皮的辐射粒子时情况就完全不同了。研究重离子辐射对番茄干种子的生物学效应的实验结果发现,照射后的植株出现了多种变化,包括发芽势和发芽率的改变,根尖细胞微核率的增加,与抗氧化相关酶的活力的改变等。另外,还有人对不同能量的质子作用于拟南芥种子的效应进行了研究。结果显示,种子的发芽率和存活率都明显受到了影响,并且不同贯穿深度的质子产生的效应不同。梅曼彤等用不同剂量的 3 种高传能线密度的加速重离子氖、氩及铁,与低传能线密度的 Co—60γ 射线分别照射具有标志基因(Lw_1/Lw_1)的玉米干种子,以当代植株叶片黄白条纹产生频率为指标,比较其诱发效应。结果表明,在所用剂量范围内,此 4 种辐射的剂量 - 效应关系曲线为直线。氖、氩及铁重离子束对应于 Co—60γ 射线的相对生物学效应分别为 2.02、8.31 和 12.45。

叶片具有黄白条纹的植株自交,后代仍有黄白条纹。光学显微镜及透射电子显微镜观察发现黄白条纹部位的叶肉细胞及其内的叶绿体形态结构明显不同于正常绿叶。梅曼彤等还利用高传能线密度的铁和氩离子束及低传能线密度的 Co - γ 射线照射水稻干种子,发现根尖微核细胞率与染色体畸变率均随处理剂量增加而增加,且成线性关系;高 LET 的 Fe 和 Ar 比低 LET 的 Co - γ 射线有较高的辐射生物学效应,尤其是在诱发细胞核染色体畸变和微核出现方面,高 LET 离子束有很高的效率。

M1 结实率与染色体畸变率均与辐射剂量显著相关。重离子辐射比 γ 射线更能有效减少结实率及诱导染色体畸变,高 LET 的重离子能更有效地抑制受照射种子萌发长出的幼苗的生长,诱导根尖细胞和花粉母细胞的染色体畸变和微核形成,降低当代植株的结实率,并诱发后代出现形态性状及农艺性状的变异。在 M2 选出了具早熟、矮秆、大粒等性状的多个突变体,并发现多种性状同时变异的突变体所占的比例较大,而不同剂量处理的诱发突变效果有较大差异,在所用剂量范围内,以 90 Gy 处理诱发的突变频率最高,突变谱最广。

除了重离子辐射外,还有其他的辐射也应用到辐射对植物种子效应的研究当中。徐明照等利用软 X 射线对玉米种子进行辐照,研究发现,软 X 射线不仅能够诱发较高频率的细胞核畸变和染色体畸变,而且诱发变异强于 γ 射线。王彩莲等人也发现用同步辐射(软 X 射线)辐照水稻种子不仅能引起 M1 根尖细胞染色体畸变,而且能抑制根尖细胞的有丝分裂。这些结果说明软 X 射线具有明显的辐射生物学效应。而且由于软 X 射线的 LET 值比硬 X 射线和 γ 射线的大,所以引起的生物效应也大。

1.2.6　空间辐射环境引起基因突变和修复的特点

DNA 存储着生物体赖以生存和繁衍的遗传信息,因此维护 DNA 分子的完整性对细胞至关重要。外界环境和生物体内部的因素经常会导致 DNA 分子的损伤或改变,而且与 RNA 及蛋白质可以在细胞内大量合成不同,一般在一个原核细胞中只有一份 DNA,在真核二倍体细胞中相同的 DNA 也只有一对。如果 DNA 的损伤或遗传信息的改变不能更正,对体细胞就可能影响其功能或生存,对生殖细胞则可能影响到其后代。所以,在进化过程中生物细胞所获得的修复 DNA 损伤的能力就显得十分重要,也是生物能保持遗传稳定性之所在。在细胞中能进行修复的生物大分子也只有 DNA,这反映了 DNA 对生命的重要性。另一方面,在生物进化中突变又是与遗传相对立统一而普遍存在的现象,DNA 分子的变化并不是全部都能被修复成原样的,正因为如此生物才会有变异、进化。

空间辐射的主要来源有地球磁场俘获带辐射、太阳系外突发性事件产生的银河宇宙射线及太阳爆发产生的太阳粒子辐射。电离辐射能引起各种生物效应,包括杀伤细胞、诱导突变和诱发肿瘤。低量或中量的太空辐射引起生物效应的原处损伤是在 DNA 分子上,这些辐射中的高能带电粒子能更有效地导致细胞内遗传物质 DNA 分子发生多种类型的损伤,诱发多种形式的突变,包括碱基变化、碱基脱落、两链间氢键的断裂、单键断裂、双键断裂、螺旋内的交联、与其他 DNA 分子的交联和与蛋白质的交联,进而导致基因的突变。然而在一定的条件下,生物及生物体能使其 DNA 的损伤得到修复。这种修复作用是生物在长期进化过程中获得的一种保护功能,包括碱基损伤的修复、单链断裂的修复和双链断裂的修复等。

各种实验证据均指出,核 DNA 是细胞杀伤效应的靶分子。DNA 含量较高的有机体(如哺乳动物),较之 DNA 含量较低的细菌等有机体,其辐射敏感性较高。已有大量确定细胞 DNA 损伤类型及数量的研究,这些研究发现了辐射可引起 DNA 多种类型的损伤,包括碱基变化、碱基脱落、两链间氢键的断裂、单键断裂、双键断裂、螺旋内的交联、与其他 DNA 分子的交联、与蛋白质的交联等。

1. DNA 碱基损伤

辐射对生物大分子的损伤是从电离激发开始的,在电离激发过程中 OH 自由基与 DNA 分子反应而使碱基结构发生各方面的变化,如碱基脱落、碱基破坏、嘧啶二聚体形成等。DNA 分子结构的电子学特征分析已得出结论:嘧啶的辐射敏感性大于嘌呤。在嘧啶中尿嘧啶(U)和胸腺嘧啶(T)的辐射敏感性大于胞嘧啶(C)。在嘌呤中,鸟嘌呤(G)大于腺嘌呤(A),5 种碱基中 T 的辐射敏感性最大,最易受辐射损伤。

(1)氢键的断裂

现已观察到 DNA 中连接碱基对的氢键的断裂,这种类型的损伤在辐射对细胞效应中的重要性还不清楚。然而当大量氢键同时全断裂时,不可逆的损伤就会产生。据估计在低剂量下,每一单链断裂会有 14 ~ 15 个氢键破裂。

(2)DNA 单链的断裂

辐射水解形成的自由基(主要是 OH)直接或间接作用于 DNA 靶分子,使脱氧核糖 C3 – C4,C4 – C5 之间共价键被打断,或使脱氧核糖与磷酸间的 3 – OH 和 5 – 磷酸基或 3 – 磷酸基和 5 – OH 之间化学键被打断后,均可形成单链断裂(SSB)。实验证明,DNA 分子每吸收 50 eV 的能量就可以产生一个 SSB。DNA 单链断裂与剂量成线性关系。平均来说,1 Gy 辐射的剂量能在一个人体细胞中诱发致 10 ~ 20 个单链断裂。在有氧条件下,哺乳动物细胞中单链断裂的诱导比低氧条件下约高 4 倍。在正常的细胞中,大部分单链断裂都能被修复酶有效地修复或重接。

(3)DNA 双链的断裂

DNA 双股链的每条单链如果在相对或相邻近(13 ~ 16 bp)的部位发生 SSB,则形成一个双链断裂(DSB)。双链 DNA 中每条上都有一个断裂,同时这两个断裂点的间距少于 3 个核苷酸,主链双断裂就会发生,而造成 DNA 链的分离。已有不少实验证实,DSB 也是由于自由基的攻击或酶促作用形成的。DNA 双链断裂,使 DNA 模版功能丧失,从而导致细胞死亡、突变及转化等生物学后果。多数人认为,DNA 双链断裂是唯一能导致受到电离辐射照射的哺乳类动物细胞致死的损伤。多数人认为 DNA 双链断裂可能与细胞致死有极密切的关系,但不能说它是导致细胞致死的唯一因素。对于高等植物来说,DNA 双链断裂的研究尚无突破性进展。Painter 认为,125I 在 DNA 的衰变可能引起 DNA 双链断裂,而未被修复的单链断裂就是来源于这些双链断裂。Bender 提出一个解释染色体畸变模型,按照这个模型,染色单体断裂是由于 DNA 双链断裂,而 DNA 双链断裂则是由于专一性核酸内切酶作用于单链 DNA 断裂之后发生的。Ciemiais 等证实 DNA 链上的二聚体切除之后，发生 DNA 双链断裂。

（4）分子交联

电离辐射和溶液中的分子发生交联，在 DNA 分子的螺旋内，两个 DNA 分子之间，或 DNA 分子与蛋白质间的交联都是由于在断裂处形成了反应点，两个这样的反应点相互间的接触就会产生接合。在一个 DNA 分子螺旋内的交联可在碱基间发生。一般认为对辐射引起的碱基破坏或键断裂，与蛋白质复合的 DNA 要比非复合的 DNA 敏感性低。蛋白质可能包裹着 DNA，对它有一种保护作用。

2. DNA 合成抑制

DNA 合成抑制是一个非常敏感的辐射生物效应指标，受 0.01 Gy 照射即可观察到抑制现象。小鼠受 0.25 ~ 1.25 Gy γ 线全身照射 3 h 后，3H - TdR 掺入脾脏 DNA 的量即明显下降，下降程度与照射剂量成正比。照射后 DNA 合成抑制与合成 DNA 所需的 4 种脱氧核苷酸形成障碍、酶活力受抑制、DNA 模板损伤、启动和调控 DNA 合成的复制子减少，以及能量供应障碍等都有关。

3. DNA 分解增强

在 DNA 合成抑制的同时，分解代谢明显增强。原因可能是辐射破坏了溶酶体和细胞核的膜结构，DNase 释放直接与 DNA 接触，增加了 DNA 的降解。在一定剂量范围内，降解的程度决定于照射剂量。照射后 DNA 代谢产物尿中排出量明显增多。

DNA 辐射损伤直接影响复制、转录和蛋白质合成，进而影响细胞遗传、发育、生长和代谢等生命活动。DNA 损伤还是突变的重要原因，而严重的突变可造成细胞癌变，导致肿瘤的发生。然而，生物体内存在着 DNA 损伤修复系统，其中 DNA 修复基因起着重要的作用。

电离辐射对生殖细胞染色体和 DNA 的损伤，可导致子代的先天性畸形并可遗传下去，这就是辐射的遗传效应。与辐射对体细胞损伤的研究相比，对生殖细胞损伤效应的研究相对较少，也更为复杂和困难。有研究人员对不同核素诱发生殖细胞的突变效应进行了系统的实验研究，探讨各种辐射体核素在动物睾丸中的滞留过程及其行径动态规律，得到其在睾丸内的滞留分数及累积吸收剂量。在此基础上，测定了不同核素体诱发精原细胞、初级精母细胞和精子的畸变率，给出了发射 α, β, γ 3 种辐射的母体核素致畸变效应的比值，从而为定量比较不同核素的生殖毒性危险提供了依据。

在外照射对生殖细胞的效应方面，研究了 X 射线对中国仓鼠卵巢（CHO）细胞 DNA 损伤的剂量 - 效应关系，发现在一定剂量范围（0 ~ 1 Gy）内，DNA 合成的抑制和细胞的凋亡率均有明显的剂量依赖关系。与对 DNA 合成的抑制相比，凋亡程序的启动较慢，但持续时间较长。提示当 CHO 细胞的 DNA 损伤较为严重时，由于无法进行 DNA 的有效修复而启动凋亡程序。

电离辐射可诱导细胞中一系列基因的表达，特别是立早基因（Immediate Early Gene），其产物多为转录调节因子，通过下游基因（如 p53, p21, Fas 等）的诱导参与细胞对辐射反应的调节。Egr - 1 基因为立早基因家族中的一员，已知电离辐射可通过产生活性氧自由基作用于该基因的 3 个 CArG 顺式调节元件而诱导其表达。X 射线照射 K562 细胞(一种红白血病肿瘤细胞株)吸收剂量为 5 Gy(1 Gy/min)剂量的,在照后早期(0.5 ~ 1 h)出现了 Egr - 1 基因的转录高峰,同时可观察到细胞的分化诱导和增殖抑制的开始,提示辐射对 K562 细胞的增殖抑制作用,至少在早期阶段与 Egr - 1 基因的激活表达相关。

电离辐射对细胞周期的阻滞作用十分普遍。许多基因都参与细胞的生长抑制和 DNA 的损伤诱导,其中 gadd45 基因十分引人关注。当 DNA 受到辐射损伤后,作为 p53 的下游基因,gadd45 的表达增强,诱导细胞阻滞在 G1 期,抑制 DNA 复制和细胞增殖,并激活细胞的核酸切除修复功能。有工作表明,在一个较宽的剂量范围(0.25 ~ 5.0 Gy)内,人外周血淋巴细胞 gadd45 基因的表达有明显的剂量 - 效应关系。同时,在 2 Gy 照射水平,该基因表达的时相也有一定的规律,即在照后 1 ~ 72 h 升高,其中在 4 h 达到峰值。这种剂量 - 效应和时间 - 效应特征,不仅为进一步研究与细胞周期调控中其他基因间的相互作用,而且为发展新的辐射分子生物剂量计提供了实验基础。

与人 ATM 基因结构高度同源的酵母 TEL1 基因,所编码的同源蛋白在氨基酸序列和生物学功能上与 ATM 蛋白十分相近,同时 TEL1 缺陷的酵母细胞也表现出基因组不稳定性等相似的功能缺陷。因此,转染产生的 AT - TEL1 细胞已成为研究 AT 细胞高辐射敏感性的有效工具。在这种转染细胞中,TEL1 基因的表达可以明显地降低辐射诱发的染色体和染色单体型畸变率,同时也减少了中期细胞的畸变细胞数。显然,TEL1 的表达降低了 AT 细胞的辐射敏感性。然而,在转染细胞中,没有观察到照射后细胞周期分布和细胞周期检查点的相应改变。因此,对这一有趣现象的发生机理,仍然值得今后继续探讨。

氡及其子体诱发肺癌的效应已被流行病学调查所肯定,但其生物学过程和致癌机理尚不明确。虽然致癌过程中多伴有免疫系统的改变,但相关的研究,特别是将动物整体暴露于氡的实验研究却不多见。在我们近期的工作中,对不同氡暴露水平的大鼠,观察其胸腺、肝脏和支气管肺灌洗液(BALF)细胞的变化,发现在 66 WLM 以上,免疫细胞 DNA 链的断裂增加、脏器系数降低、白介素 6 的 mRNA 表达上调。同时,BALF 中淋巴细胞比例减少,粒细胞增多。这些结果提示,在氡及子体的诱癌过程早期,免疫器官和细胞的结构及功能均发生了改变,因此吸入体内的氡及子体对免疫组织和细胞的辐射损伤不可忽视。

综上所述,对辐射损伤效应的基础研究,目前主要在细胞和分子水平,特别是相关基因的表达规律及其调控方面。这些研究为深入认识辐射损伤和修复的分子机理提供了多种途径。

4. 碱基损伤的修复

(1)光复活(Photo Reactivation)

光复活是在损伤部位就地修复。自 1970 年发现了光修复酶后,对其认识即比较清楚。当细胞受紫外线照射后,在其 DNA 链上形成胸腺嘧啶二聚体,光复活酶能专一地识别嘧啶二聚体,与损伤的 DNA 结合形成一个复合体。当给予可见光照时(最有效波长为 400 nm 左右),光复活酶利用光为能量,使二聚体拆开恢复原状,酶释放出来。光复活作用是一种高度专一的修复方式,它只作用于紫外线引起的 DNA 嘧啶二聚体。光复活酶在生物界分布很广,现发现动植物及人的细胞内都有光复活酶存在,表明这种修复机制是普遍存在的。

（2）切除修复（Excision Repair）

所谓切除修复，即在一系列酶的作用下，将 DNA 分子中受损伤部分切除掉，并以完整的那一条链为模版，合成出切去的部分，然后使 DNA 恢复正常结构的过程。在这种修复中，光不起任何作用，这种修复过程不是简单的由一种酶来拆开二聚体，而是利用双链 DNA 中一段完整的互补链，去恢复损伤链所丧失的信息。就是把含有二聚体的 DNA 片断切除，然后通过新的核苷酸链的再合成进行修补。切除修复不仅能除去嘧啶二聚体，而且还可以除去 DNA 上的其他损伤，这是比较普遍的一种修复机制，它对多种损伤均能起修复作用。参与切除修复的酶主要有特异的核酸内切酶、外切酶、聚合酶和连接酶。细胞内有多种特异的核酸内切酶，可识别由紫外线或其他因素引起的 DNA 的损伤部位，在其附近将核酸单链切开（Incision），再由核酸外切酶将损伤链切除（Excision），然后由 DNA 聚合酶进行修复合成，最后由 DNA 连接酶将新合成的 DNA 链与已有的连接上。大肠杆菌 DNA 聚合酶 I 兼有 5′核酸外切活力，因此修复合成和切除两步可由同一酶来完成。真核细胞的 DNA 聚合酶不具有外切酶活力，切除必须由另外的外切酶来进行。

电离辐射（如 X 射线、γ 射线等）的作用比较复杂，除射线的直接效应外，还可以通过水电离时所形成的自由基起作用（间接效应）。DNA 链可以出现双链打断或单链打断的情况。大剂量照射时，还有碱基的破坏。实验证明，DNA 聚合酶和 DNA 连接酶在电离辐射损伤的修复过程中起重要的作用。但是，与紫外线损伤的切除修复不完全相同，对于单链断裂的修复，核酸内切酶并不是必需的。

Howland 等的研究表明，二聚体被切除的程度和速度与紫外线辐射剂量密切相关。

细胞修复系统和癌症的发生也有一定的关系。有一种称为色性干皮病（Xeroderma Pigmentose）的遗传病，这种病的患者对日光或紫外线特别敏感，往往容易出现皮肤癌。经分析表明，患者皮肤细胞中缺乏紫外线特异性核酸内切酶，因此对紫外线引起的 DNA 损伤不能修复。这说明修复系统的障碍可能是癌症发生的一个原因。

（3）重组修复（Recombination Repair）

上述切除修复过程发生在 DNA 复制之前，因此又称为复制前修复。然而，当 DNA 发动复制时尚未修复的损伤部位也可以先复制再修复。例如，含有嘧啶二聚体、烷基化引起的交联和其他结构损伤的 DNA 仍然可以进行复制，但是复制酶系在损伤部位无法通过碱基配对合成子代 DNA 链，它就跳过损伤部位，在下一个冈崎片段的起始位置或前导链的相应位置上重新合成引物和 DNA 链，结果子代链在损伤相对应处留下缺口。这种遗传信息有缺损的子代 DNA 分子可通过遗传重组而加以弥补，即从完整的母链上将相应核苷酸序列片断移至子链缺口处，然后用再合成的序列来补上母链的空缺。此过程称为重组修复，因为发生在复制之后，又称为复制后修复。

在重组修复过程中，DNA 链的损伤并未除去。当进行第二轮复制时，留在母链上的损伤仍会给复制带来困难，复制经过损伤部位时所产生的缺口还需通过同样的重组过程来弥补，直至损伤被切除修复所消除。但是，随着复制的不断进行，若干代后，即使损伤始终未从亲代链中除去，而在后代细胞群中也已被稀释，实际上消除了损伤的影响。

参与重组修复的酶系统包括与重组有关的主要酶类以及修复合成的酶类。重组基因 recA 编码一种相对分子质量为 40 000 的蛋白质,它具有交换 DNA 链的活力。RecA 蛋白被认为在 DNA 重组和重组修复中均起关键的作用。recB 和 recC 基因分别编码核酸外切酶 Ⅴ 的两个亚基,该酶也为重组和重组修复所必需。修复合成需要 DNA 聚合酶和连接酶,其作用如前所述。

Sala 的研究认为,较低剂量辐射只能诱导有限程度的修复合成,修复复制中起主要作用的是 B 型 DNA 多聚酶。DNA 修复复制的另一重要特性是不按期 DNA 合成,一般情况下,细胞 DNA 合成发生于 S 期,但是 DNA 修复复制不但发生于 S 期,而且还发生于细胞周期中的任何时期。

(4)诱导修复和应急反应(SOS 修复)

前面介绍的 DNA 损伤修复功能可以不经诱导而发生。然而许多能造成 DNA 损伤或抑制复制的处理均能引起一系列复杂的诱导效应,称为应急反应(SOS Response)。SOS 反应包括诱导出现的 DNA 损伤修复效应、诱变效应、细胞分裂的抑制以及溶原性细菌释放噬菌体等。细胞的癌变也可能与 SOS 反应有关。SOS 反应是细胞 DNA 受到损伤或复制系统受到抑制的紧急情况下,为求得生存而出现的应急效应。SOS 反应诱导的修复系统包括避免差错的修复(Error Free Repair)和倾向差错的修复(Error Prone Repair)两类。光复活、切除修复和重组修复能够识别 DNA 损伤或错配碱基而加以消除,在它们的修复过程中并不引入错配碱基,因此属于避免差错的修复。SOS 反应能诱导切除修复和重组修复中某些关键酶和蛋白质的产生,使这些酶和蛋白质在细胞内的含量升高,从而加强切除修复和重组修复的能力。此外,SOS 反应还能诱导产生缺乏校对功能的 DNA 聚合酶,它能在 DNA 损伤部位进行复制而避免了死亡,可是带来了较高的突变率。

SOS 反应是由 RecA 蛋白和 LexA 阻遏物相互作用引起的。RecA 蛋白不仅在同源重组中起重要作用,而且也是 SOS 反应最初发动的因子。在有单链 DNA 和 ATP 存在时,RecA 蛋白被激活而表现出蛋白水解酶的活力,它能分解 λ 噬菌体的阻遏蛋白和 LexA 蛋白。LexA 蛋白(相对分子质量为 22 000)是许多基因的阻遏物。当它被 RecA 的蛋白水解酶分解后即可使一系列基因得以表达,其中包括紫外线损伤的修复基因 uvrA,uvrB,uvrC(分别编码核酸内切酶的亚基),以及 recA 和 lexA 基因本身,此外还有编码单链结合蛋白的基因 ssb,与 λ 噬菌体 DNA 整合有关的基因 himA,与诱变作用有关的基因 umu DC,与细胞分裂有关的基因 sulA、ruv 和 lon 以及一些功能还不清楚的基因 dinA、dinB、dinC、dinD、dinF 等。

SOS 反应广泛存在于原核生物和真核生物中,它是生物在不利环境中求得生存的一种基本功能。SOS 反应主要包括两个方面:DNA 修复和导致变异。在一般环境中突变常是不利的,可是在 DNA 受到损伤和复制被抑制的特殊条件下,生物发生突变将有利于它的生存。因此,SOS 反应可能在生物进化中起重要作用。

5. 主要断裂的重接修复

(1)单链断裂的重接修复

单链断裂(SSB)形成的相邻羟基和磷酸基末端可通过 DNA 连接酶直接将缺口"封闭"。经证实,大约有 30% 的 SSB 是 5 - 磷酸基末端及相邻的 3 - OH 末端,这种断裂直接被连接酶修复。带有不正常损伤基团末端的 DNA 断片则有可能在经适当的酶如 DNA 糖苷酶修饰后被重接。植物细胞也可以进行 DNA 单链断裂修复。

体内氧化代谢过程中产生了大量的对身体有害的自由基，它们与电离辐射、辐射疗法一样，使细胞产生诸如 DNA 单链断裂(SSB s)、碱基丢失、嘌呤与嘧啶修饰等损伤，这些损伤多为潜在性致死损伤，可能与细胞存活、染色体畸变、突变、基因组不稳定性以及细胞凋亡有关，一般与辐射引起的细胞死亡率无关，这是因为碱基切除修复迅速而准确。

DNA 损伤切除修复系统包括：

①错配修复。负责切除 DNA 复制时发生的错误配对碱基，并填充正确碱基。人类细胞具有修复连续 5 个以上碱基的能力，而大肠杆菌却只有修复 3 个的能力。

②碱基切除修复。针对单个碱基受自由基的作用所产生的损伤，切除并修复。

③核酸切除修复。对于环境刺激如紫外线或化学物质产生的 DNA 损伤，这样的损伤往往是相当大的，由此种修复系统识别并修复。一种遗传性疾病——着色性干皮病的患者就是缺乏此种修复系统。

④转录偶联修复。这也是一种核酸切除修复系统，转录基因进行蛋白质的翻译，它的损伤修复要比非转录基因损伤修复迅速。DNA 切除修复系统是一系列酶。例如，嘌呤嘧啶内切酶、修复聚合酶和连接酶参与各种 DNA 损伤的切除修复；而嘌呤嘧啶修饰是由 DNA 糖基化酶识别后再切除的。

(2)双链断裂的重接修复

DSB 重接修复理论：

①DSB 重接需要同源 DNA。

②以诱导的"SOS"机能进行 DSB 的重接修复。目前认为染色体畸变是残留的未修复的 DSB 或 DSB 错误修复所致。

双链断裂(DSBs)是辐射所致细胞死亡的最重要的 DNA 损伤形式，它的修复是通过重组修复进行的。重组修复可分为两种形式，同源重组和非同源末端结合重组，前者是低等真核细胞如酵母和细菌的修复形式，而后者则是脊椎动物应付 DNA 损伤的主要手段，这是在研究免疫球蛋白基因 V (D)J 重组中发现的。已经证实，一些哺乳动物辐射敏感细胞系不能进行 DSBs 修复的原因是由于 DNA 依赖的蛋白激酶(DNA 2PK)成分 Ku 的缺失，同时也缺乏 V (D)J 重组机制。DNA 2PK 是一种由双链 DNA 激活的丝 2 苏氨基酸激酶，能使很多蛋白底物包括一些转录因子如 Sp1、抑癌基因 p53 蛋白、RNA 聚合酶 II 磷酸化。该酶至少由两个蛋白质组成，含有催化亚基的 p 350 和与双链 DNA 作用的 Ku 自身抗原，后者是一个相对分子质量为 70～80 的 Ku 的二聚体，可被自身免疫性疾病如硬皮病 2 多肌炎患者血清抗体识别。由辐射和化学药物所形成的 DSBs 的酶学修复机制是：70/0 Ku 的二聚体结合 DSBs 的断端，然后由于催化亚单位的作用，使得必需蛋白质磷酸化，将断端重接起来。结构性热休克蛋白结合元件能够抑制诱导热休克蛋白 HSP70 生成的热休克转录因子，Ku 自身抗原与这个元件具有同源性，这说明 DNA 修复和应激反应是有关系的。来自有严重联合免疫缺陷(Severe Combined Immunodeficiency,SCID)鼠的细胞，由于其 DNA 2PK 发生突变而缺乏 DSBs 修复能力，在 X 射线和博莱霉素处理之后，细胞凋亡发生率明显提高。

在高等生物中,在一定损害条件下,可诱导多种修复途径的启动,一种酶或修复系统的缺陷往往不会引起损伤后修复的完全失败,因此,因一种酶的缺陷而引起的修复系统的伤害可能开始观察不到,但随着时间的延长可能会导致癌症的发生,因此编码这些酶的基因可能是癌症或其他疾病的潜在标志物。另外,许多 DNA 修复酶不止有一种功能,往往参与多种修复系统和细胞事件,Ku 蛋白就是这样一种蛋白。编码这些蛋白的基因缺陷后的生物学后果呈多样性,很难单独从 DNA 修复缺陷来预测表型,像 AT 这样单个基因缺陷就能导致多个系统的综合征。

完美的 DNA 修复是不存在的,对 DNA 修复系统的研究需要进一步阐明系统间重叠功能、修复基因的信号传导途径以及基因修复缺陷和人类疾病的关系。

早在 20 世纪 60 年代,人们就证实了 DNA 的 SSB 能进行重接修复,后来的研究表明,DNA DSB 也能进行修复。DNA 链断裂后的修复,最主要的有切除修复和重组修复,切除修复至少包括 5 个步骤,分子局部破坏的识别、针对损害部位通过核苷酸内切酶进行切除、核酸外切酶切除这段损伤的链、由核酸聚合酶提供这段核苷酸的补片,最后,DNA 连接酶将核苷酸的补片连接到 DNA 分子的主链上。重组修复也称复制后修复,修复前先进行 DNA 复制,在复制过程中,一组母子链在损害部位出现缺口,通过重组由另一组母链上正确的片段来填补受损害的一组子链上的缺口,然后,由 DNA 聚合酶 I 分别修补母链和子链上的缺口,通过 DNA 连接酶的作用进行连接,完成修复过程。当然,细胞中还存在其他的修复系统,如 SOS 修复系统,与其他修复系统相反,这个系统在修复损伤时在DNA 上产生错误,所以又称之为错误修复,它是当使用无错修复机制不能处理损伤时的最后选择。

DNA 双链断裂是一种很难修复的损伤,只有在 DNA 末端能正确连接的情况下才能被正确修复,然而,如果没有重叠的单链区,没有碱基对的同源性重组,这种断裂是无法通过酶来催化连接的。因为细胞不能容忍自由的 DNA 末端存在,分子的断裂末端常与其他的断裂末端连接。遭受某一特定双链 DNA 断裂的细胞常包含有其他的断裂,这样一个断裂末端就有许多可能的片段与它相连接。不同染色体上断裂末端的连接将导致DNA 片段从一个染色体到另一个染色体的易位,这样的一个易位也许能活化一个原癌基因。因此人们认为,辐射引起的致癌效应是由于双链 DNA 断裂引起 DNA 片段易位,偶然活化了癌基因的结果。

DNA 链断裂修复的几个特点:

(1)修复不需要 DNA,RNA 和蛋白质合成

Ormerod 等人证实,SSB 修复不需要 DNA,RNA 和蛋白质的合成。Gantschi 等人用亚胺环己酮抑制 HeIaS3 和 CHO 细胞的蛋白质合成,能迅速减少 DNA 的半保留复制。但亚胺环己酮不能抑制紫外线或 X 射线照射后 DNA 损伤的修复,直至 8 h。仅在 20 h 后,才表现出轻微的抑制,减少 35%,表明 DNA 修复并不需要蛋白质的合成,细胞具有进行修复所需要的酶。

(2)修复与细胞周期的关系

DNA 链断裂的修复可发生在细胞周期的各个阶段,即使在细胞的 G0 期,仍然能修复辐射引起的 DNA 损伤。Catena 用 20 Gy X 射线照射人外周血淋巴细胞,结果在同步化的

细胞中,S 期 DNA 复制后,其修复能力达最大值。细胞各期相的修复能力反映了各期细胞的辐射生存能力。

(3)细胞转化前后修复能力的差异

Hashimoto 研究了 137Cs - γ 射线照射后人外周血淋巴细胞的 DNA SSB 修复能力,发现转化后的细胞 DNA SSB 修复能力是未经转化细胞的 10 倍。

(4)修复与环境的关系

如果将照射后的人外周血淋巴细胞放在不同的介质中培养,在 100% 的自身血清中,修复 1 h,SSB 还保留 37%,如在 TC199 + 20% 胎牛血清中,SSB 还有 64%。国内也报道,人外周血淋巴细胞在不含血清的 TC199 培养液中孵育 4 h,SSB 不仅不能重接,反而有增加趋势,在含有人血清的培养液中,其大部分 SSB 得到修复,并优于含胎牛血清的培养液。

温度对修复的影响:辐射引起的淋巴细胞 DNA 链断裂在 37 ℃中连接最快,在 4 ℃时很难看到修复。Ormerod 的实验说明,低于 20 ℃就几乎完全抑制了 SSB 连接。关于高温的影响,近年来受到重视,Jorritsma 用 X 射线照射艾氏腹水瘤细胞,继而用高温处理,结果,42 ℃连续 4 h 的处理,对 DNA 链断裂修复只有轻微的抑制作用;在 43 ~ 45 ℃时,显示出明显的抑制作用,并随着时间的延长,抑制程度加大。但在这种高温下,不经照射的细胞也产生了 DNA 链断裂。因此,高温处理对射线引起的 DNA 链断裂修复能力有一定的抑制作用。

(5)DNA 链断裂修复过程呈双相变化

许多研究表明,DNA 链断裂修复过程具有快、慢两部分。用 X 射线照射大肠杆菌后,在可修复的 SSB 中,大约 85% 的 SSB 修复迅速($0.5 \text{ min} < t < 6 \text{ min}$),余下的修复缓慢($t \approx 20 \text{ min}$)。Sakai 则将中国仓鼠细胞和 L5178Y 细胞 DNA 链断裂修复过程分为快修复、慢修复和不能修复三部分,并认为快修复是 SSB 部分,慢修复是 DSB 部分。

(6)修复后 DNA 链出现继发性损伤

许多学者发现,照射后的细胞经一定时间保温后,修复好的 DNA 链会重新发生断裂,出现继发性的损伤。有实验说明,在对辐射有抵抗力的 G1 期中,DNA 的重新降解最少,在辐射敏感的 G2 期中,降解最多。Kanter 用羟基磷灰石、碱性和中性蔗糖梯度离心技术分析了 X 射线对三种人细胞株的 DNA 链断裂修复情况:在 2 h 或更短的时间内,损伤得到定量的修复。4 h 后,1 000 rad 照射下的 CCRF - CEM 细胞株和 8402 白血病细胞株出现了 DNA 损伤修复后的再断裂。当剂量升到 2 000 ~ 8 000 rad 时,HeLa 细胞也出现这种损害。这种损害有剂量效应,不能再修复,它的出现是辐射引起细胞辐射效应过程的极性期表现。

综上所述,DNA 链断裂(SSB,DSB)是辐射引起的细胞分子水平上的一种重要的损伤,它的损伤程度及其修复能力关系到细胞的致畸、致突变和致死等生物学效应。目前,对 DNA 链断裂、断裂后的修复能力与细胞辐射效应方面的研究已经取得许多进展。我们可以相信,随着这方面的研究不断深入,必将会对辐射引起人体病变的机制及其防护提供理论基础,从而为星际航行的实现奠定基础。

6. 电离辐射引起的 DNA 损伤的特点

DNA 是生命遗传的物质基础,通过 RNA 的转录与翻译,控制着蛋白质的生物合成,主宰细胞的结构、功能与代谢活动。细胞 DNA 是辐射生物效应中的重要靶分子。由于 DNA 在生命过程中的重要性,它的辐射损伤引起人们的极大关注。电离辐射能引起 DNA 多种损伤,包括 SSB(单链断裂)、DSB(双链断裂)、糖和碱基损伤、DNA 与蛋白质交联等。其中,链断裂是最常见和最重要的损伤。

电离辐射通过直接和间接作用对细胞 DNA 产生损伤,其中,间接作用占主要的地位。在间接作用中,由于粒子的能量在细胞内的释放,将产生离子、自由基和激活的分子,这些不稳定的基团在细胞内进一步作用,能产生导致突变或死亡的分子损害。辐射通过上述反应,造成 DNA 中脱氧核糖部分的破坏、磷酸二酯键的直接断裂和随着碱基损伤引起的脱嘌呤和脱嘧啶,留下脱嘌呤和脱嘧啶位点,而对糖 – 磷酸盐支架的损伤则会形成 DNA SSB。Ormerod 认为,辐射造成的碱基损伤可引起局部区域变性,经过酶的作用,形成 SSB。DNA 链易断裂的部位,依次为脱氧核糖的 3′ – 4′ 位碳原子之间、脱氧核糖 4′ – 5′ 位碳原子之间、脱氧核糖 5′ 碳原子与磷酸之间及磷酸与脱氧核糖的 3′ 碳原子之间。辐射引起的 DNA 链断裂分为辐照时产生的断裂、辐照后产生的断裂及进一步用碱性物质(如六氢吡啶)处理产生的断裂。

DNA 链断裂发生的部位究竟是否随机分布,过去从发生机理来考虑,一般认为是随机的。Henner 等用高分辨的序列胶直接观察了 60 Co – γ 射线所引起的 DNA 链断裂,他证实质粒 pMC1 在照射后各个碱基部位上发生断裂的概率几乎是相等的。然而 Duplaa 等用相似的方法研究 ΦX174 DNA 的 HaeⅢ酶切片段,却发现在 γ 射线照射后链断裂(包括碱基不稳定性断裂在内)的分布不是均等的。在较低剂量下(< 20 Gy)碱基位置上发生断裂的顺序为 G > A > T ≥ C,而在较高剂量(40 ~ 80 Gy)下嘧啶处的断裂频率增加,顺序变为 T > G > A ≥ C。这种现象如何解释尚不清楚。而 Baverstock 用电镜分析的方法也支持质粒 DNA 分子中非随机分布的双链断裂的存在,因此链断裂与碱基顺序的关系尚待进一步阐明。对于哺乳动物细胞 DNA,因其分子质量过大,通常切取其片段来进行分析。如 Bases 用猴 CV – 1 细胞 DNA 的 α 顺序(172 bp)做材料,采取 5′端、32p 标记、变性胶电泳的方法,分析了 X 线照射后链断裂的结构特点,显示出 2 – 巯基乙醇在溶液中能充分防护链断裂的发生。他还观察到 DNA 分子在细胞内所受到的损伤程度仅为溶液中损伤的 1/20。该实验室还探究了一种研究细胞修复 DNA 损伤的新方法,即将 X 射线照射后的 DNA 用电激法导入细胞,然后追踪细胞内该片段的变化。用序列分析法还揭示了电离辐射所致 DNA 碱基损伤的特点,发现 DNA 上形成的胸腺嘧啶乙二醇及尿素残基是造成 DNA 复制阻断的主要位置。

在多种形式的 DNA 损伤中,双链断裂(DSB)受到特别重视,因为它与细胞存活密切相关。但基因组是一个整体,DSB 的危害性会随其在基因组中的位置、拓扑学结构及其继发影响而不同,所以同样数目 DSB 的生物学效果会有差异。再有,DNA 受大剂量 γ 射线或高 LET(传能线密度)射线照射后,DSB 的形成往往不是单一的,而是碱基损伤、单双链断裂和 DNA 交联的复合。因此,有的科学家提出了簇损伤(Clustered Damage)、局部多损伤部位(Locally Multiply Damaged Sites)和纯净 DSB 等概念,这给研究增加了复杂性。

有学者在研究 DNA DSB 形成时指出,DSB 由多个自由基引起。单个自由基引起 DSB 的可能性不存在,这是由于两条链之间的距离和空间等因素,使得一个自由基不可能与 DNA 的两条链同时作用。DSB 可能产生单个的辐射事件在两条链之间的直径里形成两个或多个自由基的作用。一般电离辐射引起的能量沉积可产生较高的自由基浓度,两条链之间的距离可能会被较高的自由基浓度布满,使自由基有可能在相对的链上进行攻击。DSB 错误修复可按以下三种方式相互作用和重接:

①形成双着丝粒染色体,这对细胞是致死的。

②在染色体上形成对称性易位,活化原癌基因,例如可诱发白血病或淋巴瘤。

③形成基因缺失,使抑癌基因丢失或灭活,例如可诱发实体瘤。

在基因组中,DNA 辐射损伤具有选择性和分布的不均一性。在一定剂量范围内,某些基因损伤与照射剂量成比例关系,并且形成基因突变谱(Gene Mutation Spectrum)。辐射引起 DNA 链断裂的几个重要特点如下:

(1)在相同的辐射条件下,各种细胞单位 DNA 产生的链断裂数相近

Lett 等人的研究表明,对辐射敏感的鼠类白血病细胞($D_0 = 38$ rad)和耐辐射的小球菌($D_0 = 70\,000$ rad),由 X 线诱发 DNA SSB 的敏感性很相似,在氧存在的条件下照射,每产生一个 SSB,白血病细胞需 70 eV,小球菌需 50 eV。也就是说,如果以每单位 DNA 受一定剂量照射时产生的断裂数来比较 DNA 的敏感性,大致相同。

(2)一定能量的射线产生的 SSB 与 DSB 有一定的比值

在低 LET 的射线照射时,各种细胞产生的单、双链断裂的比大约是 10:1。Hutchinson 的实验表明,真核细胞内的 DNA 经 γ 线照射后,产生的 SSB 为 $(1 \sim 5) \times 10^{-12}/D \cdot \text{rad}$,DSB 为 $1.2 \times 10^{-13}/D \cdot \text{rad}$。Krisch 也得到了类似的实验结果。

(3)OER(氧增比)对 DNA 链断裂的影响

在氧存在下,辐射产生的 DNA 链断裂数增加,氧的存在增加了自由基的数量,实验证明,鼠 L5178Y 细胞的 DNA 在有氧条件下照射,其 SSB 的产生是无氧条件下(充氮气)的 2 倍。

(4)LET(传能线密度)对辐射引起 DNA 链断裂的影响

随着射线 LET 的升高,引起的 DNA SSB 减少,DSB 增多。许多研究表明,中子比 X 射线更能有效地产生 DSB,并且,中子引起的 SSB 的修复比 X 射线所引起的要缓慢。

(5)γ 射线引起的 DNA 损伤

γ 射线使和细胞周期调控、DNA 修复、信号传导有关的基因都发生了基因转录谱的改变;γ 射线和中子二者则可引起基因表达出现差异;γ 射线、质子和高能粒子都会导致基因的差异表达(包括表达的上调和下调),90% 以上的基因差异表达是由这三种辐射中的一种引起的。其导致基因表达改变所涉及的机制主要包括端粒缺失、细胞氧化状态持续上调、多重双着丝粒断裂、重退火循环等。

7. 电离辐射诱发的基因组不稳定性和旁效应

长期以来人们一直认为,在哺乳动物细胞中,辐射的生物学效应,如染色体畸变、突变和细胞死亡,是 DNA 损伤的直接结果,但近年来的许多研究显示,辐射能诱发基因组不稳定性。

使细胞获得高于正常情况下累积的任何突变状态,均称为基因组不稳定性,它的特征是,在哺乳动物基因组中增加了突变频率。基因组不稳定性可发生在不同水平,从单核苷酸、序列、基因、染色体结构性成分直至整条染色体,它表现为各种类型的异常改变,如单核苷酸突变,序列不稳定性,基因组拷贝数增加或减少,基因扩增、重排和缺失,染色体杂合性丢失和纯合性丢失,以及表基因组效应(Epigenomic Effect)等。在受照后一段时间内的细胞中,可观察到辐射诱发的不稳定性。可供检测的生物学终点有染色体的改变、多倍体数的改变、微核形成、基因突变和扩增、小卫星和微卫星(短串联重复序列)不稳定性,以及克隆形成率的下降等。许多研究揭示,核外甚至胞外事件在引发和维持辐射诱发的染色体组不稳定过程中起重要作用。基因组不稳定性是许多癌症的特征之一,可能是肿瘤形成的驱动力。在辐射诱导肿瘤形成的过程中,越来越多的证据表明不稳定性可能充当一个关键的步骤。许多文献都提出了这样的一种假说,即辐射诱发的基因组不稳定性为辐射致癌作用提供了一种模型。因此,探讨辐射诱发的不稳定性的机制,很可能为与辐射有关的健康危险和一般的致癌过程提供有价值的参考。

电离辐射除对直接受照的细胞产生损伤外,还可由受照细胞产生一些信号或分泌一些物质,从而引起共同培养的未受照细胞产生同样的损伤效应。这种由受损细胞产生某种信号或分泌分子传递到其他细胞的效应,称为电离辐射诱发的旁效应。关于其机理还不完全清楚。目前的研究认为主要有两个方面:一是受照射细胞释放的一些活性物质或信号分子对未受照细胞发生作用,这些因子通过还原型烟酰胺腺嘌呤二核苷酸(NADPH)/核因子-κB(NF-κB)使得发生旁效应细胞间活性氧水平上升;二是细胞间信号传导连接介导了这一过程,主要是一个受肿瘤抑制基因 p53 产物调控的依赖间隙连接细胞间通信(Gap Junction Intercellular Communication,GJIC)的通路。有研究表明,使用自由基清除剂二甲基亚砜(DMSO)和细胞间通信阻断剂林丹(Lindane)预处理细胞,对 α 粒子照射诱发的旁效应有抑制作用。

目前各国用来研究电离辐射旁效应的实验模型主要有以下几种:

①用微束照射装置定点、定比照射细胞。

②在细胞与放射源之间插入网格,定比照射细胞。

③用培养过受照射细胞的培养液培养未受照细胞。

以上方法都证实有旁效应的存在。

辐射诱发的基因组不稳定性,是指在本身不是受照细胞而是作为受照细胞的后代所发生的一种非靶效应;而旁效应通常是指与发生在非受照细胞的、与电离辐射直接相关的一种非靶效应。这两个现象具有许多相同的生物学终点,如诱发染色体重排、微核、突变增加、转化增加和细胞死亡等。那么,在诱发的不稳定性和旁效应之间,它们的关系是什么呢?很明显,在造血细胞中的染色体不稳定性是由一种间接的、非靶的旁效应类机制所诱发的。有报道称,在染色体不稳定的细胞中细胞内的活性氧基团持续增加,这为持久的不稳定性提供了一种机制。有很多的实验支持这一假设,并且这一假设近来得到详细的评述。细胞间的多种信号串联、产生的细胞因子、生成的 NO 和持续产生的自由基都有可能介导不稳定性和旁效应。

染色体不稳定的 GM 10115 克隆通过向培养基中分泌旁效应因子,从而诱发延迟的染色体重排。Nagar 等人从染色体不稳定的 GM 10115 人 - 仓鼠杂交细胞的克隆中取出培养基,过滤后,用以培养未受照的 GM 10115 细胞,结果没有一个未受照的 GM 10115 细胞能够在该培养基中生存和形成克隆。他们把这种新的效应称为死亡诱导效应(DIE),在染色体不稳定的 GM 10115 细胞的培养基中培养的细胞因此而死亡。在这个显示 DIE 的不稳定克隆中,也出现凋亡细胞数增加和细胞内活性氧水平升高,它们二者都可能给培养基提供造成 DIE 的因子。另外,细胞的不稳定克隆分泌的因子很可能诱导不稳定表型,但其本身对不稳定克隆没有毒性。应该强调的是,DIE 应该和在受照细胞转移培养基之后所观察到的旁效应区别开来。当受照的 GM 10115 细胞的培养基转移给未受照的细胞时,没有观察到克隆形成率的下降。这说明了 GM 10115 细胞既没有分泌一种有毒的旁效应因子,也对旁效应因子不敏感,并且 DIE 不同于 Mothersill 等描述的旁效应。越来越多的证据表明,辐射诱发的不稳定性和旁效应有联系,并且因为有观察到的共同的生物学终点,所以两种现象可能是同一非靶过程的不同表现。另外,细胞分泌因子的重要贡献可能有助于解释辐射诱发不稳定性的高频率。

电离辐射诱发的基因组不稳定性在哺乳动物细胞和体内广泛存在,这种不稳定性在细胞内的持久存在,使受照细胞子代遗传变化的频率增加。基因组不稳定性有多种形式的生物学终点,但它们之间是如何联系的,目前还不清楚。越来越多的资料表明,受照细胞子代的突变是基因组不稳定性的结果,而不是由射线本身引起的直接损伤。另外,电离辐射诱发的基因组不稳定性在肿瘤的发展过程中可能起重要的作用,辐射诱发的基因组不稳定性可能使整个基因组处于临界突变状态。随着基因组不稳定性过程的进行,使细胞内一些关键的基因突变(如癌基因活化、抑癌基因失活),从而导致癌症的发生。因此,基因组不稳定性在癌症的起始过程中作为一个关键的早期事件,可能起着特殊的、也许是独特的作用。辐射诱发的旁效应的证实及其机理的研究,对传统的放射生物学理论提出了重新认识的必要,并且对放射治疗、危险评价、辐射防护等领域的研究产生影响。

1.3　空间微重力环境生物学效应

1.3.1　微重力对心血管系统的影响

空间的微重力环境会对人的心血管系统产生重要影响。2007 年 12 月,美国国家航空宇航局出版了人类综合研究计划,其中将心血管系统在空间环境发生的改变列为人类探索空间面临的主要威胁。2008 年国际空间生命科学工作组会议也将心血管系统的研究列入未来空间科学的重点研究方向。以下将对心血管系统的基本知识作简要介绍,并着重讨论微重力环境在空间飞行的各个阶段对宇航员产生的影响及机理,以期在未来从更多的角度开展对微重力生理学的研究,并最终解决人类在探索空间时可能面临的健康威胁。

1. 压力感受器反应

压力感受器是位于动脉和静脉系统的特定神经末梢,动脉压力感受器位于颈动脉窦和主动脉弓,当血从颈动脉上行至头部时颈动脉窦产生反应,当血从心脏入动脉时主动脉弓产生反应。当血压升高时,经由压力感受器和交感神经的正确反应使心率和每搏输出量降低,使小动脉血管舒张以降低血管外周阻力,间接影响肾脏,使排尿增加。如果血压降低则产生相反的反应。静脉压力感受器分布比较广泛,目前了解的比较有限。通常这些感受器散布于腔静脉,由于这些静脉的顺应性比较大,微小的血压改变就可以使其容积发生较大改变,因而静脉压力感受器主要检测身体上部的静脉血容量的显著变化。虽然对静脉压力感受器的了解较少,但它们可能是首先对空间飞行所致体液分布变化产生反应的压力感受器。

实验证据表明,前庭器官在血压调节方面也有重要作用。在不同体位的转换过程中,与重力相关的头部方向的改变会对耳石产生刺激,并以此作为信号激发血压的迅速调整,这种反应在微重力环境下必然会发生变化。

总之,虽然压力感受器和前庭感受器会分别对压力和加速度的变化迅速作出反应,但这种反应不是即时的。人从躺靠或蹲撑体位迅速站起时,都会经历几秒钟的头晕状态,在超重状态旋转的飞行员也常会经历这种情况,这是由于机体产生反应调整上半身血压时头部供血量极少导致的。当在重力作用下的血流从头部向足部下行,心血管系统会进行调整以适应这种变化,但这种适应会有一段滞后的时间。在适应变化之前和其间,飞行员需要格外注意,通过特殊的训练演习提升血压,以保持血压稳定,另外飞行员还通过穿充气式抗荷服,在腿部和腹部充气,辅助血液流向身体上部。在微重力环境下机体反应的这段滞后周期并不十分重要,因为压力感受器响应的头部体液蓄积是相当缓慢的过程,从飞行器发射一直持续到整个在轨过程。

2. 体液容量调节

血压和血容量的长期调节涉及肾脏的协调作用。受控制的主要血液因子是血浆容量。最终血液的细胞组分也受到调节(例如,红细胞、白细胞、血小板的制造和破坏),但这属于间接的长期效应。

在体液容量、红细胞产量及血压的调节过程中肾脏的作用至关重要,另外肾脏还协助维持体液中正常的水分和电解质浓度。这种控制作用依赖于调节盐和水分平衡的激素。例如,当细胞感应到血浆渗透压升高时,脑垂体后叶释放一种多肽类激素——加压素,加压素直接作用于肾脏使其保留更多水分,水分使血浆得以稀释,增加血浆容量。反之,加压素水平降低会促使身体排出更多水分。特定的肾脏细胞以压力感受器的方式感知动脉压、交感神经的活动,以及交感神经肾上腺素的变化。当血压降低或交感神经活动增强,这些细胞开始一系列的复杂反应,保留或排出水分及电解质。

简单说来,心血管系统就像管道工程,由泵(心脏)、管道(血管)和控制系统(自主神经系统;调节盐分和水平衡的激素;来源于内皮细胞的毛细血管调节因子)组成。在运动或体位急剧变化等应激情况下,中央司令部(大脑中的高级指令中心)开始提升心率,骨骼肌内的感受器感知代谢和机械变化,将信号传给大脑并产生精确而强烈的反应。心脏本身是感受器官,通过机械性刺激感受器探知血液含量并使心脏充盈。大血管壁的压力感受器感知血管系统内部的压力。这些信号在大脑中心整合,通过神经系统调节心脏收缩的力量、频度以及血管的外周阻力。

3. 空间飞行对心血管系统的影响

在立、坐、卧等体位之间的快速转换需要心脏和血管迅速加以调节，这是由非常复杂的控制体系完成的。这种控制功能在空间飞行时受到极大挑战。当由直立体位变为仰卧，或处于微重力环境，体内流体静力学梯度消失，体液从身体下部转移到胸部，心脏的血量约达到正常水平的2倍。通过血浆重新分布和血浆的排出，心脏泵血量增加，以响应这种血容量的变化。对于空间飞行对心血管影响的研究大多集中在空间飞行和返回地面后心输出量、心率、血管活动、血压和血容量的变化，目的之一是搞清体液重排的起始时间，因为体液重排是微重力环境下其他生理变化的原因。由于空间飞行各个阶段对心血管系统的影响有其各自的特点，以下将分别给以介绍。

（1）发射阶段

宇航员在飞行器发射前要以仰卧体位等待约2.5 h，如果发射控制台准备取消发射则可能要以该体位等待约4 h。为了抵消发射时的水平加速度，宇航员仰卧时臀部和膝盖需呈90°弯曲。这种仰卧体位的结果是血液积存在心脏以上，使中央静脉压及心输出量增加。在仰卧的早期，每搏输出量从75 mL/次升至90 mL/次，这是心脏以上血量增加的必然结果。机体通过排尿和减少渴感以应对这种变化，宇航员的内衣由吸湿材料制成，如果需要可以在宇航服内排尿。但宇航员通常在发射前12~24 h就停止进水以避免使用内衣吸湿，这种方法使宇航员在体液匮乏的情况下进入轨道，从而导致快速站立时的昏厥，降低了宇航员在紧急情况下的逃生能力（紧急情况逃生计划要求宇航员穿着41 kg重的包含生命保障系统和降落伞的太空服从侧面的舱门或航空母舰甲板窗户逃出）。

（2）在轨早期

①体液转移。发射完成后，在微重力环境下体液持续向头部流动。这种体液转移在空间飞行的最初6~10 h完成，并在飞行的整个阶段始终保持这种状态，使人体轴向上的体液分布和血压水平较地球上发生较大改变。最明显的现象是头部和颈部的静脉充盈，眼部周围肿胀。这种面部表情的改变使语言表述难于被理解，还会影响到宇航员的人际交往。宇航员把这种感觉描述为头部被填塞，鼻子有类似慢性鼻炎的鼻塞感觉，味觉和嗅觉也发生类似地面上感冒时出现的变化。还有些宇航员会有眼压增高的感觉，在眼球转动幅度过大时出现痛感，还有人会感到头痛。针对是否由于微重力改变颅压从而导致类似鼻塞头痛之类的症状，目前正在开展相关研究工作。

与身体上部相反，由于腿部的毛细血管压力下降导致腿部体液减少，从而表现为"鸡腿样症状"。多达2 L的体液转移至头部，腿围会减小10%~30%，且主要出现在大腿部位。

飞行早期时，渴感被抑制，宇航员的液体摄入量下降。部分原因是体液的转移导致渴感反射被抑制，但尚无证据表明有排尿量升高现象。液体摄入量下降的另外一个原因是空间飞行的最初1~3天许多宇航员会出现晕动症，采用抗晕动症药物或对抗性运动可以减少这种摄水量和排尿量的改变。

②血压和心率。微重力效应的一个研究热点是中心静脉压的变化，这一指标可以考察转移到身体上部的体液量以及体液转移的迅速程度。中心静脉压的考察最早开始于

1993 年宇宙空间实验室的空间飞行任务,宇航员在空间飞行时将连有探测装置的导管接入靠近心脏的下腔静脉以检测近心处的血压,并在后续的空间实验室任务中对实验结果进行验证。结果表明发射前宇航员仰卧时中心静脉压升高,在发射及其后的飞行器上升过程中心静脉压进一步升高,但进入微重力环境 1 min 后,中心静脉压降至低于发射前的水平,并始终保持低于正常状态的水平。发射前及实际发射阶段中心静脉压的升高是由于仰卧体位使得体液充入右心房,以及重力对胸腔产生压迫。而当宇航员进入太空后,尽管体液向头部转移,但中心静脉压却在 1 min 之内迅速降至正常水平之下,可能的原因是,在微重力环境下胸部静脉顺应性迅速升高,以便在上半身体液增加的情况下保持较低血压。

其他短期内的变化还包括体液增加导致的心率增加及心脏体积的增大。水星 8 号探测器在经历了 9 h 飞行后即观察到心率的轻微升高,水星 9 号探测器经历 34 h 飞行后,宇航员仰卧心率达到 132 次/分,直立心率达到 188 次/分。

(3)在轨后期

①体液转移。在空间飞行持续一段时间后,体液向头部的转移激发压力感受器的反应,消除上半身多余的体液。几天以后由于摄水量减少和肾脏的排水量增加导致血容量降低。下肢血管和组织间隙的体液损失达 1~2 L,与飞行前相比减少 10%~15%。在空间飞行 3~5 天后,身体的总水量保持在低于正常水平 2%~4% 的水平,血浆则减少约 22%。这一结果表明初期损失的下肢血液和组织间液在空间飞行后期有部分重新回到组织间隙,血容量下降以后,血浆和红细胞进一步减少,使血细胞比容维持在相对稳定状态,提示宇航员在空间飞行后期产生了对微重力环境的适应,因而也将产生对 1 g 地面环境的不适应。

飞行前、中、后期对宇航员进行超声心动图检测,超声影像显示,当宇航员刚到达太空时,由于心脏血流量的增加,使得心脏显著增大。随着多余体液的排出,机械作业相对较少,对于心脏泵血能力的要求降低,宇航员逐渐适应空间环境,心脏开始减小,直至最终小于地面水平,血管也变细且僵硬,但飞行 3~8 个月之后左心室的收缩功能始终保持正常水平。即飞行后期循环系统达到新的平衡状态,最终实现生理机能及体液水平之间的稳定平衡。

②最大运动能力。流经肺部的血量与心输出量相等,与进入肺的气体量成正比,因而气体交换水平可以用于评估心输出量。对宇航员在空间环境最大运动量时的耗氧量进行监测,结果与飞行前没有显著差异,提示短期飞行时最大运动能力保持在正常水平,即心血管系统的最大能力没有改变。因此,体液的减少和心脏的变化使人体适应极端环境,这种适应是生理反应,而并非病理反应,未对生理机能造成损害。

运动是对抗返航后再适应障碍(如直立体位不耐受)的有效手段,也使得机体在空间环境保持跟地面状态一样健康的心血管机能。最初的空间实验室只有少数运动项目,在后期的空间任务中运动的项目和设施都较早期有所增加,在长达 84 天的空间实验室任务中,宇航员的心血管机能都通过运动得以加强。

③心律。在美国早期的空间计划中,心律不齐现象的出现被用以证实心血管系统的病理性改变。在阿波罗计划中,出舱登月及返航后均观察到宇航员出现严重的心律不齐,其中部分原因是电解质失衡。例如,宇航员登月返航后血液中钾离子水平降低。严

重的节律障碍还出现在空间站和航天飞机飞行过程中。和平号空间站的宇航员出现了持续的心律不齐,此前,一名俄罗斯宇航员因出舱活动导致的间断性心律不齐提前返航。俄罗斯还曾报道过一名宇航员在 49 岁患了严重的心肌梗塞,这距离他第三次空间飞行仅有两年时间。俄罗斯医疗机构已向 NASA 报告了过去十年间和平号空间站宇航员已检出 31 例心电图异常,以及 75 例心律失常。

长期暴露于微重力环境(9 个月以上)下,对心血管系统的影响尚未见报道。但这个问题目前受到较大关注,因为这种影响不仅使已知的可逆性变化加剧,还会对心肺功能产生许多尚未了解的不可逆变化。

(4)出舱活动

舱外环境较之舱内对宇航员的影响更为显著,并且在舱外宇航员的工作负荷较大,对心血管系统形成威胁。1984—2002 年间美国国家航天宇航局共进行了 160 次出舱活动,平均每次时长为 130 ± 42 分钟,总时长为 42 天 16 小时 54 分钟,其中 78% 的时间有航空军医随行监测。结果表明,出舱时会出现心率加快,平均心率为 82.9 次/分;有 2/3 的宇航员会出现早搏;出现阵发性室性心动过速;每次出舱活动心脏发生异位搏动的平均概率是 0.31%,而其中有些出舱活动异位搏动发生率在 10% 以上;在 160 次出舱活动中有 77 次出现窦性心律不齐(48%),远高于飞行前 5% 的比例,出舱活动的最初 6 个小时常会出现二联率或三联率。有研究认为,出舱期间出现的心律不齐是由于交感神经相对于副交感神经活动性降低所致。这些心血管方面的变化限制了宇航员出舱行动的时间(通常低于 8 小时)。

空间飞行或出舱活动导致冠心病的风险评估目前还存在障碍,因为症状常常在返航后两年左右的时间才会显现,而心律不齐可能是冠心病的一种预警信号。早期的美国和俄罗斯太空计划中都会为宇航员佩戴心电监测装置以监测心律,但也有研究者认为空间环境不是导致心律不齐的主要原因。很多因素都可以导致心律不齐,如工作量大、疲劳、心理压力、心肌炎症、电解质平衡改变、高温等,而这些因素在空间飞行时也都存在。还有研究表明,对处于地面重力、超重及空间环境的人群进行的心律不齐的测定结果表明,在几组人中心律不齐的发病率没有显著不同,也不存在性别差异。

尽管空间环境对心律的影响尚无定论,但在出舱活动和致心律不齐风险较高的活动中(如下体负压、极限运动实验等)还会采用心电监测,以确定出舱活动和进行下体负压锻炼的运作周期。

(5)返航后

微重力会导致心血管系统发生一系列的变化,但其中有些变化对宇航员重新适应地面重力环境没有不良影响。超声心动图的数据表明,宇航员飞行后每搏输出量和心脏体积较飞行前分别降低 19% ~28% 和 15% ~23%。对执行了 10 天太空飞行任务的 4 名宇航员的磁共振成像结果显示,左心室平均缩小了 12%,每搏输出量下降,而总循环血量和心脏的舒张机能下降可能是导致脉搏输出量下降的主要原因。但对心功能曲线、射血分数、动脉脉搏波传输速度等进行检测,发现长期飞行对左心室的收缩机能并无明显影响。

也有些变化在空间条件下对健康并不构成威胁,如空间环境使得静流体压力消失,对空间环境的适应使得压力感受器的反射能力降低,但返航后却使宇航员出现不适症状,表现最为明显的直立体位不耐受及运动能力下降。直立体位不耐受的表现主要有头晕、心率加快(心动过速)、血压改变、昏厥等。运动能力下降则主要表现为达到最大耗氧量时进行运动的持续时间缩短。

①直立体位不耐受。约2/3的宇航员会出现直立体位不耐受,其中包括短途飞行宇航员。在早期的双子星飞行任务中,就观察到宇航员出现着陆后昏厥的现象。而且这种不耐受症状在需要保持正立坐位进行复杂折返演习的飞行员中也很严重。

采用倾斜台将宇航员从水平体位迅速变为垂直体位,比较其仰卧和直立状态的心率及血压,以对首次进行空间飞行的宇航员着陆后的直立体位不耐受程度进行检测。发现在短期飞行后,着陆当天27%的宇航员无法完成10 min的直立测试,并出现昏厥症状。多种相互关联的因素都可能影响宇航员直立体位不耐受的程度。

首先是总的血容量减少,加之地面条件下血液的再次重新分布使得腿部体液恢复至原有的正常水平,因而导致头部血压过低(动脉压降至40 mmHg以下),从而产生直立体位不耐受。同时由于血管的反应性充血(短暂阻断血管引起缺血,在解除阻断后血流量超过阻断前水平),使得更多的血液充入下肢血管,上肢和头部血容量进一步减少,加剧了不耐受的程度(见图1.4)。

在返航后对宇航员进行直立体位测试,发现出现直立障碍的宇航员外周血阻力较无障碍的宇航员低,但血管收缩性没有明显变化。而在那些通过测试的宇航员中,观察到血管阻力较飞行前升高,血管收缩反应水平降低。推测返航后出现的直立体位不耐受可能与血管收缩性是否改变有关。

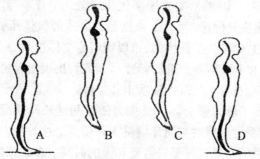

图1.4 空间微重力环境下的体液转移

另外一个影响因素是协助控制血压的自主神经系统。通常当体位发生变化,自主神经系统释放去甲肾上腺素,促使血管收缩,维持正常血压水平,以供给器官足够的血液。在空间环境下,人体从直立状态变为仰卧状态,静流体压力消失,可能导致这一调整机能的丧失。动物实验已经证实压力感受器对于调节血压的重要作用,颈动脉窦压力感受器切除的狗平均血压会在40~200 mmHg之间无规律波动,人为挤压颈动脉窦会导致昏厥和心动过缓。而在微重力条件下颈动脉窦会匀速脱离神经系统的控制,随着飞行时间的延长,压力感受器的反应力降低,至于返航后反应力是否能恢复尚无研究报道。

最近有研究表明,男性和女性在返航后维持血压的能力不同,女性通常心率较快,血管阻力较小。因而在返航后本来就已经很低的血管阻力,不足以对抗低血容量。在近年的一次短期飞行中,所有的女性宇航员都出现返航后昏厥的症状,而男性宇航员只有

20%出现这一症状。

近期对6名宇航员长期空间飞行前后的研究表明,返航后的直立体位不耐受程度随飞行时间延长而加剧。在6名宇航员中有5名在进行倾斜台实验时出现昏厥症状,而短期航行后仅有1人出现该症状。除此之外,直立体位不耐受的程度还取决于个体的心血管系统机能差异、返航后检测的时间和方法等。对于短于1个月的飞行,直立体位耐受力在返航后1天左右可恢复至飞行前水平,但长期飞行则需要较长时间进行恢复。

②运动能力。统计数据表明,返航后宇航员的有氧代谢能力下降20%～25%,在俄罗斯空间站长期飞行后的宇航员返航后,大多无法独立出舱。按照标准程序,在空间站飞行6个月的宇航员返航后需要进行几周的再适应,其间会进行渐进式锻炼,暖水池中有指导的运动,以及按摩等。但进行了这样的再适应训练几个月以后,还有报道证实慢跑时仍会出现呼吸短促的情况。另一方面,返航后最大耗氧量降低,并且在适应空间环境的宇航员中最大耗氧量下降16%,而不适应空间环境的宇航员中则只下降了6%。提示对空间环境的适应程度是决定返航后是否出现不适症状的主要因素。

关于有氧代谢能力如何影响飞行期间及返航后宇航员的机体运动能力,目前鲜有研究报道。但这在空间飞行时会影响到宇航员在经济情况下的逃生能力,也对宇航员今后的生活产生远期影响。飞行期及返航后宇航员的运动方式、周期、强度、频率,以及在今后的生活中如何进行长期的恢复锻炼,是今后航天医学中需要考虑的重要问题。

(6)卧床模拟实验

地面卧床模拟实验一直是研究微重力效应及其应对措施的有效手段。卧床实验要求受试者以6°头低位的方式仰卧,实验周期从几周至几个月不等。早在1855年就有医生采用卧床疗法使患者恢复健康,其理论依据是仰卧式静流体压力消失,消除了对脊椎和下肢长骨的纵向压力,也减少了肌肉力,可以缓解直立体位对心血管系统的压力,并可以缓解骨折、肌肉损伤以及疲劳等。仰卧治疗后病人均出现血容量下降、血压降低、运动能力下降等症状,与宇航员身上出现的症状十分类似。

卧床实验首先证实了压力感受器的反应力随时间延长而逐渐降低。当长期处于地面的强压之下,压力感受器显然对空间环境将不再敏感。这种压力感受器在空间环境的脱敏感化和返回地面后的恢复过程都只需要几天的时间。在卧床实验之后,受试者继续接受倾斜台实验,即在仰卧一段时间之后迅速变为直立体位,监测其心血管系统的变化。实验发现,仅几天的卧床实验后进行倾斜台实验,受试者就都出现了平衡障碍和头晕症状。而仰卧三个月后的实验结果则更为明显。受试者均出现直立体位不耐受,在相当长的一段时间之后才可以独立站立和行走。通常大多数站立及行走障碍在几天后消失,同时肌肉力量也得以恢复。肌肉和骨骼的完全恢复则需要长达半年的时间。

卧床模拟实验相对简单易行,并已对许多空间实验结果进行了验证,今后尚待通过这种实验手段对目前尚存争议的实验结果进行深入研究。

1.3.2 微重力环境的细胞水平研究

所有血管的内层均由血管内皮细胞组成,它是一种机械应力敏感型的细胞,直接感知血流变化,对维持血管壁的功能完整性至关重要。血管内皮细胞产生的前列环素及一氧化氮具有促进血管舒张的功能,同时也可以产生一种强有力的促血管收缩因子——内皮素。另一方面,血管内皮细胞释放的促凝血因子及抗凝血酶Ⅲ等共同控制着血液的流动性及黏滞性,从而间接影响血压。这几种因子之间的平衡关系决定着血管的顺应性以及血压水平,因而研究血管内皮细胞在微重力条件下的变化,对于从分子和细胞水平阐明微重力的生物学效应意义重大。

以细胞为实验材料进行微重力效应研究,多采用地面模拟装置进行二维或三维回旋,研究在模拟微重力条件下细胞在各种水平上发生的变化。已有的实验结果表明,原代培养的脐静脉内皮细胞经模拟微重力处理后增殖加快,未观察到细胞凋亡现象。采用人脐静脉内皮细胞系进行的实验,同样表明细胞增长速度加快,并伴随热激蛋白 HSP70 表达量的上调和增殖抑制因子 interleukin - 1 α 的下调,显示微重力条件可以促进细胞的增殖,并抑制细胞凋亡。而另外一个研究小组的实验结果表明,采用同样的内皮细胞系,观察到细胞增殖受到抑制,并伴随 G2/M 期的细胞周期阻滞。而用小鼠的血管内皮细胞系进行的实验得到类似的实验结果。总的说来,采用细胞系进行微重力效应的研究,结果的稳定性和可重复性是尚待解决的问题。另一方面,由于体内细胞的生长状态受到相关的各种因子及其他细胞的影响,与体外培养细胞的生长状态差别很大,因此细胞学实验还应回归到活体实验对象,以期获得更为确实可信的结果。进一步的研究对象也可以着眼于与血压相关因子的表达水平,更好地从分子水平解释空间实验观测到的心血管系统的变化,并最终找到应对的方法。

从以上各个层面的论述可以总结出空间环境对心血管系统的作用特点:即空间环境可以在短期内改变心血管系统的一系列机能,这些机能的改变是生理性而非病理性的。发生改变后,机体可以较好地适应空间环境,但重返地面之后会面临再适应的一系列问题,而且再适应所需的时间随着空间环境作用时间的延长而延长。而由于宇航员返航后经历的再适应障碍是多因子共同作用的结果,综合设计运用几种不同的应对措施将会有效地解决这些再适应障碍。

1.3.3　微重力对骨骼的影响

地球上生命的进化是在恒定近乎统一的重力场中进行的。正常人体的运动系统通过重力与运动这两种刺激间的相互作用产生一系列的变化,去维持骨组织对地球这种力学环境的适应。

空间飞行中,由于微重力的存在,航天员所受重力被空间飞行产生的惯性力相抵消,这种效果随之带来了骨骼矿物质逐渐减少,骨密度下降,尿钙排出增加,呈负钙、磷平衡,最终导致骨质疏松等病理现象的发生。

1. 微重力条件下人类骨骼组织的变化

(1)骨量的变化

人们利用不同的模拟技术去研究微重力带来的影响。在使用石膏将人体从腰到脚趾包裹的卧床实验,Dietrick 发现在第四周泌尿和排泄钙会有一个递增的现象,在 4~7 周时,钙流失量要比正常水平高出 2~3 倍。经过 7 周的实验,钙平衡中钙的总流失量为 14.1 g。另外,泌尿和排泄磷的量增加,血浆钙也出现轻微增加。随后的卧床实验证实了以上的结论。Donaldson 延长卧床实验的时间到 7 个月,发现在 3~4 个月后尿钙的增加量在减少。然而,到实验结束时这一水平仍要高于正常值的范围。

随后,Donaldson 又利用这种卧床实验,观察跟骨的骨量损失情况。发现在第 7 个月实验结束时跟骨的小梁骨区域矿物质的损失量达到 45%。这种现象在开始的第 1 个月表现不明显,但从第 2 个月开始到实验结束,这种矿物质的损失量会以每月 5% 递增。根据以上实验结果与 Mack、Lynch 等的研究,共同得出钙的总流失量不能解释在某些骨中出现的局部高去矿化现象,正如跟骨。通过以上研究,关于“负重骨”的假说应运而生。

头低位倾斜的卧床实验,开始的 3 个月尿钙排泄物出现大幅度的增长,而在第 3~5 个月粪便钙的量在增加。其中对于全身骨骼中钙损耗量的评估,是利用 DPA 的方法对卧床 6 或 17 周的个人进行测量而获得的。在实验经过 6 周后发现下体的 BMD 存在下降的趋势,而颅骨内的 BMD 则出现升高的趋势,且这两种不同的趋势在 17 周之后得到确认。在经历时间较长的头低位倾斜卧床实验中,全身的 BMD 降低 1.4% 且与得到的钙平衡数据相关联。依照全身骨骼部位的不同来观察,前臂骨的 BMD 保持了正常水平,下肢骨的 BMD 出现下降,而颅骨内的 BMD 则出现升高的现象。对于后肢悬吊 3 周的大鼠,颅内的骨湿、灰质的质量均出现增加,腿节和胫节的骨质量则会减少。这些结果说明在空间飞行或不移动模型中流体变化和局部血液流动可能在矿物质分布上起到一定作用。有趣的是,对于矿物质能够从机体机械性参与较少的区域转移到机械性参与剧烈的区域这一说法,在运动人群中得到证明。例如,参加马拉松的选手,其胫骨的 BMD 增加与脊椎 BMD 降低是相联系的。因此,骨骼内的矿物质转移可以通过运动员和建立不移动模型中产生的流体改变来诠释,指示一种骨量的综合性局部调节。在能动的个体中,机械加载可以直接作用于骨,而对头低位静止的个体,利用人们熟知的可调节骨细胞活性势增加的方法,诱导流体重新分配来间接增加颅骨内 BMD。

从 1962 年至今,人类利用多次空间飞行任务去证实空间飞行时受到的微重力会造成骨骼中钙的流失,对于失重状态下的运动个体,其骨密度不会发生改变。经实验数据统计,空间飞行中钙的流失量达到 0.3% ~ 0.4%,尿羟脯氨酸的量会增加 33%,并且尿磷也会出现一定程度的增加。研究发现,承重骨(跟骨,胫骨,股骨,椎骨)的骨流失现象要明显严重于非承重骨(桡骨,尺骨)。研究指出航天员胫骨的骨松质部的骨丢失现象要比骨皮质表现更为显著,出现更早。返回地面后,骨质恢复时间为飞行时间的 2~3 倍,甚至不能完全恢复。

(2)骨转换

骨钙素的血清水平、骨中碱性磷酸酶水平与骨形成或骨转换的速率相平行。血清中抗酒石酸酸化磷酸酶、尿羟脯氨酸和尿吡啶能够反映骨吸收的速率。较近的两项研究发现在卧床实验开始的 4 天,骨吸收标志物的量出现增长,而骨形成标记物的量却没有发生改变,骨钙素水平的增加是一个例外。组织形态学研究发现,经过卧床实验 16 周的志愿者,在第 16 周结束之前会出现骨形成的减少,骨吸收的增加。16 周结束时,骨量不再发生变化,而骨小梁的厚度会变薄,数量会减少。骨小梁数量的减少意味着小梁骨被活动过度的破骨细胞所贯穿。最终,这种小梁骨相互关系的减弱可能直接影响骨生物力学特性。

最近的一项是由 Zerwekh 等人的研究发现,在水平卧床实验 12 周以后,松质骨和皮质骨的骨吸收增加。松质骨表面的造骨细胞活性被抑制,但矿化沉积率与骨形成率并不受影响;骨形成的血清生化指标(骨钙素,BAP,P1CP)没有显著变化,而骨吸收的生化指标(Pyr,Dpyr,胶原交联物)和其血清标记物在卧床实验期间出现显著增加。可是,关于骨生化标志物所反映的是整体骨骼系统的变化,这就给有关科学家研究地面模拟实验中骨转换带来了难度。

(3)有关钙调节的激素的变化

在卧床实验中,由于骨骼中钙释放的增加,导致 PTH 和血清 $1,25-(OH)_2D$ 浓度降低。这种 PTH 和血清 $1,25-(OH)_2D$ 浓度的降低会增加高钙尿症的发病率。

有关钙调节激素在受到微重力影响的骨吸收过程中所起的作用至今无法完全阐明。在 Euromir 95 180 天飞行任务中,发现飞行中 PTH 的量与飞行前的水平相比减少48%,在返回地面后增加到98%,这个值是高于正常范围的。通过 4 名在空间实验室工作的宇航员身体检查发现,$1,25-(OH)_2D$ 的血清水平在短暂升高后出现回落。也有人发现 PTH 的低水平与 $1,25-(OH)_2D$ 水平的下降,可能在增加血清钙浓度方面起到的作用并不明显,不过二者水平的改变会共同导致肠内钙吸收量的减少和肾脏钙排泄量的增加。而对于生长素,糖皮质激素的报道并不一致。

2. 动物骨骼组织水平的变化

(1)尾悬吊实验

在进行相关微重力研究中,科学家习惯使用小型啮齿类动物作为微重力研究的实验模型。其中大鼠的尾悬吊实验研究的最为广泛。尾悬吊是使动物前肢支撑全部质量,后肢处于自由运动且减负重状态。组织计量学分析显示,实验大鼠的骨骼变化与大鼠空间飞行中相一致,胫骨近侧干骺端的松质骨丢失,股骨胫骨的骨膜骨形成减少。

利用尾悬吊的大鼠模拟空间飞行条件,评价空间飞行时最接近胫骨干骺端次级松质部的骨细胞动力学。实验数据显示,在第 1 周结束时,骨形成迅速降低而骨吸收迅速升高,最终导致骨流失,且发现骨形成的降低与骨小梁、骨膜处的前造骨细胞的增殖有关。在第 2 周以后,骨细胞活性返回到平衡点,但骨量仍处于正常水平之下。骨形成在悬吊的第 10 天开始恢复,这是通过采用不同应力刺激不同年龄的大鼠所获得的数据。血液中骨钙素水平在悬吊的第 1 周出现下降,在第 15 天得到完全恢复。经过 6 周观察到骨流失与骨小梁变薄、数量减少相关联,且骨细胞活性出现轻微解偶联现象。以上的实验发现与 Frost 提出的假说相一致,即骨量在受到微重力处理的初始阶段会出现快速的改变,随后会在一个新的水平上达到稳定。

由于后肢悬吊导致胫骨末端和最接近股骨处的 ALP mRNA 稳态水平升高,骨钙素的表达量下降,说明处于无负重状态下的造骨细胞比其对照组造骨细胞的分化率低。在尾悬吊大鼠的股骨远侧松质骨中骨钙素 mRNA 表达减少,培养的骨髓干细胞中骨桥蛋白的信使基因表达下降,但 ALP 活性不变。

(2)激素水平的变化

与对照组正常大鼠的 $1,25-(OH)_2D$ 的血清水平值相比,无负重大鼠的 $1,25-(OH)_2D$ 的血清水平降低,且在返回到正常值时,骨形成也开始恢复到正常对照组水平。说明骨骼对于无负重的应答与 $1,25-(OH)_2D$ 的产生存在一定联系。继续向大鼠体内

注入 $1,25-(OH)_2D$，并控制注入量低于使无负重鼠的 $1,25-(OH)_2D$ 的血清水平恢复到正常水平的值，得到的结论就是 $1,25-(OH)_2D$ 并不是影响后肢骨流失的唯一因素。研究发现局部性激素也会对后肢无负重的骨应答起到作用。IGF-1 和 IGF-2 可调节 GH 对骨的效应，发现 IGF-1 和 TGF-2 的表达通过骨髓基质细胞的尾悬吊发生改变。然而在无负重的胫骨和股骨中 IGF-1 和 IGF-2 受体的 mRNA 水平和蛋白水平会出现一过性的增高，且 IGF-1 连接蛋白水平与对照组相比没有发生改变。现代动力学研究显示，骨骼无负重可诱导大鼠干骺端 IGF-1 和 IGF-1 受体 mRNA 水平发生两个阶段的变化。IGF-1 和 IGF-1 受体的 mRNA 水平出现较大减少发生在悬吊的第一周，随后在第二周，转录的表达量增加，这一变化与造骨细胞分化标记物相关联，充分说明 IGF-1 信号在局部效应中所起的重要作用。

（3）恢复实验

在经过微重力处理和后肢悬吊后的恢复实验已经取得了一定的成果。将年轻的大鼠悬吊两周后重新负重两周，发现骨量和钙含量返回到对照组水平，但是无法达到对照组正常值。利用出生 6 个月的大鼠进行悬吊实验，之后进行 4 周的恢复实验，发现由无负重诱导的胫骨中灰质质量与钙含量的损耗通过 4 周的恢复实验，利用 DXA 测量骨矿物质含量，发现其并没有达到对照组水平，同时，在进行重新加载之后骨的形成活性会出现一个快速反弹。也有实验证明，在年轻的和成熟的大鼠中为恢复流失的骨量所需要的时间要远长于悬吊所需要的时间。现今，对于微重力处理后的恢复过程可通过 X 射线微量分析矿化状态来评估。

（4）空间飞行实验

大鼠是空间飞行研究中最为常用的实验动物。由于动物空间飞行研究中其物种、年龄和控制装置类型的不同，造成所得数据在骨骼的空间研究中并不具有完全的可信性。

利用年龄相似的雄性大鼠进行 1~3 周空间飞行实验，观察最接近胫骨干骺端的变化情况。发现从第 1 周开始到第 2 周结束，主要松质部的宽度缩小，干骺端交界处生长板的不同区域的变化减少，指出软骨内的变化过程。其中，对生长板处的这种现象需要谨慎对待，因为到目前为止，科学家还不能确定这些变化是由微重力引起的，还是着陆压力引起的；第 2 周以后，干骺端以较慢的速率继续骨流失，这段时期的变化以骨吸收的一过性增加为特征；第 3 周以后，发现骨形成的净减少不再发生改变或者说骨吸收出现轻微的降低，最终导致骨流失。以上实验结果也会出现在骨骼的其他部位上，可根据骨的局部转化率和负重功能骨来确定骨在时间进程上的变化。

继 Cosmos 1129 之后，Roberts 和 Horey-Holton 通过实验，相信骨流失是由于前体细胞在分化成造骨细胞时受到抑制造成的，其间造骨细胞数量不变。也有人发现面对 Sharpey 纤维的骨松质区可相对抵抗失重的不利影响，说明肌肉的插入对处于微重力下的骨骼起到一定的保护作用。以上大部分实验数据的获得，均利用单独饲养的大鼠。这充分说明饲养条件是影响骨应答的一个重要因素。这一实验结论在之后的飞行任务中也得到了证明。

缺乏雌激素与低机械应变的复合效应已被 Westerlind 等人研究。他们利用去除卵巢的大鼠经受轨道空间飞行，发现去卵巢的大鼠从空间返回到地面时，骨的干骺端出现剧烈的骨流失现象,而对照组——在跑步机上一直不停运动的缺乏雌激素的大鼠,却不是实验组这种情况。因此说明雌激素能调节骨转换的速率,但在去除卵巢的大鼠中骨平衡则是通过当前机械应变力调节的。有关空间飞行返回地面后的恢复实验,在 SLS2 飞行任务中,利用骨的形态计量学与 X 射线微量分析骨骼中矿化来评估,结果发现经过 14 天飞行任务后,返回地面时骨发生改变,其中松质骨仍在继续流失。Jee 等在进行为期 18.5 天飞行实验之后恢复 29 天,观察到骨小梁近端的骨流失量仍无法达到正常水平。这一结果与地面模拟实验中的恢复实验所得到的结果相一致。

3. 微重力条件下的分子水平变化

为了阻止或降低空间飞行环境给骨骼带来的不良影响,科学家利用不同的实验手段寻找可能的对抗微重力环境的措施。在研究了体外微重力对骨骼细胞的效应之后,开始把越来越多的目光集中到空间飞行的微重力,模拟微重力给基因组与蛋白质组带来的变化。虽然在分子层面已经有所发现,但仍无法形成具规模的文章可以发表。

由模拟微重力诱导 ALP 的 mRNA 水平和 2T3 前造骨细胞活性的降低,指出造骨细胞的分化出现抑制。组织蛋白酶 K 在造骨细胞中的表达,与其在造骨细胞中出现的病理生理改变,都无法清晰地观察到,这表明组织蛋白酶 K 可通过直接刺激破骨细胞和/或一些未定义的成骨依赖机制,造成骨基质的流失。将 MC3T3 - E1 造骨细胞样细胞培养于被 NASA 认可的具有高度纵横比的回旋器中,发现 OC,ALP,I 型骨胶原,runx2 的表达水平下降;而且 MC3T3 - E1 造骨细胞样细胞在经过这种培养后,与对照组的细胞比对凋亡因子更加敏感。实验还发现抗凋亡蛋白 Bcl - 2 和调节线粒体功能的 Akt 蛋白处于一个较低的表达水平,说明暴露于微重力下的细胞可诱导凋亡事件。清蛋白的上调,显示出对 MC3T3 - E1 细胞分化的抑制,同时还刺激了细胞的增殖,进一步说明了模拟微重力破坏了造骨细胞的分化。

作为 IGF - I 调节剂的 IGF 结合蛋白家族在空间飞行中的表达发生了变化,Kumei 等发现基质细胞中的 IGF 结合蛋白 - 3 mRNA 升高,而 IGF 结合蛋白 - 4、- 5 的表达下降。Akiyama 等还观察到,血小板衍生因子 β 受体的 mRNA 水平、生长因子受体接头蛋白 Shc 和 c - fos 在微重力培养下比地面对照组减少,而表皮生长因子受体无改变。这些数据提示,血小板衍生因子 β 和生长因子受体的信号转导途径在微重力下可能发生了改变,这可能是由于受体和接头蛋白 Shc 的表达受到调节的结果。Braddock 等在对剪应力作用于内皮细胞和平滑肌细胞的研究中发现,整合素、G 蛋白耦联受体、细胞骨架和 Ras/Raf/MAPK 信号途径之间存在相互作用。用各种方法产生的机械性刺激作用于成骨细胞后,细胞骨架和局部黏附出现重组,导致参与黏附(肌动蛋白、联结蛋白、纤连蛋白及整合素)、增殖(c2fos)、分化(骨桥蛋白)和信号传导(环氧合酶 2)的因子基因表达发生改变。上述应力诱导的变化提示,成骨细胞也可能对应力的消失发生反应。

1.3.4　微重力条件下细胞水平的变化

1. 空间失重时的骨量减少

失重的生物医学效应之一是骨(特别是承重骨)的脱矿化。所谓骨脱矿化,是指矿物质(矿盐)从骨骼过度流失。骨脱矿化导致骨质量减少,简称为骨量减少或骨丢失。

"阿波罗"15 号 12 天飞行后,航天员跟骨密度降低,相当于矿盐含量减少 5% ~6%,而尺骨和桡骨的骨密度无明显变化。"天空实验室"3 和 4 号 6 名航天员中,有 3 名飞行后跟骨矿盐明显减少,分别减少了 7.4%、4.5% 和 7.9%;他们的尿钙排出量和钙的负向移动量均超过其他航天员,但尺骨和桡骨无明显变化。"礼炮"6 号 175 天飞行后,2 名航天员跟骨矿盐分别减少 8.3% 和 3.2%,另外 2 名航天员经 185 天飞行,跟骨矿盐平均减少 7%。

航天员跟骨变化能否完全恢复的问题尚未解决。"天空实验室"3 号 3 名航天员跟骨矿盐含量到飞行后 87 天才基本恢复;而 4 号 2 名航天员到飞行后 95 天仍未恢复到飞行前水平。天空实验室计划完成以后的 5 年,9 名航天员的跟骨矿盐含量均低于 8 名替补航天员的水平。

在骨密度降低同时出现骨代谢的改变。美国和前苏联多次报道航天期间航天员出现高钙尿。兰鲍特和约翰顿(Rambaut and Johnston)报道了"天空实验室"2、3 和 4 号,28、59 和 84 天飞行的 9 名航天员尿钙排出量和飞行时间的关系。飞行开始,尿钙排出量立即增加,在 1 个月内增加到而且以后一直稳定在约相当于飞行前基础值 2 倍的水平,返回后才降低。

"阿波罗"17 号在 12 天飞行期间,3 名航天员的粪钙排出量比基础值高 1 ~2 倍。"天空实验室"航天员粪钙排出量在飞行初期减到低于基础值的水平,然后持续稳定地增加,直到飞行结束时也未见停止增加的倾向,飞行结束后才降低。航天期间,由于尿钙及/或粪便排出量增加,导致负钙平衡,即体钙丢失。

"天空实验室"航天员飞行前为正钙平衡,在飞行中转为负钙平衡。平均钙丢失量在第 1 周末约为 50 mg/d,然后呈指数增加,到第 12 周末约为 300 mg/d,按飞行第 2 个月的负钙平衡值计算,每人每月钙丢失量约占总体钙(1 250 g)的 0.3% ~0.4%。按飞行 30 天后的钙丢失趋势外推,航天飞行 1 年,钙丢失量将超过 300 g,相当于总体钙基础值的 25%。

对 3 名遇难航天员("联盟"11 号飞行)进行骨的病理检查,发现了许多不正常的分布广泛的骨细胞空洞,这可能是骨吸收增强的结果。

航天飞行的实践证明,短期的太空飞行(2 周)已能引起人体各生理系统出现明显的变化,随着飞行时间的延长,某些生理系统的变化将会更明显。航天医学研究的结果证明,很多生理系统,例如心血管系统、血液系统、中枢神经系统、水盐代谢系统等,经过一段时间飞行都会适应失重的环境,平衡在一定水平上,不再继续变化。但是,骨骼系统不然,随着飞行时间的延长,人体中的骨钙含量在不断地减少:拉曼鲍特根据"天空实验室"航天员飞行头 30 天钙丧失的趋势,计算出飞行一年钙的丧失量可达 300 g,占体内总钙量的 25%。当丢失的钙为总量的 30% ~50% 时就会出现骨质疏松。动物实验证明大白鼠在失重飞行 19 天后,已经出现了骨质疏松。而且,太空飞行引起的骨密度下降在返回地球后恢复很慢,飞行时间越长,恢复越慢。

航天医学家测量了只在太空中飞行 28 ~84 天的"天空实验室"9 名航天员完成任务后第 5 年的骨中矿物质含量,结果均低于 8 名未参加失重飞行的后备航天员,以上事实提示,如果航天飞行引起的骨丢失不能恢复,那么随着年龄的增长,骨丢失将更多,航天员出现的骨质疏松可能比同年龄人早。飞行中相对骨质变化大的航天员,可能在软组织或血管中出现钙化的危险。今后,随着航天事业的发展,需要进行星际间的航行,就是到离地球较近的金星,也需要飞行 18~36 个月,这样长时间的飞行,将会造成更严重的骨丢失。而且,目前还没有有效的防护措施可以制止这种骨质变化。因此,对于长期航天活动来说,失重引起骨丧失是最危险的因素之一。

如果这种逐渐加剧的钙丢失持续下去,对于火星计划这样长时间的飞行来说,带给航天员的必将是一场灾难。骨质疏松的航天员在火星上着陆后,行走时的压力作用于脆弱的骨骼上,极易造成骨折。在医疗条件差的火星上,出现骨折是很危险的,也会影响火星探险任务的完成。此外,人体中钙的丢失,也会影响到身体中其他系统,例如容易发生肾结石,出现血管硬化。

到目前为止,长期飞行到底对航天员的骨骼系统有多大的影响? 火星航天员到达火星后,骨骼系统会出现什么样的改变? 这些问题还没有得到彻底澄清。国际空间站为解答这些问题创造了条件,国际空间站的长期居民在太空中至少生活几十天。观察这些航天员飞行后的骨骼情况,就可以回答以上问题。因此,在国际空间站任务中安排了一项医学研究——长期太空飞行对中轴骨骨质丧失的评价。这项研究的被试者是国际空间站第 2~6 批长期考察组的航天员,对照组是 120 名年龄 35~45 岁的不同性别的成年人。该项研究采用了多种测量骨骼系统变化的方法,测量了飞行前、飞行后即刻和飞行后 1 年时航天员的骨质,同时测量了对照组骨质的变化。从飞行前后骨质的变化可以说明长期飞行的影响,与地面对照组骨质情况的比较,可以说明恢复情况。此实验结果不仅可以使航天医学家了解长期太空飞行对骨骼系统的影响,而且为今后防护措施的制定提供了依据。

经过空间飞行的宇航员和动物,在返回到地面后其骨量会发生不同程度的减少,原因就是由骨形成的减少而骨吸收不变(或增加)造成。这种骨形成的减少可部分引起造骨细胞分化、基质成熟与矿化程度的降低。目前,有实验数据显示,空间飞行会改变大鼠骨骼中骨特异性蛋白的 mRNA 水平,表明造骨细胞的特征在空间飞行中发生了改变。一种可能的机制就是造骨细胞本身对重力水平的变化敏感,为此,已有文献报道了微重力对体外造骨细胞产生的影响。

2. 空间飞行诱导的人或鼠的骨代谢变化

上文已提到空间飞行会诱导骨流失,且造成骨重建的解偶联,即骨形成与骨重建不再协调作用。组织形态学分析发现,空间飞行的大鼠骨膜成骨率降低,骨小梁质量减少,骨基质形成不正常,结果导致干骺端骨质大量流失。利用猴子作为实验对象进行 11.5 天的空间飞行任务,发现骨矿化率和涉及骨小梁表面矿化过程的比率会出现标志性的减少。以上实验数据描述了骨形成减少与骨成熟缺陷的发生过程,可视为微重力造成造骨细胞不正常活动引起的。并在此基础上,两种骨相关蛋白,即 I 型原骨胶原 α 链与骨钙素的表达量明显减少;且空间飞行也改变了两种局部生长因子的信号水平:TGF - β$_2$ 基因表达量在后肢骨膜中减少;IGF - I 基因表达量在胫骨中出现增加。

因此,造骨细胞功能的降低可能在空间飞行诱导骨流失中起到重要作用。对于这一结论,一种可能的机制就是机体激素或局部生长因子水平发生改变造成的;另一种可能就是造骨细胞本身对重力水平的变化较其他类型的细胞敏感造成的。

3. 骨源性干细胞对机械刺激的生物学效应

研究者通常利用造骨细胞、骨细胞和成骨细胞对骨骼细胞进行有力评估,其中外源性造骨细胞与骨细胞又被广泛用于骨骼细胞对机械刺激产生的应答方面的研究。

对于机械刺激是否能增加造骨细胞培养物的增殖意见不一。目前有实验显示,早期骨细胞对机械应力的增殖性应答可通过雌激素受体蛋白参与的途径进行调节,原因是抗雌激素的三苯氧胺可消除大鼠骨源性造骨细胞的有丝分裂。同时,机械应力提高了MC3T3 – E1 细胞系中 TGF – β_1 的 mRNA。

造骨细胞在分化过程中能够产生骨基质,是造骨细胞活性的一个重要体现。基于体外对骨骼细胞的研究,造骨细胞的分化被描述为在骨基质形成和成熟阶段,I 型胶原蛋白、ALP 按次序进行基因表达同时伴随着骨钙素与骨桥蛋白的基因表达,在这一过程中矿化也在进行着。机械刺激能够提高骨细胞中 ALP、I 型原胶原蛋白、骨桥蛋白的表达。

目前,对造骨细胞机械刺激的应答机制还不是很清楚。机械力能够增加 UMR106 – 01 细胞中阳离子选择通道的数量与敏感性。细胞骨架的微丝成分可能参与细胞信号传导,因为肌动蛋白细胞骨架的破坏可阻止骨桥蛋白、前列腺素对机械刺激的应答。另外,在进行机械刺激以后,人骨肉瘤细胞 β_1 整合素的信号水平提高。循环拉伸可增加造骨细胞间隙连接通信,这是由连接蛋白 43 的磷酸化水平增加和促进邻近细胞表面的连接蛋白 43 的磷酸化水平引起的。通过以上的体外实验数据显示出增殖、生长因子的合成与基质蛋白变化是相一致的。

4. 造骨细胞特有的空间飞行相关的变化

造骨细胞功能的下降在空间飞行诱导的骨流失过程中起到一定的作用。不久前,有实验利用几种不同的造骨细胞类型观察在微重力作用下细胞形态学的变化以及生长因子与基质蛋白表达发生的变化。在理想的情况下,以空间飞行 1 g 的离心力作为内部对照去描述某些实验。

5. 细胞形态学变化

微重力处理大鼠骨肉瘤细胞(ROS17/2.8)4 天以后,观察细胞的形态学变化,结果获得形态混合细胞群;而在小鼠的造骨细胞 MC3T3 – E1 中,细胞最终变成圆形。ROS17/2.8 细胞在接受较短时间的模拟微重力发现细胞黏着参数没有发生重大改变。然而,重力的改变使诱导细胞面积显著减少;再加长微重力的暴露时间,发现 ROS17/2.8 细胞的黏着板被修改,飞行中的 MC3T3 – E1 细胞的细胞骨架,应力纤维数量的减少,细胞核变得更小,为椭圆形。

6. 对抗措施

迄今为止,已有许多措施被尝试用来对抗空间飞行中微重力引起的骨流失问题。利用电学刺激后肢悬吊大鼠的腓肠肌去增加比目鱼肌的质量,结果并没有阻止骨流失。这说明,增加肌肉的活性去间接增加骨形成的活性,对于阻止后肢无负重的骨流失效率不高。保证足够的钙摄入,可增加骨量和矿物质含量,但对于解决骨流失问题是不够的。

用于治疗常人骨质疏松的药物,如口服双磷酸盐(抑制骨吸收活性)等,对于空间飞行或卧床实验导致的骨质疏松并无明显疗效。有实验研究发现,由大鼠骨骼无负重引起的骨流失现象可通过激素或生长因子的进行缓解或阻止。

太空飞行中的失重引起骨质丧失的主要原因是重力消失,压在人体骨骼上的力减少了,骨骼系统中的感受器认为骨骼不再需要那么多的钙,它将这个错误的信息传到中枢神经系统,中枢神经系统就会命令人体的调节系统,通过排尿,将"多余的"钙排出体外。为了防止骨质丧失的发生,需要对骨骼施加"重力性的压力"。当然,最好的方法是采用人工重力,但是由于技术上的困难,目前在航天中还无法采用人工重力作为防护措施。运动可以对骨施加压力,尤其是跑步。与划船和骑自行车等运动相比,跑步产生的冲击力最大,这种冲击力对维持骨密度有很重要的作用,所以为火星航天员挑选的首选运动器械是太空跑台。目前,太空跑台已经运用到航天中,并作为一种防护措施。此外,还有其他的运动装置,如自行车功量计、拉力器、企鹅服等。改进航天员的食谱和服用一些药物也是防止火星航天员骨质丧失的措施之一。但是,直到目前为止,还没有研究出可以完全防止失重引起骨质丧失的好方法。航天医学家正在朝此方向努力,希望在人类进入火星前能够解决此问题。

空间飞行微重力状态下的骨流失,主要是负荷骨的骨质减少、从后肢到头部骨质的重新分配造成的。志愿者和实验大鼠的微重力研究为空间飞行造成的骨质改变提供了有价值的实验数据。研究骨骼在无负重,特别是空间飞行条件下的状况,可以为骨密度稳态维持机制的研究提供信息,并有助于空间或地球上的骨丢失的治疗。

1.3.5　微重力时的肌肉萎缩

美、苏航天员飞行一段时间后返回地面,绝大多数人体重都下降了数公斤。用生物立体测量分析技术测定航天后航天员的手臂、头和躯干、腿部、全身的体积都下降,说明组织和体液确有丢失。失重时测量美国"天空实验室"3 号航天员的体重变化,发现在头几天质量下降较快,以后下降较慢。失重头几天质量下降较快与腿部体液向上身转移、导致全身体液减少有关,以后下降较慢则与腿部肌肉萎缩、质量下降有关。

返回地面后,航天员腿部容积和质量可逐渐恢复,开始几天恢复较快,这是体液流向腿部所致,以后恢复较慢,这表明腿部肌肉质量的恢复。

大白鼠处于失重环境 20 余天后,小腿肌肉,特别是比目鱼肌组织结构有较大变化,主要表现在肌纤维变细,极少数肌纤维发生营养障碍性变化和被吞噬,有些肌原纤维溶解并碎裂。在腓肠肌横截面内发现慢肌纤维总面积的值比快肌纤维总面积小 15.7%,这表明慢肌纤维向快肌纤维转化。

肌肉废用性萎缩,必然会引起肌肉功能的变化。"天空实验室"三批航天员返回地面后测定了下肢肌肉力量变化,三批航天员肌肉力量下降的程度是不同的,飞行 84 天的航天员,其下肢屈肌力量约下降 13%,反而较飞行 59 天的航天员要少,后者约下降 18%。伸肌的差别更为显著。产生上述情况与航天员运动量的大小有关。

1.3.6　心血管系统的功能改变

失重时由于血液流体静水压消失,血液重新分布,下身血液和组织液向上身转移,上身血量增加。所以,航天员一进入轨道飞行,立即感到血液冲向头部,出现头胀、眼胀、鼻塞等感觉。由于体液转移,下肢容积变小,飞行中两腿容积平均减少 21% 左右,大腿容积的减少约为小腿的 1.5～2 倍。

在载人航天器发射时,由于情绪紧张和加速的作用,航天员心率明显增加,达到最高水平。轨道飞行期间,心率开始减慢,并逐渐在稳定水平上。体力活动、下体负荷和出舱时,心率明显增加,尤其是出舱时心率可达到 180 次/分钟。

由于个体差异和测量技术不同,失重时航天员心输出量变化不完全一致。大部分是飞行初期(1 天至 2 周)每搏量和心输出量下降,长时间飞行后有增加趋势。

飞行前、中、后进行心电图检查,包括 24 h 动态心电图,无明显的病理性改变,但心律失常经常出现。在安静、运动及下体负压时,都可见室性或室上性期前收缩,一些航天员也出现严—T 下降及运动时心前区不适。尤其是"阿波罗"15 号登月舱驾驶员在房性期前收缩后出现结性二联律,飞行后 21 个月发生了心肌梗塞。

用电镜观察失重后动物(鼠、兔、猴)的脑、心、肺、淋巴、眼、骨骼肌中微血管的超微结构,呈现出不同程度的变化,如脑血管结构和通透性改变、血细胞渗出、血管周围水肿、心肌内皮细胞和线粒体肿胀、出现胞浆空泡等。

美、前苏载人航天结果证明,航天员在飞行中和飞行后无一例外都出现立位耐力降低,表现在相同的下体负压和立位负荷时,飞行中或飞行后出现更明显的心率和外周阻力增加,血压、心输出量、头部体液充盈度下降,实验中出现晕厥的人数增加。飞行开始16 天运动耐力下降较多,随着飞行时间的延长,趋于稳定,30 天后失调程度与长期飞行相似,这与航天员在飞行中加强体育锻炼有关。飞行后所有航天员都有中等程度的运动耐力降低,运动耐力的恢复时间为 1～3 天。

生活在地球上的人们已经习惯了地球重力场的作用,地球表面的重力加速度980 cm/s² 作用于所有物体上,使它们受到指向地心的作用力,使受热膨胀的流体因浮力而上升,使不同密度的流体分层而大密度介质下沉。人类的进化也是在重力场作用下逐步演化的,一旦处于超重或失重状态就会发生生理变化,以至产生疾病。大至宏观的物质,小至细胞和组织都在地面受到地球重力加速度的作用,一旦局部环境中的重力水平极大地减小,物体就处于几乎失重的状态,这就是微重力环境。

人类的血液由血浆和血细胞组成。1 L 血浆中含有 900～910 g 水(90%～91%)、65～85 g 蛋白质(6.5%～8.5%)和 20 g 低分子物质(2%)。血细胞包括红细胞、白细胞和血小板三类细胞,它们均起源于造血干细胞。在太空时心脏、肺部以及血管的机能与它们在地球时相比有所不同。科学家们假设血液和其他体液从脚、腿部以及下半身流向上半身和脑部则表示心血管系统开始适应了失重状态。首先,流体移动导致了心脏扩张以适应增加的血液流动。即使此时机体仍然含有相同的流量,那么格外的流体在某种程度上会聚集到上半身,这是在地球上进行正常活动时不会发生的。脑部和其他系统能够说明在上半身血液和其他流体作为液体是增加的。然后机体为了排除这些"多余的"体液而进行纠正。宇航员变得比正常时口渴减少,并且有利于内分泌系统的肾脏增加尿液的排出。这两种作用都减少了在体内流体和电解液的量,并且引起了总循环血液量的减少。血液流入上半身水平升高时会引起心脏扩张。但是现在,一旦流体水平下降则心脏不需要抵抗重力的改变而略有收缩。

1. 微重力对红细胞的影响

通过太空飞行在分子水平对身体的作用,把研究带入了更具体和更微观的水平。太空飞行以某种方式影响血液中细胞的作用,包括红细胞。那么在太空中红细胞动力学与地球上的有何不同?

宇航员血液中红细胞百分比或浓度保持不变,甚至在血浆容量减少的情况下。就是说太空中正常血细胞比容同地球上一样,这表明人类暴露于太空的微重力环境中时,由于体液分布发生变化会损失一部分体液(包括血浆)。我们知道当血液中血浆水平降低时血细胞浓度会增加,如果真是这样,血细胞比容将上升。数据表明飞行中宇航员血细胞比容的测量同飞行前的没有稍许的变化,这意味着飞行时血液中红细胞百分比同飞行前没有不同,尽管血浆量减少了。因为血浆量变少而血细胞比容没变,这表明红细胞数目一定减少了。我们称这种红细胞的缩减为太空贫血。

有不同的理论来解释这种红细胞的减少。一种称为血液浓缩理论,表明在太空中,身体感受到其上部过量的体液。宇航员不觉得口渴,只想饮用少量的水。同时,肾脏在刺激下排除多余的体液,其中一部分是血浆。我们已经在前面对这个过程有了一定的了解。血浆的排除使血液变稠,因为液体减少了,单位容积的血液中红细胞的百分比上升。这能引起血液携氧能力过强。此时肾脏感受到过量的氧,就会减少血红素的生成,进而抑制红细胞生成。这个理论表明红细胞的生成降低了。数据表明这不只是一种假说。

还有其他的理论来解释太空飞行中红细胞的减少。这些理论中包括太空环境中的贫血,是由于发生在太空中的肌肉减少的假说。因为肌肉在微重力环境中的利用率变少,肌肉大量减少,消耗更少的氧气。对氧的需求较低,血液可以减少携氧能力。这个理论表明身体通过降低红细胞的生成率来回应耗氧量的降低。

如果我们研究的上一个理论是真的,即肌肉需要少量氧,另一个解释血液如何减少携氧能力的理论将是红细胞生成率的提高。如果这个理论正确,那么血液中循环的网织红细胞将高于正常水平。这是因为骨髓中正常的生成过程是释放网织红细胞,同时血液中许多成熟的健康的红细胞将被破坏。

解释红细胞减少的第四个理论与被证明的宇航员在微重力环境中骨骼中的钙会损失这一事实有关。身体中钙的流失会使骨骼的构造损坏,导致骨骼力度的降低,出现类似于骨质疏松的情况。这种骨骼新陈代谢的改变也会影响骨髓,因而影响骨髓中红细胞的生成。总结上述理论,在太空中红细胞数的减少可发生在如下情况:

①身体排出多余的体液之后,肾脏觉察到血液变稠,可能降低血红素的生成,导致红细胞生成率的降低。

②当肌肉减少、耗氧需求减少时,肾脏发现了血液中携氧能力过剩,这可导致它们阻止血红素的生成,导致红细胞生成的降低。

由于②显示的同一原因,身体可能通过增加红细胞分解率来回应血液携氧能力过剩。当宇航员损失骨中的钙时,骨骼的构造和功能都可能改变,还可能导致红细胞的降低。

除了上述这四个理论,还出现了两个观点。红细胞数的减少可以发生在红细胞生成量的减少或红细胞分解量的增加的情况下。

2. 微重力对宇航员飞行后的血浆蛋白合成的影响

当宇航员在太空飞行回来后,会陷入一种蛋白枯竭的状态。在飞行后期间,会产生一个合成代谢阶段,这时候肌肉重新恢复所损失的蛋白。但是,当飞行后测量其摄入的膳食时,发现蛋白吸收相对于飞行前并没有出现任何显著的增加,为肌肉重新恢复蛋白提供额外的氨基酸。与飞行前比较,血浆蛋白合成速率在着陆后6天有所下降。这个观察结果与因为肌肉与其他组织之间的底物竞争而成为限制因子的氨基酸是相一致的。

3. 微重力对兔红细胞形态及生成的影响

航天医学研究表明,航天员和动物在失重飞行后,红细胞形态发生了改变,正常的盘形红细胞比例降低,异常的棘形、球形红细胞比例升高,红细胞生成受抑制。国外曾广泛采用尾悬吊鼠方法模拟失重,结果表明红细胞形态与对照组无明显改变。在进行失重心血管效应研究时,我们用兔头低位限制活动作为模拟失重动物模型。经实验证明,头低位兔的很多生理指标与航天中人和动物的变化相似,是一个较好的模拟失重动物模型。

通过观察头低位兔血液红细胞形态下骨髓造血功能的变化,发现头低位组兔血液中的畸形红细胞增多,骨髓中出现了稍密集的造血细胞,网状细胞核孔增多,内质网扩张,幼稚红细胞进入血窦,巨噬细胞吞噬幼稚红细胞,血管内皮细胞空泡化等现象。实验结果表明,短期模拟失重对红细胞形态和骨髓造血功能有一定的影响。

4. 如何减少微重力对血液的影响

为了提高空间材料加工、食品科学、生命科学、流体力学及太空育种等实验研究的效果和精确性,应尽可能保持实验所必需的理想失重条件,减少微重力对血液的影响,降低微重力对人体的干扰。应采取如下对策:

由于微重力的作用,体液总量相对减少,红细胞数量降低,血液提供的营养物质下降,我们可以尽量避免航天员走动,降低能量消耗。非走动不可时,也要轻手轻脚。在微重力的作用下,血液总量相对减少对气体交换产生一定影响,我们可以在流体食品当中增加亚铁离子以加快气体交换,促进呼吸。航天器运行轨道高度不能太低,以减小残余大气阻力产生的微重力,实验研究装置应尽可能靠近航天器的质心,以减小航天器绕质心转动及重力梯度产生的微重力。

1.3.7　免疫功能和内分泌的变化

在正常生理情况下,免疫系统有防御、自身稳定、免疫监视三大功能。如果免疫反应性及其调节作用发生障碍,可能涉及许多疾病的发病机理。

1. 免疫功能变化

(1)细胞免疫功能下降

美、前苏航天员在飞行前、后,取外周血液分析 T 淋巴细胞的绝对数和有丝分裂原,如伴刀豆球蛋白 A(Concanavalin A,ConA)或植物血凝素(PHA)的反应性进行研究,表明淋巴细胞活性降低。

在发射前,将人体淋巴细胞培养基由载荷专家带到空间实验室,向细胞培养物中加入刀豆素 A,培养 72 h 后掺入放射性氚—胸腺嘧啶核苷(H3—TdR),着陆后 2 h,来自轨道的淋巴细胞活性惊人地降低,大约是地面对照组的 5%,表明离体的 T 淋巴细胞空间培养,其活性明显受到抑制。

(2)体液免疫功能改变

航天因素对体液免疫功能的影响,与细胞免疫功能影响不同,它不是降低而是维持正常或有所增高。"阿波罗"在各次飞行后,航天员的免疫球蛋白未见到明显变化。"礼炮"5 号飞行 49 天后,血清中免疫球蛋白浓度增加,这种效应被认为与失重状态下骨髓退化产物刺激 B 细胞分泌自身抗体有关。

(3)非特异免疫功能降低

"礼炮"5 号航天员飞行 49 天及"礼炮"6 号飞行 96 天后唾液溶菌酶显著降低。美、前苏多数航天资料报道,飞行后补体水平升高。

(4)免疫器官萎缩(变性)

航天大白鼠淋巴器官变性,在"宇宙"605 号生物卫星上飞行 22 天的 14 只大鼠,着陆后两天检查所见,脾脏发育不全,胸腺和淋巴均萎缩,淋巴滤泡内细胞减少,着陆 27 天后,均有所恢复。

2. 内分泌功能变化

失重属于应激刺激,它必定引起许多应激激素分泌。促肾上腺皮质激素(ACTH)和皮质类固醇是很重要的应激激素。人或动物经受航天失重时,血和尿液分析表明,垂体-肾上腺皮质轴功能增强,腺体分泌增多。美国航天飞机返回地面后即刻可看到乘员血中 ACTH 含量明显增加。美国"天空实验室"乘员在飞行中和飞行后相当长的时间内,尿中考的松含量一直维持在明显高于飞行前的水平上。在空间飞行中,血浆皮质醇含量也高于飞行前。航天中,人的血浆促肾上腺皮质激素含量随着飞行时间延长呈波动性变化。

肾上腺素和去甲肾上腺素全都属于儿茶酚胺类物质,也是重要的应激激素。美国"阿波罗"飞行和"天空实验室"任务中,乘员尿中这两种激素含量都比飞行前低。前苏联也证明载人飞行后肾上腺素和去甲肾上腺素的分泌量减少。这可能是因重力条件下积聚于下半身的体液在失重时一部分被转移到上半身,通过循环系统中容量压力感受器的反射,引起体内上述两种激素的降低。

美、前苏载人飞行中乘员血浆中 T3H 和甲状腺素(T4,T3)都有升高。"阿波罗"飞行后副甲状腺素略为降低,这与飞行后脱钙相符合。应激反应累及睾丸和卵巢,引起性腺分泌功能的失调,飞行中性腺萎缩和性激素含量减少。

3. 微重力对神经系统影响

载人航天一开始,有些著名的神经生理学家,如马古恩(Magoun)、布雷热(Brazier)等,于 1961 年就主持召开了专门学术会议,研讨皮层兴奋性和稳定性与宇宙生物学基础研究的关系。会上着重探讨了大脑稳定电位在空间研究中的意义。其后,艾迪(Adey)等于 1969 年在"生物卫星Ⅲ号"上专门对黑猩猩的脑功能展开了研究,在大脑皮层和一系列皮层下神经核中埋藏了电极,并训练该动物进行一些行为测试。只是由于该动物在空间提前死亡,未能获得圆满结果。艾迪等还在"双子星座"飞行中记录了航天员的脑电波,观察到飞行中 9 段脑波能量增加。在"OPO—1(A)卫星"上还专门进行了牛蛙前庭神经生物电发放的记录研究,发现了神经脉冲的超慢节律现象,认为它们来源于神经中枢的适应过程。

随着载人航天的发展,利用空间特有的微重力条件来研究生物过程的工作越来越多,其中不乏一些精心设计的观察实验。例如,在空间进行蜘蛛行为实验,表明失重使蜘蛛结网功能发生困难。近年来深入分析了一些化学物质对蜘蛛结网行为的影响,为研究失重条件下结网困难的机制提供了新的线索。吸入水合氯醛的蜘蛛的结网行为被明显抑制,吸入咖啡因和安非他明的蜘蛛努力结网,但网结构奇特或缺乏条理性。

前苏联在"宇宙"号生物卫星系列中,进行了神经化学方面的一系列实验,发现下丘脑视上核中分泌神经元的活动在失重条件下显著增加。细胞浆中分泌颗粒呈弥散式分布,而神经元中蛋白质和核糖核酸浓度下降("宇宙"605 号)。下丘脑垂体系统在组织化学方面发生变化。与此同时,大脑额叶中胆碱酯酶和硫氢含量下降,尤其小脑中与运动功能有关的蒲金野氏细胞中核糖核酸含量发生明显改变("宇宙"782 号)。在脊髓运动神经元中蛋白质浓度也有一定变化("宇宙"M5 号),神经肌肉接头处则出现超微结构变化。

近年来随着分子生物学的发展,人们在深入研究失重对机体造成的各种影响及探讨其机理时,深刻地认识到神经组织和脑功能调节在其中的作用。人基因组中有 1/3 的基因是在脑中表达的,神经细胞所选择表达的一些基因必须根据细胞外的刺激而精确地受到调节。研究航天失重因素对基因表达尤其是中枢神经系统内基因表达的影响,可以在分子水平上更精确地探究航天特殊因素对机体造成各种危害的内在机制。

在 SL-3 飞行任务中,对飞行 7 d 的垂体 CH 细胞进行分析发现,GH 的分泌量减少了 30%。在 STS—8 飞行实验中发现,CII 细胞的分泌量和对照相比减少了 $\frac{19}{20}$。对飞行鼠下丘脑内 DNA 原位杂交结果显示:下丘脑的 CRF 和 SS 前体的转录水平降低,从而导致神经元 GRF 和 SS 的分泌减少,且 GRF 分泌抑制要比 SS 更为严重。RNA 含量的减少从另一个角度也说明了重力对内分泌系统的影响发生在转录水平上。飞行中 GH 细胞功能上的变化可能由于 GH 分子各种变异体的作用,垂体中 GH 变异体或是 mRNA 拼接的结果,或是翻译后修饰的结果。

近年来阿黑皮素原(POMC)基因的调节得到广泛的研究。阿黑皮素原是多种生物活性肽的前体,在垂体、下丘脑以及性腺等组织细胞中都有合成。由黑色素原酶解生成的促肾上腺皮质激素、β-内啡呔和 α-促黑激素等在体内起着十分重要的作用:研究发现失重状态下机体内 β-内啡呔及促肾上腺皮质激素的含量发生显著的变化,对 POMC 基因表达的研究可进一步解释这些激素变化的原因。对飞行动物垂体中含 POMC 的细胞内 POMC mRNA 含量进行的测定发现,飞行组与对照组含 POMC 的细胞数目基本上没有什么差异,但飞行组垂体细胞中 POMC mRNA 的杂交信号强度显著增加,几乎是对照组的 2 倍。

血管升压素(AVP)是中枢神经系统中一种重要的神经内分泌激素,由下丘脑视上核、室旁核等神经元合成并释放,在机体水盐代谢平衡中起重要的作用,同时又作为中枢神经系统内的一种神经递质或调质参与中枢心血管活动调节。已有资料报道,微重力条件下由于血液头向分布,刺激心房感受器,发出冲动传入到延脑和下丘脑,抑制了垂体后叶抗利尿激素的分泌,使肾脏对水和钠的再吸收作用减弱,排尿增加。Savia 等研究航天22 天大鼠下丘脑和垂体后叶的形态,提出后叶激素的合成和分泌可能改变。飞行过程中,水、电解质平衡失调,可能由于一些因素影响了肾脏细胞内的调节过程,致使肾脏对升压素(VP)的敏感性降低,由此引起 VP 分泌增加,导致垂体后叶中 VP 含量降低。对丘脑内 VP 含量的减少是由于分泌增加所致,还是合成的减少,有必要从基因表达的角度入手,通过分析 AVP mRNA 水平的改变,来研究失重对下丘脑 AVP 生物合成的影响。

神经化学系统与空间适应有密切关系。前苏联在空间运动病研究中正在探讨内啡肽等物质的作用,美国也在探讨生化因子在运动病中的作用,以研究空间适应的本质,并寻找对抗空间运动病的最有效的药物。众所周知,目前使用的抗晕药多是与一些神经化学物质有密切关系的药物。例如对抗乙酰胆碱,阻断边缘系统到下丘脑的通路,是一个典型措施。由于乙酰胆碱是脑内很多功能的基础,这类药物自然带来很多副作用。空间脑科学研究在我国受到重视并不断得到发展。早在超重/模拟失重研究中,就曾在10.5 g超重和 21 天卧床条件下,成功地记录到人的脑电波谱和诱发电位次反应。超重作用引起脑波 25 Hz 快波和诱发电位次反应的负波优势,卧床引起慢波增高和诱发电位次反应的负波优势。在进行空间脑功能实验技术的研究中建立脑波涨落图技术,从脑波涨落过程中提取超慢振荡信息,并在多种地面模拟实验中得到应用(梅磊等)。兔悬吊模拟失重实验中观察到脑波频率和空间结构的一系列异常变化。抗运动药合剂 B 能有效地逆转这些异常改变(兰景全等)。作为模拟失重的一种对比,还观察了兔背 - 胸向轻度超重(2e)的反应,证明脑状态趋向改善,一系列指标普遍增强,脑进入新的活动水平,并建立了高活动背景上的平衡(周云龙等)。在《ET—脑功能研究新技术》一书中,总结主要成果,建立了空间脑科学框架(梅磊),50~100 年后,当人们飞向其他天体时,今天的实验舱获得的某些结果将有助于规划他们的行动。

神经实验舱携带动物的数目达到 2 000 以上,包括昆虫、鱼、蛇、鼠等。着重解决以下一些问题:

①重力敏感器官,如内耳、心血管系统和肌肉是如何学会与无重力环境匹配的?

②在空间出现睡眠和生物节律变化的原因是什么?

③在空间发育的胚胎的内耳功能是否与地球上发育的内耳功能一样?

④基本运动功能的学习,是否必须在生命的某一时刻有重力存在?

具体实验研究分以下几个方面:

①自主神经系统。集中观察心血管功能与重力的关系、血容量变化、特殊立位低血压、下体负压的作用等。

②感觉运动和效率。航天员如何在失重环境下完成正常简单动作,测试在空间捕捉球体的能力,以分析大脑对微重力的适应中哪些信息起主要作用。

③睡眠研究。航天员在空间飞行中睡眠期缩短(5~6 h;地面为 7~8 h)。测量异常呼吸模式、血液 CO_2 过高、氧含量降低等指标,它们都可能造成睡眠障碍。并实验用腿黑

色素来帮助航天员睡眠,比较其与安慰剂的效果。

④神经可塑性研究。可塑性涉及大脑建立新的神经回路的能力,如同在脑损伤时的反应那样,将用大鼠研究大脑是如何在空间进行学习的。

⑤哺乳类发育研究。观察大鼠和小鼠在不同发育阶段的生长情况,以查明脑和神经系统在失重条件下是否能正常发育。曾在航天飞机上做过鹌鹑、鸽的实验,发现它们的运动技能不能正常发育。

⑥水生动物研究。观察蛇类和草鱼类的内耳或前庭系统在失重条件下如何发育。在开始进入空间时,记录鱼在感觉到失去重力时,从内耳传入大脑的神经脉冲。

⑦神经生物学研究。对蟋蟀的研究阐明:正常发育有多少取决于基因程序,有多少受环境的影响。蟋蟀被置于能模拟重力的特殊容器中进行观察。

此外,还要进行动物行为研究和对人进行神经学测试。

部分实验用的大白鼠要在 24 h 内杀死、解剖、取出脑和神经组织,观察初期失重反应,并以不同间隔与地面实验比较。飞行 2 d 后,取出怀孕小鼠的胚胎并对部分怀孕小鼠注射示踪物质等,观察神经系统如何在微重力下发育。

在载人飞船上进行这些实验,能充分发挥人的高级功能,如照料和救护动物、实时观察记录及向地面科技人员联系、报告、咨询、随时改变实验方案,进行实验手术和复杂实验操作等。

神经实验舱的发射,将为空间神经科学这一新的学科奠定基础,为长期宇宙航行,为人类在空间长期生活的工作开辟道路。而且利用空间特有的环境,可以帮助我们认识地球上的生物过程。

4. 微重力对生理节律的影响

从载人航天一开始,人们就关注昼夜节律改变对航天员所造成的干扰性影响。从地球表面 24 h 昼夜变成地球轨道上的几十分钟周期,外界环境的变化太明显了。正常情况下,生理节律表现出的周期与昼夜长度精确一致。这种现象曾被视为存在着一种与周围环境适应的"同步器"。在与环境时间系统隔离的条件下,生物节律自发振荡的周期将偏离 24 h 模式,形成所谓"自由浮动节律"。而且,不同的功能系统,将以不同的频率涨落,被称为"内部失同步"现象。这些现象提示,昼夜节律是内源性的,自我维持的,并被不止一个的"内部钟"现象所控制。但也有人认为昼夜节律是外源性的,是对环境周期变化的纯粹被动反应。

地球轨道飞行中,太阳光、地球阴影构成的周期取决于轨道的高度。在 200 ~ 800 km 范围内,轨道飞行周期随轨道倾角不同而在 90 ~ 140 min 内变化。其中 40% 的时间是处在地球阴影中的"夜晚"。在月球上,有两星期白昼和两星期夜晚。在飞往月球或其他星体的轨道上,环境将变成持久光亮而失去周期性。这些特殊环境为研究生理节律提供了独特的条件,因为 24 h 模式已被打破,人们可以作出适当的实验安排,例如设计人工"昼夜"周期,以观察生物体是如何测量时间和适应不同时间系统的,而这在地球上是做不到的。还可以利用空间离心机,研究重力对昼夜节律的可能影响。

这类基础性实验应在植物和动物中进行。对人的实验则应紧密结合载人航天的实际需要。例如,在飞往火星的长期飞行中,如何安排航天员的"昼夜"生活作息制度,才能最有效保证航天员的健康和工作能力？迄今为止,关于载人航天中昼夜节律紊乱有以下估计：

①环境周期性的变化将导致生理节律失控和内部失调同步。

②作息周期的改变将出现牙龈肿痛等病症。

1.4　空间环境下的营养与修复

国际空间站的构建预示着空间中将会有越来越多的人类活动,这就对现代空间科学技术领域提出了新的发展需求。空间环境复杂而极端,在强辐射、微重力等多种空间环境中,就不可避免地使机体产生一系列适应性的生理变化。这些变化可能危及人体健康,通过对机理的仔细分析找到有效的营养防护与修复措施。通过营养调节减少空间环境对航天员身体造成的伤害,为航天事业的飞速发展提供保障。

1.4.1　空间辐射环境损伤的营养与修复

空间辐射的来源和成分非常复杂,是各种空间环境因素中对航天员健康及生命安全构成的最大威胁。高能电磁辐射或粒子辐射穿入人体细胞,使组成细胞的分子电离,毁坏细胞的正常功能,当 DNA 受到损伤时对细胞的危害最严重,其变异可遗传给后代。当人体受到一定剂量的辐射后,会患辐射病,主要症状包括严重灼伤、不能生育、肿瘤和其他组织的损伤,严重损伤可导致快速(几天或几周)死亡。适当摄入富含蛋白质、维生素、矿物质类食物等功能性物质,能够起到防护空间辐射的积极作用。

1. 辐射损伤修复的研究现状

人体所需的营养素有碳水化合物、脂类、蛋白质、矿物质、维生素等五大类。其中碳水化合物、脂类和蛋白质因为需要量多,在膳食中所占的比重大,称之为宏量营养素。

碳水化合物是机体的重要能量来源,我国人民所摄取食物中的营养素,以碳水化合物所占比重最大,一般来说机体所需 50% 以上是由食物中的碳水化合物提供的。碳水化合物分成两类,人可以吸收利用的有效碳水化合物如单糖、双糖、多糖和人不能消化的无效碳水化合物如纤维素。碳水化合物是机体神经组织和肺组织初始热能的来源,参与肝脏的解毒,具有防止酸中毒、维持大脑正常功能等作用。多糖广泛存在于自然界,很多都具有一定的抗辐射作用。多糖通过活化造血系统和增强免疫力通过多个途径、多个层面来修复辐射损伤组织,延长辐射后生物存活时间,提高其生存率。

目前已开发的抗辐射保健食品成分有多糖类、香豆素类、黄酮类、皂苷类、生物碱类、多酚类、糖苷类、植物蛋白、胶原物质等。由于辐射对人体的危害作用潜伏期长,用药物来“治疗”不现实,而食用具有抗辐射功能的保健食品则是一种较好的选择。部分植物多糖,对辐射危害有辅助保护作用,例如川麦冬多糖,可提高在磁场辐射环境下的免疫能力;三七多糖,可提高抑制羟自由基能力,具有良好的抗微波辐射的效应;五味子粗多糖,可减轻受照小鼠肝组织脂质过氧化程度,并提高抗氧化酶活性,对辐射损伤小鼠具有保护作用。

还有很多相关植物多糖对辐射危害有辅助保护作用。多糖作为天然活性物质,本身无毒无害,辐射前后给药都有效,代谢产物是机体的营养物质。多糖能较好地保护辐射敏感组织,促进恢复受辐射损伤的造血系统、免疫系统和 DNA 等系统组织。有文献报道,当归多糖不同的酯化度会使多糖糖链形成不同的空间构象,进而影响其抗辐射功能。自茜草中分离的多糖 NP 和 AP 均具有抗辐射活性。

脂类是脂肪和类脂的总称,包括甘油三酯、磷脂、糖脂、脂肪酸、胆固醇和类固醇等。脂类营养素可供给热能、组成机体细胞、溶解营养素、供给必需脂肪酸,并预防多种疾病的发生。有文献报道,神经酰胺是鞘脂类,且神经酰胺代谢中的很多产物,如鞘氨醇 -1 - 磷酸具有抗凋亡活性,能控制凋亡反应强度,具有细胞抗辐射的作用。

蛋白质是由氨基酸构成的,在机体蛋白质代谢中也主要是利用氨基酸进行合成和分解代谢。蛋白质就是构成人体组织器官的支架和主要物质,在人体生命活动中,起着重要作用,可以说没有蛋白质就没有生命活动的存在。螺旋藻是一种营养价值较高的蓝藻类低等生物,含有丰富的蛋白质及多种维生素、矿物质、胡萝卜素、叶绿素和不饱和脂肪酸。螺旋藻植物蛋白含量高达 50% ~ 75%,是所有天然蛋白质含量最高的,且所含的蛋白质优质,易吸收,种类齐全,是人类最理想的蛋白质源。研究资料表明,螺旋藻具有很强的抗辐射性。螺旋藻抗辐射的机制与下列因素有关:

(1)螺旋藻含有丰富的蛋白质及多种维生素、胡萝卜素和微量元素(硒、锌和铁等),可均衡补充机体必需的营养成分,增加机体免疫功能,缓解和减轻射线对免疫系统的抑制作用。

(2)螺旋藻有较强的抗氧化作用,可增强机体抗氧化酶活性,捕捉自由基,由此降低辐射促发的自由基的形成导致的损伤。

(3)螺旋藻含有丰富的铁质、维生素和叶绿素,促进造血功能,缓解和减轻射线对骨髓造血功能的抑制。

维生素是维持人体生命活动必需的一类有机物质,也是保持人体健康的重要活性物质。许多研究证据显示,多数维生素对辐射具有抵抗作用,包括维生素 A、维生素 D、维生素 E、维生素 K 等。维生素 A 和维生素 E 均具有抗辐射及修复氧化损伤的作用,且抗辐射作用存在一定的剂量 - 效应关系。维生素 A、维生素 E 及 B 族维生素均可提高机体对辐射的耐受性,有利于身体健康。国际上普遍认为,绿茶能降低辐射的危害,因茶叶中含有丰富的维生素 A 原,它被人体吸收后能迅速转化为维生素 A。现代医学研究证实,绿豆含有帮助排泄体内毒物、加速新陈代谢的物质,可有效抵抗各种形式的污染。多吃青菜、黑木耳有抗辐射的作用,能减少辐射危害,海带也是抗击辐射值得推荐的食物。各种豆类、橄榄油、葵花籽油和十字花科蔬菜富含维生素 E,而鲜枣、橘子、猕猴桃等水果富含维生素 C,维生素 E 和维生素 C,都属于抗氧化维生素,具有抗氧化活性,可以减轻电脑辐射导致的过氧化反应。日常生活中番茄红素是迄今为止所发现的抗氧化能力最强的类胡萝卜素,它的抗氧化能力是维生素 E 的 100 倍,具有极强的清除自由基的能力,有抗辐射、预防心脑血管疾病、提高免疫力、延缓衰老等功效,有植物黄金之称。

矿物质又称微量元素,包括钙、镁、磷、钾、钠、锌、铁、铜、锰、碘、硒、铬、钼等,在组织中存在而表现出一定生理功能,虽然体内含量很低,但是对人体生理功能有着极其重要的影响。微量元素硒具有抗氧化的作用,它是通过阻断身体过氧化反应而起到抗辐射、延缓衰老的作用。含硒丰富的食物首推芝麻、麦芽和黄芪。钙基脱硫过程中影响辐射的各个重要的量化参数,如各种钙基矿物质的吸收和散射因子、钙基脱硫过程粒子尺寸的分布、相应粒径分布下粒子云的辐射特性及大粒子的辐射特性、一定空间范围内因脱硫反应气体的生成而对辐射能的选择性吸收份额等。研究表明,钙基矿物质对辐射有一定的吸收作用。

此外,最近有文献报道,各种耐辐射球菌对 DNA 损伤具有高度的修复作用,对氧自由基进行有效清除,以其特殊的细胞壁和基因结构发挥抗辐射作用。有文献报道,低剂量丝裂霉素 C 的辐射防护作用,它会产生某种兴奋作用以促进机体生长发育、增强防御能力和刺激损伤的修复。

2. 药食同源食物与功能性成分

（1）辐射的中医机理

在太空中,飞船的振动、噪声、低压、高浓氧、高低温等因素,尤其是空间辐射,对人体是一种不良影响,可使人体处于整体性生理抑制状态。正气,是指人体的生理功能,主要指抗病康复能力。正气由人体结构、气血津液、生理活动的综合作用产生。从现代医学观点而言,人体的防御功能、组织修复、机体代偿及免疫功能等,均属正气范畴。正气的防卫作用是以人体内阳气为主导的。卫外之阳气虚衰则正气卫外功能减弱,易为外邪所侵袭;阴精为正气的物质基础,阴精充足则正气充盛,抗邪有力,故不受病。人体脏腑功能正常,气血充盛,正气旺盛,病邪难以侵入。空间辐射等不良因素,损伤机体阳气,耗损机体阴血,伤害人体正气,使人体的防御功能、组织修复、机体代偿及免疫功能等下降。不良因素虽多,但中医治则为不变应万变,首先是顾护人体正气,激发人体潜力,从根本上提高自身抵抗力,接着是正确辨证施治,调节机体整体功能状态,使阴平阳秘,脏腑功能正常,正气自然足,从而达到"邪不可干"的目的。由此可见,预防辐射可以从补益、活血两方面入手。

（2）补益类药食同源食物

黄芪

【来源】豆科草本植物蒙古黄芪、膜荚黄芪的根。

【传统功效】黄芪有益气固表、敛汗固脱、托疮生肌、利水消肿之功效。

【治疗与保健作用】实验表明黄芪对由微波所致的肾功能损害具有良好的防护及治疗作用,可修复由微波辐射诱发的染色体损伤,即具抗突变作用;黄芪可促进骨髓细胞增殖,刺激造血系统功能;黄芪还可促进淋巴细胞的转化率和提高巨噬细胞的吞噬能力;黄芪有抗 γ 射线辐射、保护机体作用,可作为辅助药配合放疗等抗肿瘤治疗,有利于提高免疫功能而减轻放疗的毒副作用,提高疗效,从而保护机体的免疫功能。

【功能性成分】含黄酮、皂苷及多糖类成分。黄酮类成分有芒柄花黄素、3′-羟基芒柄花黄素(毛蕊异黄酮)及其葡萄糖苷、2′,3′-二羟基-7,4′-二甲氧基异黄酮、7,2′-二羟基-3′,4′-二甲氧基异黄烷及其葡萄糖苷、7,3′-二羟基-4′,5′-二甲氧基异黄烷、3-羟基-9,10-二甲氧基紫檀烷及其葡萄糖苷等。皂苷类成分有黄芪皂苷 I ～ Ⅷ 及大豆皂苷 I,黄芪甲苷(即黄芪皂苷 IV)与黄芪乙苷。黄芪多糖主要包括芒柄花黄素 R = H 7,3′-二羟基-4′,5′-二甲氧基异黄烷毛蕊异黄酮 R = OH 黄芪皂苷 ⅧR = xyl

(xyl = xylose,木糖;gal = galactose,半乳糖;glcA = glucuronic acid 葡萄糖醛酸;rha = rhamnose,鼠李糖)

【保健食谱】

党参黄芪炖鸡汤

材料:主料为母鸡(柴鸡或绿乌鸡)1 只,党参 50 克,黄芪 50 克。辅料为红枣 10 克,姜片。调料为料酒,精盐,味精。

做法:

①将母鸡下沸水锅中焯去血水,洗净;将红枣洗净,去核;将党参、黄芪用清水洗净,切段。

②将鸡放入炖盅内,加适量水,放入党参、黄芪、红枣、料酒、精盐、味精、姜片,放入笼内蒸至鸡肉熟烂入味,取出即成。

黄芪红枣汤

材料:黄芪 10 ~ 15 克,红枣 6 个,清水 2 ~ 3 碗。

做法:

①红枣用温水泡发洗净后,去核。(不去核会有些燥热,如果体质比较寒的也可以不去核)

②黄芪和红枣用清水浸泡 20 ~ 30 分钟。(正常煎中药都需要把药材泡 20 ~ 30 分钟,以便于药性的析出)

③点火,煮滚了以后转小火煮 20 分钟即可。

枸杞

【来源】该品为茄科植物宁夏枸杞的干燥成熟果实。

【传统功效】滋补肝肾,益精明目。

【治疗与保健作用】枸杞有抗射线辐射、保护机体的作用,可作为辅助药配合放疗等抗肿瘤治疗,病人可在放疗前、放疗中口服枸杞,有利于提高免疫功能而减轻放疗的毒副作用,提高疗效,从而保护机体的免疫功能。枸杞提高了实验动物外周血白细胞数量,还减轻了射线对骨髓细胞的损伤,骨髓细胞微核率明显降低。枸杞的抗辐射作用很可能与提高组织抗氧化能力、及时清除辐射产生的自由基有关。

【功能性成分】主要为枸杞多糖(LBP),甜菜碱(Betaine),胡萝卜素及类胡萝卜素,维生素 C,莨菪亭(Scopoletin),多种氨基酸及微量元素 K、Na、Ca、Mg、Cu、Fe、Mn、Zn、I 、 P 等成分。

【保健食谱】

枸杞枇杷膏

材料:枸杞子、枇杷果、黑芝麻、核桃仁各 50 克,蜂蜜适量。

做法:将枇杷果、核桃仁洗净切碎,枸杞、黑芝麻洗净加水适量浸泡发透后放入锅内,加热煎煮,先用大火烧沸,转为中火熬煮 20 分钟,取煎汁 1 次;加水再煮共取煎液 3 次,合并煎液,用小火浓缩至膏时,加蜂蜜 1 倍,至沸停火,冷却装瓶待用。每日早晚各 1 汤匙,开水冲服,连服 3 ~ 4 周。

功用:益肺肾补虚,平喘咳润燥,用于肺癌晚期虚症,体质软弱患者。也可用于放化疗引起的白细胞减少等症。

人参

【来源】五加科植物人参的干燥根。

【传统功效】大补元气,复脉固脱,补脾益肺,生津止渴,安神益智。

【治疗与保健作用】人参蛋白能明显抑制受照小鼠的白细胞数减少、微核数增多、SOD 活性降低、MDA 含量增加,说明人参蛋白对辐射损伤小鼠具有很好的保护作用。同时,人参蛋白提高使受辐射小鼠的胸腺、脾脏指数增加,反映了人参蛋白有提高免疫力的作用。人参三醇组苷对骨髓细胞染色体具有较好的辐射防护作用。人参皂苷对机体许多机能有调节作用,它不仅可以阻止正常饲养动物血脂的升高,降低高脂饲养动物血脂和组织脂质的浓度,甚至对辐射所致的胰腺和免疫器官的损害也有治疗和防护作用。

【功能性成分】主要为人参皂苷类成分,包括人参皂苷 R0、Ra1、Ra2、Rb1、Rb2、Rb3、Rc、Rd、Re、Rf、Rg1、Rg2、Rg3、Rh1 等人参单体皂苷;人参多糖类成分包括人参三糖 A、B、C、D、D 和人参四糖类成分;挥发油类成分主要包括三类:第一类为倍半萜类,第二类为长链饱和羟酸,此外还有少量芳香烃类,倍半萜类是人参挥发油的主要成分。此外,人参中还含有氨基酸、多肽类和蛋白质类等成分。

【保健食谱】

人参营养饭

材料:大米 3 杯,新鲜人参 2 根,大枣 5 粒,栗子 4 粒,红豆 5 大匙,黑豆 3 匙,水 3 杯。

做法:新鲜人参洗净后按适度切块。大米洗净放在水里泡 30 分钟后沥干水分。大枣去籽后切丝,栗子切厚块。红豆和黑豆泡水待软(红豆煮开后用比较适宜)。往锅里放米和准备好的材料后倒水做饭。待米汤开后用微火焖好。

八宝人参汤

材料:人参 1 克,菠萝、苹果、鲜桃、蜜桃、梨、莲子各 15 克,青丝、红丝、瓜条各 5 克,冰糖、香蕉精、水淀粉各适量。

做法:

①将人参放入碗内,再加入水和冰糖,上笼蒸 4 小时。

②将莲子泡洗干净,放盆内,加水、冰糖,上笼蒸烂取出。

③将苹果、梨去皮切开去核。青丝、红丝、瓜条用水稍泡一下。桃去核、剥皮。蜜柑扒去核。

④将人参、菠萝、苹果、梨、桃、蜜柑、莲子都切成小片。锅内放入开水,将蒸人参的原汁倒入锅内,再将切好的人参、苹果、莲子等各种小片放入锅内,加冰糖用水淀粉勾芡,用筷子蘸一滴香蕉精放入锅内,盛在碗内即成。

刺五加

【来源】为五加科植物刺五加和五梗五加的根皮。

【传统功效】益气健脾,补肾安神。

【治疗与保健作用】报道显示刺五加皂苷可减轻 X 射线对小鼠免疫功能的损伤,刺激造血系统功能,还可提高淋巴细胞转化率、胸腺指数淋巴细胞转化和 SOD、GSH - Px 活性等,检测指标均显示刺五加皂苷具有一定抗 X 射线辐射损伤作用。刺五加可使受伤的脾脏组织提前恢复正常，对受 γ 射线照射后小鼠脾脏的淋巴细胞有保护作用，并且能加速 γ 射线照射损伤小鼠胸腺淋巴细胞的恢复，促进骨髓干细胞增殖并迁往胸腺。

【功能性成分】多种醣类、氨基酸、脂肪酸、维生素 A、B1、B2 及多量的胡萝卜素；另含有芝麻脂素、甾醇、香豆精、黄酮、木栓酮、非芳香性不饱和有机酸及多种微量矿物质等。刺五加亦含有丰富的维他命以及矿物质。经过研究分析，刺五加中含有维生素 A、B1、B2 及 C 等维生素，以及锰、铜、镁、钴、镍、锌、铁、钠、钾、钙等矿物质成分。含有丰富的葡萄糖、半乳糖、胡萝卜素。其主要活性成分被认为是刺五加苷 B 和刺五加苷 E。

【保健食谱】

凉拌刺五加

材料：刺五加，盐，味精，蒜，芝麻油，辣椒油。

做法：

①烧一锅开水，把刺五加叶子用滚水烫一下，去掉涩味儿。

②捞出来浸在冷水里。

③用盐、味精、蒜末、芝麻油和辣椒油搅拌均匀。

刺五加炒鸡蛋

材料：蛋，刺五加，盐。

做法：

①刺五加洗干净，用开水烫一下。

②凉水泡一阵。

③切末和鸡蛋和在一起加盐搅匀。

④锅加油烧热倒入蛋液煎。

（3）活血类药食同源食物

阿胶

【来源】为马科动物驴及其他驴皮经煎煮浓缩制成的固体胶。

【传统功效】补血，止血，滋阴润燥。

【治疗与保健作用】研究人员利用模拟人体消化装置对阿胶进行体外降解，对降解后的阿胶液按相对分子质量范围分级后进行动物整体和细胞模型筛选得到了相对分子质量小于 8 000 的两种组分 A 和 B。然后运用辐射损伤小鼠模型研究了阿胶有效组分 A 和 B 对造血细胞的治疗作用，结果发现这两个组分能够明显地升高贫血小鼠外周血白细胞、红细胞数量和血红蛋白含量，减少射线对小鼠造血干细胞的损伤。射线损伤的一个主要途径就是产生大量的自由基，破坏细胞的结构和功能。实验发现，阿胶 A、B 组分能够明显降低骨髓细胞内 ROS 含量，提高血清和脾脏内自由基清除酶 SOD 和 GSH – Px 的含量，说明阿胶活性组分对射线损伤小鼠的保护作用可能是通过增加机体自由基清除酶的表达、减少自由基对造血系统的破坏而实现的。结果表明，阿胶能够减少辐射对造血系统的损伤至少涉及了两个通路的调节过程，即机体调节造血相关细胞因子分泌，以促进造血系统的恢复；同时增加了机体对 ROS 的清除能力，减轻造血组织的损伤。

【功能性成分】阿胶中含有丰富的胶原，水解后可得明胶、蛋白质和多种氨基酸：赖氨酸、精氨酸、组氨酸等为主要功能性成分。

【保健食谱】

阿胶羹

材料:阿胶 250 克,黄酒 250 克,冰糖 200 克,黑芝麻、核桃仁各 250 克。

做法:取阿胶 250 克,砸碎,放入带盖的汤盆或瓷碗中,加黄酒 250 克,浸泡 1～2 天,至泡软。取冰糖 200 克,加水 250 毫升化成冰糖水,倒入泡软的阿胶中,加盖。置盛胶容器于普通锅或电饭煲内,水浴蒸 1～2 小时至完全溶化。将炒香的黑芝麻、核桃仁放入继续蒸 1 小时,搅拌,成羹状。取出容器,放冷,冰箱存放。每天早晚各服一匙,温开水冲服。

功效:补血益肾,益智乌发,养颜益寿,润肠通便。

阿胶粥

材料:阿胶 15 克,大米或小米,冰糖 50 克。

做法:取大米或小米 100 克,阿胶砸碎后的小块 15 克,冰糖 50 克做成粥,阿胶在加入前先用开水溶化后加入粥内搅匀,开一滚即可。不要将阿胶块直接加入粥内,这样容易煳锅底。

功效:经常食用补血益肾,强身健体,延年益寿。

阿胶鸡蛋汤

材料:阿胶 10 克。

做法:将阿胶小碎块 5～10 克用开水一碗化开,鸡蛋调匀后加入阿胶液煮成蛋花,加入蜂蜜适量调味服用。

当归

【来源】伞形科植物当归的根。

【传统功效】补血活血,调经止痛,润肠通便。

【治疗与保健作用】当归对亚急性辐射损伤小鼠的外周血白细胞、淋巴细胞数量的回升均有明显的促进作用,能有效地抑制骨髓嗜多染红细胞微核的形成,促进外周血淋巴细胞转化以及肝组织的抗氧化能力,增强机体的辐射耐受性。当归多糖具有一定的抗辐射功能,对亚急性和亚慢性辐射损伤小鼠有良好的防护作用。

【功能性成分】含有阿魏酸、丁二酸、烟酸、尿嘧啶、腺嘌呤等, 及氨基酸、Vit B2、Vit E、β 谷固醇、亚油酸等。并含锰、镍、铜、锌等微量元素。此外,尚含多糖、蔗糖、挥发油等。挥发油中含藁本内酯、正丁烯基酞内酯、当归酮、香荆芥酚等 40 余种成分。

【保健食谱】

当归羊肉汤

材料:羊肉片 200 克,当归 5 克,清水 1 000 毫升,醪糟 4 汤匙(60 毫升),姜 1 块,酱油 1 汤匙(15 毫升),盐 1 茶匙(5 克),冰糖 5 克。

做法:

①姜去皮切丝备用。锅中倒入清水大火烧开,将当归用水冲洗一下,放入锅中,用中火煮 20 分钟。

②将羊肉片倒入锅中,水开后撇去浮沫。放入醪糟、姜丝,调入酱油、盐和冰糖即可。

海参当归汤

材料:干刺海参 100 克,当归 30 克,黄花 100 克,荷兰豆 100 克,百合 20 克,姜丝 10

克。

做法：

①泡发海参：先用热水将海参泡24小时，从腹下开口取出内脏；换上新水，上火煮50分钟左右，用原汤泡起来，24小时后就可以做汤使用了；烧热水，放入海参，1分钟后捞起备用，这样可以有效去掉海参的腥味。

②重新起锅，烧热油，爆响姜丝，下入泡好的黄花、荷兰豆，加入足量的清水和当归煮沸。

③最后加入百合、海参，一起大火煮5分钟。

④加入盐、胡椒调味，鲜美的海参当归汤就做好了。

川芎当归炖鸡蛋

材料：川芎10克，当归10克，黄芪10克，党参10克，鸡蛋一个，阿胶1/3块。

做法：

①准备好原材料。

②川芎10克、当归10克、黄芪10克、党参10克一起，用纱布包起来和生的带壳鸡蛋一起，加两碗水，入小砂锅用中火煎10分钟。

③鸡蛋捞出剥壳，再放回锅中，加上阿胶，再中火煎10分钟左右。

④看阿胶基本融化，汤汁煎浓，即可关火，丢掉药包，吃鸡蛋，喝掉药汤。

银杏叶

【来源】银杏科植物银杏（白果树、公孙树）的干燥叶。

【传统功效】敛肺，平喘，活血化瘀，止痛。

【治疗与保健作用】银杏黄酮（GBF）对经有丝分裂素（ConA）或脂多糖（Lps）刺激的辐照小鼠脾淋巴细胞转化率有明显促进作用，提示GBF可促进受 1.0 Gy γ 线照射小鼠的免疫力。因此，GBF较强的抗辐射作用与其较强的免疫调节力有关。低剂量GBF免疫调节效果优于高剂量GBF，与低剂量GBF具有较好的抗辐射效果相一致。

【功能性成分】主要为黄酮类成分，包括银杏双黄酮（Ginkgetin）、异银杏双黄酮（Isoginkgetin）、去甲基银杏双黄酮（Bilobetin）、芸香苷、山奈素 - 3 - 鼠李糖葡萄糖苷、山奈素、槲皮素、异鼠李素（Isorhamnetin）等。

【保健食谱】

银杏叶茶

材料：银杏叶。

做法：每次2~4克，放入杯中，用开水浸泡，3分钟后即可饮用。饮至余1/3时，再加开水冲泡，一般可冲泡4~6次。

三七

【来源】为五加科植物三七的根。

【传统功效】止血；散血；定痛。

【治疗与保健作用】实验证明，使用三七后淋巴细胞的亚微结构保持完整，使细胞能进行正常的生理活动，从而在一定程度上减轻了辐射对淋巴细胞的破坏，解除了辐射对机体免疫功能的抑制作用。三七具有良好的抗微波辐射的作用，三七多糖对微波辐射大鼠的研究表明,辐射给药组的抑制羟自由基的能力高于辐射对照组,说明三七多糖能够提高微波辐射后机体抑制羟自由基的能力,证明了三七多糖能够预防或减轻高强度微波辐射对生物体造成的过氧化损伤。

【功能性成分】主要为皂苷类成分,包括人参皂苷(Ginsenoside)Rb1,Rd,Re,Rg1,Rg2,Rh1,七叶胆苷 XⅦ(Gypenoside XⅦ),三七皂苷(Notoginsenoaide)R1,R2,R3,R4,R6。三七中还含有槲皮素(Quercetin)以及槲皮素为苷元的黄酮苷,此苷糖部分为本糖、葡萄糖和葡萄糖醛酸;β－谷甾醇(β－sitosterol),豆甾醇(Stigmasterol)和胡萝卜苷(Daucosterol);蔗糖;三七多糖 A(Sanchinan A)。三七还含 16 种氨基酸,有 7 种为人体必需氨基酸。

【保健食谱】

三七乌鸡煲

材料:三七 6 克,乌鸡 1/2 只,盐适量。

做法:

①乌鸡洗净切块。

②乌鸡与三七加适量水,用大火煨煮,待鸡块熟烂后加盐调味即可。

枸杞三七鸡

材料:枸杞子 15 克,三七 10 克,肥母鸡 1 只,猪瘦肉 100 克,小白菜心 250 克,面粉 150 克,味精、胡椒粉、葱白、生姜、食盐、黄酒各适量。

做法:

①将乌鸡宰杀洗净;枸杞用温水洗净;三七 4 克研成粉末,6 克切成片;猪肉切丝;小白菜洗净放在沸水中烫一下;葱白、生姜洗净,葱分别切末、段,生姜切成大块,余下捣成姜汁。

②将全鸡在沸水中煮一下,捞出洗净,沥干水分,把枸杞、三七片、生姜片、葱段放入鸡腹内,把鸡放入深碗内,加胡椒粉、黄酒,再把三七粉撒在鸡腹上,用湿棉纸封严碗口,在蒸锅内旺火蒸 2 小时。

③同时将肉泥加食盐、胡椒粉、黄酒、姜汁、葱花和少许清水,切碎的小白菜和匀成馅,面粉和好揪成 20 份,包成小饺子。待鸡蒸熟时加味精调味,饺子煮熟捞入装有鸡肉的碗即成。

红景天

【来源】是景天科多年生草木或灌木植物。

【传统功效】益气活血,通脉平喘。用于气虚血瘀,胸痹心痛,中风偏瘫,倦怠气喘。

【治疗与保健作用】高山红景天对电离辐射所造成的自由基损伤具有明显的保护作用,高山红景天可明显提高接受 5 Gy 深部 X 线照射小鼠的存活率,并明显抑制受辐射小鼠的心、肝组织过氧化脂质丙二醛的产生,提高辐射小鼠胸腺、脾脏指数。郑志清等研究发现红景天醇提物可显著提高小鼠经 8.5 Gy 照射后的存活率,经统计学检验,1.5 g/kg 剂量组与辐射组比较,差异有显著性。红景天醇提物对小鼠经 8.5 Gy 照射后的外周血白细胞有明显保护作用。经统计学检验,1.5 g/kg 剂量组与辐射对照组比较,有显著性差异。

【功能性成分】红景天包括的苷类物质主要有红景天苷、熊果苷、芦丁苷、异槲皮苷、云杉素等；黄酮类有槲皮素、山奈酚花色苷；香豆素类有香豆素、7－羟基香豆素、茛菪亭。

【保健食谱】

红景天乌鸡汤

主料：乌鸡 1 000 克，红景天 20 克。

配料：玖顺姜汁适量，食盐适量，白胡椒粉适量，大葱适量。

做法：乌鸡一只宰杀清洗干净备用，玖顺姜汁备用，红景天清洗浮尘，用刀切片，大葱切长段备用，将乌鸡斩合适的块，备用。取煲汤的锅，将剁好的鸡块和红景天放入锅内，加入适量清水，将葱段放入锅内，同时加入适量玖顺姜汁，大火将汤煮开后，转小火煲。大约两个小时，汤煲好后，加入少许食盐和胡椒粉调味即可食用。

1.4.2　空间微重力环境损伤的营养与修复

空间飞行中，由于微重力的存在，航天员所受重力被空间飞行产生的惯性力抵消，这种效果随之带来了骨骼矿物质逐渐减少，骨密度下降，尿钙排出增加的现象呈负钙、磷平衡，最终导致骨质疏松等病理现象的发生。空间的微重力环境还会对人的心血管系统产生影响，容易导致血压升高、心律失常等症状。

1. 微重力损伤修复的研究现状

微重力损伤的修复主要从对骨质疏松的修复，对血压的调节，对心律失常的调节三方面来进行。首先，通过对骨质疏松的修复调节微重力造成的损伤。预防失重状态下骨丢失的研究已成为国内外航天医学领域的重点和热点。目前用于骨质疏松防治的药物大致分为三类：一类是骨吸收抑制剂，主要有降钙素、雌激素、二磷酸盐等；另一类为骨形成促进剂，包括活性维生素 D、氟化物、甲状旁腺激素、生长激素等；最后一类是骨吸收抑制剂同时是骨形成促进剂，如锶盐。有文献报道锶盐对模拟失重大鼠骨组织中细胞凋亡的防治效应。实验表明枸杞多糖对去势雌性大鼠骨质疏松有治疗作用。动物实验证实单纯蛋白质摄入不足，可导致骨量和骨强度减低，即出现骨质疏松，可见摄入足量的蛋白质是预防骨质疏松的一个重要途径。

维生素 A 已被证明存在于破骨细胞和成骨细胞中，能抑制成骨细胞活性而激活破骨细胞的活性。成骨细胞是骨形成、骨骼发育与生长的重要细胞，它能向其周围产生胶原纤维和基质，并且可促进基质钙化。多种药物和细胞因子通过促进破骨细胞的凋亡而抑制骨吸收。动物实验研究显示维生素 A 在骨代谢过程中的重要性，维生素 A 缺乏时骨组织将会变性，导致成骨与破骨之间的不平衡，造成颅骨过度增厚，发生神经系统异常。

维生素 D 能够促进胃肠道钙磷的吸收，增加全身各部位的骨密度，维生素 D 长期较低会引起继发性甲状旁腺功能亢进，从而引起骨量丢失，在老年人中尤为明显。因此，维生素 D 缺乏被认为是骨质疏松性骨折的一个危险因素。

维生素 K 对维持骨代谢的重要性是不可忽视的。维生素 K 通过促进成骨细胞分泌的骨钙素羧基谷氨酸化而与骨形成密切相关。维生素 K 可促进骨矿化，影响骨钙素的生物合成与生物活性。因此，适当地补充维生素对防止微重力造成的骨骼损伤至关重要。

众所周知,骨质疏松与某些矿物质的饮食摄取不足、过量或不平衡有关。钙被认为是骨健康必需的营养素,但也已发现,饮食钙摄取较高的地区骸骨骨折的危险性也增高。除钙以外,涉及骨代谢的其他主要矿物质包括 Mg、Na、P 等。镁缺乏会引起骨矿化作用降低和骨畸变增加,还可诱发甲状旁腺机能亢进样症状。许多报告提示,锌在骨生成和骨代谢中起重要作用。骨中的锌含量分布与钙化部位的分布非常类似,骨愈合部位摄取增加,锌对肥大细胞的破裂有抑制作用。锌缺乏可导致肥大细胞脱粒而释放内源性肝素,内源性肝素是骨质疏松的病理机制之一。随后的研究证实,硅影响骨的钙化过程、软骨合成和结缔组织基质形成,缺硅导致实验动物骨骼发育异常,补硅可恢复正常。现已充分证实,硅是骨骼、软骨和结缔组织的正常生长所必需的微量元素。锰是许多酶的组成成分或活化中心。锰参与软骨和骨骼形成所需的糖蛋白的合成,在黏多糖的合成中需要锰激活葡萄糖基转移酶。缺锰母鸡胚胎软骨营养不良,腿和翅膀变短,下颌骨降低,头呈球形。

铜是许多氧化酶(例如单胺氧化酶、赖氨酸氧化酶、细胞色素氧化酶、抗坏血酸氧化酶等)的组成成分。缺铜可引起胶原和弹性蛋白合成障碍,造成结缔组织缺陷及动脉与骨骼病变,在实验室研究和放牧现场已观察到绵羊和小牛因缺铜而引起的骨质损伤。缺铜还可造成成骨细胞活性降低,长期饮食缺铜和缺锰可使大鼠骨钙含量显著降低。在骨质疏松症患者中,可见血清钙浓度显著降低和尿铜排泄显著增加。缺铜儿童骨密度降低、骨折增加。缺铜儿童和 Menkes 综合征患者的骨骼变化与坏血病患者类似,但骨质疏松损伤比后者更普遍。锶是骨骼和牙齿的重要组成,它能促进骨骼发育和类骨质的形成,并有调节钙代谢的作用。已有文献报道,锶盐对模拟失重大鼠骨组织中细胞凋亡的防治效应。

其次,通过对血压的调节进而修复微重力造成的损伤。蛋白质流行病学研究表明 BP 降低呈正相关。蛋白质的这种作用主要取决于它的来源,动物蛋白的这种作用低于植物蛋白。然而,脂肪含量少的动物蛋白或野生动物来源的蛋白,有更少的饱和脂肪,更多的重要的 ω-3 和 ω-6,它们可降低血压血脂以及冠心病的发生风险。基于人类的研究显示,补充乳清蛋白浓缩物的发酵奶可显著降低 BP。每天补充含有生物活性肽的水解乳清蛋白 20 g,6 周后 BP 显著降低。鱼油和 BP 的相关性研究显示,鱼油对高血压的影响呈剂量依赖性,并还与高血压伴随疾病相关。研究表明,DHA 在降低血压和心率方面相当有效。然而,现代饮食降低了来源 ALA 的 EPA 以及 DHA 含量,同时增加了 ω-6 脂肪酸、饱和脂肪酸、反式饱和脂肪酸以及酒精,这些因素通过抑制或降低 δ-6-脱氢酶、δ-5-脱氢酶和 δ-4-脱氢酶的活性使机体加速老化。辅酶 Q10(CoQ10)是一种强力的脂溶性抗氧化剂和自由基清除剂,也是线粒体能源生产和氧化磷酸化的辅助因子,具有降低系统血管阻力、降低血压以及保护心肌缺血后的再灌注损伤的效力。

维生素 C 是一种水溶性的强抗氧化剂,可使维生素 E 循环再生,改善 ED 和利尿。许多临床研究表明,对于人类,每天的维生素 C(又称抗坏血酸)摄入量或血浆抗坏血酸浓度与 BP 和心率呈负相关。长期的后续研究也显示,对于人类,增加维生素 C 摄入量可降低 CVD、CHD 和 CVA 的发生风险。对已发表的临床实验进行评估,结果表明,250 mg 维生素 C 每天两次,可降低血压约 7/4 mmHg,改善动脉顺应性,改善血管内皮功能,降低血清醛水平,提高氨氯地平(Amlodipine)疗效,降低 AT1 受体对血管紧张素 II 的亲和力以及增强难治性高血压老年患者的药物降压效果。基线时血清抗坏血酸水平越低,降压效果越好。维生素 C 摄入量和血浆抗坏血酸水平呈反比。

有研究发现,高血压组比正常血压组的血浆抗坏血酸水平显著降低(分别为 40 mmol/L 和 57 mmol/L)。一项旨在研究维生素 E 和血压的关系的实验,纳入了平均血压 136/76 mmHg 的 2 型糖尿病和高血压患者。结果显示,受试者的 BP 实际上增加了 7/5.3 mmHg。处方药加入维生素 E 组较对照组的药物相关血清水平低。这可能是由于维生素 E 通过细胞色素 P450 的作用使药物相互作用的结果。维生素 E 与抗高血压不太可能有相关性,可能仅限于难治性高血压或已知有血管疾病的其他伴发病(如糖尿病,高血脂等)。

临床数据与实验研究都表明,$1,25(OH)_2D3$(维生素 D 的活性形式)的血浆水平和 BP 相关。维生素 D 降低高血压患者的 BP。另外,维生素 D 可能对血压和胰岛素代谢的调控有独立和直接的作用。维生素 D3 可通过磷酸钙代谢、RAAS 系统、免疫系统来降压,或通过控制内分泌腺和改善 ED 来降压。有报告显示,细胞培养中的维生素 D3(通过维生素 D 受体介导)可显著抑制肾素的转录。通过调控电解质、血容量和 BP,维生素 D3 在纠正高维生素 D 的降压作用,与基线时血清 $1,25(OH)_2D3$ 水平以及抗压药物中的添加剂水平负相关。Pfeifer 等的研究表明,短期补给维生素 D3 和钙较单一钙剂降低收缩压更有效。一项研究纳入 148 名有较低 $25(OH)_2D3$ 水平的女性,分为钙(1 200 mg)联合维生素 D3(800IU)治疗组,以及钙剂(1 200 mg)单一治疗组,结果显示,联合治疗组和单一治疗组比较,收缩压减少 9.3%($p < 0.02$),心率下降 5.4%($p = 0.02$),但舒张压无明显变化。

氧化应激活性氧簇(ROS)和抗氧化防御机制之间的平衡被打破的状态,可能有助于形成高血压,因为高血压患者的内源性和外源性抗氧化防御机制受损。此外,高血压患者有更多的氧化应激,比常量营养素和微量营养素摄入比例的变化可引起高血压和其他心血管病发病率增加。在美国,人均钠(Na^+)摄入量为 5 000/天,一些地区达到 15 000 ~ 20 000 mg/天。虽然并不是越低越好(最低钠摄入量大概 500 mg/天),但是临床数据证明,钠摄入量增加与血压增高有关。特别是盐敏感患者,减少钠摄入量使 BP 与钠减少的摄入量呈正比。钠与其他营养素之间的平衡,对于降低和控制血压以及降低心脑血管事件很重要。

在美国,人均钾(K^+)摄入量为 45 mEq/天(mEq/L:摩尔离子每升,表示摩尔离子浓度),K^+/Na^+ 值小于 1:2(建议的 K^+ 摄取量是 650 mEq/天,K^+/Na^+ 值大于 5:1)。许多临床数据证明增加钾摄入量能显著降低血压,该研究纳入 150 例年龄在 35 ~ 64 岁的中国人,增加钾摄入量,受试者每天补充 60 mmol 氯化钾,12 周后,受试者的收缩压显著降低(降低范围为 2.13 ~ 7.88 mmHg;$p < 0.001$)。另有研究显示,高血压患者每天补充钾 60 ~ 120 mEq,BP 降低 4.4 ~ 2.5 mmHg。高 K^+/Na^+ 值是抗高血压以及降低心脑血管事件的重要因素。较高的钾摄入量能减少心脑血管事件发生率,并独立于 BP。

大多数临床数据显示,每天摄入至少 500 ~ 1 000 mg 镁(Mg^{2+})才能降低血压,但效果小于 Na^+ 和 K^+。量和血压呈负相关。给予原发性高血压患者镁补充剂,同时 24 h 动态记录血压,8 周后患者 BP 显著降低。镁通过与血管平滑肌上的 Na^+ 竞争结合位点,使前列腺素 E 增加,并可与钾协同作用,诱导血管扩张使血压下降。镁是重要的 $\delta-6-$ 脱氢酶的辅助因子,后者是亚油酸转化为 $\gamma-$ 亚麻酸(GLA)的限速酶。随后 GLA 代谢为双高 $-\gamma-$ 亚麻酸(DGLA),接着转变为前列腺素 E1(有扩张血管和抑制血小板的作用)。镁能调节收缩压和舒张压,还能平衡细胞内 Ca^{2+}、Na^+、K^+ 和 pH 值,减轻左室质量(Left Ventricular Mass),提高胰岛素敏感性以及动脉顺应性。

基于人口调查数据,高血压与钙(Ca^{2+})相关,但临床实验(对患者补充钙剂)的结果与之不一致。对此,Resnick 已解释过钙补充剂的各种不同的反应,这涉及高血压、心血管疾病以及相关的代谢功能和结构失调的"离子学说"。

研究观察到,较低的血清锌(Zn^{2+})浓度与高血压、冠心病、2 型糖尿病、高血脂、高脂蛋白 a 水平、餐后 2 小时血浆胰岛素水平以及胰岛素抵抗相关。高血压还与锌依赖酶(如赖氨酰氧化酶)的活性呈负相关。锌还能通过因子 κB 和激活蛋白 -1,抑制基因的表达和转录。锌的这些作用再加上对其他因素的影响,如胰岛素抵抗、离子交换膜、RAAS 和 SNS,可用来解释锌的降压作用。锌摄入量应在 15 ~ 30 mg/天。

纤维素临床实验数据显示,各种不同的纤维素对血压的影响不尽相同。对于高血压患者、糖尿病患者以及高血压伴糖尿病患者,摄入可溶性纤维可降低血压、减少对降压药的需求。大蒜控制良好的临床实验结果显示,长效大蒜制剂使高血压患者的血压明显降低。

海藻和海草几乎含有海水中的所有 771 种矿物质、稀土元素、纤维和胶体海藻酸钠。裙带菜的主要作用与它类似于 ACEI 的活性相关,尤其是那些含有 TYR – LYS 的氨基酸序列的物质。日本已证明长期食用此类物质的安全性。其他品种的海藻通过调整肠道对钠钾的吸收,也能降低血压。

近年来国内外研究发现,大剂量维生素 C 通过抑制心肌内氧化过程而消除自由基,另外它还具有产生和保护胶原纤维和血管内皮细胞黏合质的作用,可以提高心肌对缺氧的耐受性。维生素 E 分子量小,易进入心肌细胞各个部位以清除自由基,继而保护了细胞生物膜结构和功能的完整,使膜内外离子平衡和跨膜转运功能正常,从而降低心律失常的发生。服用维生素 E 及维生素 C 可降低血压,并改善高血压。维生素 K1 对肾上腺素诱发的家兔心律失常有一定的预防作用,可缩短心律失常的持续时间。维生素 K1 抗心律失常作用机理与参与机体氧化还原过程,保证机体磷酸根和高能磷酸化合物的正常代谢,由此推知维生素 K 能改善心肌能量代谢,增强心肌对低能缺氧的耐受力。

最后,通过对心律失常的调节进而修复微重力造成的损伤:心律失常为临床常见疾病,有研究结果表明,心律失常与血清微量元素 Se、Mn、Zn、Cu 有比较密切的关系,其中以 Se 的减少最为显著。Se 是人体内的平衡中心,对维持正常心脏、血管功能十分重要。冠心病患者如伴低 Se,则心电图多呈缺血性改变。急性心肌梗塞病人的血清 Se 也明显低于正常人。Kubo – ta 从心脏电生理方面研究 Se 与心脏疾病的关系,结果提示,低 Se 可引起心肌动作电位振幅降低,这可能是室性心律失常的原因之一。

Zn 参与细胞膜脂蛋白的构成,通过对细胞膜 K^+、Na^+、ATP 酶的影响,改变这些金属离子分布和生物电位相变化;Zn 还有减少 Ca^{2+} 离子进入心肌细胞的作用。Mn 进入细胞亦可竞争性抑制钙内流。因此,血清 Mn、Zn 减低致心肌细胞钙离子转运异常可能是本文心律失常组发生心律失常的原因之一。

已有资料表明,缺 Cu 可引起心肌损伤和坏死,但心肌疾病时血 Cu 却往往是增高的。据研究,肺心病急性期血清 Cu 增高,但血细胞内却缺 Cu。本文心律失常患者血清 Cu 增高与上述情况类似,这种矛盾现象可能是由于心肌含有丰富的含铜酶,当心肌受损时含铜酶释放入血清中增多,或与在应激情况下交感神经兴奋,儿茶酚胺分泌增加,使肝脏储存的 Cu 释放入血有关,但也可能是一种特殊的保护性反应,以提供更多的 Cu 到受损部位进行组织修复。

心律失常病人虽大多患有各种心脏疾病,但植物神经功能紊乱病人的血清微量元素也有同样改变,且 2 例 PSVT 和 1 例室性早搏患者在心律失常纠正前后血清 Se 的明显变化,均说明了心律失常与血清微量元素的相关性。但由于对无心律失常的器质性心脏病及各种不同类型的心律失常患者未作对照观察,故原发疾病和各种心律失常与血清微量元素的关系尚待进一步探讨。

2. 药食同源食物与功能性成分

(1) 空间微重力环境损伤的中医机理

航天初期机体经气厥逆、气血紊乱、气血津液化生障碍,久之则可能气血亏虚。常言"久病成虚",由航天初期的实证逐渐转化为虚实夹杂,而以虚为主的症候,呈现脾阳虚及肝肾阴虚的症状,如骨钙丢失、肌肉萎缩等。脾脏运化水谷的功能发生障碍,气血生化无源,不能充分濡养四肢肌肉,可见肌肉萎缩,脾阳不升,浊阴不降,大小肠泌别,传导失职,可见便秘或泻泄,造成腹胀或电解质紊乱,肝主藏血,肝气化火而伤阴血,可见循环血量减少。肝阴虚,水不涵木,木少滋荣,肝阳失敛,愈加偏亢,而损耗阴血,恶性循环,最终损及肾阴。肾为升降的总动力,坎阳发动,水升火降,坎离交泰,而为阴阳左升右降的本源。肾阴亏,则阳不恋阴,虚火上炎,全身气机愈加往上走。日久阴损及阳,加重肾阳虚的症状。肾阳虚,则膀胱化气行水的功能下降。而见小便清长,津液亏损,循环血量减少:"肾主藏精,精化髓,髓生骨",肾阴虚则骨失所养,下肢骨尤甚。而见骨生长不良,下肢软弱无力,西医称之为骨钙丢失,久病成虚,正气低下,卫气受损,人体活动能力下降,容易疲劳,抵抗外邪能力减弱,西医称之为自身免疫力降低。

(2) 补肝肾强骨类药食同源食物

骨碎补

【来源】为水龙骨科植物槲蕨的干燥根茎。

【传统功效】补肾强骨,续伤止痛。

【治疗与保健作用】骨碎补,归肝、肾经。采用破骨成骨细胞共培养体添加不同浓度的骨碎补提取物后发现破骨细胞的移动性增加有利于成骨细胞早期分化。其水提物和醇提物均可促进小鼠成骨细胞株 MC3 – E1 增殖、分化和矿化作用,其机制可能是促进 AR mRNA 表达,与其拟雄激素效应有关,从而可抑制骨吸收和促进骨生成。用骨碎补中提取的有效部位骨碎补总黄酮,采用双能 X 线骨密度测量仪研究其对去卵巢大鼠骨质疏松模型骨密度的影响,结果表明,骨碎补总黄酮能明显提高大鼠的骨密度,与对照组比较有明显差异。从而也证明了传统医学"肾主骨"理论的物质基础可以从密度和骨组织形态计量学方面加以探讨。

【功能性成分】主要含淀粉、葡萄糖以及柚皮苷类成分。

【保健食谱】

红枣骨碎补汤

材料:红枣 10 枚,骨碎补 10 克,熟附子 10 克,山萸肉 10 克,五味子 5 克。

做法:

①将上五味药入砂锅,加水 300 毫升,煎成 200 毫升时,去渣取汁。

②每日 3～4 次,每次服 30～40 毫升,温服。

功效:本汤功能为补脾补肾温肾,固涩止泻。

骨碎补粳米粥

主料:粳米 100 克。

辅料:骨碎补 12 克,干姜 10 克,附子 10 克。

做法:

①将骨碎补、附子、干姜三味药水煎约 30 分钟,去渣留汁备用。

②将粳米淘洗干净。

③粳米放入药汁中,再加适量清水煮至成粥即可。

山茱萸

【来源】为山茱萸科植物山茱萸的干燥成熟果肉。

【传统功效】补益肝肾,收敛固涩,固精缩尿,止带止崩,止汗,生津止渴。

【治疗与保健作用】山茱萸归肝、肾经。山茱萸水提液能提高骨质疏松症模型小鼠抗疲劳能力以及升高甲状腺素含量和骨密度等,给药组各项指标均较空白对照组有显著性差异,提示山茱萸水提液确实能明显改善骨质疏松症模型小鼠的骨质疏松症状况。山茱萸总苷对骨质疏松症大鼠实验研究表明,山茱萸可提高骨质疏松模型大鼠骨密度,同时能够有效地防止骨丢失,使骨矿物质得以保存。结果表明,山茱萸总苷可明显提高去势大鼠雌激素的水平和骨密度,防止骨质疏松的发生。

【功能性成分】主要包括挥发性成分、环烯醚萜类成分、鞣质和黄酮类等成分。

【保健食谱】

山茱萸肉粥

材料:粳米 100 克,山茱萸 25 克,白砂糖 60 克。

做法:

①将山茱萸肉用冷水浸泡,冲洗干净。

②粳米淘洗干净,用冷水浸泡半小时,捞出,沥干水分。

③取锅加入冷水、山茱萸肉、粳米,先用旺火煮沸。

④再改用小火煮至粥成,加入白糖调味,即可盛起食用。

杜仲

【来源】为杜仲科植物杜仲的干燥树皮。

【传统功效】补肝肾,强筋骨,降血压,安胎。

【治疗与保健作用】杜仲归肝、肾经。杜仲总黄酮可促进新生大鼠颅盖骨体外培养成骨细胞增殖。从杜仲叶提取分离出 4 个化合物,对体外培养的成骨样细胞增殖和代谢均有影响,都有一定的促进成骨细胞增殖、调节成骨细胞代谢的作用。不同浓度的杜仲总黄酮培养大鼠的成骨细胞实验,从 mRNA 和蛋白质水平观察其对护骨素表达的影响,结果表明,各种浓度的总黄酮均可促进护骨素的表达,从而证明了杜仲中的黄酮类物质具有抗骨质疏松的功效,不仅可以通过直接促进成骨细胞的增殖,而且也可以间接地通过调节破骨细胞的活性发挥其功能。

【功能性成分】树皮含杜仲胶 6% ~ 10%,根皮约含 10% ~ 12%,树叶含杜仲胶 2% ~ 4% 。此外,还含糖苷 0.142%、生物碱 0.066%、果胶 6.5%、脂肪 2.9%、树脂 1.76%、有机酸 0.25%、酮糖(水解前 2.15%、水解后 3.5%)、维生素 C20.7% 。另外,含有维生素 E、维生素 B 及 β - 胡萝卜素等,还含有很多人体必需的微量元素以及醛糖、绿原酸。

【保健食谱】

银耳杜仲羹

材料:银耳、炙杜仲各 20 克,灵芝 10 克,冰糖 150 克。

做法:

①用适量清水煎杜仲和灵芝,先后煎 3 次,将所得药汁全部混合,熬至 1 000 毫升左右。

②银耳冷水发泡,去除杂质、蒂头、泥沙,加水置文火上熬至微黄色。

③将灵芝、杜仲药汁和银耳倒在一起,以文火熬至银耳酥烂成胶状,再加入冰糖水,调匀即成。

当归杜仲鱼汤

材料:鲈鱼 1 条,当归 8 克,杜仲 8 克,老姜数片,米酒少许,盐少许,枸杞少许。

做法:

①将鱼去鳞、内脏洗净后,切成 5 段。

②将当归、枸杞、杜仲泡在 100 毫升的冷水中约 20 分钟。

③将前两项的所有材料放入电锅中,并加入 200 毫升的水,待 12 ~ 15 分钟电锅跳起即可。

鹿茸

【来源】为鹿科动物梅花鹿或马鹿的雄鹿未骨化密生茸毛的幼角。

【传统功效】壮元阳,补气血,益精髓,强筋骨。

【治疗与保健作用】鹿茸具有壮肾阳、强筋骨等功效。鹿茸对去卵巢大鼠骨质疏松症可显著提高去卵巢大鼠的骨密度、骨矿物质含量及 BGP,降低 ALP 含量,对去卵巢所致的大鼠骨质疏松症具有拮抗作用。鹿茸总多肽(TVAP)可纠正维 A 酸所致骨重建的负平衡状态,使骨量增加、骨组织显微结构趋于正常,对大鼠骨质疏松症有防治作用。鹿茸多肽对骨关节炎软骨细胞的氧化损伤有逆转作用,且在一定范围内呈现剂量依赖性,提示抗氧化损伤可能是鹿茸多肽保护软骨细胞、治疗骨性关节炎的主要作用机制。

【功能性成分】主要为胆固醇、肉豆蔻酸酯、胆固醇油酸酯、胆固醇软脂酸酯、胆固醇硬脂酸酯、胆固醇、胆甾 5 - 烯 - 3β - 醇 - 7 - 酮、对羟基苯甲醛、对羟基苯甲酸、尿嘧啶、次黄嘌呤等,多糖类,磷脂类,多肽类, 神经节苷酯及神经生长因子类物质,表皮生长因子，游离氨基酸，雌酮、雌二醇、睾酮等性激素。此外鹿茸中还含有大量的无机元素，如氮、钙、磷、硫、镁、钠、钾，以及锰、锌、铜、铁、硒、钼、镍、钛、钡、钴、锶等多种微量元素。

【保健食谱】

鹿茸烧双花

材料：鹿茸 10 克，猪腰子 275 克，西兰花 150 克，料酒、葱姜汁各 15 克，精盐、鸡精各 3 克，味精 1 克，湿淀粉 10 克，清汤 400 克，植物油 800 克，芝麻油 10 克。

做法：

①西兰花瓣成小块。猪腰子撕去筋膜，从中间片开，去除腰臊，剞上斜十字花刀，再切成三角形的块，用料酒、葱姜汁各 5 克和精盐 1 克拌匀腌渍入味。

②锅内放入植物油烧至八成热，下入猪腰块；中火炸至熟，倒入漏勺。锅内放入清汤，下入鹿茸烧开。煎煮至汤汁余下 50 克，舀出 20 克放入容器内，加入余下的所有调料（不含植物油）对成芡汁。

③西兰花下入锅内用大火炒熟，下入腰花，烹入芡汁翻匀，出锅装盘即成。

鹿茸三珍

材料：鹿茸 20 克，水发鱼翅、海参、干贝、鸡脯肉各 250 克。

做法：鹿茸、干贝加调料上锅蒸制。将海参、鱼翅用开水汆透将鸡脯肉切成末，拌入鸡蛋清和调料。将鱼翅、海参、干贝、鸡肉丸和鹿茸一起放入汽锅中加清汤调料蒸制 1 小时即可。

葛根

【来源】为豆科植物野葛的干燥根。

【传统功效】解表退热，生津，透疹，升阳止泻。

【治疗与保健作用】葛根异黄酮对新生 SD 大鼠的颅骨用胶原酶法培养成骨细胞的作用表明，葛根异黄酮可刺激成骨细胞增殖，提高碱性磷酸酶活性及矿化结节形成数量的作用。用新生兔长干骨培养的破骨细胞和鼠颅盖骨培养的成骨细胞观察葛根异黄酮对骨形成和骨吸收的调控作用，结果发现，葛根黄酮可通过抑制骨吸收刺激骨形成来调控骨代谢，其中抑制骨吸收的效果较强。实验表明，葛根素处理组的大鼠胫骨矿物质含量、胫骨钙含量、股骨密度、肱骨所能承受的最大压力显著高于模型组。说明用药后不仅大鼠骨量得到增加，而且骨强度有所增强，因此葛根素具有促进去卵巢大鼠骨钙含量增加、骨密度和骨强度增加的作用，而且与西药己烯雌酚疗法相比差异无显著性。本实验结果同时也显示这种作用对剂量有一定的依赖性，随着葛根素剂量的增加而增加。

【功能性成分】主要为含异黄酮类成分，包括葛根素、葛根素木糖苷、大豆黄酮、大豆黄酮苷及 β–谷甾醇、花生酸，又含多量淀粉（新鲜葛根中含量为 19%～20%）。甘葛藤的干根含淀粉 37%，三裂叶野葛藤的根部含淀粉 15%～20%。

【保健食谱】

葛根红烧鳗

材料：葛根 3 钱，钩藤 2 钱，藁芨 1 钱，当归 1 钱，枸杞 2 钱，桂枝 1 钱，鳗鱼、大白菜 1 斤，蒜茸、香菜、姜葱酌量，红糟、太白粉 1 大匙，糖、酒、盐少许，胡椒、醋酌量。

做法：

①鳗鱼切块加入大蒜末、糖、红槽、太白粉、盐等腌酒20分。

②药材以2碗水加入钩藤煮沸即可。

③将鳗鱼炸熟取出，油少许，放入姜片、葱，加入大白菜拌炒至熟软，再加入鳗鱼及药汁至稍干，食用时加香菜、胡椒、醋等即可。

葛根杜仲鸡

材料：葛根2钱，麻黄1钱，白芍2钱，桂枝1.5钱，甘草1钱，红枣5粒，杜仲5钱，断续3钱，乌骨鸡半斤，姜1两，米酒半杯，盐酌量。

做法：

①乌骨鸡洗净，药材以纱布袋包住，姜切片。

②将鸡块加姜酒红枣以小火炖20分后。

③加入药包续炖20分，加盐调味。

丹参

【来源】该品为双子叶植物唇形科鼠尾草属植物丹参的干燥根及根茎。

【传统功效】活血调经，祛瘀止痛，凉血消痈，清心除烦，养血安神。

【治疗与保健作用】丹参有类激素样作用，丹参水提物对糖皮质激素造成大鼠骨质疏松和丹参素对体外培养的成骨细胞的作用研究显示，丹参水提物和丹参素均可促进大鼠颅骨、成骨细胞 ALP 活性。丹参的粗提取物对成骨细胞株 MC3T3 - E1 细胞碱性磷酸酶活性有明显的促进作用，对人成骨细胞缺血 - 再灌注损伤有保护作用。实验表明丹参治疗后的小鼠的骨量明显增加，主要机制是通过促进成骨细胞的功能而发挥抗骨丢失的作用。

【功能性成分】丹参的脂溶性化学成分主要是二萜醌类化合物，包括丹参酮Ⅰ、ⅡA、ⅡB、Ⅴ、Ⅵ，隐丹参酮，异丹参酮Ⅰ、ⅡA、ⅡB，丹参新酮，丹参酸甲酯，二氢丹参内酯，丹参螺缩酮内酯等。其中以丹参酮Ⅰ、丹参酮ⅡA、隐丹参酮和二氢丹参酮最为主要；丹参的水溶性化学成分主要是寡聚咖啡酸类化合物，包括丹参酸 A、B、C，丹参酚酸 A、B、C、D、E、F、G，迷迭香酸，迷迭香酸甲酯，紫草酸单甲酯，紫草酸二甲酯，咖啡酸，异阿魏酸等。

【保健食谱】

首乌丹参煲红枣

材料：何首乌40克，猪腿肉240克，丹参20克，枣（干）100克。

做法：

①何首乌、丹参、红枣、猪腱分别用水洗净。

②何首乌、丹参切片，红枣去核。

③加适量水，猛火煲至水滚。

④放入全部材料，改用中火继续煲2小时。加入细盐调味，即可饮用。

丹参猪肝汤

材料：猪肝300克，丹参100克，油菜2棵，盐2小匙。

烹饪方法：

①锅中加入4碗水，放入丹参煮沸后，转小火熬煮约15分钟。

②猪肝洗净切片，高汤转中大火再次煮开，放入猪肝片和洗净的油菜，待再次滚沸后

加盐调味即成。

（3）调节血压类药食同源食物

杜仲

【来源】为杜仲科植物杜仲的干燥树皮。

【传统功效】补肝肾，强筋骨，降血压，安胎。

【治疗与保健作用】杜仲的皮和叶中所含的糖类、生物碱、绿原酸、桃叶珊瑚苷均有不同程度的降压作用，其水煎液的降压作用比醇提液强，杜仲叶较皮具有更佳的降压效果。从杜仲皮及叶中分离出的含环烯醚萜苷类和木脂素类的提取物口服后能降低大鼠血压。杜仲中的微量元素锌含量较高，可以纠正阴虚症型高血压病人的锌含量而起到降压作用。杜仲皮煎剂 4.2 g/kg 和杜仲叶浸提物制剂 6.3 g/kg 均可使正常大鼠的血压降低，杜仲叶浸提物制剂 6.3 g/kg 可使大鼠的心率减慢。

【功能性成分】同前。

【保健食谱】同前。

决明子

【来源】豆科一年生草本植物决明或小决明的干燥成熟种子。

【传统功效】清肝明目，利水通便，有缓泻作用，降血压、降血脂。

【治疗与保健作用】决明子的水或醇提物对实验动物有一定的降压作用，水浸液、醇水浸出液、乙醇浸出液可降低麻醉狗、猫、兔的血压。水提醇沉法制成的决明子注射液可使自发遗传性高血压大鼠收缩压、舒张压明显降低，作用时间和强度优于利血平，且不影响呼吸和心率。大鼠灌胃决明子蛋白质（0.625 g/kg）、低聚糖（0.375 g/kg）及蒽醌苷（20 mg/kg）16 d，结果表明决明子蛋白质、低聚糖和蒽醌苷均能显著降低实验性高血压大鼠的血压；给药结束 10 d，决明子低聚糖降低效果显著，蒽醌苷降低效果非常显著。

【功能性成分】主要为蒽醌类化合物，包括大黄素、大黄素甲醚、大黄酚、芦荟大黄素以及钝叶素（Obtusifolin）、决明素（Obtusin）、黄决明素（Chryso - obtusin）、橙黄决明素（Autrantio - obtusin）及它们的苷类和大黄酸等，还含决明苷、决明内酯（Toralactone）、决明酮（Torachrysone）等物质。

【保健食谱】

粳米决明子粥

材料：决明子 15 克，粳米 60 克，冰糖少许。

做法：先将决明子放入锅内，炒至微有香味，取出待冷，加水煎汁，去渣入粳米煮粥，待粥将熟时，加入冰糖，再煮一二沸即可。顿食，每日 1 剂，连用 2 周。

山楂

【来源】蔷薇科，苹果亚科，山楂属植物的成熟果实。

【传统功效】健脾开胃，消食化滞，活血化痰。

【治疗与保健作用】山楂黄酮、水解物、三萜酸分别以静脉、腹腔及十二指肠途径给药，可降低麻醉猫的血压，山楂总提取物或山楂总皂苷均可引起小鼠、兔及猫血压下降。以较小剂量山楂的流浸膏、黄酮或水解产物注射于麻醉猫、麻醉兔或麻醉小鼠，均有缓慢而持久的降压作用，其降压原理以扩张外周血管为主。

山楂的乙醇提取物有降低猫血压的作用,且可加强戊巴比妥钠中枢抑制作用,以利于降压。

【功能性成分】山楂的主要成分是黄酮类物质,主要有含碳键的黄酮苷类、黄酮醇及其苷类、双氢黄酮苷类、聚合黄酮类。另一类较为重要的成分是三萜类物质,山楂中含有机酸如氯原酸、咖啡酸及鞣质、鞣酐、表儿茶酚、胆碱、乙酰胆碱、β谷甾醇、胡萝卜素及大量维生素 C 等。

【保健食谱】

山楂粥

材料:山楂 30 ~ 40 克,粳米 100 克,砂糖 10 克。

做法:先将山楂入砂锅煎取浓汁,去渣,然后加入粳米、砂糖煮粥。

山楂双耳汤

材料:银耳 10 克,黑木耳 10 克,山楂 20 克,冰糖 30 克。

做法:首先把事先泡好的黑木耳和银耳洗去渣滓,择净。然后把黑木耳、银耳、山楂放进砂锅里,再在砂锅中加入 500 克清水,接下来用中火煮约 20 分钟。20 分钟之后,加入冰糖,然后搅拌均匀,当冰糖完全化开即可。

山楂汤

材料:山楂 500 克,白糖 200 克,可依自己口味酌量增加。

做法:以水清洗山楂,去蒂、籽用水煮,煮至八成熟将水倒出重新加水,并加糖。将山楂煮开花后即可食用。

山楂茶

材料:山楂 500 克,干荷叶 200 克,薏苡仁 200 克,甘草 100 克。

做法:将以上几味共研细末,分为 10 包,每日取一包沸水冲泡,代茶饮,茶淡为度。

山楂银菊饮

材料:山楂、银花、菊花各 10 克。

做法:将山楂拍碎,与银花、菊花共同放杯中代茶冲饮,为 1 日量。

葛根

【来源】为豆科植物野葛的干燥根。

【传统功效】解表退热,生津,透疹,升阳止泻。

【治疗与保健作用】葛根素能够增强心肌收缩力,保护心肌细胞;扩张脑血管,增加脑血流量,改善大脑供氧,对正常和高血压动物都有一定的降压作用,其降压机制是通过 β 肾上腺素受体阻滞作用而完成的。葛根浸膏能对抗异丙肾上腺素引起的升压作用,减弱甚至完全抵消肾上腺素的升压作用,增强其降压作用。葛根中共存着具有相反作用的化学物质,即葛根对高血压似有双向调节作用。静注葛根素可使麻醉狗出现剂量依赖性的血压快速下降。腹腔注射葛根素能明显降低清醒 SHR 的血压并减慢心率,使 SHR 的血浆肾素活性(PRA)明显降低,其效应与抑制肾素血管紧张素系统和降低儿茶酚胺含量有关。葛根素还能够逆转高血压患者左室肥厚,大大降低心血管病危险,对高血压病患者有积极治疗作用。

【功能性成分】同前。

【保健食谱】同前。

枸杞

【来源】该品为茄科植物宁夏枸杞的干燥成熟果实。

【传统功效】滋补肝肾,益精明目。

【治疗与保健作用】枸杞多糖可降低 RHR 收缩压和舒张期血压,降低血浆及血管中丙二醛和内皮素含量,增加降钙素基因相关肽的释放,贾月霞等人通过观察枸杞多糖对高血压大鼠血压的影响以及离体主动脉环内皮细胞在调节血管张力中的功能改变,探讨对高血压发生发展的影响及其机制,表明枸杞多糖能降低两肾 – 夹肾性高血压大鼠增强的血管收缩反应,增加内皮依赖性的舒张。

还有研究将宁夏枸杞制成水煎剂以一定的浓度作为饮用水,观察其对高血压小鼠血压和血脂的影响。结果表明,一定浓度的枸杞水煎剂确有降压效应,浓度增大以后降压作用增强,饮用枸杞水煎剂能降低甘油三酯、升高高密度脂蛋白含量。

【功能性成分】主要为枸杞多糖(LBP)、甜菜碱(Betaine)、类胡萝卜素及类胡萝素醋、维生素 C 、莨菪亭（Scopoletin）、多种氨基酸及微量元素 K、Na、Ca、Mg、Cu、Fe、Mn、Zn、I、P 等成分。

【保健食谱】

枸杞枇杷膏

材料:枸杞子、枇杷果、黑芝麻、核桃仁各 50 克,蜂蜜适量。制法:将枇杷果、核桃仁洗净切碎,枸杞、黑芝麻洗净加水适量浸泡发透后放入锅内,加热煎煮,先用大火烧沸,转为中火熬煮20 分钟,取煎汁 1 次;加水再煮共取煎液 3 次,合并煎液,用小火浓缩至膏时,加蜂蜜 1 倍,至沸停火,冷却装瓶待用。每日早晚各 1 汤匙,开水冲服,连服 3 ~4 周。

功用:益肺肾补虚,平喘咳润燥,用于肺癌晚期虚症,体质软弱患者。也可用于放化疗引起的白细胞减少等症。

川芎

【来源】为伞形科植物川芎的根茎。

【传统功效】活血祛瘀;行气开郁;祛风止痛。

【治疗与保健作用】川芎,史载于神农本草经,列为上品,现代研究发现其有多方面的药理作用,尤其是对心血管系统的作用,川芎及其提取物有对抗肾上腺素和氯化钾引起家兔离体动脉收缩的作用,也能明显增加冠脉流量,降低动脉压及冠脉阻力。研究发现,川芎超临界萃取物在 0.2 g/kg 到 0.6 g/kg 之间,可以剂量依赖性地降低麻醉大鼠的收缩压,降低幅度在 10.2% ~31.6% 之间,作用持续时间超过 4 小时;也可剂量依赖性地降低大鼠的舒张压,降低幅度在 7.7% ~36% 之间,作用时间也超过 4 小时,由此可见,川芎提取物对麻醉的正常动物有较强的降压作用。

【功能性成分】

生物碱,包括川芎嗪(四甲基吡嗪,Tetramethyl – pyrazine)、黑麦草灵(Perlolyrine)、亮氨酰苯丙酸内酰胺(Leucylphenylalanine Anhydride)、腺嘌呤(Adenine)、L – 缬氨酰 – L – 缬氨酸酐(L – Valine – L – valine Anhydride)、三甲胺(Trimethylamine)、胆碱(Choline)、佩洛立灵(Perlolyrine)。

挥发油,如十五酸乙酯(Ethyl Pentadecanoate)、十六酸乙酯(Ethyl Palmitate)、十七酸

乙酯(Ethyl Heptadecanoate)、异十七酸乙酯(Ethyl Isoheptadecanoate)、十八酸乙酯(Ethyl Octadecanoate)、异十八酸乙酯(Ethyl Isooctadecanoate)、苯乙酸甲酯(Methyl Phenylace-tate)、瑟丹酸内酯(Sedanonic Acid Lactone)、十五烷酸甲酯(Methyl Pentadecanoate)等。

【保健食谱】

川芎茶：

材料：川芎5克，茶叶10克。

做法：水煎，饭前热服。

(4)调节心律失常类药食同源食物

丹参

【来源】该品为双子叶植物唇形科鼠尾草属植物丹参的干燥根及根茎。

【传统功效】活血调经，祛瘀止痛，凉血消痈，清心除烦，养血安神。

【治疗与保健作用】丹参提取物可减少室颤(VF)的发生及由于室颤而引发的死亡，丹参素能阻断L型钙电流、缩短心肌单细胞的动作电位时程，减少钙离子内流，进而避免心律失常。丹参酮ⅡA对酶解分离的大鼠单个心室肌细胞的内向整流钾电流和瞬时外向电流均有抑制作用，使心肌动作电位时间延长，从而达到抗心律失常的作用。

【功能性成分】同前。

【保健食谱】同前。

人参

【来源】五加科植物人参的干燥根。

【传统功效】大补元气，复脉固脱，补脾益肺，生津止渴，安神益智。

【治疗与保健作用】人参皂苷对缺血性心律失常、缺血再灌注心律失常、早搏、心动过速、心室颤动、心室扑动与室性停搏等多种心律失常有明显的保护作用。目前已证实人参皂苷的一些单体具有Ca^{2+}通道阻滞作用，研究认为人参皂苷中抗心律失常活性作用的成分有Re、Rb、Rh、Rg、Ro等，尤其是人参皂苷Re作用最强，具有胺碘酮样作用，但与胺碘酮等抗心律失常西药相比，却具有作用温和、易于组方调控的优点，且临床一直未发现有肺纤维化、甲状腺功能紊乱等副作用。

【功能性成分】同前。

【保健食谱】同前。

当归

【来源】伞形科植物当归的根。

【传统功效】补血活血，调经止痛，润肠通便。

【治疗与保健作用】当归水提物和乙醇提取物对化学物质和缺血再灌注诱发的实验性动物心律失常都有明显的对抗作用。豚鼠离体心室肌实验表明，当归醇提物及阿魏酸注射液能对抗羊角拗苷及哇巴因中毒所致的心律失常并使之转为正常节律，同时当归还可抑制洋金花引起的大鼠心跳加快作用，当归醇提物静脉注射时对乌头碱诱发的大鼠心律失常亦具明显的预防作用。对当归水溶性成分中的当归总酸进行抗心律失常作用的研究表明，当归总酸对氯仿－肾上腺素、氯化钡和乌头碱等化学物质诱发的心律失常均有明显的保护作用，并推测当归总酸抗心律失常作用可能与其降低心脏兴奋性、延长心肌不应期有关。在当归注射液抗心律失常实验研究中人们发现,当归注射液能推迟地高辛诱发大鼠出现心律失常的时间,降低氯仿－肾上腺素诱发大鼠室颤和异位节律的出现率,能拮抗氯化钡诱发的大鼠心律失常,可使室性早搏发生率和心律失常总发生率明显降低。在对当归黄芪药对的研究中发现,当配伍比例为5:1,剂量为每千克含生药12克时当归黄芪药对可非常显著地减慢大鼠缺血及再灌注后的心律,明显延迟致死性室颤出现的时间,降低室颤率,显著对抗再灌注所致的心律失常。

【功能性成分】同前。

【保健食谱】同前。

三七

【来源】为五加科植物三七的根。

【传统功效】止血;散血;定痛。

【治疗与保健作用】研究发现三七对多种药物诱发的心律失常有保护作用,其作用机制可能为延长豚鼠心房肌细胞的动作电位时程和有效不应期;非竞争性对抗异丙肾上腺素并且发现该作用不为阿托品抑制,提示其抗心律失常机制不是通过竞争性阻断肾上腺素 β2 受体或兴奋胆碱 M2 受体所致,而是与心肌的直接抑制有关。还有报道认为,三七皂苷能明显对抗乌头碱和氯化钡诱发大鼠的室性心律失常及乙酰胆碱混合液诱发的小鼠房颤;在家兔和大鼠的心电图实验中发现有负性频率和负性传导作用。李学军等研究发现,三七皂苷对乌头碱、氯化钡、肾上腺素及冠脉结扎诱发的心律失常具有明显的对抗作用,作用迅速且较强;在乌头碱诱发的心律失常模型中能使大部分动物恢复为窦性心律且呈现剂量依赖性。

【功能性成分】同前。

【保健食谱】同前。

山楂

【来源】蔷薇科植物山楂、山里红或野山楂的果实。

【传统功效】开胃消食、化滞消积、活血散瘀、化痰行气。

【治疗与保健作用】山楂中所含有的黄酮类成分对心血管系统有明显的药理作用,能对抗氯化钡乌头碱诱发的心律失常;静注山楂提取物可对抗脑垂体后叶素诱发的家兔心律失常,其机制可能与扩张血管、改善冠脉供血、降低心肌耗氧量有关。传统医学认为心律失常常见于气滞型和血瘀型,山楂在临床上多用于治疗气滞血瘀、胸闷憋气,基于其对早搏的治疗效果可开发其用于辅助治疗气滞血瘀型心律失常。

【功能性成分】同前。

【保健食谱】同前。

酸枣仁

【来源】鼠李科植物酸枣的种子。

【传统功效】宁心安神;养肝;敛汗。

【治疗与保健作用】酸枣仁水溶液可推迟乌头碱诱发小鼠心律失常出现的时间,对氯化钡诱发的心律失常有显著治疗作用,治疗组在 20 秒内全部恢复为窦性心律。酸枣仁皂苷 A 是其水溶液的主要成分,亦具有抗心律失常作用,其对大鼠缺血再灌注心律失常具有保护作用,可抑制再灌注损伤后大鼠心肌组织 Bcl－2 降低和 Bax 表达的升高,这些发现可以为其抗心律失常机制的研究提供一定的依据。

【功能性成分】含多量脂肪油和蛋白质,并有两种甾醇:一种为 $C_{26}H_{42}O_2$,熔点288～290 ℃,易溶于醇;另一种的熔点为 259～260 ℃,易溶于氯仿。又谓本品主含两种三萜化合物:白桦脂醇、白桦脂酸。另含酸枣皂苷,苷元为酸枣苷元,水解所得到的厄北林内酯是皂苷的第二步产物。还含多量维生素 C。

【保健食谱】

酸枣仁鸡蛋汤

材料:酸枣仁 30 克,用纱布包好。鸡蛋一个,花生 10 颗,红枣 6 个。

制作方法:

将水烧开,打荷包蛋,放入红糖,依次放入花生、红枣。然后将包好的酸枣仁放入锅内共同煨煮 30 分钟。在睡前给孩子服下。

酸枣仁具有催眠、安神的效果,而鸡蛋清火,红枣、花生补血,这些食物综合在一起可以有效帮助入眠。

酸枣仁粥

主料:粳米 100 克。

辅料:酸枣仁 15 克。

调料:冰糖 10 克。

做法:

①酸枣仁入干锅炒黄,研末备用。

②粳米淘洗干净,浸泡半小时后放入锅中,注入约 1 000 毫升冷水,用旺火煮沸后改用小火熬煮。

③见粥将稠时加入酸枣仁末,续煮至粥成,加冰糖调味即可。

银杏叶

【来源】银杏科植物银杏(白果树、公孙树)的干燥叶。

【传统功效】敛肺,平喘,活血化瘀,止痛。

【治疗与保健作用】银杏叶提取物能显著减少心肌缺血再灌注心律失常,有明显的抗心律失常的作用。银杏叶提取物还能抗心肌细胞膜脂质过氧化作用。潘晓岩等研究发现银杏叶提取物对离体大鼠心脏再灌注造成的心律失常,能显著减少各种心律失常的发生率、室早的发生次数,减少室速、室颤的持续时间,降低心律失常分级,故可认为银杏叶提取物对心肌缺血再灌注损伤有保护作用。在脑垂体后叶素致大鼠心肌缺血模型上,给予银杏叶提取物可显著抑制脑垂体后叶素致大鼠心电图 T 波的改变,降低血浆 MDA 含量,提高超氧化物歧化酶活性。

【功能性成分】同前。

【保健食谱】同前。

第 2 章　远洋环境生物学效应及营养

2.1　远洋环境特点

2.1.1　海洋气候

根据海洋气候纬向分布的相似性,以及海洋气团和气候峰区的活动范围,将世界大洋从赤道到两极分成几个东西环绕、南北相间的气候带。自赤道向两极,气候带分别为赤道海洋气候带、热带海洋气候带、副热带海洋气候带、温带海洋气候带、寒带海洋气候带和极地海洋气候带。各个气候带之间温湿有别、风云不同,这便成了多姿多彩的海洋气候特色。

海洋性气候是地球上最基本的气候类型,总的特点是受大陆影响小,受海洋影响大。在海洋性气候影响下,气温的年、日变化都比较和缓,年较差和日较差都比大陆性气候小。春季气温低于秋季气温。全年最高、最低气温出现时间比大陆性气候的时间晚:北半球最热月在 8 月,最冷月在 2 月。由于海洋巨大水体作用所形成的气候,包括海洋面或岛屿,以及盛行气流来自海洋的大陆近海部分的气候。

1. 高温

根据环境温度及其和人体热平衡之间的关系,通常把 35 ℃以上的生活环境和 32 ℃以上的生产劳动环境作为高温环境。高温环境因其产生原因不同可分为自然高温环境(如阳光热源)和工业高温环境(如生产型热源)。

热带地区一般包括热带和亚热带地区,前者通常指从赤道到南纬和北纬 23.5°以内的地区,而亚热带是处于热带和温带的过渡区,一般是南纬 18°~30°和北纬 18°~35°之间的地带。在我国,热区主要是指地处亚热带的福建省、广东省和海南岛地区,以及处于内地长江河谷地区,如重庆、武汉、南京等城市;另外还包括了内蒙古和新疆的沙漠地区等。

2. 雾,高湿

远洋环境中,空气湿度对身体健康的影响很大。事实上,在任何气温条件下,潮湿的空气对人体都是不利的。

研究表明,温度过大时,人体中一种称为松果的腺体分泌出的松果激素量也较大,使得体内甲状腺素及肾上腺素的浓度相对降低,细胞就会"偷懒",人就会无精打采,委靡不振。长时间在湿度较大的地方工作、生活,还容易患湿痹症;湿度过小时,蒸发加快,干燥的空气容易夺走人体的水分,使皮肤干燥、鼻腔黏膜受到刺激,所以在秋冬季干冷空气侵入时,极易诱发呼吸系统病症。此外,空气湿度过大或过小时,都有利于一些细菌和病毒的繁殖和传播。科学测定,当空气湿度高于65%或低于38%时,病菌繁殖滋生最快,当相对湿度在45%～55%时,病菌死亡较快。

相对湿度通常与气温、气压共同作用于人体。现代医疗气象研究表明,对人体比较适宜的相对湿度为:夏季室温25℃时,相对湿度控制在40%～50%比较舒适;冬季室温18℃时,相对湿度控制在60%～70%。夏季三伏时节,由于高温、低压、高湿度的作用,人体汗液不易排出,出汗后不易被蒸发掉,因而会使人烦躁、疲倦、食欲不振;冬季湿度有时太小,空气过于干燥,易引起上呼吸道黏膜感染,患上感冒。据科学实验,在气温日际变化大于3℃,气压日际变化大于10百帕,相对湿度日际变化大于10%时,关节炎的发病率会显著增加。

人体致死的高温指标与空气湿度也有很大关系。当气温和湿度高达某一极限时,人体的热量散发不出去,体温就要升高,以致超过人体的耐热极限,人即会死亡。因此,我国规定灾害性天气标准为,长江以南最高气温高于38℃,或者最高气温达35℃,同时相对湿度高于61%;长江以北地区最高气温达35℃,或者最高气温达30℃,同时相对湿度高于64%。夏季,湿度增大,水汽趋于饱和时,会抑制人体散热功能的发挥,使人感到十分闷热和烦躁。冬天,湿度增大时,则会使热传导加快约20倍,使人觉得更加阴冷、抑郁。关节炎患者由于患病部位关节滑膜及周围组织损伤,抵抗外部刺激的能力减弱,无法适应激烈的降温,使病情加重或酸痛加剧。如果湿度过小时,因上呼吸道黏膜的水分大量丧失,人感觉口干舌燥,甚至出现咽喉肿痛、声音嘶哑和鼻出血,并诱发感冒。调查研究还表明,当相对湿度达90%以上,26℃会让人感觉像31℃似的。干燥的空气能以与人体汗腺制造汗液的相等速度将汗液吸收,使人们感觉凉快;湿度大的空气却由于早已充满水分,因而无力再吸收水分,于是汗液只得积聚在人们的皮肤上,使人们的体温不断上升,同时心力不胜负荷。

3. 海上风暴

大海的天气变化无常,狂怒的暴风雨更是危险无常。海上风暴又称爆发性气旋,20世纪中叶以后,一位外国海洋气象学家在分析研究数以千计温带海洋气旋的发展过程中,发现有些个便明显地与大多数气旋不一样,它们在短时间内急速地加深发展,其中心气压在24 h内可下降24百帕,平均每小时下降1百帕。人们将中高纬度海洋上的这种现象称为气旋的爆发性发展,并将这种气旋称为爆发性气旋;因为它发展快,来势猛,危害大,也形象地将其称为"气象炸弹"。"气象炸弹"的威力十分强大,远非一般炸弹所能相比。它能在短时间内使海面风力增强,使风速达到20～30 m/s或更大,具有极大的摧毁力,对海上航行和生产安全有很大的影响。1975年2月4～5日,大西洋上的一个爆发性气旋在24小时内,中心气压竟由1 004百帕下降到952百帕,每小时下降2.17百帕,速度惊人,强度可与强台风相似。因此,还有人把这类"气象炸弹"称为温带台风的或高纬度台风。1978年,大西洋爆发性气旋造成两艘大型轮船沉没,1980年12月27日至1981年1月2日的7天中,西北太平洋相继发生了7次海难事故,罪魁祸首都是"气象炸弹"。1983年4月25日至27日,我国从东北到黄渤沿海地区出现了一个通常被称为黄河气旋的"气象炸弹",导致东北地区、华北大部和山东普降大到暴雨,出现6～8级的强风,阵风达到 10 ～ 13 级,从沂蒙山区到苏皖北部还大范围出现龙卷风、冰雹等恶劣天气。爆发性气旋一年四季都会出现,秋冬较多,春夏较少,5 ～ 7 月最少。其分布范围较广,主要发生在大陆东部沿海、太平洋和大西洋的西部,尤其在黑潮流域和墨西哥湾流域最多。西北太平洋上,平均每年有 31 个气旋经历过爆发性发展阶段。北半球多半在北纬 30° ～ 40° 之间,有两个爆发性气旋发生最多的区域,一个在大西洋西海岸,另一个在日本以东洋面上。

爆发性气旋主要是海洋大气现象,对它的发现和研究时间还不长,海上站点资料也不多,究竟是怎样形成的,这个谜目前还没有彻底解开。有迹象表明,当冷空气移到暖洋面上时,往往产生很强的水汽和热量交换,使气旋得到丰富的能量而导致爆发性发展。爆发性气旋的发展与高空低压槽的关系也很密切,多数情况下,当地面气旋在高空低压槽前部东北方四五百千米时,地面气旋最可能得到发展。爆发性气旋出现后,大多沿 500 百帕高空最强西风带或其北侧方向移动。

2.1.2　船舱环境

远洋船员长期生活在舰船环境。舰船环境是一个复杂的、多因素的综合体,主要包括化学因素、物理因素、生物因素、人际因素及作业因素等,因而其对人体的影响也是多方面的。船舱内噪声、高温、高湿及船体的无规律晃动等因素对机体影响较大。船体是钢板,对地磁有屏蔽作用,舱内缺少自然光及正常空气流通,船体不断受机械性震动及海浪的晃动,再加上噪声、高温、高湿气候、时差变化等因素,必然会对人体生理、心理产生一定的影响。

1. 噪音

(1)船舶噪声对听力损伤的影响

调查均为男性船员。由于机舱噪声强度大,机舱组船员听力损伤显著高于甲板组($p < 0.01$)。这种长期受噪声刺激导致的慢性听力损伤,多为两耳对称性。有实验报道,强噪声刺激时交感神经兴奋致使血管收缩,内耳供血不足,使外淋巴氧分压下降。此外,声-电转换过程加速,代谢加快,至内耳需氧量大为增加。二者共同作用使内耳组织严重缺氧,最终导致酶和代谢物质的耗尽而代谢衰竭。另一方面,船舶的颠簸同时刺激前庭功能,使前庭功能及植物神经紊乱,加重了耳蜗微循环障碍。因此,在同等噪声强度下船舶噪声性耳聋可能更为严重。

(2)船员工龄与噪声性听力损伤

随着工龄增加,听力损伤亦随之增加。由于长期接受高强度噪声刺激而较易引起听力损伤。噪声暴露时间越长,听力损伤越重。此外,随着年龄增加,内耳生理性衰退等改变,抗噪声能力减弱,听力较易受损伤。

(3)噪声性耳聋的中心频率及听力曲线

实验显示,噪声损伤最大。N1 反应阈损失发生在 4 ～ 6 kHz。噪声性耳聋的听力曲线有它的特征性,首先是高频听力受损,早期出现某一频率明显下降,双耳听力曲线呈 V 形改变。本次调查结果其降点以 4 kHz 为多见,占 39.9%,其次为 6 kHz,占 34.2%,这与国内外有关资料报道的 4 kHz 下降最明显的结果一致。

（4）船员噪声性耳聋的防治

噪声性耳聋的防治问题目前尚未完全解决。主要采取以下措施：

①噪声控制。噪声控制是防治噪声危害的最根本措施，对于控制船体的震动及颠簸也要加以考虑。

②个人防护。在噪声环境中，个人防护是防止和减少噪声危害的有效措施之一，如使用防护用具——耳塞、耳罩、隔音帽等。

③卫生监护。由于个体对噪声的易感性，航海院校招生及招新船员体检时，要进行纯音测听检查及个体敏感测试，减少噪声性耳聋的发生。对长期接触噪声者，要定期检查听力，及时发现听力损伤，妥善处理。

④治疗。噪声性耳聋尚无特效疗法。根据发病机制，对急性噪声损伤患者，除避免噪声环境外，应及时给予改善内耳微循环及有利于细胞代谢的药物，同时进行高压氧治疗，这对促使听力改善是非常必要的。对于慢性噪声损伤患者，主要以预防为主。

2. 异味等恶劣船舱环境

良好船舱环境条件应当打开弦窗，舱门自然通风，舱内氧含量正常，浓度为 21% 左右，温度 25 ℃左右，湿度 30% ~60% 无异味。恶劣船舱环境条件关闭弦窗及舱门，形成一个相对密闭环境，舱内氧浓度为 17% ~ 19%，二氧化碳浓度为 0.5% ~ 0.8%，温度 37 ~40 ℃，湿度 70% ~80%；异味成分浓度约为 100 mg/m^3；噪声约 120 dB。

恶劣船舱环境可使 P – Ang Ⅱ 浓度降低，可能影响其缩血管效应，导致血压下降，心肌收缩力减弱，从而引起头晕、心慌、乏力、疲倦等运动病症状。

心钠素（ANF）是一种重要的循环激素，可抑制肾素分泌，颉颃血管紧张素Ⅱ（Ang Ⅱ）的缩血管效应。恶劣船舱环境下血管紧张素Ⅱ（Ang Ⅱ）浓度显著降低，可能与心钠素分泌增多有关，这是因为船舱为模拟涌浪的失重效应进行加速度运动时，心房受到明显牵拉，使心钠素释放增加。另外，加速度作用时交感神经兴奋性增强，心率明显增快，也可促使心钠素释放增多。船舱内高温、高湿、振动、噪声等因素可使机体内心钠素水平显著升高。业已证明，高温及噪声复合作用使血浆中 ET 含量明显下降，因此，本研究中血浆血管紧张素Ⅱ（Ang Ⅱ）浓度出现下降趋势，也可能与舱内高温、噪声使血浆 ET 含量降低有关。另外，ET 在通过改变血浆血管紧张素Ⅱ（Ang Ⅱ）浓度作用于机体的同时，其自身浓度降低也会对机体产生不良影响。总之，本研究结果表明，恶劣船舱环境可削弱人体的抗渡海运动病能力，血管活性物质平衡失调可能是重要原因之一。

近年来已形成了前庭系统功能障碍、中枢神经递质功能失调等 6 大学说。这些学说主要是围绕船舶在海上航行时的规则运动来研究的。本研究主要从船舱环境对晕动病的影响度来展开。实验前期，课题组成员曾两次在舱内环境相对密的登陆艇进行持续4 h跟踪调查，并就舱内环境因子进行了系列测试，发现船舱环境如高温、高湿、异味、缺氧和高二氧化碳浓度是导致发生航海晕动病的主要影响因子，本研究称为恶劣环境。在此基础上，再次模仿舱内恶劣环境，探讨晕动病发生情况及其原因。结果显示，恶劣船舱环境如高温、高湿、异味、缺氧和高二氧化碳浓度可严重削弱人体抗航海晕动能力。

乙酰胆碱（Ach）是中枢与外周神经系统的重要神经递质，在乙酰胆碱酯酶 AchE 的催化作用下发生水解而失活，研究在恶劣船舱环境下乙酰胆碱活性的变化，可进一步了解乙酰胆碱功能的改变及其与航海晕动病之间的关系。有学者认为,晕动病为中枢神经系统反应,前庭系统、脑干网状结构、呕吐中枢及小脑等结构均参与晕动病的发生。其中,前庭系统占有重要的地位,为晕动病发生所必需,前庭系统的兴奋活动可通过网状结构内乙酰胆碱神经元作用于呕吐中枢。乙酰胆碱酯酶 AChE 活性降低使大量的乙酰胆碱作用呕吐中枢,从而发生恶心、呕吐等症状。同时,伴随恶心发生有胃的紧张性和运动减弱,面部血管收缩,从而出现面苍白、出冷汗症状。业已证明,脑内乙酰胆碱功能可导致单胺类神经递质 5 - 羟色胺功能减弱,使中枢的觉醒度降低,导致受试者出现嗜睡或注意力不集中等症状。

本研究中,在恶劣船舱环境,红细胞乙酰胆碱酯酶 RBC—AchE 活性明显降低,这样会使乙酰胆碱 Ach 的灭活速度减慢,而引发乙酰胆碱 Ach 功能亢进,并最终可能通过上述途径导致晕动病的发生。已有研究表明,高温、高湿、振动、噪声等复合因素可使体内心钠素(ANF)水平显著升高,而 ANF 可拮抗 Angn 的血管效应。高温及噪声复合作用使血浆中 ET 含量明显下降,ET 与 ANF 作用相反,可促进血管组织释放 Angn。恶劣船舱环境下 P-Angn 含量显著降低,可能因为 ANF 分泌增多、血浆 ET 含量下降,严重影响 P-Angn 的缩血管效,从而导致血压下降,心肌收缩力减弱,从而引起头晕、心慌、乏力、疲倦等运动病症状。另外,作为一种收缩血管物质,ET 可使血浆中加压素、肾上腺素等水平增加。正常情况下,血浆和组织中应有一定的 ET 含量以维持其生物学效应,在船舱环境中 ET 含量过分下降会导致心肌收缩力减弱,血压下降,会引起头晕、心慌、乏力、疲倦等运动病症状。P-Angn 含量低是否与 Angn 降解酶功能亢进有关还有待进一步探讨。该酶作用下 Angn 可转化成 Ang-(1~7),后者是 Angn 的内源性拮抗因子,通过刺激内皮细胞释放舒血管前列腺素(PG)和一氧化氮(NO)产生舒血管作用。已证明,远航特殊环境使舰员血清 NO 水平显著升高。

本研究中,恶劣船舱环境条件下机体因大量排汗而流失氯化钠,造成细胞外 Na^+ 浓度降低,影响水分子在体内的储存,循环血量相应减少,心脏负担加重,因此可能通过心率加快从而起到代偿作用;舱内缺氧,机体血氧分压降低刺激颈动脉窦、主动脉体等的化学感受器,引起交感神经兴奋,肾上腺髓质分泌活动增加,造成冠状血管、大脑血管等发生代偿性扩张,二者可由心输出量增加代偿,而心率增加是其途径之一。

现有舰船船体主要是由钢板组成,密闭性较高,通风口少,舱内没有高效率的循环通风设备,有的甚至主要是利用自然动力(如利用风压和温差)进行空气交换。通风效果取决于舱内外温差、航速、航向与风向之间的角度,通风效果很不稳定,有时甚至不能获得通风效果。舱内热量、水分没有足够的挥发空间,舱外新鲜空气只有小部分进入舱内,从而造成恶性循环,导致舱内氧浓度越来越低,二氧化碳及异味浓度越来越高,温、湿度也相应升高,这些因素可严重削弱人体的抗航海晕动病能力。舰船舱室内现有的"强力抽风"装置可以把舱内高温、高湿和(或)含有害物质的气体直接排出舱外,从而降低温、湿度和有害物质的浓度。在此基础上,本研究建议增设"强力送风"装置,即在船舱内增设强力送风装置,与船舱现有的强力抽风设备,形成强力送风-强力抽风的循环系统,增加舱内空气的流通速度,使新鲜、污浊空气得到有效交换,从而进一步降低舱内的温、湿度,并能保证进入舱内空气的清洁卫生。恶劣船舱环境条件下可导致神经递质乙酰胆碱功能紊乱,血浆血管紧张素等血管活性物质平衡失调,心血管系统负荷增加,这些因素与航海晕动病的发生密切相关;改善船舱内高温、高湿、异味、缺氧和二氧化碳浓度高的环境条件是改造船舱环境的重点;在船舱内增设强力通风装置是改善恶劣船舱环境的关键环节和措施。

2.1.3　远洋环境对人体的影响

1. 有风浪和舱位通风状况的影响

乘坐相同型号的登陆舰,在风力 2~3 级,浪高 11.4 m 时,21% 乘员发生晕船;风力 4~6 级,浪高 1.5~3 m 时,55% 乘员发生晕船。两者比较,差异非常显著($p < 0.01$)。

舰船吨位的影响:我部参演某分队航渡阶段乘大型登陆舰,晕船为 28%;换乘小型登陆舰(民用船)后,晕船率达 68%,且眩晕、呕吐程度较乘大型登陆舰重。

舱位与通风状况的影响:在航渡阶段,我们与 6 名有晕船症状的乘员一起在摇摆幅度较大,但通气情况较好的船甲板上仰卧 20 min 后,晕船症状基本消失。说明舱位小,通风条件差易发生晕船反应。

另外,上船前比较疲劳、航渡中走动多,以及船舱噪音大都易诱发晕船反应。在探究心理因素与晕船反应的时间关系时,参加演习人员 48% 不会游泳,57% 从未见过大海,81% 未乘过海上舰船,这些人员上船后心理负担较重,易导致晕船,具体表现有以下几种类型:

①紧张型。表现为上船后精神紧张,忧心忡忡,总认为自己会晕船,吃不下饭,睡不好觉,遇有船体轻度摆动或颠簸就眩晕,甚至恶心、呕吐。多见于未到过海边,未乘过海船的人员。

②恐惧型。部分人员对舰船性能不了解,平时又阅读过海难事故的报道,加上不会游泳,看到一望无际的大海和摇摆不定的舰船,就感到无法应付。表现为心神不定,坐卧不安,情绪低落,沉默寡言,闷闷不乐,不愿和别人谈话,很少离开坐(铺)位活动。但对船的启动、停止比较注意,且反应敏感,有时船未动就有晕船的感觉。

③条件反射型。多见于对外界感官刺激比较敏感的人员。他们看到有人晕船、呕吐时,也跟着呕吐,还有的听说有人晕船就出现晕船症状。

2. 预防晕船对策

针对上述影响,为减少晕船人员数量,保证登陆时体力充沛,必须认真解决好对抗晕船的难题。可行的主要措施是:

①平时要有针对性地进行专业知识教育,让乘员了解导致晕船的因素和基本防治方法,消除乘船恐惧心理。

②航渡时减少走动,船体摇摆幅度大时,除必要的活动外,应尽量卧床休息,以降低体力消耗,避免诱发晕船;有晕船早期症状者,除仰卧休息外,还可配合按摩内关、合谷、风池等穴位,以缓解症状。

③过度劳累和平时易晕车晕船者,舰船启动前要服用防晕船药物;有值勤任务的可舌下含西洋参片,无值勤任务的可服晕海宁等镇静抗眩晕药。

④搞好针对性军事训练,如游泳、浪板、旋梯等平衡功能训练,有条件的单位可征集渔船、军用舰船到海上进行强化训练。

⑤注意饮食调节,加强营养,少食油腻的食物,适当增加蛋白质、维生素摄入;航渡期间不宜进食过饱,但不能因为怕晕船呕吐而不进食。一旦发生晕船呕吐,吐后应适时进食,特别要注意补充水和电解质。

⑥改善船舱环境,保持空气流通,设法除去舱内异味,注意调节舱内湿度和温度,条件允许时要适时到甲板上呼吸新鲜空气。

3. 饮食

海员长时间在海上航行,其所处的环境比较特殊,船上的空间又比较狭小,所能装载的新鲜蔬菜与食品也有限,加之船上的烹调用具也较简单,所以,船员的饮食与在陆地有较大的差别。船员还时常受到船舶噪声、振动和摇荡等因素的影响,其饮食规律也有所变化,导致了一些营养的流失。如果海员能够采取合理的饮食方法来均衡地补充营养,对海员保持良好的体质和完成航行任务具有重要的意义。

每天各类食物进食量的比例关系可以通过食物金字塔来表示,食物在金字塔中所占的面积越大表示进食量越多。食物金字塔表达了均衡膳食的理想模式,突出了进食要多样化,要均衡和适量,以获取均衡的营养,达到理想的健康状态。膳食对健康的影响是长期的,均衡膳食需要平时养成习惯并坚持不懈,这样才能充分体现其对健康的重大促进作用。

(1)蔬菜稀缺

由于条件限制,船舶所携带的食物主要是干食品及盐渍食品,侧重满足能量消耗的需要。现在,尽管有了冷藏设备,但在远航时蔬菜仍不能满足船上的需求。为了预防船员中的一些常见病,船舶开始重视维生素的供给。近几年,我国政府通过对海员健康状况的检查及调研,更重视海员合理的饮食和均衡的营养供给。我国医学界对远洋船员的营养状况所作的调查表明,尽管患营养不良和维生素缺乏症的海员现在较为少见,但海上食品补给不足,食物调配不当引起的营养缺乏或脂肪过多以及恶劣气候和长途航行等原因可使船员食欲减退,因而造成机体免疫功能的紊乱。

(2)淡水稀缺

水是生命的源泉,是人类和一切生物生存不可缺少的物质基础。人体由于年龄的不同分别有90%～70%的水,一般情况下一个人在没有食物但有水的情况下可以存活7天,可是在虽然有食物但没有水的情况下只能存活3天。三国时期的魏蜀街亭之战,蜀军因扎营在山上,被魏军切断了水源而不战自乱,最终导致了诸葛亮挥泪斩马谡的千古悲剧。二战期间的列宁格勒保卫战,列宁格勒的居民每天只吃二两面包,但有充足的水,使其能坚持几个月,最后战胜了德国法西斯。动植物照样离不开水,动物和人一样可以缺食但不能缺水。植物更是离不开水,农业用水占去了人类社会用水的70%左右,没有水就没有绿色植物,就没有农业,人类就将因没有食物而死亡。没有绿色植物,地球即将成为荒漠一片,人类就没有生存之地。

2.2　远洋环境下的生物学效应

远洋船员长期生活在舰船环境。由于舰船环境是一个复杂的、多因素的综合体,主要包括化学因素、物理因素、生物因素、人际因素及作业因素等,因而其对人体的影响也是多方面的。通过概述舰船环境对远洋船员机体的生理、心理功能及生化指标等方面的影响,认为船舱内噪声、高温、高湿及船体的无规律晃动等因素对机体影响较大。航行中的远洋船员生活在一个特定的环境中,船体是钢板,对地磁有屏蔽作用,舱内缺少自然光及正常空气流通,船体不断受机械性震动及海浪的晃动,再加上噪声、高温、高湿、气候、时差变化等因素,必然会对人体生理、心理产生一定的影响。目前,有关舰船环境对机体功能影响的研究已有不少报道,但其研究目的、方法及研究结果各有特点,差异较大。

1. 对船员神经系统的影响

由于封闭型舰艇无弦窗,完全采用人工机械通风调节空气,因而空气负离子浓度较低,对人的学习记忆功能可造成不良影响。现已证明,封闭型舰艇人员学习记忆功能明显低于开放型舰艇人员。由于睡眠与人的健康密切相关,远航中舰员的睡眠情况也广泛受到关注。研究表明,船员远航中疲劳程度较深,睡眠时间明显缩短,睡眠质量差,这与快速穿梭跨时区航行引起的生物节律紊乱,以及舰船微波辐射、应激、紧张等有关。长时间睡眠不足会使机体过度疲劳,最终导致神经系统功能紊乱,注意力、记忆力、目标辨别能力明显降低。

与海上平稳航行相比,海员在海上颠簸时所造成的前庭刺激可引起中枢胆碱能系统内乙酰胆碱酯酶(AchE)活性明显下降。正常的 AchE 活性是保持胆碱能神经功能正常所必需。当前庭刺激引起脑内 AchE 活性降低时,AchE 的灭活速度减慢,从而引起胆碱能神经功能亢进。运动病发作时出现的呕吐症状可能与前庭刺激引起脑干内胆碱能系统活动增强、呕吐中枢兴奋有关。研究发现,前庭刺激可使抗利尿激素分泌增多,后者可起到抵抗运动病的作用。

2. 对船员听觉和视觉功能的影响

舰船环境因素对人体不同器官影响程度不同,听力和视力功能正常与否与人体的机能状态密切相关,这是一个值得注意的问题。目前对舰艇舱室环境中的噪声、照明、温度、湿度等物理因素的研究发现,噪声是影响听阈偏移的主要因素,照明是影响人眼视功能优劣的主要因素,若长期接触高温作业,可引起视力减退。

3. 对船员呼吸功能的影响

海上航行时,人体处于高度紧张与心理应激之中,可以引起迷走神经亢进,呼吸中枢兴奋,加速了吸、呼气活动的交替,并最终导致肺活量增加。相反,舰艇内的有害气体、微小气候变化等环境因素可能会导致远航后机体小气道阻力增加,肺功能减退。另据研究,无论是全封闭还是半封闭舰船环境,海员肺通气指标在远航后均下降,全封闭船海员该指标下降更明显。这可能与连续航行时间长、频繁的值勤和持续高温、高湿环境,以及磁场、噪音和时差所导致的失眠等使海员疲劳、体能下降有关。

4. 对船员循环系统的影响

远洋航行中,舰艇的噪声、振动、摇摆和航行中体力、心理负荷可对交感神经系统产生影响,从而使血流动力学发生变化,如心室和主动脉的压力负荷及阻抗增大。舱室内气温高,机体大量出汗,可使有效循环容量下降。心律不齐和心率变化与航行过程中人的活动强度、船的航速及海面风速有关。据分析,船员在远航中的平均舒张压较远航前明显升高,另外,由于船员特定的生活环境而造成的肥胖、高尿酸血症及抽烟等不良习惯都是导致心血管疾病的高危因素。心血管疾病正在严重地威胁着船员的身体健康,已成为一个不容忽视的问题。

5. 对船员免疫功能的影响

研究表明,封闭型舰艇可削弱人体的免疫功能,船员会出现类似"空调病"的症状,如胸痛、恶心或胃部不舒服、肌肉酸痛、呼吸困难等。另外,远航也可对人体免疫功能产生影响,并导致一系列疾病。航行对船员造成的心理应激使机体内环境的平衡发生紊乱,机体处于生理功能紧张调节期,此时对外界致病因子的抵抗力下降,导致船员溃疡、肥胖症、牙科疾病、慢性咽喉炎等患病率升高,其中,胃和十二指肠溃疡多在起航后1个月或返航后3个月出现。有些病如胃肠炎、呼吸道感染等还可能出现爆发性流行。

6. 舰船环境对远洋船员心理功能的影响

近几年来,舰船环境对人的心理功能影响的研究取得了较大的进展,成为研究的热点之一。由于舰船环境中存在诸多不良刺激,高温、高湿、颠簸、震动、放射线、噪声、磁场等物理因素持续作用于机体,不但增加舰员的心理负担,也削弱了机体自身调节的功能;环境有害气体等的持续作用,也会增加机体调整内环境的负荷;危险、紧张任务等因素易导致精神疲劳;船员不能与家庭、社会保持正常联系,加之工作环境窄小、活动范围受限、生活内容单调、个人生活习惯改变等,更会加剧心理疲劳,从而导致心理健康水平下降,行为能力和警觉能力下降。尤其是在封闭舰艇环境中生活,在心理和生理上有一种关闭感,感到自己不能和外部自然界联系在一起,处于一种被迫状态,产生压抑感,再加上过度压力、劳累,可能通过神经生理学机制而导致性格的改变。

船员心理健康问题与出航时间的长短有关。航海初期船员心理反应良好,航行15天以后,船员出现焦躁、厌倦等情绪,尤其是部分人晕船后,产生不良心理反应主要表现为抑郁、焦虑及主观上的躯体不适,且随着航期的延长有加剧的趋势。经过1~4个月的远航后,在返航期间船员的心理健康水平又出现明显改善。在舰船环境诸多因素的影响下,反应也会受到不同程度的影响。其中温度和湿度是影响视、听反应时的主要因素,且随着温度和湿度量级水平的增大而增大,这主要是在高温高湿的恶劣环境条件下,人体神经功能受到影响的缘故。

7. 航海晕动症

晕动症指因身处运动环境而引发的头晕、恶心、呕吐、面色苍白、出冷汗等症状群,"晕动"严重者甚至出现心律不齐、虚脱、休克等。基于"晕动"的普遍性,人们也渐渐积累起一些小窍门,比如口含姜片,闻橘皮,抹风油精等。发生晕动症,原因是大脑接受到来自感觉器官的抵触信息:你的眼睛不能够明确同一个对照物的运动和车辆运动在内耳形成平衡的机制(之间的关系)。中枢神经系统对这种压力产生的应答是大脑中的恶心中枢活动。

由于舰船环境是一个复杂的、多因素的综合体,主要包括化学因素、物理因素、生物因素、人际因素及作业因素等,因而其对人体的影响也是多方面的。从目前来看,虽然人们已经知道舰船环境可导致人体某些功能或指标的改变,但究竟具体是哪些因素引起的,其发生机制如何,还有待探讨。尤其是关于晕船问题,出现晕船症状时人体有哪些灵敏指标发生变化,其发生机制如何,与船舱环境有什么关系,这些都是值得研究的问题。

2.3 远洋环境下的营养与修复

海洋多变的气候和舰船上噪声、晕船、高温有毒有害物质、高气压磁场、微波和辐射等物理化学因素都会对人体的生理和营养代谢产生影响。远洋环境人体最直接的反映就是疲劳,打不起精神,此外晕船还会引起水盐代谢紊乱,蛋白质水解代谢增强,血液中维生素和尿中吡哆酸降低;高温高湿可引起蛋白质分解代谢增强、水盐丢失严重,维生素的需要量增加;噪声可引起机体能量、蛋白质、碳水化合物代谢增强和血清胆固醇浓度升高;舱室有害气体可影响机体酸碱平衡和血液 pH 值,增加蛋白质、维生素的消耗;甚至噪声可引起机体能量、蛋白质、碳水化合物代谢增强和血清胆固醇浓度升高;电离辐射可使机体氧化磷酸化受到抑制,蛋白质分解代谢增强、出现负氮平衡,碳水化合物摄入量降低、小肠吸收量减少,脂质出现过氧化。因此,弄清特殊环境对航海人员提出的营养需求和营养素供给量就显得非常重要了。

2.3.1 远洋环境下的营养与修复的研究现状

主要从蛋白质、脂代谢、糖代谢,维生素,矿物质等五方面改善环境下疲劳状态及航海晕动症进行总结。

首先,众所周知,蛋白质是一类重要的营养素,它是由氨基酸构成的。组成人体蛋白质的基本氨基酸有 20 种,其中有 9 种是人体自身不能合成、必须从食物中摄入的必需氨基酸,它们是异亮氨酸、亮氨酸、赖氨酸、蛋氨酸、苯丙氨酸、苏氨酸、色氨酸、缬氨酸、组氨酸。蛋白质在营养学中的重要地位众所周知,它的存在与生命的各种活动紧密联系,例如参与机体构成、参与机体的代谢过程等。随着现代社会工作和生活压力的增大,人们对拥有强健体魄和充沛精力的愿望更加强烈,蛋白质在免疫与抗疲劳方面的作用日益受到人们的重视。

疲劳是全身机能失衡或障碍,由身体内的组织、器官的机能或反应能力减弱造成,可以影响机体的各个系统。医学研究发现,引起慢性疲劳的原因是多种多样的,如运动过度、刺激过大、精神压力过大、营养失衡、环境污染、内分泌失调等。长期的疲劳可引起肠道感染,导致营养物质的吸收减少,而营养不良又可引起免疫功能的下降和其他方面的问题。这些过程如果反复发生,形成恶性循环,最终可导致机体的衰竭。因此,适当的运动、充分的休息和营养对于舒缓各种原因造成的疲劳都是必需的。要对抗疲劳,在饮食营养方面首先要注意平衡,粮食谷物、肉类鱼蛋、瓜果菜蔬都应比例协调,保证人体获得新陈代谢所需要的均衡营养。在营养均衡的基础上,还应特别注意蛋白质的供应。因为蛋白质是人体正常生理功能重要的物质基础,合理的蛋白质营养对于提高人体的抗疲劳能力有很大的作用。人体能量消耗太大也会感到疲劳,蛋白质可以减轻人体能量消耗引起的疲劳。运动时,蛋白质的代谢加强,因此运动后及时补充蛋白质有助于体力恢复和消除疲劳,也可防止运动性贫血的发生。当然,运动时还需特别注意补充盐和钙,这样有助于维持和恢复体内正常的离子浓度和渗透压,缓解肌肉疲劳。

随着航海设备日益机械化、自动化,航海人员能量消耗逐渐下降;但航海环境因素如高温、寒冷、小剂量辐射、振动及精神紧张等因素的影响,可使航海人员的能量消耗增加。我国船员在 134 d 航行中,平均每人每天摄入能量 13.13 MJ 即可满足消耗需要。各国舰船人员能量供给为 12.55~16.73 MJ。在北极地区航行时,能量供给量应增加,每天应为 18.83 MJ。高温、器官受刺激、小剂量电离辐射或精神紧张都会引起蛋白质代谢的变化,主要引起蛋白质分解代谢增强、氮排出量增加、蛋白质消耗较多,应注意供给优质蛋白质。

各国船员供给蛋白质占总能量比为 11%~15%,舰艇人员供给蛋白质占总能量的比为 12%~14%。摇摆及高温环境使人们厌恶脂肪,这使脂肪摄入量减少。长期航行对脂质代谢影响主要表现为血清胆固醇明显增加,α-脂蛋白下降,β-脂蛋白含量增加。各国船员供给脂肪占总能量比为 20%~35%,舰艇人员供给脂肪占总能量比为 26%~45%。

在对潜艇航行艇员进行糖代谢实验中发现,55% 的人有某种糖代谢缺陷。在供给葡萄糖 2 h 后,血糖含量明显高于非潜艇艇员。2 h 后血清胰岛素也明显增高,可能是由于运动减少所致。各国船员供给碳水化合物占总能量比为 50%~60%,舰艇人员供给碳水化合物占总能量的比为 41%~62%。

维生素在抗疲劳及改善航海晕动症方面也得到重要的作用。航海尤其是远洋航海,船上装的新鲜的瓜果非常少,船员的维生素难以补充。同时,维生素是最难在体内合成的,必须从外界摄取,所以,船员大多会出现维生素缺乏的症状。当出现这些症状时,中医药在改善症状方面可以起到很好的作用。

维生素是人体必须的物质,但人体又不能自行合成,因此必须从食物中才能获取。维生素参与人体许多重要的生化过程,例如参与人体蛋白质和碳水化合物的转换;是天然的人体保护剂,因为它能抗氧化;维生素还可作为一种酶在代谢中起作用。随着运动量的增加,人体内维生素的流失也会随之增加,研究表明,1 L 汗水中大约含有 50 mg 维生素。维生素 C 缺乏症又称坏血病,是典型的航海病,表现为创伤难以愈合,牙齿形成障碍和毛细血管破损引起大量瘀血点、瘀斑;患者四肢无力,食欲不振,精神抑郁,幻想,暴躁,齿龈肿痛,全身各部位出血倾向,常伴有贫血、浮肿、抵抗力减弱等症状,甚至危及生命。远航期间还容易发生维生素 B2 缺乏症。早期并无特异性,可有乏力,肢体软弱,口痛,畏光,流泪,视力疲劳等,进一步可发展为舌炎,可有舌痛、紫红舌、裂纹舌、舌乳头萎缩,也可表现为地图舌、口角炎、唇炎,表现为唇部水肿、裂隙及色素沉着,口角发白,裂纹,疼痛、溃疡。男性可出现阴囊湿疹样皮炎;女性偶见阴唇炎,会阴瘙痒。另外,还可见脂溢性皮炎和口腔生殖症候群。眼部还有角膜充血及血管增生,暗适应力下降的症状,贫血也较常见。维生素 B1 缺乏症又称脚气病,是航海途中易发生的维生素缺乏症之一,可引起一系列神经系统与循环系统症状。航行中由于视力作业较多,凝视屏幕频繁,同时营养跟不上,很容易导致维生素 A 缺乏症。患者主要表现为眼睛和皮肤症状,如皮肤干燥、脱屑、粗糙,继而发生丘疹,好发于上臂外侧及下肢伸侧、肩部、臀部、背部及后颈部;由于呼吸道上皮发生角化,气管、支气管易受感染;严重维生素 A 缺乏者还可引起干眼病,表现为结膜干燥;眼球结膜和角膜光泽减退,泪液分泌减少,或不分泌泪液;更严重的可引起角膜溃疡、穿孔,甚至完全失明。维生素 B6 缺乏会引起呕吐、抽筋等症状。维生素 E 缺乏会引起红细胞破坏、肌肉的变性、贫血症、生殖机能障碍等。因此,远洋航海时船员合理膳食,及时补充各类维生素可以在一定程度上预防或缓解各类维生素缺乏症。

晕船时,血中维生素 B6 含量与尿中吡哆酸的排出量减少,不供给充足的维生素,可增加对晕船的敏感性。给予含有吡哆醇的维生素可预防前庭功能紊乱。含维生素 B6 及维生素 B1 的制剂,对防治晕船也有良好效果。长期航行,除维生素 C 不足外,维生素 B1、维生素 D 也易缺乏,应适当给予补充。

最后,适量地摄入矿物质对抗疲劳及改善航海晕动症方面也起到了非常重要的作用:维生素和矿物质是人体六大营养素的重要组成部分,对人体正常的新陈代谢起着非常重要的作用。进行远洋航海的船员对维生素和矿物质的需求量要大于常人,如何及时、有效地补充维生素和矿物质将直接影响其疲劳恢复。铁、锌、铜等无机盐对消除疲劳的作用已引起人们的注意。早有研究证明,运动员体内缺铁可导致运动性贫血,体育锻炼者也可能由于缺铁而使身体机能下降,影响锻炼效果。但铁的补充也要适量,过多摄入铁又会"顾此失彼",影响锌的吸收。血液中镁含量下降同样容易引起运动性疲劳,缺铁性疲劳。医学研究发现,轻度的缺铁性贫血表现为容易疲乏,注意力集中能力下降,怕冷,抵抗力下降等。

此外,远洋航海极易导致钙的缺乏。钙的主要作用是参与骨骼的构成,调节神经、肌肉组织的能量代谢,触发肌肉收缩和神经兴奋以及参与多种酶类的激活作用。在无机盐中,船员的血清钠降低明显,这主要是随出汗丢失而没能及时补充所致;另外,由于奶类食物少,烹调方法单调,钙的摄入量也不充足,需要采取适当供给措施。

人类机体的功能、修复和整体性有赖于常量和必需的微量元素。实验结果显示,晕船发生后血清钙、磷、镁、锌均有显著上升;而晕船发生后血清铁显著下降,研究将发生晕船呕吐与其他未呕吐对象的血清钙、磷、镁、铁、铜、锌作一比较,结果发现呕吐者的血清磷水平较未呕吐者显著下降,血清锌有明显升高。血清钙、镁、铁、铜在各不同症状观察对象中的差异无显著性。由结果可以推断,远洋环境时适当地补充铁和磷有利于晕船时血清中微量元素骤变的缓解。

2.3.2　药食同源食物与功能性成分

1.抗疲劳、提神类药食同源食物

黄芪

【来源】为豆科草本植物蒙古黄芪、膜荚黄芪的根。

【传统功效】具有补气固表、利水退肿、托毒排脓、生肌等功效。

【治疗与保健作用】黄芪多糖 250 mg/kg,500 mg/kg 腹腔注射,可显著延长正常小鼠和氢化可的松所致"阳虚"小鼠常温游泳时间,并增加应激状态下小鼠肾上腺重量。黄芪提取液对游泳应激状态下的大鼠血浆皮质醇含量、肾上腺重量和肾上腺皮质细胞内类脂质空泡含量均有明显提高作用。提示黄芪的抗疲劳作用是通过增强其肾上腺皮质功能而产生的。

【功能性成分】黄芪的多糖成分主要有葡聚糖和杂多糖。黄芪中所含的杂多糖多为水溶性酸性杂多糖,主要由葡萄糖、鼠李糖、阿拉伯糖和半乳糖组成。皂苷类也是黄芪中重要的有效成分,目前从黄芪及其同属近缘植物中已分离出 40 多种皂苷,主要有黄芪苷 Ⅰ、Ⅱ、Ⅲ、Ⅳ 等,异黄芪苷 Ⅰ、Ⅱ、ⅢA 及大豆皂苷 Ⅰ 等。黄芪属植物中分得黄酮或黄酮类物质多种,主要有槲皮素、山柰黄素、异鼠李素、鼠李异柠檬素、羟基异黄酮、异黄烷、芦丁、芒柄花素、毛蕊异黄酮等。

黄芪中还含有氨基酸类物质多种。

【保健食谱】

黄芪红糖粥

主料:粳米 10 克,陈皮 6 克,黄芪 30 克。

做法:

(1)将黄芪洗净切片,放入锅中,加入适量冷水煎煮,去渣取汁。

(2)陈皮用冷水浸透,切丝。

(3)将粳米淘洗干净,浸泡半小时后捞出。

(4)粳米与陈皮丝一起放入锅中,再倒入黄芪汁,加冷水适量。

(5)煮至粳米烂熟,下入红糖拌匀即成。

黄芪枸杞红枣汤

材料:黄芪 12 克,刺五加 6 克,党参 12 克,枸杞 12 克,红枣 6 个。

做法:

加二至三碗水大火煮开后,转小火熬煮到一碗。

刺五加

【来源】为刺五加科植物刺五加的根及根茎。

【传统功效】益气健脾,补肾安神。

【治疗与保健作用】实验研究表明,刺五加提取物具有抗疲劳作用,将雄性 BALB/C 小鼠按体重随机分为 4 组:空白对照组和 200 mg/kgbw、400 mg/kgbw、700 mg/kgbw 3 个刺五加提取物剂量组。在给予受试物 15 d 后测定各组的小鼠负重游泳的持续时间,10 min 无负重游泳的血乳酸水平(静息值、即刻值、泳后 20 min 值)及肝糖原含量的变化。结果:400 mg/kgbw,700 mg/kgbw 的刺五加提取物能提高肝糖原的储备($p < 0.01$);700 mg/kgbw 刺五加组游泳时间长于空白对照组($p < 0.05$);700 mg/kgbw 刺五加组血乳酸降低比值高于对照组($p < 0.01$)。实验研究,三个剂量的刺五加茶饮料均能显著提高运动后 LDH 活力;降低血 LAC 和 BUN 的含量;提高小鼠体内肌糖原和肝糖原的储备量;提高小鼠运动耐力。75 ~ 100 mL / (kg · d)最佳,说明刺五加茶饮料具有良好的抗疲劳作用。

【功能性成分】主要含胡萝卜苷(刺五加苷 A),紫丁香酚苷(刺五加苷 B),7 - 羟基 - 6,8 - 二甲基香豆精葡萄糖苷(刺五加 B_1),乙基半乳糖苷(C),紫丁香树脂酚二糖苷(刺五加 D 和 E),刺五加酮,新刺五加酚,阿魏葡萄苷,反式 4,4' - 二羟 - 3,3 - 二甲氧基芪,7 - 羟基 - 6,8 - 二甲基香豆素,槲皮苷,金丝桃苷等。

【保健食谱】

刺五加酒

材料:刺五加 200 克,白酒或黄酒 1 500 ~ 2 000 毫升。

做法:将刺五加放入酒中,每日摇动数次,浸泡 10 ~ 15 日后饮用。每次服 30 ~ 50 毫升,每日 1 次。此酒有增强体质、润泽皮肤、振作精神、乌发美容的作用。

青龙衣刺五加酒

材料:核桃青果、刺五加各 100 克,白酒 500 毫升。

做法:将前两味置容器中,加入白酒,浸泡 20 日后,去渣即成。此酒有抗癌作用,适用于肠癌等消化道癌症。每次饮用 10 毫升,每日 2 次。

刺五加茶

材料:刺五加、五味子各 5 克,枸杞子 10 克。

做法:用沸水冲泡饮用,有补气养阴、健脑增智的功效,适用于神经衰弱、失眠健忘者。

红景天

【来源】是景天科多年生草木或灌木植物。

【传统功效】益气活血,通脉平喘。用于气虚血瘀,胸痹心痛,中风偏瘫,倦怠气喘。

【治疗与保健作用】红景天纳米粉具有明显的抗缺氧和抗疲劳作用,其中纳米粉 $0.5 \text{ g} \cdot \text{kg}^{-1}$ 和 $0.25 \text{ g} \cdot \text{kg}^{-1}$ 比普通粉 $1.5 \text{ g} \cdot \text{kg}^{-1}$ 和 $1.0 \text{ g} \cdot \text{kg}^{-1}$ 有更好的抗缺氧和抗疲劳作用。红景天经纳米化后,具有明显的抗缺氧和抗疲劳作用。通过对红景天近年文献的研究发现,红景天能够通过调节机体能量代谢、清除代谢产物、调节机体的神经系统及内分泌系统,从而达到抗运动性疲劳的作用。

【功能性成分】主要含有酪醇,红景天苷,没食子酸,胡萝卜苷等,从其根茎中分离得到 6 个化合物, 分别为红景天苷、山奈酚 - 7 - O - α - L - 鼠李糖苷、草质素 - 7 - O - L - 鼠李糖苷、草质素 - 7 - O - (3″ - O - β - D - 葡萄糖基) - α - L - 鼠李糖苷、5, 7, 3′, 5′ - 四羟基二氢黄酮、蔗糖等。此外,还含有熊果苷、芦丁苷、异槲皮苷、云杉素、槲皮素、莨菪亭等。

【保健食谱】同前。

灵芝

【来源】多孔菌科植物赤芝或紫芝的全株。

【传统功效】补气安神,止咳平喘。

【治疗与保健作用】实验结果表明,该受试物能明显延长小鼠的负重游泳时间和爬杆时间,明显提高小鼠运动后的肝糖原含量,降低血清尿素氮和血乳酸的含量。糖原是运动能量的重要来源,糖原的储存量可直接影响肌体的运动能力,提高糖原储备量有助于提高耐力和运动能力,有利于抵抗疲劳的产生。在给小鼠灌胃受试物后,小鼠的肝糖原含量比对照组明显提高,说明它们能够通过增加能量物质的储备,为肌体提供更多的能量来实现抗疲劳;还能显著提高糖原恢复率,为运动后迅速消除疲劳提供了物质保障。

【功能性成分】灵芝属的子实体、菌丝体和孢子中含有多糖类、核苷类、呋喃类衍生物,以及甾醇类、生物碱类、蛋白质、多肽、氨基酸类、三萜类、倍半萜、有机锗、无机盐等。灵芝所含三萜类不下百余种,其中以四环三萜类为主。

【保健食谱】

灵芝炖猪蹄

取灵芝 15 克,猪蹄 1 只,料酒、精盐、味精、葱段、姜片、猪油适量。将猪蹄去毛后洗净,放入沸水锅中焯一段时间,捞出再洗净,灵芝洗净切片。锅中放入猪油,烧热加葱姜煸香,放入猪蹄、水、料酒、味精、精盐、灵芝,武火烧沸,改用文火炖至猪蹄熟烂,出锅即成。

灵芝鹌鹑蛋汤

鹌鹑蛋 12 个,灵芝 60 克,红枣 12 个。将灵芝洗净,切成细块;红枣(去核)洗净;鹌鹑蛋煮熟,去壳。把全部用料放入锅内,加清水适量,武火煮沸后,文火煲至灵芝出味,加白糖适量,再煲沸即成。具有补血益精、悦色减皱功效。

丹参

【来源】为双子叶植物、唇形科、鼠尾草属植物丹参的干燥根及根茎。

【传统功效】活血调经,祛瘀止痛,凉血消痈,清心除烦,养血安神。

【治疗与保健作用】丹参小剂量使动物安静、驯服、自主活动明显减少;大剂量使动物伏卧,眼睑下垂,但保持对传入刺激的反应性,能即时回避有害刺激。丹参与巴比妥类及非巴比妥类催眠药合并应用,使清醒动物进入深度的睡眠,其增强作用与丹参的剂量成正比。近年报道丹参治疗各种类型的失眠效果较好,在改善病人心烦、头痛、多汗及记忆力减退等症状方面,效果尤为明显。

【功能性成分】同前。

【保健食谱】同前。

巴戟天

【来源】为双子叶植物药茜草科植物巴戟天的根。

【传统功效】补肾助阳,强筋壮骨,祛风除湿。

【治疗与保健作用】在实验中观察到巴戟天提取物在施加 TS 之前给予巴戟素药液浸浴的用药组脑片,当加入 NOS 抑制剂(L-NAME)后可见其 LTP 效应显著下降,PS 幅值的减少率明显大于单纯 L-NAME 组,认为巴戟素增强 LTP 的效应与一氧化氮(NO)有一定关系。谭宝璇等参照 Morris 水迷宫法对大鼠进行空间学习记忆力的测试,发现巴戟素可明显改善 D-半乳糖所致的衰老大鼠空间学习记忆力下降,尤以空间探索过程为突出,认为巴戟素对 LTP 的增强效应可能是促进学习记忆作用的突出机制之一。

【功能性成分】巴戟天中多种蒽醌类化合物,包括大黄素甲醚(Physcion)、甲基异茜草素(Rubiadin)等;糖是巴戟天的主要成分之一,包括葡萄糖、甘露糖、巴戟素等;挥发性成分(主要为有机酸及其酯)包括萜、酚、烷、酸、酯及萘胺等类成分,龙脑(Borneol)、2,6-二叔丁基对甲酚等,环烯醚萜及其苷类、甾体化合物等。

【保健食谱】

巴戟胡桃炖猪肝

材料:猪肝200克,巴戟天30克,核桃24克,盐3克。

做法:

(1)将巴戟、胡桃肉洗净,猪肝用粗盐擦洗净,用沸水烫过。

(2)把巴戟、胡桃肉放入猪肝内,置于炖盅内,加开水适量,炖盅加盖,文火炖一小时,调味即可,随量饮用。

人参

【来源】五加科植物人参的干燥根。

【传统功效】大补元气,复脉固脱,补脾益肺,生津止渴,安神益智。

【治疗与保健作用】标准的人参提取物(G115)对记忆力的作用,采用穿梭箱、跳台法、避暗法和水迷路四种条件反射方法,研究标准的人参提取物(G115)对幼年大鼠(3月龄)和老年大鼠(26月龄)记忆力的作用。提取物以3种剂量给药即G11517.50和150 mg/kg,研究表明,人参提取物可改善学习、记忆行为的停滞。

【功能性成分】同前。

【保健食谱】同前。

鹿茸

【来源】为鹿科动物梅花鹿或马鹿的雄鹿、未骨化密生茸毛的幼角。

【传统功效】壮元阳,补气血,益精髓,强筋骨。

【治疗与保健作用】丁氏等报道鹿茸液,可增加小鼠体重,明显延长小鼠的游泳时间和在 -20 ℃环境中的存活时间。徐氏等的研究表明,鹿茸中神经节苷酯能促进小鼠脑内蛋白质合成,可对抗记忆,破坏药物,对小鼠记忆获得、记忆再现、记忆巩固的三个不同阶段均有明显的促进作用。

【功能性成分】同前。

【保健食谱】同前。

银杏叶

【来源】银杏科银杏(白果树、公孙树)的干燥叶。

【传统功效】敛肺,平喘,活血化瘀,止痛。

【治疗与保健作用】银杏叶提取物(EGb)能改善脑部血液循环,延缓衰老,清除自由基,抑制 β 淀粉样蛋白的细胞毒性,改善神经细胞退行病变,治疗延缓老年痴呆、认知障碍、记忆障碍、语言障碍、定向障碍、情感障碍等症状具有明显的作用。周兰兰等以东莨菪碱和亚硝酸钠造成老龄前期小鼠记忆缺失模型,跳台法进行行为检测。结果 EGb(50~100 mg/kg)也能明显增加正常老龄前期小鼠的学习、记忆能力,且对东莨菪碱、亚硝酸钠造成的记忆缺失有不同程度的改善作用。

【功能性成分】银杏叶中 VC、VE、胡萝卜素及钙、磷、硼、硒等矿物元素含量也十分丰富,超过一般水果蔬菜及可食植物材料。生物抗氧化剂是机体内直接和间接的具有抗氧化功能的一类物质。在银杏叶中含有两类抗氧化剂——营养性抗氧化剂及非营养性抗氧化剂。前者主要有胡萝卜素、VC、VE、硒、锌、铜等,后者主要有银杏黄酮、萜内酯、儿茶素、多酚类等,含量也十分丰富。

【保健食谱】同前。

2. 抗晕动类药食同源食物

丹参

【来源】该品为双子叶植物唇形科鼠尾草属植物丹参的干燥根及根茎。

【传统功效】活血调经,祛瘀止痛,凉血消痈,清心除烦,养血安神。

【治疗与保健作用】丹参含有丹参酮、维生素 E 等脂溶性成分和丹参素、丹酚酸等水溶性成分。它具有较好的血管扩张作用,可以改善外周循环障碍,提高细胞耐低氧能力,缓解对交感神经的刺激,减轻头晕症状,达到抗晕效果。

【功能性成分】同前。

【保健食谱】同前。

生姜

【来源】生姜为姜科属植物姜的新鲜根茎。

【传统功效】解表散寒、温中止吐、化痰止咳之功效。

【治疗与保健作用】生姜是减轻晕动病的最为理想的天然药物之一,它虽然不能使症状完全消失,但能使头晕、恶心、呕吐等症状得到一定程度的减轻,有效率大于 90%,药效维持大于 4 h。生姜预防晕船效果优于茶苯海明,且无不良反应。生姜联合一些维生素用于防治运动病也有报道,如用维生素 E(VE)、维生素 C、维生素 B1、维生素 B2、维生素 B6、维生素 B12、烟酸、叶酸、葡萄糖,以及中药生姜、党参等组成的"抗晕维力"合剂不仅具有抗晕作用,而且对脑体功能的下降也有抑制作用。

【功能性成分】生姜的化学成分:挥发油,主要为萜类物质,如单萜类的 α - 蒎烯、β - 水芹烯,倍半菇类的 α - 姜烯 β - 红没药烯等;姜辣素,姜醇类、姜烯酚类、姜酮类、姜二酮类、姜二醇类等不同类型等。

【保健食谱】

青江菜油豆腐姜拌醋

材料:青江菜 1 棵(150 克),油豆腐 1 片,醋 2 大匙,砂糖 1/2 大匙,姜泥 1/2 小匙,盐 1/4 小匙。

做法:

(1)在锅中把水煮滚,加入少许盐(外加),把青江菜根部直立插入煮 1 分钟,然后倒插也煮 1 分钟。接着泡进冷水中冷却,沥干水分,切成 3~4 厘米长。

(2)将油豆腐放在筛子上,淋上热水去油,切细之后沥干水分。

(3)将调料混合,与(1)和(2)拌在一起即可。

黑芝麻

【来源】为胡麻科芝麻的黑色种子。

【传统功效】补肝肾,益精血,润肠燥。

【治疗与保健作用】黑芝麻中含铁量甚高,确为药膳养生常用之佳品。这铁元素是自由基产生的重要因素,是氧化应激的重要介质,可通过还原型辅酶Ⅱ/铁(NADPH/iron)和抗坏血酸盐/铁(ascorbate/iron)两对氧化还原系统起作用。在晕船发生过程中,脑血流减少,HOS 表达增加,有助于自由态铁的生成,从而导致羟基自由基(I40)、超氧阴离子自由基等的产生,这些活性氧(reactive oxygen species,ROS)可参与细胞的信号传导,研究表明黑芝麻有减轻晕船症状的作用。

【功能性成分】黑芝麻中脂肪油可达60%,油中含油酸、亚油酸、棕榈酸、花生酸、廿四酸、廿二酸等的甘油酯;亦含甾醇、芝麻素(Sesamin)、芝麻酚(Sesamol)、芝麻林素(Sesamolin)、维生素 E 等。富含蛋白质、氨基酸、维生素 B_1、维生素 B_2、维生素 B_5 及卵磷脂、无机盐等养分,尤其其成分中含铁量甚高。

【保健食谱】

黑芝麻葚糊

材料:黑芝麻,桑葚,大米,白糖。

做法:

黑芝麻葚糊、桑葚各60 克,大米 30 克,白糖 10 克。将大米、黑芝麻、桑葚分别洗净,同放入石钵中捣烂,砂锅内放清水 3 碗,煮沸后放入白糖,再将捣烂的米浆缓缓调入,煮成糊状即可。

芝麻木耳茶

材料:生黑木耳,黑芝麻。

做法:

生黑木耳、炒焦黑木耳各 30 克,炒香黑芝麻 15 克,共研末,装瓶备用。每次取 5 克,沸水冲代茶饮。此茶能凉血止血,对血热便血、痢疾下血有食疗作用。

第3章 潜水环境生物学效应及营养

潜水的原意是指为进行水下查勘、打捞、修理和水下工程等作业时而在携带或不携带专业工具的情况下进入水面以下的活动。后来,潜水逐渐发展成为一项以在水下活动为主要内容,从而达到锻炼身体、休闲娱乐目的的休闲运动。从地理学角度讲,潜水是指地表以下,第一个稳定隔水层以上具有自由水面的地下水。潜水由自由水面,地表至潜水面间的距离为潜水埋藏深度。潜水是重要的供水水源,通常埋藏较浅,分布广泛,开采方便,但易受污染,应注意保护。

为了解决人体在水下受各种因素的作用和发生的医学生理学问题,而发明、创造和改进不同潜水装具和设备的过程,即形成了潜水的发展史。迄今,已有下列几种潜水方式:

(1)屏气潜水

不用任何呼吸装置,吸一口气,停住呼吸,潜入水下后又回到水面上,才恢复呼吸动作。这种潜水方式称为屏气潜水。

(2)潜水钟潜水

潜水钟是一种无动力单人潜水运载器,由于早期的潜水器是一个底部开口的容器,外形与钟相似,故得此名。潜水钟原理就像一只倒扣在水中的玻璃杯子,杯子内始终保持一定量的空气,可供潜水员呼吸,使潜水员能在水下逗留较长时间。潜水钟是从水面接入一根导管,用风箱和鼓风机把空气送入潜水钟内部,还能把潜水钟内废气排出。这样,潜水员能在水下呼吸到新鲜空气,大大延长了潜水员在水下逗留时间。

潜水钟是依靠自身重量下沉的,它本身无法上浮,要靠水面船舶上绞车或岸上吊车的帮助,把它从水下吊上来。而且,潜水钟在水下活动空间有限,它不能自由活动。

现代潜水钟(又称潜水减压室)的设计较为复杂,外形近乎圆球状,用于水下建筑工程和海上钻油台的维修工作,有时也潜入水中援救遇难船只上的人员,使其脱险。利用现代潜水钟接送潜水员进出水下工作场所,像升降机一样方便,里面备有一套输送氧和氦的装置供潜水员呼吸,可在水面下 180 m 深处每天工作 6 h,持续一周。

(3)头盔-供气管潜水

从水面通过管道向潜水者所戴的头盔,它是深潜系统中不可缺少的装备,向内送新鲜呼吸气体,头盔内含有呼出气的气体经另外的途径排出。这种方式的潜水,又称为通风式潜水。

(4)自携式潜水

潜水者自携呼吸气体至水下,通过一定的装置(潜水呼吸器)设备。这种方式的潜水,创始于 18 世纪 80 年代用气囊盛呼吸气体携至水下供呼吸用。

（5）抗压潜水

抗压潜水是使用可抗住水压的坚硬装具（备）而进行潜水的一种方式。人在潜水时，不受静水压的作用，装具内保持正常气压，呼吸常压空气。故又称常压潜水或一个大气压潜水，有人称之为间接潜水。

（6）饱和潜水

于某种深度（高气压）下一定的长时间后，溶解于机体组织内惰性气体达到完全饱和的程度，即使再在该深度延长暴露时间，饱和度也不再增加，减压时间与初饱和时所需相同。这种方式的潜水，称为饱和潜水。按照国际惯例，当潜水作业深度超过120 m、时间超过1 h，一般采用饱和潜水。作为唯一一种可使潜水员直接暴露于高压环境开展水下作业的潜水方式，饱和潜水已广泛应用于失事潜艇救援、海底施工作业、水下资源勘探、海洋科学考察等军事和民用领域。世界各国都十分重视饱和潜水技术研究，据了解，英、美、瑞士、挪威、法、德、日本、俄罗斯等8国已先后突破400 m深度；海上实际深潜实验，法国、日本已分别达到534 m和450 m。

3.1　潜水环境特点

目前，人类越来越不满足于作为美好海底环境的旁观者，希望能作为参与者潜入水下。潜水员希望干的事情有很多，如与鲨鱼共游、在冰下潜水、洞穴探险、打破前人深度记录、呼吸各种类型混合气等。虽然现在可用于潜水的水下呼吸器类型很多，有开式、闭式、半闭式等，但潜水环境仍然存在许多不利于人类活动的因素，潜水高气压医学的最重要工作是要告诉潜水员们这些可能会伤害他们的情况。

3.1.1　高　压

潜水员在潜入水中时必须呼吸与所处深度压力相等的高压气体，以保证正常呼吸。但当人体潜入水下，并每下沉10 m（海水）或10.3 m（淡水）将增加一个大气压的压力（附加大气压）。例如，下沉至20 m时即有2 + 1 = 3个绝对大气压。潜水越深压力越大（表3.1），空气体积也被压缩。

表3.1　潜水深度与压力的关系

深度	大气压	压力/($kg \cdot cm^{-2}$)	气体体积
海平面	1	1	1
水下 10 m	2	2	1/2
水下 20 m	3	3	1/3
水下 30 m	4	4	1/4
水下 40 m	5	5	1/5
水下 50 m	6	6	1/6
水下 60 m	7	7	1/7

高压环境是潜水员身体的大敌。在正常环境下，人体承受相当于一个大气压的压

力。而在潜水时,每下潜 10 m 即增加相当于一个大气压的压力,潜水员在潜水作业中,身体要承受少则相当于几个大气压的压力,多则相当于十几个大气压的压力。他们呼吸混合型气体。

水下作业时,身体每下潜 10 m,大致相当于增加一个大气压的压力,所增加的压力称附加压。附加压和地面大气压的总和,称总压或绝对压(ATA)。机体在高气压环境下,肺泡内各种气体分压随之增高,并立即与吸入压缩空气中各种气体的分压相平衡。因肺泡内气体分压高于血液中气体压力,气体便按照波义耳定律,相应地增加了气体在血液中的溶解量,再经血液循环运送至各组织。其中大部分氧及二氧化碳迅速被血红蛋白及血浆内成分所吸收,仅少量以物理状态游离于体液中。氮在体液内的溶解量与气压高低和停留时间长短成正比。由于氮在各组织中溶解度不同,因此在组织中分布也不相等。氮在脂肪中溶解度约为血液中的 5 倍,所以大部分氮集中于脂肪和神经组织中。

减压病旧称沉箱病或潜水员病。减压病是指人体在高气压环境下,停留一定时间后,在转向正常气压时,因减压过速,气压幅度降低过大所引起的一种疾病。在急速减压时,人体组织和血液中原来溶解的氮气,游离为气相,形成气泡,造成血液循环障碍和组织损伤。飞行员自地面(常压)迅速飞向 8 000 m 的高空(低压)时,若座舱密闭不严,也能发生减压病。

当人体由高气压环境逐步转向正常气压时,体内多余的氮便由组织中释放而进入血液,并经肺泡逐渐而缓慢地排出体外,无不良后果。当减压过速,超过外界总气压过多时,就无法继续维持溶解状态,于是在几秒至几分钟内游离为气相,以气泡形式聚积于组织和血液中;减压越快,产生气泡越速,聚积量也越多。氮可长期以气泡状态存在。在脂肪较多而血循环较少的组织中,如脂肪组织、外周神经髓鞘、中枢神经白质、肌腱和关节囊的结缔组织等,脱氮困难。除了血管内的气泡外,氮气泡往往聚积于血管壁外,挤压周围组织和血管,并刺激神经末梢,甚至压迫、撕裂组织,造成局部出血等症状。在脂肪少而血流通畅的组织中,氮气泡多在血管内形成栓塞,阻碍血液循环。氮气泡可引起血管痉挛,导致远端组织缺血、水肿及出血。根据栓塞部位及其所引起的组织营养障碍程度和时间长短,可产生一系列症状。此外,由于血管内外气泡继续形成,造成组织缺氧及损伤,细胞释放出钾离子、肽、组胺类物质及蛋白水解酶等,后者又可刺激产生组胺及 5 - 羟色胺。这类物质主要作用于微循环系统,致使血管平滑肌麻痹,微循环血管阻塞等,进而减低组织与体液内氮的脱饱和速度。所以在减压病的发病机制中,气泡形成是原发因素;但因液气界面作用,尚可继发引起一系列病理生理反应,使减压病的临床表现显得很复杂。

骨骼内气泡的特殊作用。骨骼是一个不能扩张的组织,股骨、肱骨、胫骨等长骨内黄骨髓含脂量高,血流很缓慢,减压时会产生多量气泡,直接压迫骨骼内的血管;骨骼营养血管内也有气栓与血栓,容易造成局部梗死,最终缓慢地引起无菌性的缺血性骨坏死,又称减压性骨坏死或无菌性骨坏死。其形成除了骨骼内气泡的特殊作用外,还有脂肪栓塞、血小板凝聚、气体引起渗透压改变、自体免疫等作用的综合结果。

国际社会一直关心着国际海底区域所储存的丰富资源。世界各国利用 20 世纪末的海洋高新技术特别是深海潜水器技术对海底进行资源勘探,已陆续发现了深海丰富的资源品种及其陆地上无法相比的储量:锰结核、富钴结壳、热液硫化物、天然气水合物、深海生物基因等。这些资源还只是对国际海底区域中 DHP 的海底进行勘探而取得的,可以相信,随着深海高新技术的发展和勘探的进一步深入,将会发现更多、更有开发价值的深海资源。科学家可以利用深海载人潜水器,在海洋深处进行热液生物群及深部生物圈研究,通过保温保压取样技术,将深海生物基因送至实验室进行采集和分析,以及在现场环境进行培育和研究。目前深海生物基因产品的年产值已超过 4 000 亿美元,开发深海资源正给人类带来巨大的利润和收获。

深海载人潜水器是运载科学家、工程技术人员和各种电子装置、特种设备快速、精确地到达各种深海复杂环境,进行高效的勘探、科学考察和开发作业的装备,它是人类能实现开发深海、利用海洋的一项重要技术手段。深海载人潜水器主要由以下系统组成:载体系统,能源系统,推进系统,液压系统,压载和纵倾调节系统,导航和通信系统,研究和观察系统,工具和作业系统,生命维持系统,应急安全系统。目前在进行深海载人潜水器浮力微调控制设计时大多采用以高压海水泵为核心的海水液压控制系统,海水介质、高压是系统设计的两大难点。随着海、淡水液压技术的日趋成熟,高压海水泵以及海水液压元件的设计和制造技术将越来越为更多的国家所掌握。所以海水液压控制形式的可调压载系统会在将来的深海载人潜水器上得到更加广泛的应用。

C 静水压

水面以下不同深度,单位面积上所承受的水的重量就是静水压。海洋深度各处悬殊。占海底面积5%的大陆架,平均深度 200 m,已在氢氧潜水员能够到达的范围内。占海底面积10%的大陆地,从 200 m 下到洋底深度(通常至少 3 000 m)。其余 85% 都为 3 000 m 以深的洋底。"挑战者深渊"号所测得的大洋底的最大深度为 10 790 m,压强为 1 080 ATA。

潜水时,潜水员受到巨大的静水压力。当潜水作业人员自高压环境突然回到正常大气压下时,压力会迅速降低。

(1)绝对压力

①潜水人员所受的压力。

②绝对压力 = 大气压 + 水压(1 大气压 = 1 千克/平方厘米)。

③由于人们一出生就已经适应了大气压力,所以较注意的是水压。

④计示压 = 绝对压 - 大气压。(计示压与绝对压之关系)

(2)气体在水中的体积

①在一定的温度下,气体的体积与压力成反比,即波义耳定律。

②气体在水中体积的变化。(气球在水中体积的变化)

③如果我们以水深每 10 米为一个间隔,对潜水员而言,压力变化最大是在最初的 10 米内。

(3)水的阻力和浮力

①物体放入水中,与该物体排出的水重相等的力,谓之浮力阿基米德定理。

②(物体)水中的重量 = (物体)空气中的重量 - 浮力(排出的水重)。

人在水中活动时会受到水的阻碍,这种阻碍运动的力就称为水的阻力。人在水下活动,身体与水直接碰撞,阻碍身体运动。身体与水接触面积越大,受到的阻力也越大。这样就使得潜水员在水下的活动受阻,消耗更多的体力。

水作用于浸入其中物体的、并且垂直向上的力,称为水的浮力。浮力的大小等于被物体排开的水的重量。潜水员在水下,身体的每个部位所受的浮力不同,所以用调节身体的姿势来保持身体的平衡。

(4)水中视觉与听觉的变化

①光线进入水中后,会有折射现象。导致我们在水中见到的物体,看起来比实际上的体积大上 1.25 倍。

②视觉上也会变近。视线距离会缩短为实际距离的 3/4。

③在水中声音传达速度,比在空气中快 4.2 倍。

④声音来时,几乎是左右耳同时听见,所以很难分辨声音的方位。

(5)耳压的平衡

①一般潜水员潜到水深 3 公尺处,就会感受到耳朵疼痛,那是水压变大的原因。

②一般的耳压平衡法是,从面罩上面捏住鼻子,使鼻孔阻塞,然后用力吹气,就能将空气灌入耳管。

③潜水老手甚至只要做吞口水的动作或左右摆动下颚,就能使耳压平衡。

④作耳压平衡时,保持头部朝上较易实施。

⑤每往下潜一个深度,就应立即作耳压平衡。尤其是在浅水处,作耳压平衡的次数应增多。

3.1.2　寒　冷

1. 水温

太阳的辐射热是使海水温度升高的主要热源。虽然海水的温度变化比较缓慢,但仍随海区的纬度大小、季节气候、日照时间以及水深等不同而变化。

海水深度与水温的关系:因为海水比热大,太阳的辐射热只能达到一定的深度,所以不同水深处,海水的温度不同。一般是水温随水的深度增加而降低。表层水温较高,中间层较表层低,而且温度下降急剧,往往深度增加很小,温度下降很大。中间层以下至海底为底层,表层和中间层各约 10 m 左右。各层温度以底层较为稳定,在 200 m 大陆架深度,底层终年保持在 3 ~ 5 ℃。表层和中间层因受各种因素影响,温度变化较大。

2. 体温

海水的温度受水深、地域、纬度、日照时间、季节、气候、海流等因素的影响会有很大差异。海水温度是反映海水热状况的一个物理量。世界海洋的水温变化一般在 -2 ~ 30 ℃之间,其中年平均水温超过 20 ℃的区域占整个海洋面积的一半以上。海水温度有日、月、年、多年等周期性变化和不规则的变化,它主要取决于海洋热收支状况及其时间变化。经直接观测表明:海水温度日变化很小,变化水深范围从 0 ~ 30 m 处,而年变化可到达水深 350 m 左右处。在水深 350 m 左右处,有一恒温层。但随深度增加,水温逐渐下降(每深 1 000 m,下降 1 ~ 2 ℃),在水深 3 000 ~ 4 000 m 处,温度达到 2 ~ 1 ℃。海水温度是海洋水文状况中最重要的因子之一,常作为研究水团性质、描述水团运动的基本指标。研究海水温度的时空分布及变化规律,不仅是海洋学的重要内容,而且对气象、航海、捕捞业和水声等学科也很重要。

所以,在水下进行潜水作业,不论在什么海区,对机体局部或全身来说,都是一个在寒冷低温条件下的体温散失过程。人体浸没于一定温度的水中,如果机体散热与代谢产热相适应,体温可不变,这时的水温称为适宜水温。英国潜水条例规定,大于 150 m 的潜水,必须将吸入器加热。由于水下低温的影响,潜水员对来自手、足和头部的刺激十分灵敏,机体的温度调节系统使皮肤血管首先收缩,减少流向外周的血流量,以致皮肤温度下降,散热减少,这一过程给体表造成了有价值的耐力或隔热作用。进一步生理反应是机体产热系统发挥作用,代谢产热增加,出现寒战。如仍不能保持热平衡,结果将引起体心温度下降,导致体温过低。

为了防止潜水员体温过低,英国规定:

①皮肤和头部温度不得低于 25 ℃,身体其他局部温度不得低于 20 ℃。

②纯呼吸散热量不得超过 175 W。

③身体散热量假定初始核心温度为 37 ℃,不得超过 33 W/(kg·h)。

④深部核心体温不得多于 35.5 ℃为有效作业,四肢温度应高于 15 ℃。

⑤为防止疼痛,四肢温度应高于 10 ℃。

在寒冷的水中潜水必须采取保暖措施:

①穿着保暖性能好的潜水衣,如泡沫氯丁橡胶材质的干式或湿式潜水服。

②如保暖仍不能御寒,则须穿着热水加热潜水服,在衣服与体表之间通过流动可调节温度的热水额外加温。

③呼吸氦氧混合气时注意对呼吸气加热。

④饱和潜水 – 巡回潜水作业时,在返回居住仓后,应热水淋浴,进热饮料,换干燥而温热的衣服,注意休息,防止反复巡潜时低体温反应的累计影响。

⑤已出现低体温者,必须采取复温措施。

3.1.3 黑　暗

在海洋里,每下潜 10 米深,水压就增加一个大气压,过高的水压会对人体造成生理影响,某些情况下超出人体的耐受范围,还会引起病理性损伤。而且人在水中不能像在大气中一样自由呼吸,水压、低温、黑暗、水流、涌浪、水下生物伤害,以及各种潜水疾病的威胁等不利因素,都不同程度地限制了人在水下行动的自由。因此,并不是任何人都可以背上潜水装备无止境地下潜到海底。目前世界上直接下潜到海中的最大深度纪录是 501 m。越往海洋深处就越黑暗,一般在海面 700 m 以下就是漆黑一片了,此处难以找到植物了,然而,海洋深处还是有丰富的有机质,所以深海里还是有着形形色色的动物,不少动物为了适应深海环境而变得特别奇特。世界上深度超过 6 000 m 的海沟有 30 多处,其中的 20 多处位于太平洋洋底。潜水员在水下主要是靠摸索着进行作业的,视觉基本上或完全发挥不了作用。因而活动范围受到较大抑制,工作效率也受很大影响,对在水下定位、定向、辨别物体、进行操作等都带来很多困难。

3.1.4　海洋有害生物

1. 鲨鱼

世界上有 300 多种鲨鱼,其中有近 20 种食人鲨。潜水遇到鲨鱼应尽量躲避,躲避不及时可敲击气瓶或吹大量气泡以警告鲨鱼离开。如果被鲨鱼咬伤,首先应止血、控制休克、补充体液,并尽快把患者送到医院治疗。去医院时应尽量把残肢带上。

鲨鱼属于鱼纲鲨目,是肉食性海洋鱼类。鲨又称鲨鱼、鲛,是软骨鱼类:身体呈纺锤形,眼睛大都在头部两侧,无鳔;生活在深海区。性情温和的鲨鱼吃小鱼虾和贝类;凶猛的鲨鱼会吃海兽,甚至攻击人类。多数卵生或卵胎生,少数胎生。鲨鱼的种类很多,但不是所有的鲨鱼都能伤害人类,只有少部分个头大的鲨鱼能伤人。鲨鱼的嗅觉十分灵敏,主要靠嗅觉寻找食物,所以,它们能在除北冰洋以外的所有大洋里安家。鲸鲨是最大的鲨鱼,但是它们不吃肉,而是吃海洋中的浮游生物。一般的鲨鱼则吃鱼类、章鱼、贝类,有的鲨鱼甚至会把个头小的鲨鱼当成食物。

大白鲨是一种人类绝不会认错的鲨鱼,它们身体呈巨大的纺锤体,鳃裂也是巨大的,鼻子又尖又长;它们的呈钩状的第一背鳍非常宽大,远远大于第二背鳍,胸鳍较大,和尾鳍一样为新月形;背部颜色均匀,为灰色或者为棕灰色,在背部与白色的腹部之间有明显的界线;大白鲨也是游泳好手,它们每小时可前进 25 km,体温在 10 ~ 15 ℃之间,它们什么都吃,包括鲸鱼。

鲨鱼的攻击性极强,只要被鲨鱼发现,很少有人能够逃生。不过,奇怪的是,海洋生物学家罗福特对鲨鱼研究了多年,经常穿着潜水衣游到鲨鱼的身边,与鲨鱼近距离接触,可鲨鱼好像并不介意他的存在。罗福特介绍说"鲨鱼其实并不可怕。可怕的是你一见到鲨鱼,自己就先害怕了"。是的,的确如此,只要你见到鲨鱼时,心里不害怕,那么你就很安全。人在遇到鲨鱼时,心跳就会加速,正是那快速跳动的心脏引起了鲨鱼的注意。鲨鱼就是从那快速跳动的心脏在水中的感应波发现猎物的。

2. 梭鱼

梭鱼是海鱼,体纺锤形,细长,头短而宽,有大鳞;脂眼睑不甚发达,仅遮盖眼边缘;体被圆鳞,背侧青灰色,腹面浅灰色,两侧鳞片有黑色的竖纹;为近海鱼类,喜栖息于江河口和海湾内,也进入淡水;性活泼,善跳跃,在逆流中常成群溯游,吃水底泥土中的有机物;体型较大,我国产于南海、东海、黄海和渤海。

梭鱼身体细长,最大的梭鱼可以长到 1.8 m 长。它的头短而宽,鳞片很大。其背侧呈青灰色,腹面浅灰色,两侧鳞片有黑色的竖纹。它生活在沿海、江河的入海口或者咸水中。它喜爱群集生活,以水底泥土中的有机物为食。我国古代的劳动人民就对梭鱼有了较多的认识。屠本峻在《海味索隐》中说它"不嫌入瘀而食泥"。梭鱼常常用下颌刮食海底泥沙中的低等藻类和有机碎屑。梭鱼的鳃耙密集,牙齿退化成微小的毛刷状。其幽门胃的肌肉很发达,像一个沙囊,非常适合研磨和压碎泥沙中的食物。它在开阔的温暖海域产卵,每到产卵季节,便将卵子和精子直接释放到海水中。受精卵孵化出来的幼鱼靠浮游生物为食。梭鱼有一个长长的流线型的身体,这使它在水中能迅速游动。它有一个向前延伸的下颌,上下颌上长着尖锐的牙齿,两只宽大的背鳍和叉形的尾巴可以给它提供足够的前进动力。梭鱼喜欢在海面上蹦蹦跳跳,它们常常跃出水面,连续不断地做跳跃动作。识别梭鱼并不困难,梭鱼的眼睛周围的颜色是略带红色的黄色,因此,我国渔民分别把它们称为"白眼"、"青眼"、"红眼"和"黄眼"。

梭鱼也是一种牙齿很大的大型鱼类,它喜欢袭击闪亮物体,袭击人类的情况比较少。它的咬伤伤口很大,容易发生大量出血,治疗主要是控制出血和休克。迄今发现的梭鱼有20种,不同海域的梭鱼有着截然不同的行为方式,它们的最大共同点是独居。成年梭鱼几乎没有天敌。北美墨西哥的梭鱼似乎特别好奇与机警,对于潜水员的出现,它们能很快认识到并迅速作出反应。相比之下,鲨鱼的反应就迟钝得多,其实这是因为鲨鱼视力较弱,观测周围的事物变化主要依赖它们敏锐的嗅觉,而梭鱼则是仰仗一副好眼力。尽管有少数梭鱼袭击人类的事件发生,但通常来说梭鱼对人类是没有威胁的。不过,如果把它们摆上餐桌,可要小心,因为梭鱼会从它们的某些猎物身上继承其中的毒素。

3. 黄貂鱼

黄貂鱼是一种鳐鱼,性情温顺,喜欢静静地伏在海底。黄貂鱼尾部有一条毒刺,如果潜水员不慎踩到,它的毒刺会主动刺伤潜水员。它的毒液中有蛋白性毒素,进入人体可导致呼吸抑制和低血压,严重时 15 ~ 30 min 便致人死亡。发生黄貂鱼刺伤,应尽快送到特定医院进行治疗。黄貂鱼属于软骨鱼类,它们的身体扁平,尾巴细长,有些种类的刺鳐的尾巴上长着一条或几条边缘生出锯齿的毒刺。被刺鳐刺死,在海洋生物专家眼中相当罕见。悉尼大学海洋科学研究所代理主任柯曼表示,刺鳐攻击人是"相当罕见"的海底事故。它的招牌动作是状如翅膀的胸鳍波浪般在海里摆动,尾部软骨组织细长如鞭、带有毒刺。已知的刺鳐约480种,据1995年的《危险海洋生物——野外急救指南》,刺鳐是目前所知体型最大的有毒鱼类,尾部可达37 cm长。如被刺到胸腔,会造成重伤甚至死亡,特别是心脏部位受伤的话,需紧急开刀,不过伤及心脏通常都难逃一死。

黄貂鱼并不是具有攻击性或者致命性的动物。虽然它们有刺,但却很少使用,不过一旦刺中,就会令人非常痛苦。这些温和的动物在受到威胁时,会用尾部尖尖的锯齿状刺进行攻击。蒙特雷水族馆(Monterey bay Aquarium)负责人乔恩·霍赫说:"这种刺会给身体造成重伤,并会产生剧烈疼痛,让人感觉身体上就像被钉子戳了个孔,还像被猫咪抓了一样,而且黄貂鱼刺上有很多细菌。"在大面积刺伤的表面,毒液会导致瞬间的剧痛。黄貂鱼只用毒刺进行防御,并不利用它捕捉或者袭击猎物。很多海洋生物学家、潜水员都知道,这种动物是海洋里的"大猫"。霍赫说:"我进行黄貂鱼研究工作,经常跟它们一起游泳,我用手给它们喂食,它们的性情非常温和。"不过在移动身体时,一定要小心脚底下。

4. 海鳗

鳗鱼像蛇,自有道理。你看它全身呈长管状,大都没有鱼鳞和腹鳍,伸着光光的、腻腻的身躯在海中扭动前进,多像蛇呀!没有经验的人捕到鳗后吓得不敢动它,还以为是海蛇呢。是啊!海里有许多鱼如海龙、海马、鳐等,与海鳗一样,都不像一般的鱼,但它们都有鳃,可不像海蛇,必须不时地游出水面呼吸。海鳗长成蛇形可以更好地穿行于礁石缝、珊瑚丛,既便于隐蔽,又便于捕食,对自己大有好处。它们大都住在礁石缝里或珊瑚丛中,白天不敢出来,只在晚上外出觅食。遇到危险时,它们会逃到水面,一边游一边把头和前半部身体露出水面,这样一来,往往把人们吓得够呛,以为遇上了水怪。

关于海鳗的恐怖故事就这样流传开来,有人说海鳗有毒,吃了会四肢麻木,全身抽搐;有人说海鳗是凶残的吃人妖魔,它们常常攻击潜水员,要是被它咬住胳膊或腿,它会把你拖到海里淹死;再加上它那吓人的大嘴巴和蛇一样的身躯,让人不能不信。其实,海鳗是一种营养很丰富的食品,早在罗马帝国时代,只有有钱人才吃得起;并且,海鳗是一种很害羞的鱼儿,只要你不侵犯它,它就不会主动攻击你。曾有两个科学家,搞研究时跟一条海鳗交上了朋友,每次下海,他们都忘不了带些海鳗最喜欢吃的食物。海鳗会腼腆地游出洞,从渔叉尖上吃掉它。当然,你也不能离它太近,如果让它误会你要伤害它,那就麻烦了,它会猛冲过来,咬住不松口。虽然海鳗牙没毒,但伤口如果感染,也是很危险的。因此,大部分潜水员都是小心翼翼,尽量不招惹它。

几个世纪以来,鳗这么受人关注,不但因为它凶残,还因为它神秘的生殖习性。就拿欧洲鳗来说,每年,大批幼鳗从海洋游进欧洲大陆的河流湖泊;到秋天,又有大批成鳗游回海里,一到海里,就消失得无影无踪,人们从来没有见过它们的鱼卵,它们到底去哪儿产卵繁殖? 原来,它们的产卵地在大西洋西部的藻海附近,那儿离欧洲有 3 000 km。跑这么远来产卵,是不是发疯了? 它们在藻海附近 200~700 m 深的水中产卵受精,卵浮出水面孵化,小鱼又经过 2~3 年才回到故乡,这到底是为什么呢? 科学家也弄不明白。有人认为,大陆漂移前,它们在藻海产卵,只游一小段距离;大陆漂移后它们要在老地方产卵,就得跋涉 3 000 km 了。这只是人们的猜测,要彻底揭开这个谜,就靠大家去探索了。

5. 海洋无脊椎动物

无脊椎动物是动物类群中比较低等的类群,它是与脊椎动物相对应的一类。最明显的特征是不具有脊椎骨,无脊椎类不论种类还是数量都是非常庞大的。从生活环境上看,海洋、江河、湖泊、池沼以及陆地上都有它们的踪迹;从生活方式上看,有自由生活的种类,也有寄生生活的种类,还有共生生活的种类;从繁殖后代的方式上看,有的种类可进行无性繁殖,有的种类可进行有性繁殖,有的种类既可进行无性繁殖还可进行有性繁殖,个别种类还可以进行幼体生殖、孤雌生殖等。按照无脊椎动物的进化顺序,它包括原生动物、海绵动物、腔肠动物、扁形动物、线形动物、环节动物、软体动物、节肢动物、棘皮动物等类群。

有毒的海洋无脊椎动物包括有毒水母、珊瑚虫、软体动物、海胆。受到无脊椎动物的伤害一般是直接接触造成,伤害有局部的皮肤伤害,也有严重的全身症状,情况主要决定于引起伤害的动物种类。受到这些动物伤害,应到专门机构诊断治疗。最有效的预防手段是避免接触。

(1)水母

水母身体的主要成分是水,并由内外两胚层组成,两层间有一个很厚的中胶层,不但透明,而且有漂浮作用。它们在运动之时,利用体内喷水反射前进,远远望去,就好像一顶圆伞在水中迅速漂游。当水母在海上成群出没的时候,紧密地生活在一起像一个整体似的漂浮在海面上,显得十分壮观。海涛如雪,蔚蓝的海面点缀着许多优美的伞状体,闪耀着微弱的淡绿色或蓝紫色光芒,有的还带有彩虹般的光晕。许多水母都能发光,细长的触手向四周伸展开来,跟着一起漂动,色彩和游泳姿态美丽极了。水母的伞状体内有一种特别的腺,可以发出一氧化碳,使伞状体膨胀。而当水母遇到敌害或者在遇到大风暴的时候,就会自动将气放掉,沉入海底。海面平静后,它只需几分钟就可以生产出气体让自己膨胀并漂浮起来。

栉水母在海中游动时,8 条子午管可以发射出蓝色的光,发光时栉水母就变成了一个光彩夺目的彩球;带水母的周围和中间部分,分布着几条平行的光带,当它游动时,光带随波摇曳,非常优美。水母发光靠的是一种叫埃奎明的奇妙的蛋白质,这种蛋白质和钙离子相混合的时候,就会发出强蓝光来。埃奎明的量在水母体内越多,发的光就越强,每只水母平均只含有 50 μg 的这种物质。

水母虽然长相美丽温顺,其实十分凶猛。在伞状体的下面,那些细长的触手是它的消化器官,也是它的武器。在触手的上面布满了刺细胞,像毒丝一样,能够射出毒液,猎物被刺螫以后,会迅速麻痹而死。触手就将这些猎物紧紧抓住,缩回来,用伞状体下面的息肉吸住,每一个息肉都能够分泌出酵素,迅速将猎物体内的蛋白质分解。因为水母没有呼吸器官与循环系统,只有原始的消化器官,所以捕获的食物立即在腔肠内消化吸收。在炎热的夏天里,当人们在海边弄潮游泳时,有时会突然感到身体的前胸、后背或四肢一阵刺痛,有如被皮鞭抽打的感觉,那准又是水母作怪在刺人了。不过,一般被水母刺到,只会感到炙痛并出现红肿,只要涂抹消炎药或食用醋,过几天即能消肿止痛。但是在马来西亚至澳大利亚一带的海面上,有两种分别称为海蜂水母(箱水母)和曳手水母的,其分泌的毒性很强,如果被它们刺到的话,在几分钟之内就会呼吸困难而死亡,因此它们又被称为杀手水母。所以当被水母刺伤,发生呼吸困难的现象时,应立即实施人工呼吸,或注射强心剂,千万不可大意,以免发生意外。

水母一旦遇到猎物,从不轻易放过。但是就像犀牛和为它清理寄生虫的小鸟共存一样,水母也有自己的共生伙伴。那是一种小牧鱼,体长不过 7 cm,可以随意游弋在水母的触须之间,却一点儿也不害怕。遇到大鱼游来,小牧鱼就游到巨伞下的触手中间去,把那当作一个安全的"避难所",利用水母刺细胞的装置,巧妙地躲过敌害的进攻。有时,小牧鱼甚至还能将大鱼引诱到水母的狩猎范围内使其丧命,这样还可以吃到水母吃剩的零渣碎片。那么水母触手上的刺细胞为什么不伤害小牧鱼呢? 这是因为小牧鱼行动灵活,能够巧妙地避开毒丝,不易受到伤害,只是偶然也有不慎死于毒丝下的。水母和小牧鱼共生一起,相互利用,水母"保护"了小牧鱼,而小牧鱼又吞掉了水母身上栖息的小生物。

威猛而致命的水母也有天敌,一种海龟就可以在水母的群体中自由穿梭,轻而易举地用嘴扯断它们的触手,使其只能上下翻滚,最后失去抵抗能力,成为海龟的一顿"美餐"。

水母触手中间的细柄上有一个小球,里面有一粒小小的听石,这是水母的"耳朵"。由海浪和空气摩擦而产生的次声波冲击听石,刺激着周围的神经感受器,使水母在风暴来临之前的十几个小时就能够得到信息,于是,它们就好像是接到了命令似的,从海面一下子全部消失了。科学家们曾经模拟水母的声波发送器官做实验,结果发现能在 15 小时之前测知海洋风暴的信息。

水母虽然是低等的腔肠动物,却三代同堂,令人羡慕。水母生出小水母,小水母虽能独立生存,但亲子之间似乎感情深厚,不忍分离,因此小水母都依附在水母身体上。不久之后,小水母生出孙子辈的水母,依然紧密联系在一起。

(2)珊瑚虫

珊瑚虫是腔肠动物,身体呈圆筒状,有 8 个或 8 个以上的触手,触手中央有口,多群居,结合成一个群体,形状像树枝。其骨骼称珊瑚。珊瑚虫产在热带海中,身体微小,口周围长着许多小触手,用来捕获海洋中的微小生物。它们能够吸收海水中矿物质来建造外壳,以保护身体。

珊瑚虫大多群居生活,虫体一代代死去,而它们分泌的外壳却年深月久地堆在一起,慢慢形成千姿百态的珊瑚,进而形成珊瑚礁。

珊瑚虫体内有藻类植物和它共同生活,这些藻类靠珊瑚虫排出的废物生活,同时给珊瑚虫提供氧气。藻类植物需要阳光和温暖的环境才能生存,珊瑚堆积得越高,越有利于藻类植物的生存。

由大量珊瑚形成的珊瑚礁和珊瑚岛,能够给鱼类创造良好的生存环境,并可加固海边堤岸,扩大陆地面积,因此,人们应当保护珊瑚。

(3)软体动物

软体动物(Cephalopod)的族群包括乌贼、章鱼、鹦鹉螺和已经绝种的菊石与箭石。它们在嘴附近有长触手用以攫取猎物,移动方式为利用虹吸作用喷水前进。

软体动物是动物界中的第二大门。软体动物是三胚层、两侧对称,具有真体腔的动物,它们的真体腔是由裂腔法形成,也就是中胚层所形成的体腔;其身体柔软,一般左右对称,某些种类由于扭转、曲折,而呈各种奇特的形态;通常有壳,无体节,有肉足或腕,也有足退化的;外层皮肤自背部折皱成所谓外套,将身体包围,并分泌保护用的石灰质介壳;呼吸用的鳃生于外套与身体间的腔内。在水陆各地都有分布,包括双神经纲(如石鳖)、腹足纲(如鲍、蜗牛)、掘足纲(如角贝)、瓣鳃纲(如蚌、牡蛎)、头足纲(如乌贼、鹦鹉螺)等。

软体动物种类繁多,生活范围极广,海水、淡水和陆地均有产,已记载 130 000 多种,仅次于节肢动物。软体动物的结构进一步复杂,机能更趋于完善,它们具有一些与环节动物相同的特征:次生体腔,后肾管,螺旋式卵裂,个体发育中具有担轮幼虫等。因此认为软体动物是由环节动物演化而来,朝着不很活动的生活方式较早分化出来的一支。

软体动物体外大都覆盖有各式各样的贝壳,故通常又称之为贝类。由于它们大多数贝壳华丽,肉质鲜美,营养丰富,又较易捕获,因此远在上古渔猎时期,就已被人类利用。其中不少可供食用、药用、农业用、工艺美术业用,也有一些种类有毒,能传播疾病,危害农作物,损坏港湾建筑及交通运输设施,对人类有害。

软体动物包括在生活中为人们所熟悉的腹足类如蜗牛、田螺蛞蝓;双壳类的河蚌、毛蚶等;头足类的乌贼(墨鱼)、章鱼等;以及沿海潮间带岩石上附着的多板类的石鳖等。它们在形态上存在着很大的差异,例如它们的体制或者对称,或者不对称;体表或者有壳,或者无壳;壳或者是一枚或两枚或多枚。但根据现存种类的比较形态学的研究、胚胎学的研究,以及早在寒武纪就已出现的化石的古生物学研究发现,所有的软体动物是建筑在一个基本的模式结构上,这个模式就是人们设想的原软体动物,也就是软体动物的祖先模式,由原软体动物再发展进化成各个不同的纲。所以原软体动物代表了所有软体动物的基本特征。

根据对现存动物的研究,人们设想由原软体动物,经过身体的前后轴与背腹轴的改变,足、内脏囊及外套腔的移位,而形成了现存各个纲的动物结构特征。

(4)海胆

属于棘皮动物门的海胆,大约有 600 种,其中一些海胆完全不伤人,另一些海胆还会躲避人类而走。有毒海胆主要分布在印度洋、太平洋和大西洋的热带以及亚热带地区水域,它们常常使太平洋西部岛屿的居民受到伤害。海胆的球形身体几乎布满尖刺,被它们刺中之后会感到像钉子扎入身体一样的痛,如果被刺得太深,则灼痛感会持续几小时之久。

珊瑚礁的栖居者——热带王冠簇海胆对人类构成的危险最大,它们苹果般大小的身体上布满长 30 cm 的棘刺。王冠海胆非常灵活、敏感,而且非常易被激怒。如果有阴影突然落到海胆身上,它会马上用棘刺对准危险方向,同时将棘刺叠加在一起形成几根又尖又硬的长矛,即使带了手套和穿上潜水衣也挡不住海胆长矛的攻击。被海胆刺伤之后,会引起剧痛和严重呼吸困难,甚至有可能麻痹。

3.1.5 淹 溺

淹溺是指因水进入呼吸道过多而引起的一种吸入性综合征。它以低氧血症、肺水肿、血液生化及电解质紊乱为主要表现。患者可能在 24 h 后死于呼吸窘迫综合征。

淹溺可分成两大类型,一种是淹溺未合并水吸入,另一种是淹溺合并水吸入。淹溺未合并水吸入,一般是由于喉痉挛避免水吸入肺内。这类患者的治疗主要是恢复呼吸,如果没有因长期缺氧导致永久性伤害,患者恢复呼吸后一般都能完全康复。淹溺合并水吸入,这类患者由于水被吸入肺内,可立刻引起缺氧和代谢性酸中毒,并伴随水电解质紊乱和肺组织损伤。这些变化又可导致其他器官,如心血管、肾脏和中枢神经系统损伤。淹溺未合并水吸入也会引起严重的肺部感染。

人淹没于水中,会本能地引起反应性屏气,避免水进入呼吸道。由于缺氧,不能坚持屏气,被迫进行深吸气而使大量水进入呼吸道和肺泡。进入呼吸道的水可阻滞气体交换,引起严重缺氧、高碳酸血症和代谢性酸中毒。呼吸道内的水迅速经肺泡吸收到血液内,由于溺水时水的成分不同,引起的病变也有所不同。另外,溺水还可引起反射性喉、气管、支气管痉挛;水中污染杂草堵塞呼吸道可发生窒息。跌入粪池、污水和化学品储槽内时,可引起皮肤和黏膜损伤及全身性中毒。

水进入呼吸道后影响通气和气体交换。水还可以损伤气管、支气管和肺泡壁的上皮细胞,并使肺泡表面的活性物质减少,引起肺泡塌陷,进一步阻滞气体交换,引起全身缺氧。淡水进入血液循环,迅速引起血液稀释,血容量增加及溶血。由于溶血,钾自红细胞释出,血钾增高;过量的游离血红蛋白堵塞肾小管,可引起急性肾功能衰竭。血液稀释使钠、氯化物、钙及血浆蛋白的浓度降低。血容量的急剧增加可产生心力衰竭及肺水肿。

海水中约含 3.5% 的氯化钠和大量的钙盐和镁盐,为高渗液。海水对呼吸道和肺泡有化学性刺激作用。肺泡上皮细胞和肺毛细血管内皮细胞受海水损伤后,大量蛋白质及水分向肺间质和肺泡腔内渗出引起肺水肿,高血钙可使心跳缓慢、心律失常、传导阻滞,甚至心跳停止。高血镁可抑制中枢和周围神经,松弛横纹肌,扩张血管和降低血压,发生爆发性肺炎。这类患者应立刻住院,并给予抗生素和激素治疗。

3.1.6 污染水域潜水

首先我们必须明确,应避免在污染水域进行潜水。但有时无法避免,如在这样的水下救人等。最常见的污染是大肠杆菌,有些大肠杆菌能产生外毒素,这些外毒素对患者的危害往往比细菌本身更严重。污染水域也可能有其他一些常见微生物,包括沙门氏菌属、志贺氏菌、假单胞菌和霍乱弧菌等,也可能包括一些寄生虫。一旦发现有潜水员患有这类疾病,应首先隔离患者,采样进行培养,确定诊断后使用特定抗生素治疗。

随着海洋资源开发、航运事业的发展以及兴修水利设施,潜水员不但需要在常规水域中潜水,有时更需要在污染水域中潜水。由于社会的不断进步和文明程度的提高,人们越来越关注自身的健康和安全。那么在污染水域从事潜水作业,如何减少有害物质对潜水人员的危害已是我们迫在眉睫需要研究的内容了。我国在该领域的研究以前几乎为空白,作者参阅国外有关条例和文献撰写该文,以期有益于我国广大潜水工作者。

可能存在污染的潜水水域通常包括:港口和航道,下水道排水口,接受农业排水的湖泊,造纸厂出水口,流经工厂区的河流,以及海上设施和大型船舶的周围环境等。我们知道,大多数港口要比沿海的水域受到更大的污染,来自人类和动物排泄物中的大肠杆菌含量水平较高,以及各种各样的油类、燃料和其他有毒化学品,许多港口底部淤泥中还发现含有重金属,有些水域甚至存有放射性污染。在许多地区,港口内的水恶臭难闻,污染物明显可见。所以,潜水员必须认识到,不能使用常用的湿式潜水服和全面罩进行潜水,这样很容易让污水接触到其皮肤或进入到他们的口腔和鼻孔。所以,我们建议应该为潜水员配备潜水头盔和硫化橡胶干式潜水服,来为潜水员防护这些污染物。然而,尽管我们知道存在这些已知的危害污染物,但另外一类隐蔽的危害更大的污染物,可对潜水员造成潜在和长期健康影响,它能极大地影响人类的寿命周期。这是世界上的最新研究发现,它就是三丁基锡(TBT)。它是用于多数大型船舶的底部防污垢油漆中的一种化学成分,含有化学成分 TBT,该油漆能够防止海生物的生长,减少附着于船舶底部和海上设施结构上的海生物,从而保持船速和节约油耗,以及减少水流对海上设备的冲击力。美国环保署已经声明"TBT 是一种极毒的化学成分,正不断流入海洋,造成海洋环境的污染"。

早在 1988 年,美国环保署就已禁止在长度小于 88 英尺(1 英尺 = 0.304 8 米)的非铝质船舶上使用含有 TBT 的油漆,但世界其他地区都未禁止使用。联合国海洋环境保护委员会目前正在考虑取缔使用含有 TBT 的油漆,但一旦这一禁令颁布,我们仍需要好几年时间才能对已涂有 TBT 油漆的船舶重新喷涂其他化合物。TBT 是一种称为"有机锡化合物"的化学品的一种类型,这种化学品通过海生物的皮肤和细胞壁被吸收,它们溶解入脂肪,使脂肪能够穿透细胞膜,从而杀死微小生物体。正当在大多数 TBT 研究都集中在对海生物的影响时,Brookhaven 国家实验室发表了一篇报告声明,这一类型的化学品对人类的中枢神经系统、血液、肝脏、肾脏、心脏和皮肤具有毒性影响。当人直接接触 TBT 达到一定剂量时,肯定会产生反应。如果重复低剂量接触可产生累积作用。目前还未发现有关 TBT 是否致癌的研究报告。

潜水员在对船舶或海上设施结构进行清洗、更换阳极块或检查海底门时,会有意无意地接触到船舶的船壳,如果潜水员穿着湿式服或没有戴手套(其实许多潜水员经常是这样做的)特别在水温较高的水中潜水时,他将会直接接触到 TBT 化学品。TBT 就可能穿透皮肤,进入体内,这是最常见的接触途径。另外,如果油漆从船壳上脱落,特别在清洗船壳时,脱落的油漆片漂浮在潜水员周围环境的水中,这时,如果潜水员使用的是常规的全面罩,就很可能吸入或吞入脱落的油漆片。最近,已有在污染港口工作的潜水员与罹患肿瘤的风险正相关的研究报道。

Elihu Richter 医生,耶路撒冷希伯来大学公共卫生和社会医学学院职业与环境医学研究室主任,发表了一篇报道潜水员接触化学品的论文,该文对 1948 年以来在 Kishon 河工作的 682 名以色列海军潜水员进行了详细统计。Kishon 河是一条被重金属和其他污染物严重污染的河流。Richter 医生和他的小组发现,这些潜水员比其他对照人群的肿瘤发病率高很多。大家知道,军事潜水员一般的任务为搜寻沉船并布雷、进行布雷训练、船壳或推进器维修、清理船舶海水取水口和其他类似任务。目前还不知为何以色列海军潜水员的肿瘤发病率如此之高,但在 Kishon 河潜水和肿瘤发病之间的明显相关性却无法用其他原因进行解释。在美国,也有一些关于在圣地亚哥港和密歇根州的污染的湖泊中潜水的公共安全潜水员罹患肿瘤的报道,但是没有进行具有科研价值的潜水与疾病之间关系的研究。

既然污染水域潜水对潜水员存在着危害或潜在的危害,那么我们在开展污染水域潜水时,就必须制定一定的防范措施来保护潜水人员,减少污染物对他们的危害,从而提高潜水人员健康水平。对如何进行污染水域的防护,我们建议如下:

①培训。凡是准备参加在污染水域中潜水的潜水员及水面支持人员应接受有关"有害废物作业和应急反应"课程的培训;完成穿着干式潜水服或其他防护装备的培训;使用消毒剂或其他物品清污的培训。

②作业地点的评估。对可疑或已知污染的作业地点必须进行评估。作业地点如果存在有毒烟雾,则潜水站、压缩机和水面人员就必须位于该空气污染源的上风位置;潜水水域如果存在水流,则潜水员应该从上游接近污染水域,这样可使水流带着污染远离潜水员;只要有可能,就应该建立潜水地点周围的环境参数,以使水面人员远离任何可能的污染;应该进行区域限制,以使水面人员和设备限制在控制区域之外;当潜水环境被污染时,并不是都可能用视觉或嗅觉来觉察到,当怀疑有污染时,在作业开始前应该对水质进行测试。

③危害评估知识。当可能存在化学危害的威胁时,应该对该区域进行历史性评估,如溢出的历史、已知哪些化学物质的存在、化学品的含量、正在进行何种排污方式、空气的质量、现在和过去作业的情况和是否有极端有害物质的存在等;当对危险的污染物有怀疑时,可以对水或沉积物取样分析;一些化学品可能穿透或渗透进潜水装备,它们可通过呼吸道吸入、消化道摄入或皮肤接触,或这三者结合的途径对人员造成伤害;如果怀疑一名潜水员或水面人员已经接触过污染物,则应收集血、尿或其他生物学样本进行医学监测。

④水面人员的防护设备。在污染水域的潜水作业之前,做一个风险评估是至关重要的。对人员防护装备(PPE)的选择必须基于它保护人员免除存在的或可疑的危害的能

力。在选择 PPE 时，必须考虑一些关键因素：危害的识别，潜在的危害进入人体的途径，即呼吸吸入、皮肤吸收、消化道摄入和眼或皮肤接触；PPE 的材料、缝合线、面罩以及所有其他关键的元件的性能；PPE 的材料在密封、撕扯和耐磨等强度上的耐久性，与在潜水现场的特殊条件相匹配；PPE 对人员的作用与现场的环境状况相匹配；选择 PPE 必须考虑现场的特定的变量和所防护的恶劣环境，即使这些变量不能得到实际的确定。对现场知道得越多，就更容易选择适当的 PPE，以确保对潜水队的水面成员的保护。

3.2　潜水环境下的生物学效应

目前，人类越来越不满足于作为美好海底环境的旁观者，希望能作为参与者潜入水下。潜水员希望干的事情有很多，如与鲨鱼共游、在冰下潜水、洞穴探险、打破前人深度记录、呼吸各种类型混合气等。虽然现在可用于潜水的水下呼吸器类型很多，有开式、闭式、半闭式等，但潜水环境仍然存在许多不利于人类活动的因素，潜水高气压医学的最重要工作是要告诉潜水员这些可能会伤害他们的情况。

3.2.1　高压空气对机体的不利影响

气压是大气压力的简称。在任何表面上，由于地球周围大气重量所产生的压强，其数值等于从单位底面积向上直至大气顶的垂直气柱的重量。常用水银气压表或空盒气压表来测量。中国气象部门采用百帕(1 百帕 = 1 毫巴)作为气压单位。大气压变化，尤其是气压的降低，哪怕是极其微弱的变化，都会使人感到不适、烦闷，甚至影响病情。例如，将一个生活在平原地区的青年人用飞机径直迅速送到 4 000 m 以上高山地区，就会发现，这些原本身强体壮的人，各项生理机能均会发生突变，导致机体不适，最大工作效率锐降到平原的一半。气压与人体关系最密切的是部分氧分压。如果气压降低，氧分压也就降低，使人感到缺氧，从而使大脑血管扩张，脑血容量增加及脑组织水肿，出现头痛、头晕、呼吸心跳加快、食欲不振、恶心等症状。它会使正常人感到不适，患者病情加重，危重病人极易趋于死亡。研究发现，月气压最低值与人口死亡高峰有关。当气压最低时，48 h 内共出现死亡高峰 64 次，出现率为 88.9%。

压力本身作用于机体有两种情况：压力在体内外或身体不同部位之间不形成压差，即机体均匀受压；压力在体内外或身体不同部位之间形成压差，即机体不均匀受压。机体均匀受压无显著变化，仅在不均匀受压时，才受到显著的影响。

机体不均匀受压分别发生于两种情况下：机体本身的含气腔室(如肺、中耳鼓室、副鼻窦)不能或未能及时通过相应的管孔与外界相通；装具内供气不足或中断，或排气过度等。

当外界气压变动时，含气腔室内的压力需通过相应的管孔才能与外界气压取得平衡。由于气体的可压缩性，腔室内外压力的平衡就需要一个过程。若含气腔室通向外界的管发生阻碍，这一过程就不能及时地顺利完成或不能完成。

在受压不均匀时，会引起组织充血、水肿及变形，甚至造成损伤，即发生"潜水挤压伤"。

人体对气压的变化有较强的适应能力。一般来说，人体既可以承受 15 个大气压的高压，也可以忍受 0.303 个大气压的低压，但在短时间内如果气压变化太大，人体就不能适应了。气压变化对人体健康的影响,主要表现在两方面:在高压环境中,人的机体各组织逐渐被氮饱和。一般在高压环境工作 5~6 h 后,人就被氮饱和。当人重新回到标准大气环境时,人体内过剩的氮便从各组织血液由肺泡随呼气排出,但这个过程进行慢,时间长。如果从高压环境很快回到标准气压环境,则脂肪中积蓄的氮就会部分停留在人的机体内,并膨胀成小的气泡阻滞血液、液体和组织,形成气栓而引起疾病,甚至危及人的生命。

高压还会影响人的心理变化,主要是使人产生压抑感,当人压抑时,自律神经趋于紧张,释放肾上腺素,导致血压上升、心跳加快、呼吸急促等。同时,皮质醇被分解出来,引起胃酸分泌增多、血管易发生梗塞、血糖值急升等。

在长期进化过程中,人类已经非常适应在一个大气压环境中生存。当我们到高原时,低气压环境可限制我们的活动。在高气压环境中,即使仍然呼吸空气,我们仍面临同样的问题。当环境压力逐渐升高到一定程度,人的认知功能会明显降低,而运动能力受到的影响开始往往比较轻微,当压力升高很大时,各种能力都会受到严重影响。在加压舱内呼吸空气进行的实验表明,当环境压升高到 7 ATA(60 m 水深),认知功能会显著下降,当环境压升高到 10 ATA(90 m 水深),许多能力都会丧失。这些表现存在明显的个体差异,一般经验丰富的潜水员具有更大耐受能力。现在我们知道,上述这些表现是由于高压空气中的氮麻醉的作用。

潜水上浮时,压力会降低。减压后,会产生一系列的生理反应。从高气压的环境中到常压下时,组织内和血管内发现气泡。在组织内的气泡被认为是就在该处形成的;而在血管中的气泡,可能源于循环系统的任何部位或血管外气泡从破裂口进入血液。这些气泡存积于组织或体液中形成气栓,堵塞血管(静脉或毛细血管或小动脉)或使血管破裂而引起血液循环障碍,这是潜水减压病的病理基础。

潜水减压病的危害性很大,轻者全身发痒、肢体剧痛、活动障碍,重者可致昏迷、瘫痪甚至死亡。

3.2.2　水中浸泡对机体的不利影响

在水中悬浮状态下工作,人要面临一些特殊困难。与空气相比,水的阻力比空气大,人在水中自由活动时需要消耗更多能量。为了保持净浮力为零,常需要携带一些浮力装置,使人体遇到更大的阻力。一般情况下,潜水状态下,人体为保持体位需要比在空气中多消耗 20% 的体能。在水中悬浮状态,潜水员缺少支撑点。

众所周知,人体核心体温下降可影响人的肢体运动能力(表 3.2)。在寒冷的水中潜水,潜水员要面临体温降低的危险。当潜水员直接浸泡在水中时,由于水的传导性能远远超过空气,体热散失会非常迅速。即使在 30 ℃水中长时间潜水,仍然可导致潜水员体温过低。假如潜水员发生体温过低,而且失去反应,最重要的处理是给他恢复体温。假如潜水员发生体温过低同时合并呼吸心跳停止,应在心肺复苏的同时给他恢复体温。针对体温过低的黄金法则是:体温未恢复,勿言死亡。

另外,心理因素也会影响肢体运动能力。通常在通信中断、装具不适和视力限制等情况下,心理因素可导致潜水员产生过度疲劳的臆想。夜间潜水时,发生这种情况的可能性会增大。

表 3.2　不同低体温情况下的表现

体温/℃	表现
37	自感寒冷,皮肤血管收缩,肌肉紧张,氧消耗增加
36	可自控的少量颤抖,氧消耗增加
35	精神紊乱
34	失忆,语句不清,感觉和运动能力下降
33	幻觉,错觉,意识不清,50% 的死亡率
32	心房颤动
31	不认识熟人
30	对痛无反应,肌肉强直,瞳孔反射消失
29	意识丧失
28	深反射消失,心室颤动
27	心跳停止,肌肉松软

3.2.3　水下听觉

人耳本质上是一种压力传感器,能对大气压的细微改变产生反应。在陆地大气环境下,耳的构造能很好适应环境压力缓慢的但却微小的变化,然而在潜水中遇到的快速的、较显著的变化则会带来严重的问题。水下听觉是听觉器官受到水下声波刺激所产生的感觉。声音在水中的传播是以连续的压力波的方式进行的,高强度的声音由相应的高强度的压力波传播。人在水下环境中的听力和听觉辨别能力有不同于正常听觉的特点。

1. 人在水下的听力

人在水下的听力可能出现三种情况:

(1)听力减退

在空气中人的听觉主要靠气传导,而骨传导的刺激阈要比气传导高 60 dB,所以骨传导的传音效率远比气传导低。而人在水中时,如头部完全浸没在水中,外耳道内仅残留少量空气,传音就只能主要依靠骨传导。水的声阻抗与人体组织的声阻抗相近,当声波从水中传到头颅骨、肢体和躯干等部位时,其声能在界面上因反射而衰减的能量很少,这对传音是有利的。所以,本来水面上听不到的声音,当身体浸入水中时即可听到,浸入部分越多,听到的声音也越响。但是传音由气体传导改变为骨传导后,由于听觉阈提高了很多,使传音的有利因素补偿不了听觉阈的提高,所以最后传到内耳,听力仍是减退的。

(2)听力不变

头部直接浸入水中,在水下听高频声音时,由于人耳器官结构在空气中对频率较高的声音没有多少放大作用,故听高音时听阈本来就很高;在水中,这样的强度再加上水中传音时声能衰退很少,能抵消由气传导改变为骨传导的不利因素,故听力基本不变。

(3)听力增强

潜水员戴头盔在没有水草、浅滩等条件的深水中听远距离声音时,由于在深水中传播较远距离的声能衰退很少,即使加上头盔反射时的衰减量,还小于声音在空气中传播时的衰减量,因而出现水中听力的增强。

2. 潜水中的眩晕及耳损伤

（1）暂时性眩晕

暂时性眩晕引发因素很多，如减压病、缺氧症、CO_2过多、N麻醉、晕船、换气过度、呼吸气体不纯、中耳调压困难等，各有其不同病理机制。

（2）永久性耳损伤

潜水时，听力减弱。在水下，听觉的传音是通过骨传导。当耳浸没在水中，听觉不如在空气中好，可能是高气压等起作用的几种因素改变耳的感受性、共鸣作用和阻抗。在下潜的过程中，外界气压不断升高，正常的咽鼓管可由于吞咽、张口移动下颌、捏鼻鼓气等动作而打开，使中耳鼓室内气压与外界相平衡。压力增大可能会导致耳痛或鼻窦痛。如果由于各种原因，鼓室内气压不能与外界压力达到平衡，即可发生中耳气压伤。当鼓室内外压差达60 kPa时，可出现耳痛，压差继续增大时，症状加重，并可能造成鼓膜破裂。

中耳的压差可以影响内耳，内耳是负责听力平衡的器官，这种压力差有时造成潜水员从水下开始上升时感到眩晕。很少在中耳和内耳之间发生破裂，流入液体。鼓膜破裂需要立即修补，防止造成永久性损伤。

佩戴耳塞，在耳塞与鼓膜之间形成密闭空间，导致压力差。因此，潜水时禁止用耳塞。在潜水各不同阶段均可发生：

①在下潜（加压）中，最初中耳调压困难，而当咽骨关口突然开启时，镫骨猛烈向外拉牵运动，足以损伤内耳。

②在上升（减压）中最易发生前庭性减压病。

③在使用两种以上惰性气体的潜水中发生等压气体逆向扩散综合征，常有前庭器官损伤。

3.2.4　水下视觉

水是光的不良导体，光线由空气向水中传播，在空气与水的交界面上发生光的反射与折射，经过折射进入水中的光，在传播过程中又因为水中的泥沙、微粒等造成光的散射或被吸收，消耗大量光能而逐渐减弱。所以与在常压、空气条件下的正常视觉相比，水下视觉的特点是：能见度低，视力差，视野小，空间视觉和色觉都有改变。

在水下环境中，由于传播光的介质由空气转为水，视觉过程发生某些变化。人的视觉包括两个系统：明视系统，感觉日光的照明；暗视系统，感觉晚间的照明。在水下，条件良好时可能有适当的照明，供明视系统活动，但随着深度的增加或水的混浊，照明度低于明视觉所需水平，潜水员就需用暗视系统。

视网膜对高压氧有敏感性。在潜入深海时，潜水员会受到压力的影响。高分压氧引起视网膜的血管收缩，产生视觉模糊和盲区。

光的折射对视觉的影响如下：

（1）视敏度

视敏度是指清晰分辨细微物体的能力，越能看清细小物体标志着视敏度越高。在清晰的水中、近距离视物条件下，由于光的折射，物体在视网膜上的成像要比同一物体在空气中所见而产生的像要大，约为4/3，同样大小的目标在水中看起来视敏度要比空气中的好些。然而这种有利反应通常都被水吸收和散射光能的作用所抵消;由于光能减少、照度降低,视敏度最终必然减弱。

此外,由于水－气界面上的折射有类似凹透镜的作用,在近视个体上可起到一定的矫正作用,使其视觉比在空气中不加矫正时好。

(2)距离信息失真

由于在水下戴了潜水头盔、面罩,使物体的距离看起来为原物理距离的3/4。失真是由于来自水下物体的光线在装具水－空气界面上的入射角大小不同,因而折射程度不同造成的。这一失真妨碍了手－眼动作的协调,也是新潜水员想在水下抓取物体时常感到困难的原因。但在更远的距离,这一现象有可能相反,使远处的物体显得比实际距离还远,这是因为亮度和对比度降低以及缺乏正常视距关系的缘故。

3.2.5　水下色觉

在空气中,需有足够照明的条件才能完全分辨各种颜色;如低于所需的照明水平,人就变成完全色盲。

在水下,照明的量通常都比较低。阴天,海上的照明亮度约为61 m－L[meter－Lambert,米－朗伯;1L = 1 lm/cm21 lm(流明,光通量单位) = 0.001 46 W/550 nm];在清澈的海水中,200 m深处,将减至0.003 m－L,因没有足供色觉所需的照明亮度而失去色觉。

高气压和高分压气体对视觉的影响:

只要氧和氮的分压超过一定的限度,就可见到明显的视觉影响。

a.高氧分压可引起视网膜血管收缩。在1 ATA O_2－24 h条件下,视敏度、视野、视网膜点图、立体视觉等方面都无法改变;但增加3 ATA O_2－3 h时即可出现视觉损伤。

b.氮分压增高(空气潜水至62 m,氮分压5.76 ATA)时,视觉诱发电位反应降低。

3.2.6　血液系统功能的变化

1.细胞水平

(1)红细胞血红蛋白减少

多数学者认为,机体处于高压－高分压氧下,血液中氧含量增多,对运载氧的红细胞需要量减少,部分被储存于脾脏中;储藏的红细胞脆性增加易于破坏,导致血液中胆红素、尿胆素原明显增多,就是红细胞破坏亢进的证据。近年来,有人认为,主要是由于红细胞膜基质中的不饱和类脂质过氧化引起红细胞减少,另外机体处于高分压下长期停留,可使骨髓的造血功能受抑制,红细胞及血红蛋白合成减少。人体实验证实,在高分压氧下经过一昼夜,血液中的促红细胞生成素与红细胞计数成平行性下降。表面肾脏产生的促红细胞生成素减少,可能也是由于高气压下红细胞的减少。

(2)白细胞增多

在高压下,白细胞总数一般是增多的,可增加20%~40%;在白细胞分类中主要是中性粒细胞的比例增加,而淋巴细胞减少。有关变化机理研究不多,有人认为是骨髓等网状内皮系统造血功能亢进的结果。

此外,氧分压大于3.5 ATA时,中性粒细胞的过氧化酶活性下降,吞噬活性下降。

(3)血小板减少

人在 Bounce 潜水(一种短时间潜水的方法,高压暴露时间一般为 30 min ~ 1 h,深度常超出空气潜水的极限,需要减压)或饱和潜水后均一再被观察到循环血小板的减少,通常在潜水 24 ~ 48 h 内即可看到,第 3 天降至最低值,然后逐渐回升。Philp(1974)报道,血小板量平均减少 30% 左右,个别的超过 50%。重复暴露高压可使血小板进一步减少,恢复时间也推迟。另有资料报道,潜水后 48 ~ 72 h 血液中巨血小板明显增加,就是新血小板释放的标准。

(4)红细胞沉降率增快

在氮氧及氢氧饱和潜水减压过程中,红细胞沉降率明显增快,完成减压后仍需 3 周时间方可恢复到潜水前的测定值,原因不详。

2. 心血管系统功能的变化

(1)心率减慢

潜水员在高压暴露期间,不论是处在休息还是作业状态,通常最明显的变化就是心率减慢。在 7 ATA 以浅,压力越高,减慢越显著。卧位减少 6 ~ 12 次/min,立位减少 7 ~ 16 次/min,活动时间减少 7 ~ 18 次/min,在离开高压环境后可恢复至原来水平。在大多数氮氧及氢氧饱和潜水期间平均心率约可下降 15%。

究其原因,主要是与氧分压增高有关,降低了对血管化学感受器的刺激,兴奋性降低可引起心血管系统的适应性反应。如增至 7 ATA,压缩空气中的氮分压升达 5.35 ATA,由于氮麻醉作用使心血管中枢的抑制解除,心率又会有所增加,这是氧分压与高氮分压同时存在,相互拮抗综合作用的结果。再超过 7 ATA,须改用氢氧混合气,就不存在氮麻醉的影响。

有人曾对 532 名潜水员在下潜 60 m 水深的条件下进行了 1 982 人次的检查,发现脉搏频率明显减慢:74.9% 人次的收缩压平均下降 12 mmHg,66% 人次的舒张压平均上升 10 mmHg。由于收缩压下降,舒张压上升,因而脉压缩小。大多数潜水员的脉率和血压方面的这些变化,于出水后 1 ~ 2 h 可恢复至原有水平。

(2)血压的变化

大多数情况下收缩压下降或不变,新潜水员初次加压或潜水,由于精神紧张,血压常升高。

(3)心输出量的变化

每搏输出量与正常人相似,在一次 36.5 m 氢氧饱和潜水 26 昼夜的模拟实验中,氧分压 0.31 ATA,心搏量略见增加,但由于心率减慢,所以每分钟输出量减少。

从饱和潜水的总体来说,高静水压并不明显改变心血管系统功能;因心血管功能而构成潜水极限的深度可能超过 1 500 m。

3.2.7　呼吸系统功能的变化

1. 呼吸频率减慢

在高气压下,呼吸频率低。研究发现,1 ~ 4 个附加压下,随着压力升高,呼吸逐渐减慢;在 6 ~ 8 个附加压下处于安静状态时,呼吸频率可以减少到每分钟 10 ~ 12 次。

多数学者认为,呼吸的变慢,是源于呼吸道、肺脏和血管化学感受器的抑制性反射作用的结果。众所周知,在常压下血液中一定的氧含量经常维持着上述化学感受器的紧张性活动,当吸入气体中氧分压增高时,这类刺激会减少或缺乏,化学感受器发放的冲动也就减少或消失,因此,呼吸中枢得不到适当的刺激而呈一定程度的抑制状态,以致表现为呼吸变慢。

空气潜水时随着压力升高,呼吸逐渐减慢,两者间几乎呈线性关系。1 ~ 5 ATA 范围一般减少 5 次/min,6 ~ 8 ATA 静息状态可减少 10 ~ 12 次/min。增加吸入器中的氧分压,频率减少更明显,在氧氮和氦氧饱和潜水中常见到。

其原因是:

①被氧饱和的血液在流经呼吸中枢时,可直接引起中枢的抑制。

②起源于呼吸道、肺脏和血管的化学感受器反射性地抑制呼吸中枢的作用。

③高压气体相对密度增大,尤其在劳动时,因用力呼吸,使呼吸道中气体的湍流增大,导致呼吸阻力增加。

2. 呼吸运动幅度和阻力增大

高压下,呼吸加深,呼吸阻力加大,主要是由于气体密度的相应增加。在同一压强下,密度增加的程度又取决于气体的分子量,分子量小的气体,呼吸阻力增加也较小。

至于高压下呼气阻力大于吸气阻力的原因,很可能是由于肺脏的弹性回缩力和其他力量不能克服高密度气体的阻力,以致呼气动作须由常压下的被动式转为主动式;用来呼气和吸气都是为了要克服气体密度增大的阻力。

3. 肺容量的变化

高压下呼吸运动幅度增大,呼吸加深。模拟 304 m 潜水时,潮气量增加 20% ,457 m 时可增达 50% 。高压下肺活量增大,肺活量增大和潮气量的增加也有直接关系。

4. 肺通气功能的变化

由于静水压的存在,人在水下必须呼吸与所在深度处压力相等的压缩空气。如仍呼吸正常大气或压力不够高的压缩空气,肺内压将低于外界气压,胸廓被挤压,就会发生呼吸困难。

(1)潮气量加大

这是由于在高气压下呼吸运动幅度加大所致。

(2)补吸气量和肺活量增大

这是因为在高气压下,腹腔内胃肠道中的气体受压缩,膈肌下降,于是胸腔上下径扩大,因而肺容积增加。

①每分钟肺通气量。在高气压下,潮气量增加,若呼吸频率减少不明显,则每分钟通气量增加;若呼吸频率减低较明显,则每分钟通气量降低。

由于高压下呼吸阻力增大,所以最大通气量(MVV)降低,在 4 ATA 下可降到接近常压下正常值的一半,然而大于 4 ATA,下降的幅度就减少。在减压时,这种变化可恢复到原先的水平。

在高压下,当工作负荷一定时,最大通气量的减少和所呼吸混合气体的成分有关,气体密度小者,减少不显著。如在 7 ATA 下呼吸 97% 氢 - 3% 氧混合气时最大通气量比在同样压力下呼吸 97% 氦 - 3% 氧时大 32% 。

在高压下,反映呼吸阻力增大的其他各种指标,如最大吸气和呼气流速、时间肺活量等,也显示相应的意义的减少;与相关的同期储量也减少。

②肺泡通气量。在常压静息状态,人肺泡内气体成分的浓度大致维持在一恒定范围,这是肺泡进行气体交换的必要条件。在不同压力下,肺泡气中 CO_2 含量百分比随气压升高而相应地减少,其分压则始终维持在相对恒定水平,即 40 mmHg 左右(5.33 kPa)。

高压下由于气体密度增加,可引起肺泡通气不足并导致肺泡中 CO_2 分压和动脉血 CO_2 张力升高,所以即使工作负荷相同, CO_2 产生量已达,只要潜水深度增加,肺泡通气量降低即会出现肺泡气 CO_2 分压升高;因此在潜水中吸入气的 CO_2 必须尽可能地低。

③肺泡气体交换。常压下,肺泡气体交换的效率高低取决于肺泡的每分钟通气量(VA)与肺泡周围毛细血管每分钟的血流量(Q)直接相互协调,即取决于 VA/Q 的比率。在高压下,气体密度增加呼吸阻力增大,特别是在水下作业时,肺泡通气量不足,可引起 VA/Q 比率失调,干扰肺泡内气体交换。另外气体密度增加,可使气体分子扩散速度减慢和降低气道中径向扩散的作用,使肺泡内气体交换可能受到损害,导致肺泡气与动脉血之间氧的压差增加和 CO_2 的驻留。

5. 呼吸功的增加

在高气压下,由于气体密度增加、气道密度增加,气道阻力增大,也就增加了克服气道阻力所做的附加功,此外,潜水员潜入水中还涉及有关胸廓 - 肺脏系统弹性的静水压差问题,当机体肺活量增加时,为了克服此系统的弹性阻力也必须做额外的功。因此,在潜水中,尤其是在大深度进行重体力劳动时,呼吸功明显增加,而过度的呼吸功又可成为肺通气不足的原因之一。

3.2.8　消化系统功能的变化

1. 胃肠道运动功能

人在高压下常会出现便意,可能是肠道中气体受到压缩而引起肠蠕动增加的结果。在高压下吞咽食物时会带空气进入到胃肠道,高压下停留期间食物在肠中发酵产生气体,当转入减压时,环境压力下降,肠腔内气体膨胀,胃肠体积增大,横隔上升,会出现腹痛、恶心、呼吸困难。所以潜水前不宜饱餐,不吃含大量纤维素和易产气的食物。上述胃肠运动紊乱要在离开高压环境后一段时间才会解除。

2. 消化腺分泌功能

潜水员在高压下常有口渴感,这是唾液腺分泌受抑制的结果。高压下肠激酶活性增强,胃酸度增高。肝脏分泌的胆汁量减少,回到常压后分泌有所增加,但胆汁变稀、浓度降低。对消化腺分泌的影响与暴露的压力成正比,压力越高,影响越明显,后作用时间也越长。

3. 吸收功能

在高压下、减压下、减压后,葡萄糖在小肠中吸收均见减少。压力越大,吸收能力降低越明显,恢复也比较慢。

总的来说,饱和潜水员在高压下一周后食欲减退、摄入量减少;减压一开始食欲即可有所改善。胃肠道症状是由于神经功能障碍而继发引起的,不会构成深潜作业的限制因素。

3.2.9　神经系统功能的变化

高气压对神经系统的影响,19 世纪末就有人注意到,直到 20 世纪五六十年代,研究者的注意力都集中在高分压氧,用以稀释呼吸气中的惰性气体,如氮和氦等,以及 CO_2 等对神经系统机能的影响。当观察到深潜水时(呼吸氦氧混合气)发生的高气压中枢神经系统的一些特殊效应时,不能只简单地归因于氦的作用或氦对氧的影响。例如,称高气压下的颤抖为氦气性颤抖,或认为“氧的惊厥效应被氦促进”。近年来逐渐清楚,高气压,特别是比较迅速地增加的高气压,对神经系统确实有独立于气体分压之外的作用。高气压引起神经系统一系列的变化,被命名为高压神经综合征。

动物(哺乳类)实验证明,高压神经综合征开始时是一些孤立的、非随意的肌肉阵挛,常见于上肢和面部。进一步会发生全身阵挛或紧张 - 阵挛性惊厥。如果压力维持下去,颤抖持续,并且阵挛发作间隔缩短,若压力进一步增高,会产生长时间的紧张性发作。若用药物制止住惊厥,将看到收缩组织(各种肌肉)失去活力,最后动物死亡,其特征为心脏和呼吸的衰竭。

以上的运动变化并不是高压神经综合征的仅有表现。

从事潜水工作人员脑动脉经常在高气压环境下出现反射性收缩,长期如此,脑血流动力学可发生相应变化,其中以 v_s(收缩期峰值血流速度)和 v_m、RI 增高为明显,表明血管紧张性增加,脑血流减少。而潜水人员脑血流动力学改变的机制目前尚不完全清楚,高气压对血管外周阻力及血流量的影响极为复杂,因为此间参与了多种因素,特别是 CO_2 的复杂影响,其次还有神经因素、局部化学成分的作用。

潜水员会有不适应、抑郁、敏感、紧张等神经心理变化。当人们在水下遇到任何一种可怕的东西时,会非常恐惧,他的第一个本能反应就是迅速返回水面,回到人们所习惯的、直接呼吸空气的生活环境中。这种恐惧反应会引起死亡,即使很有经验的潜水员也抵御不了。但他同不适应潜水的人所不同的就是能克制自己,即能及时地使无意识的反应重新得到控制。

1. 呼吸氮氧混合气时

在深度不大的氮氧饱和潜水中,对工作效率进行测定,发现:

①算数加法运算速度可下降 19.9%,加法错误率增加 5.9% ~21.1%。

②滚珠投递实验的速度有所减慢,失误率也有所增加。

③划两位数表实验、短期记忆实验、简单视觉运动反应测定、闪光融合频率测定等均表示工作效率有所下降,但统计学处理均不够显著。大多数资料均提示,在高压长期暴露的潜水员的工作能力、工作效率要较常压下差。

2. 呼吸氦氧混合气时

在深度较大的氦氧饱和潜水中,观察到高压可直接对神经系统有损害作用,引起高压神经综合征,可累及多个部位和层次,发生机理比较复杂,迄今仍不详,是构成大深度潜水作业的主要生理限制。

(1)震颤

高压直接作用使神经元过度兴奋,首先见于肢体的末端,表面高压不仅对中枢神经系统而且对周边神经系统及肌肉系统均有影响。震颤是神经 – 肌肉系统功能紊乱的早期警戒信号。出现中等程度以下的震颤通常不会危及潜水员水下的作业,但严重震颤可使潜水员难以进行有效的作业。

(2)辨距障碍

一般当快速加压到 300 m 深度时,可出现小脑、前庭及植物神经功能障碍的症状。皮肤上分辨距离能力的减退和共济失调是小脑功能障碍的表现;眩晕、呕吐、出汗、头痛、平衡失调、腹痛、腹泻是前庭和植物神经功能障碍的症状。

(3)肌纤维颤动及肌肉痉挛

在震颤比较明显的基础上,主要在上肢可发展为肌纤维症状,进而可形成肌肉痉挛。当压力较高时还可从上臂向上延伸,有时可影响到颈及面部肌肉。在快速加压至 200 ~ 300 m 时即可出现,在缓慢加压时,在 500 m 以浅也可见到。

(4)嗜眠

在高压下休息状态时常发生,睡眠时多梦并有噩梦,也易被外界刺激所惊醒。在某一深度延长暴露时常可持续出现,快速和持续加压时表现明显。

3.2.10　泌尿系统功能变化

1.尿量

在很多饱和潜水实验中均发现高压气引起潜水员高压性利尿、尿量明显增加;有些还观察到夜尿量也增多。究其原因,各家报道不一,主要有:

①由加压、水中浸泡、精神紧张等综合因素作用引起的全身应激反应。

②在氦氧环境中末梢血管收缩,引起循环血量的向心性再分配,使胸部循环血量增加,刺激心房及胸腔大静脉的容量感受器,通过迷走神经反射性抑制下丘脑 – 垂体后叶抗利尿激素的分泌;以及通过心房分泌心钠素而产生利尿效应。此外,也有寒冷性多尿及渗透压变化等见解。

2.尿中电解质排出

观察结果不尽相同:

①在 10 ATA 空气潜水中,见尿中 Ca,Na 排出量明显减少,减压时可恢复到正常水平;但在氦氧条件下无此变化。

②在饱和潜水中,尿 K,Na,Ca 排出量均见增高,可能是全身应激反应及脱水的中和作用结果。即使机体在高压下适应后,这种变化可减轻,并恢复水、电解质的平衡,但仍会有少量水分继续丢失。

3.2.11　内分泌功能的变化

在饱和潜水,特别是大深度氦氧饱和潜水过程中,血浆皮质醇、液尿 17 – 羟皮质类固醇、17 - 酮类固醇的浓度水平增高，与加压前对照值相比，差异十分显著，表面应激反应明显。在饱和暴露初期，血清谷草转氨酶（SGOT）、谷丙转氨酶（SGPT）、乳酸脱氢酶（LDH）、儿茶酚胺等常见升高，但在若干天后或在短期内又可降回到对照值水平；减压后也可见到很快下降，被认为也与应激反应有关。

3.2.12　免疫系统功能的变化

一定压力的高压氧对动物的淋巴细胞增殖具有抑制作用。潜水后会出现淋巴细胞增殖力的降低，这可能与呼吸气中的高分压氧有关。而且 B 细胞也对高压氧有敏感性。高压氧可引起单核细胞数短暂升高。在反复空气潜水过程中，发现单核细胞数逐渐升高后降至正常。同时，降低巨噬细胞功能，抑制巨噬细胞介导的皮肤接触敏感性。

在暴露于高压氧后，外周血的 IL - 2 减少，可溶性 IL - 2 受体下降，巨噬细胞分泌的 IL - 1 和 TNF 减少，影响了 B 细胞的增殖和成熟，使免疫球蛋白分泌减少，血清 IgG 减少。

高气压，主要是高分压氧，对机体免疫功能大多是抑制性作用，而且是可逆的。

从整体、细胞以及分子水平进行广泛的研究探讨，已有很多结果表明，高分压氧在一定压力、作用时间、间隙时间下，对机体细胞免疫、体液免疫均有一定程度的抑制作用；高分压氧也非特异性地引起各种免疫细胞（包括中性粒细胞、巨噬细胞、T 细胞、B 细胞）的损伤。

3.2.13　水下方位感下降

人们判断方位的信息来源有三种，包括远感觉、外感觉和本体感觉。远感觉是对距离的感觉，信息来自视觉、嗅觉和听觉；外感觉是对与身体紧密接触的周围环境的感受，信息来自皮肤上的感受器，可感受压力、疼痛、温冷的刺激；本体感觉是对躯体位置的判断，信息来自肌肉、肌腱、关节和迷路系统。

眩晕因机体空间定向和平衡功能失调所产生的自我感觉，是一种运动性错觉。潜水减压可引起眩晕，被称为减压性眩晕。当加减压时咽鼓管不通，导致鼓膜破裂，冷水进入中耳也可引起眩晕。单纯高压空气暴露，由于发生氮麻醉也可引起眩晕，如在 60 m 空气潜水时。其他可引起眩晕的情况包括减压病、氧中毒、二氧化碳中毒、低血糖、持续性晕船、酒精中毒、药物、过度换气、呼吸气体污染和心理暗示等。潜水时发生眩晕的既有新潜水员，也有经验丰富的潜水员。发生眩晕本身并不可怕，但危险的是眩晕容易诱发其他更严重的后果。迷失方位使潜水员无法维持规定深度，甚至因惊恐导致放漂，容易发生脑动脉气栓或减压病。严重眩晕容易发生呕吐，进入咬嘴的呕吐物可造成呼吸器或呼吸道堵塞。

潜水时判断方位最有效的信息主要来自视觉。由于受到面罩等因素的影响，即使在清澈的水下，方位的判断也很受限制。在黑暗或混浊的水中潜水，如果没有定向器材的协助，水下方位的判断将非常困难。大多数潜水员，即使有深度表和罗盘，也要用引导绳才能实现水下定向活动。人在水中前庭器官虽然能保留对重力的感受，基本上同空气中一样。着轻装潜水服潜水时，肌肉、关节的本体感受器在对体位的保持上起不到同样的调节效果。人在水中对输入神经系统自己体位的本体感觉信号经常失真，所以对环境的定向力有明显的减退。

潜水员反映，在水中只有通过视觉了解周围环境中亮度的程度，才能判断出自己是否已接近水面。通过由潜水装具排出而向上升起的气泡流,才能给自己指示出垂直的方向。所以常出现:本来要求潜水员沿某一水平方向巡回潜水,但他会不知不觉地游到水底,或向上超越了允许上升的安全极限深度,发生了危险。潜水员在水中主要是靠骨传导接受音响刺激,所以在辨别音源方向上十分困难,也影响了在水中的定向能力。

3.3　潜水环境下的营养与修复

潜水环境的特点是高压、寒冷、黑暗。高压、寒冷容易导致人血压上升、心跳加快、呼吸急促,黑暗对人的视力有较大损伤,合理补充营养素可帮助人体维持血压、心率及呼吸的正常,也能有效改善暗适应能力,提高夜间视力,缓解视疲劳。营养素摄入不足导致暗适应能力下降的问题,近年来更是逐渐引起研究者的广泛注意。

3.3.1　潜水环境下的营养与修复的研究现状

潜水员在潜水时,能量消耗量增加,同时摄入能量减少,能量平衡常呈负平衡,在大多数饱和潜水作业中,潜水员体重都有不同程度下降,蛋白质代谢变化也非常明显。表现为血液中血清蛋白、血球蛋白含量增加,血清总蛋白有下降趋势,尿素氮排出量明显增加。潜水环境下,潜水员血液中胆固醇含量显示明显增加,血清游离脂肪酸减少。高压环境对维生素代谢影响报道结果不一致,多数认为维生素 B、维生素 C 含量下降。潜水环境下,潜水员体内矿物质代谢受到影响,而钾代谢受影响较明显,尿钾排出量增加,因此钾代谢呈负平衡。

因此潜水环境下,首先要补充能量,通常情况下,每天可供给能量 13.39 ~ 15.06 MJ。生热营养素占总能量来源比例,不同专家的意见不太一致,有人提出以蛋白质占总能量为 18%,脂肪为 10%,碳水化合物为 72%。潜水作业是一项精神高度集中的工作,对像蛋白质和维生素 C 之类的抗应激的物质及时补充也很有必要。

合理膳食是保障机体正常生长发育的必备条件。食物中的营养物质在机体内消化吸收后,被用来增生新组织,修补旧组织,产生热量和维持生命的一切生理活动。眼睛是人体中结构复杂、异常精密的重要器官,营养物质对眼睛的正常发育同样起着至关重要的作用。为避免视力衰退,就得多吃鱼、粮食、柑橘类水果果实。要注意不得吃那些加重近视的食物,特别是各种糖果、甜食、肉和全脂奶酪。远视眼人应该多吃大蒜、洋葱、乳制品、水果、动物肝脏、鲫鱼和精米。还应当适当食用肉或肉油烧的菜。要避免喝酒、抽烟、吃动物脂肪和糖。此外,要少吃油腻,不要喝茶、咖啡、酒,必须完成戒烟。眼睛干燥,吃各种水果特别是柑橘类水果、柠檬、葡萄、绿色蔬菜、粮食、鱼和鸡蛋。

牛磺酸是视网膜中含量最丰富的游离氨基酸,在体内可由半胱氨酸代谢而来。研究已证实,牛磺酸是光感受器发育必需的营养因子,在视网膜生长发育及维持正常视功能方面发挥了极其重要的作用。近年研究表明,牛磺酸也是一种抗氧化物质,在糖尿病视网膜疾病以及白内障中起到一定的保护作用。缺乏牛磺酸会引起 ERG 缺陷,长期缺乏甚至会引起视网膜结构紊乱、光感受器退化。

由于水与矿物盐在潜水环境下尿量排出增加,要注意供给水,每天约 2 000 mL。潜水员营养需要量虽较高,但要注意使潜水员身体脂肪及血脂控制在正常范围内,否则在减压时易发生减压病。在潜水前 2 ~ 3 h 进食,吃一些含碳水化合物丰富、脂肪和蛋白质低的食物是安全的选择。

其次,由于在高压环境中,体内消耗维生素较多,因此要供给充足的维生素。在深水作业时,视觉的暗适应能力极为重要。应该提高维生素 A(VA)和维生素 B2(VB2)的供给量,以保证眼睛在相对黑暗情况下的适应性。特别是 B 族维生素,供给量可为成年人供给量的 150% ~200% 。

维生素 A 是人体必需的营养素,它对维持正常的视觉有着重要的作用。当 VA 缺乏或不足时,可引起暗适应能力,降低夜盲症、角膜角化以及视力障碍。锌是 VA 代谢的重要金属离子,参与维持眼组织的正常形态及视觉功能锌缺乏时,可引起视网膜杆体和锥体功能异常。VA 在体内以 11 - 顺视黄醛的活性形式与视蛋白结合,形成视杆细胞的感光色素,视紫红质,感受弱光。光照可使 11 - 顺视黄醛异构,并与视蛋白分离,导致视物不清。若体内 VA 充足,则视紫红质的再生快而完全,暗适应时间正常;反之,VA 不足,则视紫红质再生缓慢而不完全,造成暗适应时间延长,以致发生夜盲症、角膜角化及视力障碍等。

维生素 B1 组成硫胺素焦磷酸酯,在体内参与 A - 酮酸的氧化脱羧反应和磷酸戊糖途径的转酮醇酶反应,在机体代谢中起重要作用。VB1 是维持并参与神经细胞功能和代谢的重要物质,如果缺乏或不足,易使眼睛干涩,甚至发生视神经炎症。黑豆能够滋补肝肾,而肝肾的健康对改善视力有很大的帮助。黑豆中含有丰富的抗氧化成分——花色素和对眼睛有益的维生素 A。这两种重要的营养素不仅能缓解眼睛疲劳,而且帮助防止视力下降。其中陈醋能促进黑豆中的营养元素溶出,有助于高效摄取营养成分。

维生素 B2 即核黄素,在体内主要以黄素腺嘌呤二核苷酸、黄素单核苷酸的形式存在,在体内催化广泛的氧化还原反应,具有抗氧化活性的作用。VB2 缺乏时,常伴有脂质过氧化作用增强。前苏联有研究发现,补充 VB2 在暗光下能改善对光敏感度和减轻视觉疲劳。

维生素 C 是强抗氧化剂,可清除氧自由基,减少脂质过氧化物的堆积,在保护 DNA、蛋白质和膜结构免遭损伤方面起着重要作用。VC 可能通过减少光感受器脂质过氧化物的堆积,提高光感受器质膜通透性,从而保护机体暗适应功能。研究表明,血清视黄醇水平正常情况下,VC 缺乏可导致暗适应水平降低。长期摄入 VC,可有效缓解年龄相关性黄斑疾病和视觉损伤。最后,潜水环境下,潜水员体内矿物质代谢受到影响,因此补充潜水员体内的矿物质,对于改善潜水环境下视网膜、血压、血糖等内环境的变化至关重要。

锌是 VA 代谢的重要金属离子,参与维持眼组织的正常形态及视觉功能锌缺乏时,可引起视网膜杆体和锥体功能异常。眼中又以视网膜脉络膜含锌量最高。锌参与一系列金属酶的活性,对房水形成有重要作用的碳酸酐酶就是一种含锌酶。视力下降组血清锌和钙显著低于对照组,提示体内钙、锌水平与视力有一定关系。大量研究认为,锌可与视循环中多种重要蛋白质结合,并保护视网膜色素上皮正常形态和功能,在视网膜信号转导调节中也具有重要作用,缺乏时可引起视网膜结构和功能异常。

在人体多种组织细胞中,眼睛的含硒量最多。硒是维持视力的重要微量元素。

作为谷胱甘肽过氧化物酶的构成组分，硒具有抗氧化和保护生物膜的作用，它还与视神经兴奋机制有关。硒缺乏与小儿弱视及青少年近视密切相关。牛磺酸是视网膜上含量最丰富的游离氨基酸，在体内可由半胱氨酸代谢而来。研究已证实，牛磺酸是光感受器发育必需的营养因子，在视网膜生长发育及维持正常视觉功能方面发挥了极其重要的作用。

铬是维持糖代谢必需的，在人体内多与球蛋白结合，缺铬可导致胰岛素调节糖的功能障碍，血浆渗透压升高，促使眼晶状体和房水渗透压升高，屈光度增加而引起视力低下。铜在人眼虹膜和睫状体中含量最多，机体铜过多或不足可能影响含铜酶的生物学作用而发生病理性改变。体内 TE 含量与儿童视力有一定的关系，特别是锌、铁和铬。平衡膳食，防止体内微量元素的缺乏和失衡，培养良好的生活和用眼习惯。

3.3.2　药食同源食物与功能性成分

1.调节肺功能、改善呼吸系统类药食同源食物

五味子

【来源】五味子是多年生落叶藤本，属木兰科植物五味子，习称北五味子。

【传统功效】收敛固涩，益气生津，补肾宁心。

【治疗与保健作用】五味子煎剂静脉注射，对正常兔、麻醉兔和犬都有明显的呼吸兴奋作用，使呼吸加深、加快，并且能对抗吗啡的呼吸抑制作用；切除迷走神经和颈动脉窦区神经后，呼吸兴奋作用仍然存在，由此认为其呼吸兴奋作用系对呼吸中枢直接兴奋的结果。五味子对香烟熏吸造成小鼠慢性支气管炎无明显防治作用，但可降低动物病死率，使支气管上皮细胞内 RNA 增多，对支气管上皮细胞功能有一定的增强作用。五味子的乙醇提取物可明显减少由氨水刺激而引起小白鼠咳嗽次数，小鼠酚红实验有祛痰作用。

【功能性成分】含活性成分木脂素类，主要为五味子素（Schizandrin）及其类似物 α、β、γ、δ、ε－五味子素，去氧五味子素（五味子甲素，Deoxyschizandrin），新五味子素（Neoschizandrin），五味子醇（Schizandrol），戈米辛（Gomisin）A、B、C、D、E、F、G、H、J、K1、K2、K3、L4、L2、ml、M2、N、O、R，当归酰戈米辛 H、O、P、Q，顺芷酰戈米辛 H、P，苯甲酰戈米辛 H，苯甲酰异戈米辛 O，前戈米辛，表戈米辛 O 等。果实完全成熟后，种皮中木质素含量最高。

【保健食谱】

五味子丹参瘦肉汤

用料：猪瘦肉 100 克，五味子 30 克，丹参 15 克，油盐适量。

做法：将猪瘦肉洗净后切块备用；五味子、丹参分别洗净与猪瘦肉一起放进砂锅内，加清水适量，用大火煮沸后改用文火煮 1 小时，调味后即可饮用。

五味子人参猪脑汤

用料：猪脑 1 副，人参 5 克，麦冬 20 克，五味子 5 克，枸杞子 20 克，生姜适量。

做法：将猪脑、人参、麦冬、五味子、枸杞子和生姜分别洗净，一起放进炖盅内，加适量的开水，炖盅加盖后用文火隔水炖 2 小时，调味后即可饮用。

当归

【来源】伞形科植物当归的根。

【传统功效】补血活血,调经止痛,润肠通便。

【治疗与保健作用】动物实验发现藁本内酯对豚鼠离体支气管有松弛作用;对致痉剂乙酰胆碱、组胺以及氯化钡所致的支气管平滑肌痉挛收缩有明显的解痉作用。给豚鼠 0.14 mL/kg 的藁本内酯,其平喘作用与给 50 mg/kg 氨茶碱相仿。此外研究表明当归还有防治呼吸窘迫综合征(RDS)的作用。

改善肺功能作用:研究报道大鼠经注射当归提取液后吸入 10% 低氧,肺动脉压上升的幅度明显低于用当归前($p < 0.05$);肺血管阻力也较之前降低($p < 0.05$),证实了当归对肺动脉高压模型大鼠及肺动脉的扩张作用。梅其炳等报道临床上例肺气肿和早期肺心病患者经口服当归浸膏治疗后,第 1 秒时间肺活量由治疗前的 43.3% 增加到 55.8% ($p < 0.05$),最大通气量由 53.5 L 提高到 61.8 L($p < 0.05$)。当归用于重症肺心病的治疗可降低病死率,促进缺氧的恢复。

【功能性成分】同前。

【保健食谱】

当归羊肉汤

材料:羊肉片 200 克,当归 5 克,清水 1 000 mL,醪糟 4 汤匙(60 mL),姜 1 块,酱油 1 汤匙(15 mL),盐 1 茶匙(5 克),冰糖 5 克。

做法:

(1)姜去皮切丝备用。锅中倒入清水大火烧开,将当归用水冲洗一下,放入锅中,用中火煮 20 分钟。

(2)将羊肉片倒入锅中,水开后撇去浮沫。放入醪糟、姜丝,调入酱油、盐和冰糖即可。

海参当归汤

材料:干刺海参 100 克,当归 30 克,黄花 100 克,荷兰豆 100 克,百合 20 克,姜丝 10 克。

做法:

(1)泡发海参:先用热水将海参泡 24 小时,从腹下开口取出内脏;换上新水,上火煮 50 分钟左右,用原汤泡起来,24 小时后就可以做汤使用了;烧热水,放入海参,1 分钟后捞起备用,这样可以有效去掉海参的腥味。

(2)重新起锅,烧热油,爆响姜丝,下入泡好的黄花、荷兰豆,加入足量的清水和当归煮沸。

(3)最后加入百合、海参,一起大火煮 5 分钟。

(4)加入盐、胡椒调味,鲜美的海参当归汤就做好了。

贝母

【来源】川贝母是百合科多年生草本植物乌花贝母、卷叶贝母、罗氏贝母、甘肃贝母、梭砂贝母等贝母的地下鳞茎;浙贝母是百合科多年生草本植物浙贝母的地下鳞茎;土贝母是葫芦科多年生攀援植物假贝母的块茎。

【传统功效】清热化痰、润肺止咳、开郁散结。

【治疗与保健作用】实验研究表明,湖贝母、川贝、浙贝的醇提物具有松弛豚鼠离体气管平滑肌的作用,湖贝具有明显平喘效果,紫花鄂贝的平喘效果不明显。钱伯初等以氨水引咳法、豚鼠机械刺激引咳法、电刺激猫喉头神经引咳法等几种方法得出贝母生物碱具有镇咳作用。汪丽燕等采用大鼠毛细管法比较了皖贝、川贝、浙贝的祛痰作用,结果三者均有非常明显的祛痰作用,但作用强度浙贝 > 皖贝 > 川贝。

【功能性成分】

(1)暗紫贝母鳞茎含生物碱:松贝辛(Songbeisine),松贝甲素(Sonbeinine)。还含蔗糖(Sucrose),硬脂酸(Stearic Acid),棕榈酸(Palmitic Acid),β-谷甾醇(β-sitosterol)。

(2)卷叶贝母鳞茎含生物碱:川贝碱(Fritimine),西贝素(Sipeimine)。

(3)棱砂贝母鳞茎含生物碱:棱砂贝母碱(Delavine),棱砂贝母酮碱(Delavinone),川贝酮碱(Chuanbeinone),棱砂贝母芬碱(Delafrine),棱砂贝母芬酮碱(Delafrinone),西贝母碱(Imperialine),川贝碱,炉贝碱(Fritiminine)。

【保健食谱】

贝母梨

材料:梨3个,贝母15克,黑糖3大汤匙。

做法:

(1)梨洗净后,在梨的上 1/4 处横着切开,上部分做盖,将梨核挖去,待用。

(2)将贝母捣碎成粉末,分别放入 3 个梨中,上面撒上黑糖,盖上梨盖。

(3)将贝母梨放入蒸锅,用旺火蒸 1 小时取出,梨汁和果实一起食用。

甘草

【来源】为豆科植物甘草、光果甘草、胀果甘草的根及根茎。

【传统功效】补脾益气,清热解毒,祛痰止咳,缓急止痛,调和诸药。

【治疗与保健作用】中医一直用甘草镇咳祛痰,治疗咳嗽、支气管炎等呼吸系统疾病。西方国家将甘草浸膏、复方樟脑酊、酒石酸锑钾等组成复方甘草合剂治疗多痰咳喘已有60 多年的历史。给小鼠灌喂甘草浸膏 250 mg/kg、500 mg/kg 或甘草次酸 10 mg/kg、20 mg/kg,均能显著延长氨水、二氧化硫引咳潜伏期,但均需大剂量才有明显祛痰作用,促进酚红自小鼠呼吸道分泌、增强毛果芸香碱的流涎作用。甘草水煎剂相当于生药 14～56 mg/L,能明显抑制组胺或乙酰胆碱引起的豚鼠离体气管条收缩,起到平喘作用。体外实验发现,甘草酸和甘草次酸通过抑制导致细胞色素 C 释放的线粒体通透性转换和半胱天冬酶-3 的激活,对抗一氧化氮和过氧化物供体,诱发肺上皮细胞线粒体损伤、活性氧形成和还原型谷胱甘肽消耗,产生保护肺细胞作用,甘草酸在 10 μmol/L、甘草次酸在1 μmol/L 时对肺的保护作用最大。

【功能性成分】主要成分有甘草酸、甘草苷、甘草甜素、甘草次酸、甘草甙、异甘草甙、新甘草甙、新异甘草甙、甘草素、异甘草素以及甘草西定、甘草醇、异甘草醇、7-甲基香豆精、伞形花内酯等化合物。

【保健食谱】

红枣小麦甘草汤

配方:红枣 15 枚,小麦 60 克,甘草 30 克。

做法：将红枣、小麦、甘草洗净后，加水适量煮成汤，滤渣取汁即成。

甘草二花饮

配方：白菊花 9 克，红花 6 克，甘草 6 克，白糖 10 克。

做法：

(1)把白菊花、红花去杂质、洗净；甘草润透切片。

(2)把白菊花、红花、甘草放入炖杯内，加水 250 毫升。

(3)把炖杯置武火上烧沸，再用文火煎煮 10 分钟，加入白糖即成。

食法：代茶饮用。

薄荷

【来源】为唇形科植物"薄荷"即同属其他干燥全草。

【传统功效】辛能发散，凉能清利，专于消风散热。

【治疗与保健作用】薄荷醇的抗刺激作用导致气管产生新的分泌，使稠厚的黏液易于排出，故有祛痰作用。麻醉兔吸入薄荷醇蒸气 81 mg/kg，能使呼吸道黏液分泌增加，降低分泌物比重；吸入 243 mg/kg 则降低黏液排出量。薄荷醇能减少呼吸道的泡沫痰，使有效通气腔道增大，薄荷醇尚能促进分泌，使黏液稀释而表现祛痰作用。薄荷油能抑制胃肠平滑肌收缩，能对抗乙酰胆碱而呈现解痉作用，很可能是通过对电压依赖性钙离子通道的拮抗，减少细胞外钙离子进入细胞内而发挥作用的。

【功能性成分】新鲜叶含挥发油 0.8% ~1%，干茎叶含 1.3% ~2%。油中主成分为薄荷醇(Menthol)，含量为 77% ~78%，其次为薄荷酮(Menthone)，含量为 8% ~12%，还含乙酸薄荷脂(Menthyl Acetate)、莰烯(Camphene)、柠檬烯(Limonene)、异薄荷酮(Isomenthone)、蒎烯(Pinene)、薄荷烯酮(Menthenone)、树脂及少量鞣脂、迷迭香酸(Rosmarinicacid)。鲜茎叶含挥发油约 1%，干茎叶含油 1.3% ~2%。油中主要含 1 - 薄荷醇(1 - menthol)，为 77% ~87%，其次含 1 - 薄荷酮(1 - menthone)约 10%。另含异薄荷酮(Isomenthone)、胡薄荷酮(Pulegone)、乙酸癸酯(Decylacetate)、乙酸薄荷酯(Menthyl Acetate)、苯甲酸薄荷酯、α - 蒎烯、戊醇 -3、β - 蒎烯、β - 侧柏烯(β - thujene)、己醇 -2、d - 月桂烯(d - nyrcene)、宁烯、辛醇 -3、桉叶素(Cineole)和 α - 松油醇(α - terpineol)等。此外叶尚含苏氨酸(Threonine)、丙氨酸、谷氨酸、天冬酰胺等多种游离氨基酸。据称含有树脂及少量鞣质和迷迭香酸(Rosmarinic Acid)。还有多种黄酮类化合物。

【保健食谱】

薄荷粥

鲜薄荷 30 克或干品 15 克，清水 1 升，用中火煎成约 0.5 升，冷却后捞出薄荷留汁。用 150 克粳米煮粥，待粥将成时，加入薄荷汤及少许冰糖，煮沸即可。

薄荷豆腐

豆腐 2 块，鲜薄荷 50 克，鲜葱 3 条，加 2 碗水煎，煎至水减半，即趁热食用。

薄荷鸡丝

鸡胸脯肉 150 克，切成细丝，加蛋清、淀粉、精盐拌匀待用。薄荷梗 150 克洗净，切成同样的段。锅中油烧至 5 成热，将拌好的鸡丝倒入过下油。另起锅，下底油，下葱姜末，加料酒、薄荷梗、鸡丝、盐、味精略炒，淋上花椒油即可。

薄荷糕

取糯米、绿豆各 500 克,薄荷 15 克,白糖 25 克,桂花少许。先将绿豆煮至烂熟,再加入白糖、桂花和切碎的薄荷叶做成馅备用。把糯米焖熟,放入盒内晾凉,然后用糯米饭包豆沙馅,用木槌压扁即成。

鲜薄荷鲫鱼汤

活鲫鱼 1 条,剖洗干净,用水煮熟,加葱白 1 根,生姜 1 片,鲜薄荷 20 克,水沸即可放调味品和油盐,汤肉一起吃。每天吃 1 次,连吃 3～5 日。

枳实

【来源】芸香科植物酸橙及其栽培变种或甜橙的干燥幼果。

【传统功效】积滞内停;痞满胀痛;大便秘结;泻痢后重;结胸;胃下垂;子宫脱垂;脱肛。

【治疗与保健作用】研究结果显示,枳实给药后 20 min 动物呼吸幅度有较明显的升高,但作用持续时间短,随后即恢复正常,提示枳实对呼吸道平滑肌有一定的兴奋作用,但作用短暂。枳实也可治疗肺部疾病,吴伟胜等报道中药灌肠结合西药治疗急性呼吸窘迫综合征,取得明显疗效。对照组给予常规西医治疗,治疗组在西医常规治疗的基础上,结合中药通瘀逐水灌肠液(含有枳实、大黄、厚朴等)灌肠治疗。结果治疗组与对照组总有效率、死亡率比较,均有非常显著性差异;而且治疗组能更明显提高血气中的氧饱和度、氧分压以及氧合指数;两组外周血白细胞复常率比较,治疗组也明显优于对照组。

【功能性成分】果实中含橙皮苷(Hesperidin),酸橙幼果含维生素 C、辛福林(对羟福林, Synephrine)、N－甲基酪胺(N－Methyltyramine)。未成熟果实的果皮中含新橙皮苷(Neohesperidin)、柚皮苷(Naringin)、野漆树苷(Rhoifolin)和忍冬苷(Lonicerin)等黄酮化合物。新橙皮苷在果实成熟时消失。

【保健食谱】

鹅眼枳实

内服:水煎,3～10 克;或入丸、散。外用:适量,研末调涂;或炒热熨。

木香

【来源】菊科植物木香的干燥根。

【传统功效】行气止痛;调中导滞;健脾消滞。

【治疗与保健作用】采用豚鼠离体气管与肺灌流实验证明:木香水提液、醇提液、挥发油、总生物碱以及含总内酯挥发油、去内酯挥发油,对组胺、乙酰胆碱与氯化钡引起的支气管收缩具有对抗作用。腹腔注射内酯或去内酯挥发油对吸收致死量组胺或乙酰胆碱气雾剂鼠有保护作用,可延长致喘潜伏期、降低死亡率,表明其能直接扩张支气管平滑肌,与罂粟碱作用相似;将胸内套管刺入麻醉猫胸膜腔描记呼吸,静脉注射云木香碱 1～2 mg/kg时可出现支气管扩张反应、胸膜腔内压升高;脑破坏后再给药则无效,由此表明其作用与迷走神经中枢抑制有关;木香水提液、醇提液、挥发油、去内酯挥发油与总生物碱静脉注射对麻醉犬呼吸有一定的抑制作用,其中挥发油抑制作用较强,油中所含内酯成分和去内酯挥发油无镇咳作用。

【功能性成分】木香烃内酯、二氢木香烃内酯、二氢木香内酯、去氢木香内酯等萜类，多种挥发油类化合物，多种氨基酸。

【保健食谱】

陈皮木香鸡

材料：陈皮 6 克，木香 6 克，仔鸡肉 100 克，蘑菇 30 克，姜 5 克，葱 5 克，盐 5 克，素油 30 克。

做法：

（1）把木香、陈皮烘干，打成细粉；仔鸡肉洗净，切成 3 厘米见方的块；蘑菇发透；去蒂根一切两半；姜切片，葱切段。

（2）把炒锅置武火上烧热，加入素油，烧六成熟时，下入姜、葱爆香，随即下入鸡肉、蘑菇、盐、药粉，再加清水 50 毫升，用文火煲 15 分钟即成。

功效：健脾胃。慢性肝炎脾胃虚弱者食用。

薤白

【来源】百合科植物小根蒜或薤的干燥鳞茎。

【传统功效】通阳散结，行气导滞。

【治疗与保健作用】薤白具有解痉平喘作用，对薤白单味药平喘作用的临床研究发现：支气管患者口服薤白煎剂后，止喘起效时间最短为 5 min，有效持续时间为 30 ~ 120 min，即时平喘的有效率为 57% ~78%，显效率达 21.4% ~45%，用力肺活量（FVC）、第 1 秒用力呼气量（FEV 1.0）、最大呼气中期流速（MMEF）及等容量 MMEF，4 项通气功能绝对值都有不同程度的递增。其作用机制是：薤白除抑菌消炎作用外，还能调节体内血栓烷素 TXA_2 和前列环素 PGI_2 的比值。已知 TXA_2 具有强烈的收缩支气管平滑肌的作用，而 PGI_2 则是支气管扩张物质。实验证明薤白能明显干扰血小板的花生四烯酸代谢，抑制环氧化酶途径，阻断 TXA_2 的合成，使 PGI_2 合成相对增加，TXA_2/PGI_2 比值下降，从而能够解除支气管平滑肌的痉挛。另外，薤白可明显增加家兔体内血清 PGE_1 的含量，PGE_1 可以增强细胞内腺苷酸环化酶的活性，增加内源性 cAMP 水平，使痉挛的支气管平滑肌松弛，也能够发挥平喘的作用。

【功能性成分】薤白中含有多种活性成分，现已从中分离得到挥发油、皂苷、含氮化合物、前列腺素等。薤白中的挥发油主要为含硫化合物，对含硫化合物进行鉴定，它们是甲基烯丙基三硫、二甲基三硫、甲基正丙基三硫、乙烯撑二甲硫、甲基 1 – 丙烯基二甲硫、甲基烯丙基二硫、二正丙基二硫。

【保健食谱】

薤白粥

主料：粳米 100 克。

辅料：薤白 50 克，葱白 20 克。

调料：盐 2 克。

做法：

（1）将鲜薤白、葱白洗净，切成丝备用；

（2）粳米洗净，用冷水浸泡发涨，捞出放入锅内；

（3）锅内加入约 1 200 毫升冷水，用旺火煮沸；

（4）将薤白丝、葱白丝放入粥锅中；

（5）改用小火慢煮至米烂粥稠，下盐调味即可。

2. 调节精神紧张、焦虑的药食同源食物

银杏叶

【来源】银杏科银杏（白果树、公孙树）的干燥叶。

【传统功效】敛肺，平喘，活血化瘀，止痛。

【治疗与保健作用】银杏内酯 A 有抗焦虑作用。银杏叶提取物在大于 0.5 g/kg 时，不仅抑制小鼠自主活动，还抑制主动回避行为，降低咖啡因诱导的兴奋，延长戊巴比妥诱导的睡眠时间，而银杏内酯 A 无这些作用。表明银杏叶提取物具有明显的抗焦虑作用，其主要有效成分可能是银杏内酯 A。银杏叶对神经有保护作用，并促进神经髓鞘的产生。

【功能性成分】同前。

【保健食谱】同前。

人参

【来源】五加科植物人参的干燥根。

【传统功效】大补元气，复脉固脱，补脾益肺，生津止渴，安神益智。

【治疗与保健作用】人参皂苷可与多种兴奋性神经递质的受体相互作用，并且这些相互作用可能对抗中枢神经系统的兴奋性毒效应，发挥神经保护作用。人参提取物能阻止由高压氧介导的心肌缺血再灌注损伤的神经元死亡。人参有镇静和兴奋双向作用，与用药时神经系统的功能状态有关系，与剂量大小及人参的不同成分也有关。人参皂苷 Rg1、Rg2 和 Rg2 的混合物对中枢神经系统呈兴奋作用，大剂量则呈抑制作用。人参皂苷 Rg1 可保护大鼠大脑皮质神经细胞，防止细胞凋亡的发生，对多巴胺能神经元也有保护作用。

【功能性成分】同前。

【保健食谱】同前。

厚朴

【来源】木兰科植物厚朴或凹叶厚朴的干燥干皮、根皮及枝皮。

【传统功效】行气消积，燥湿除满，降逆平喘。

【治疗与保健作用】厚朴具有抗焦虑作用，其中和厚朴酚在实验中表现出较强的抗焦虑作用，而厚朴酚在此条件下作用较弱。在动物实验中未观察到和厚朴酚具有类似地西泮的不良反应。后续研究发现二羟基和厚朴酚具有显著的抗焦虑作用，但二羟基和厚朴酚不同于苯二氮卓类抗焦虑剂，很少产生自主运动异常、中枢抑制、健忘、依赖成瘾性等不良反应。

【功能性成分】主要含挥发油约 1%，油中含 β-桉油醇、厚朴酚及和厚朴酚约 5%，以及四氢厚朴酚、异厚朴酚，尚含木兰箭毒碱等生物碱约 0.07%，皂苷约 0.45%，鞣质以及微量烟酸等。另报道，还含柳叶木兰花碱、龙脑厚朴酚、8,9-二羟基二氢和厚朴酚等。

【保健食谱】

猪肚瘦肉厚朴汤

主料：猪肚 250 克，猪肉（瘦）150 克。

辅料：枣（干）40 克，薏米 15 克，厚朴 12 克。

做法：

（1）猪肚洗净。

（2）猪肚、红枣、苡仁（薏米）、厚朴及瘦肉入煲内，放入 4 碗水，煲 4 小时即可饮用。

刺五加

【来源】为五加科植物刺五加和五梗五加的根皮。

【传统功效】益气健脾，补肾安神。

【治疗与保健作用】刺五加合并抗焦虑药，治疗焦虑症疗效与单用抗焦虑药相当，两组西药应用量差异有显著性，不良反应两组差异有显著性，联合刺五加注射液在确保疗效的基础上又减少西药量及减少不良反应。其优点在于不良反应小，安全性高，显效快，不影响生活质量，改善睡眠效果佳。现代医学研究表明刺五加能扩张血管，增加心脏、大脑和肾脏等实质性脏器的血流量，促进和改善微循环，调节机体新陈代谢，促进蛋白质合成，具有抗疲劳、抗应激、抗炎的功效，有利于组织修复、镇静，改善睡眠、增加食欲等。

【功能性成分】多种糖类、氨基酸、脂肪酸、维生素 A、B1、B2 及多量的胡萝卜素；另含有芝麻脂素、甾醇、香豆精、黄酮、木栓酮、非芳香性不饱和有机酸及多种微量矿物质等。刺五加也含有丰富的维生素以及矿物质。经过研究分析，刺五加中含有维生素 A、B1、B2 及 C 等维生素，以及锰、铜、镁、钴、镍、锌、铁、钠、钾、钙等矿物质成分。含有丰富的葡萄糖、半乳糖、胡萝卜素。其主要活性成分被认为是刺五加苷 B 和刺五加苷 E。

【保健食谱】

拌酱牛肉丝拐棒芽

材料：拐棒芽 300 克，酱牛肉 150 克，葱姜丝、精盐、酱油、辣椒油、香油、味素适量。

做法：拐棒芽洗净水焯，浸泡后捞出沥干，切段装盘；酱牛肉切丝，加拐棒芽上；再加各种调料拌匀。

熟地黄

【来源】玄参科植物地黄的块根经加工炮制而成。

【传统功效】补血滋润；益精填髓。

【治疗与保健作用】熟地黄是治疗焦虑性神经症的常用中药，但最初其对焦虑行为是否有干预作用尚不清楚。为此，崔氏等设计验证了熟地黄在小鼠焦虑行为中的作用，结果表明：熟地黄组的小鼠在 LDB 模型和小鼠 EPM 模型上均表现出抗焦虑作用。熟地黄可通过对中枢神经系统的抑制产生镇静效应而具有抗焦虑作用。在熟地黄对动物学习记忆障碍及中枢氨基酸递质、受体的影响中发现：熟地黄煎液可提高小鼠脑内 GABA 含量，增强 GABA 受体在海马的表达。这提示熟地黄可能通过增强 GABA 递质、受体途径起到抗焦虑作用。

【功能性成分】熟地黄中含葡萄糖 8.57%，较鲜地黄中含量（1.56%）为高，熟地黄经炮制后，部分多糖转化为单糖。在干地黄和熟地黄的炮制过程中，苷类成分亦有不同程度的分解，其中以单糖苷分解最多，其次是双糖苷，而三糖苷的地黄宁苷 D（Rehmannioside D）几乎不分解，熟地黄除梓醇（Catalpol）分解不及干地黄外，两者的差异不明显。有报告指出，生地黄含五种水溶性氨基酸，而熟地黄中只含微量水溶性氨基酸。生地黄中的氨基酸可因炮制而迅速减少,特别是碱性氨基酸、赖氨酸和精氨酸此倾向更为显著,熟地黄中氨基酸含量低。

【保健食谱】

熟地猪蹄煲

材料:

猪蹄 500 克,油菜 100 克,葱段、姜片各 10 克,药包 1 个(内装熟地 20 克,酸枣仁 10 克),料酒 10 克,精盐 3 克,味精 1 克,胡椒粉 0.5 克,清汤 1 000 克,芝麻油 5 克。

做法:

(1)油菜从中间顺长剖开。猪蹄洗净,从中间顺骨缝劈开,再从关节处斩成块,下入沸水锅中焯透捞出。

(2)沙锅内放入清汤、料酒,下入药包烧开,下入猪蹄块、葱段、姜片烧开,煲至猪蹄熟烂,拣出葱、姜、药包不用。

(3)下入油菜、精盐烧开,炖至熟烂,加味精、胡椒粉,淋入芝麻油即成。

3. 修复视力损伤的药食同源食物

枸杞

【来源】为茄科植物宁夏枸杞的果实。

【传统功效】治肝肾阴亏,益精明目。用于虚劳精亏,腰膝酸痛,眩晕耳鸣,阳痿遗精,内热消渴,血虚萎黄,目昏不明。

【治疗与保健作用】研究者通过在 1 500 W 氙灯光源下作 12 h 的明暗循环光照射,制作 SD 雌性大鼠视网膜光损伤模型,分为正常对照组,单纯模型对照组,高、中、低剂量观察组全子宫切除 T:维生素 E 对照组,高、中、低剂量观察组全子宫切除 T2 和维生素 E 组病理损害均有不同程度改善,以高剂量观察组全子宫切除 T2 改善最明显。表明枸杞明目液对视网膜光损伤有较好的防治作用。

【功能性成分】枸杞多糖包括 LBP - I,LBP - II,LBP - III 和 LBP - IV,检测分析认为,这 4 种枸杞多糖都是酸性杂多糖(阿拉伯糖、鼠李糖、木糖、甘露糖、半乳糖、葡萄糖及半乳糖醛酸)同多肽或蛋白质构成的复合物;枸杞中含籽 15% ~20%,枸杞籽中含油 18% 左右;枸杞色素有两类成分水溶性的多酚、黄酮类和脂溶性的类胡萝卜素等。

【保健食谱】

枸杞炖银耳

材料:枸杞 25 克,水发银耳 150 克,冰糖 25 克,白糖 50 克。

做法:

(1)银耳洗净入温水中,涨发 1 小时,除去杂质泡入清水中。

(2)汤锅置旺火中添水烧沸,放入冰糖、白糖烧沸后撇去浮沫,待糖汁清白时将银耳、枸杞放砂锅炖至银耳有胶质时,倒入大汤碗内。

枸杞烧鲫鱼

材料:鲫鱼 1 条,枸杞 12 克,豆油、葱、姜、胡椒面、盐、味精适量。

做法:

(1)将鲫鱼去内脏、去鳞,洗净,葱切丝,姜切末;

(2)将油锅烧热,鲫鱼下锅炸至微焦黄,加入葱、姜、盐、胡椒面及水,稍焖片刻;

(3)投入枸杞子再焖烧 10 分钟,加入味精即可食。

菊花

【来源】为多年生菊科草本植物的花瓣,呈舌状或筒状。

【传统功效】具有疏风、清热、明目、解毒之功效。

【治疗与保健作用】菊花茶对眼睛有湿润保养的功能,一年四季老少皆可饮用,因此备受百姓喜爱。近年来,医学专家对饮用菊花茶的作用进行研究和探索,证实了菊花茶的营养成分,特别对缓解视疲劳、视觉模糊均有一定的作用。尤其是菊花中含有许多微量元素,还能起到清肝明目的功效,对视力的恢复也能起到辅助作用,长期饮用菊花茶对视力的保护有着不可估量的好处。

【功能性成分】菊花中还富含挥发油、菊苷、腺嘌呤、氨基酸、小苏碱、菊花素、胆碱、维生素及铁、锌、硒、铜等微量元素。

【保健食谱】

菊花核桃粥

配方:菊花 15 克,核桃仁 15 克,大米 100 克。

做法:

(1)菊花洗净,去杂质;核桃去壳留仁,洗净;大米淘洗干净,待用。

(2)把大米、菊花、核桃仁同放锅内,加入清水 800 毫升。

(3)把锅置武火上烧沸,再用文火煮 45 分钟即成。

食法:每日 1 次,每次吃 100 克粥。

桑叶菊花粥

材料:鲜桑叶 15 克,鲜菊花 30 克,粳米 50 克。

做法:先将鲜桑叶、鲜菊花洗净后加入 300 毫升清水煎煮,过滤出汁液后,再加入 300 毫升清水煎煮。然后把第一次所取的汁液和粳米放入,用小火煮 1 小时即可。每日一次。

红枣菊花粥

做法:

(1)粳米洗净,放入清水内浸泡待用。

(2)红枣洗净放入温水中泡软。

(3)菊花洗净控水待用。

(4)在锅内放入粳米及泡米水、红枣,用大火煮至沸腾后改为小火,慢慢熬至粥熟,放入菊花瓣略煮,再放入冰糖融化搅匀即可。

决明子

【来源】豆科一年生草本植物,决明或小决明的干燥成熟种子。

【传统功效】清肝明目,利水通便,有缓泻作用,降血压、降血脂。

【治疗与保健作用】决明子可激活眼组织睫状肌中乳酸脱氢酶,并使其活性显著提高,增加眼组织中三磷酸腺苷含量,效果明显优于对照组($p < 0.01$),从而达到保护眼睛的作用,防治近视眼、老花眼、眼结膜炎等眼疾。

【功能性成分】

(1)钝叶决明种子含蒽醌类化合物,主要为大黄素、大黄素甲醚、大黄酚、芦荟大黄素,以及钝叶素(Obtusifolin)、决明素(Obtusin)、黄决明素(Chryso – obtusin)、橙黄决明素(Autrantio – obtusin)及它们的苷类和大黄酸等,尚含决明苷。此外含黏液、蛋白质、谷甾醇、氨基酸及脂肪油等。

(2)小决明种子除不含钝叶素及其苷外,其他苷元和苷与钝叶决明相同。此外,另含大黄酚 – 1 – b – 龙胆双糖甙(Chrysophanol – 1 – bgentiobiside)、大黄酚 – 9 – 蒽酮(Chrysophanic acid – 9 – anthrone)。尚含萘并 – g – 吡喃类衍生物:红镰霉素(镰刀菌丝红素)(Rubrofusarin)、去甲基红镰霉素(Norrubrofusarin)、红镰霉素 – 6 – b – 龙胆双糖苷(Rubrofusarin – 6 – b – gentiobiside)。并含决明内酯(Toralactone)、决明酮(Torachrysone)、维生素 A 样物质。亦含黏液、蛋白质、谷甾醇、氨基酸及脂肪油等。

【保健食谱】

粳米决明子粥(民间方)

材料:决明子 15 克,粳米 60 克,冰糖少许。

做法:先将决明子放入锅内,炒至微有香味,取出待冷,加水煎汁,去渣入粳米煮粥,待粥将熟时,加入冰糖,再煮一二沸即可。顿食,每日 1 剂,连用 2 周。

决明子 30 克,枸杞子 40 克,粳米 100 克。先将粳米淘净入锅,加水适量,待米煮至半熟,再加入洗净的枸杞子和打碎的决明子,熬煮成粥。早餐顿服。

石决明

【来源】石决明为鲍科动物杂色鲍、皱纹盘鲍、耳鲍、羊鲍等的贝壳。

【传统功效】平肝息风,潜阳,除热明目。

【治疗与保健作用】石决明自古以来即为清肝明目、退翳除障之要药。现代药理研究认为,石决明补充了人体中缺乏而又很难补充的各种微量元素,提高晶状体内酶系活性,有抗膜过氧化,增强透明质酸、硫酸软骨素等的合成作用,从而保护眼睛晶状体、玻璃体、角膜。正是基于这些复杂的生物化学作用中的巨大功能,使石决明在清热消炎、明目祛障等方面有重要药效。在继承发扬中医药优势及特色的基础上,充分利用现代科学技术,进一步深入研究石决明药物作用机制,研制现代中药,是中药现代发展的方向。

【功能性成分】主要含碳酸钙、胆素及壳角质和多种氨基酸;盘大鲍的羊鲍贝壳含碳酸钙90%以上,有机质约3.67%,尚含少量镁、铁、硅酸盐、硫酸盐、磷酸盐、氯化物和极微量的碘;煅烧后碳酸盐分解,产生氧化钙,有机质则破坏。光底海决的角壳蛋白经盐酸分得 16 种氨基酸,分别为甘氨酸、门冬氨酸、丙氨酸、丝氨酸、谷氨酸、精氨酸、脯氨酸、亮氨酸、缬氨酸、苏氨酸、络氨酸、苯丙氨酸、异亮氨酸、赖氨酸、胱氨酸、组氨酸。大海决可食部分含灰分 1.57%,套膜中钠等无机质的含量最高;而镉、铁、钙、镁于内脏中含量高。胶原蛋白含量为全鲍的 20%。

越橘

【来源】杜鹃花科乌饭树属植物越橘 Vaccinium vitis – idaea L.,以叶、果入药。

【传统功效】利尿,解毒。

【治疗与保健作用】欧洲越橘中提取的黄酮类花色素有效物质(VMA)制成的视捷胶

囊,可以增加睫状肌血流量,消除视疲劳及相关症状;改善眼部微循环,促进视紫红素的再生,提高视神经细胞的功能;增强眼对光线强弱的应变力和暗适应能力,改善因视疲劳引起的假性近视,阻止轻度近视的发展。视捷胶囊含有的花色素,维生素 A、E 等成分,具有抗氧化作用,能防止眼部脂质过氧化,有效清除自由基对眼球组织的损害。

【功能性成分】黄酮类:矢车菊 – 3 – O – 半乳糖苷、二甲花翠素 – 3 – O – 葡萄糖苷、杨梅黄素。苯丙氨酸、色氨酸、甘氨酸、鸟氨酸等氨基酸。天然视紫质和类黄酮类。

【保健食谱】

越橘自制饮料

取一份越橘,用清洁的纱布包好将汁挤出,在汁中加 10 倍的水,白糖适量,将其加热,烧开,放入冰箱中镇凉后饮用。口感酸甜适口,自然清香,开胃健体。

糖拌越橘

将挑好的越橘中加适量白糖,捻碎,拌匀食用。特点:酸甜适口,能解酒;是上好的天然果酱。

越橘包子

将挑好的越橘(不需解冻)适量多加白糖,拌匀后做包子的馅料。馅料不宜放太多,蒸熟后如有溢出现象,属正常。

第4章 野战环境生物学效应及营养

4.1 野战环境特点

野战环境是指特殊的自然环境和战场条件。大致可分为湿热酷暑环境、寒冷环境、航空环境及航海环境。上述野战环境对人体的损伤因素主要表现为高温、强辐射、寒冷、高原缺氧、航空气压、海岛用水卫生等,部队在这些环境下作战,训练或行军,极易因疲劳或机体的适应性不足而造成损伤,产生疾病。

由于军事行动的需要,部队大量进入许多条件恶劣地区,如高原、沙漠、丛林、高寒、酷暑等地区。加之战时行动快速突然,难有一个适应过程,若卫生防护条件不足,措施不当,易发生各种特殊环境因素引发的疾病。野战时居住条件较差,人员密集、通风不畅、供水困难、食物及饮水的消毒难以保证;部队人员和战区居民生活在战争环境中,精神紧张、身体疲劳、生活不规律、抵抗力减低,疾病易于发生和流行;官兵常宿营于山野丛林、沟壕坑道等处,自然疫源性疾病容易发生。如在热带或亚热带地区作战,易发生中暑、皮肤病和蛰咬伤。寒区作战将使冻疮、战壕足、浸渍足、冻伤等大量发生。高原地区作战由于空气稀薄、寒冷、易疲劳,以及后勤供应和卫勤保障困难,易发生各类型的高原反应或高原病。美英联军在伊拉克就曾遭到沙尘暴的空袭和高温天气的干扰。在使用军事装备时,像坦克和飞机等都会产生较大的噪声,作战人员长时间暴露在高噪音环境中,也会对身体产生一些伤害。

随着高科技的注入,更新武器系统的杀伤作用已经从造成躯体损伤或致死向"失能"转变,这种失能可能是躯体失能、精神失能,或者兼而有之。高技术武器主要有微波、次声、激光武器等武器。高技术武器杀伤性能的发展趋势主要有三个方面:一是从单因素、单途径、单处杀伤向多因素、多途径、多处杀伤发展,力求产生综合杀伤效果;二是从体表和脏器损伤向细胞分子损伤发展,力求造成全身脏器的细胞衰竭,难以救治;三是从硬杀伤向软杀伤发展,造成心理创伤和生理的失能。

战场环境往往是复杂多变的,只有把部队放到近似实战的野战环境中摔打,才能加速战斗力的提高。温室里的花朵,在室内艳丽无比,一旦把它放到大自然中,就经受不起烈日的炙烤、狂风暴雨的洗礼,很快就会枯萎凋谢。部队训练也一样,如果整天只围着固定的训练场转,不去复杂恶劣的野外进行适应性训练,总结的战法套路再多,战术技术动作再娴熟,训练考核成绩再好,也都是温室的花。野战训练,地理环境各异,崇山峻岭、戈壁沙漠、大海岛礁、平原丛林什么都有;气象条件也千姿百态,大风大浪、雷电雨雪、严寒酷暑都能遇到,对官兵整体素质的提高、装备性能的检验、战法的实际运用、突发情况的处置等都大有益处。要积极做好军事斗争准备,使平时训练与实战要求接轨,就必须走出训练场的小圈子,多到野外去摔打。只有这样,才能有效地提升战斗力。

4.1.1　噪　声

当人耳受到高强度或长时间噪声反复刺激时,不仅会引起暂时性听阈偏移,而且会使听觉器官发生器质性病变(如鼓膜充血、凹陷、穿孔和破裂;中耳听骨链变形;内耳螺旋器由外向里出现外毛细胞损伤、支持细胞损伤、内毛细胞损伤,严重时使螺旋器完全破坏),造成不可逆的永久性听阈偏移即噪声性耳聋。

噪声不仅会引起听力系统的变化,还会影响以下几个系统:

1. 神经系统

研究证明,噪声暴露后,大脑皮层的兴奋和抑制平衡失调,条件反射异常。植物神经功能紊乱可出现头晕、头痛、失眠、多梦、乏力、记忆力减退、恶心、心悸等神经衰弱症状。

2. 心血管系统

噪声对心血管的影响主要有两种情况:一种属于即时效应,即开始接触噪声时,机体产生保护性反应,表现为交感神经兴奋,心率加速,心输出量增加,收缩压升高,声级越强这种反应越明显。随着噪声暴露时间的延长,机体的应激反应逐渐减弱。另一种则属于远期效应或慢性损伤效应,表现为脉搏和血压波动,心电图呈缺血型改变或传导阻滞。

3. 消化系统

强烈噪声刺激可引起消化机能减退,胃功能紊乱,消化液分泌异常,胃酸度改变,从而造成消化不良、食欲不振、恶心、消瘦、体质减弱等。

4. 视觉系统

噪声越大,视力清晰度越差。此外,噪声还可导致视觉运动反应潜伏期延长。长期接触噪声,视觉器官受到伤害,常有眼痛、视力减退、眼花等症状。

4.1.2　电离辐射

电离辐射基本上可分两大类,即电磁辐射(X 射线,γ 射线)和粒子辐射(α 射线,β 射线,中子流,质子流)。它们作用于机体时,引起体内物质的电离和激发,导致辐射损伤。电离辐射对机体的生物学作用,主要取决于射线的性质和机体反应性两方面的因素。

1. 微波

微波在军事上用于雷达侦察和定向能武器等。微波武器利用爆炸产生具有一定功率定向电磁波束。其作用于人员时,低强度的微波可使人体产生生理和心理的紊乱,或者暂时失能;高强度的微波能使人立即毙命。

微波的生物学效应与微波和被辐射生物体的特性有关。一般将微波的生物学效应划分为热效应和非热效应两类。

(1)热效应

当生物体吸收一定强度的微波能量后,机体组织温度升高,若温度升高过多或持续时间过长,则可引起一系列生理、生化和组织形态学的改变,如酶的灭活、蛋白质变性、生物膜通透性的改变,进而导致细胞和组织的损伤。由于微波照射生物体引起组织、器官或系统的加热而产生的影响和损害称为微波的热效应。生物体内含有导电程度不等的各种液体和极性蛋白质分子,以及电解质离子等。当微波辐射被吸收,机体组织的电解质分子在电磁场的作用下,非极性分子极化成偶极子,并由无规律的排列变成沿电场方向排列(偶极子的取向作用);微波频率甚高,其交变电场的方向变动很快,偶极子随交变电场方向的变动而旋转,并与周围粒子摩擦而产生热。

(2)非热效应

低强度微波在不引起机体温度升高的情况下,仅由于电磁场的作用所产生的生物学效应,称非热效应。当生物体反复接受低强度微波作用后,体温虽未发生明显上升,但会出现神经衰弱综合征,对心血管循环有扩张作用,使食欲降低。在微波能量增强的情况下会出现躁动、抽搐、昏迷,直至死亡。非热效应的机制尚未阐明,目前认为可能与微波辐射的场效应、电磁谐振效应有关。

2. 次声

次声的频率范围小于 20 Hz,是人耳朵无法听见的声音。次声存在于自然界和人们的生产环境中,如火箭、飞机以及船舶等大功率的机械设备都可产生次声。次声武器能引起人体多种器官共振,轻者不适、烦躁、失能、降低或丧失战斗力,重者可致命。

次声波衰减小,可以传播很远,因此作用范围大;次声波的波长较长,穿透能力强。

次声致伤的基本原理就是引起身体器官的共振。人体的不同器官原本都以一定的频率在振动,这些固有频率都在次声波的频率范围内。因此,当次声波作用于人体时,当它的频率和这些器官的固有频率相近时,就会迫使这些器官随之产生共振。次声能量大时,共振的振幅会超过组织器官的承受极限,造成损伤。共振引起直接作用和继发效应,即共振机械能可以转化为热能、生物电能和生物化学能,直接作用到生物组织,以及引起继发效应。

(1)整体效应

135 dB 次声作用 15 min,脏器有振动感,进而中耳钝痛,上下肢肌肉紧张,有时有明显的颤抖。头痛、头晕、头重、口干,心理表现惊慌和恐惧。高强度次声强烈的共振可造成呼吸困难、肌肉痉挛、血管和内脏破裂、当场毙命等。

(2)组织器官效应

①听。低强度次声引起前庭分析器作用障碍,对声音定向能力下降;高强度次声短时间作用时中耳腔出血,长时间作用,砧骨和鼓膜出血,大脑皮质听区神经元形态变化、血管复合性和出血性改变。

②肺。高强度次声作用数分钟即可出现血管扩张和出血。

③视。高强度次声长时间作用可出现眼结膜血管和毛细血管扭曲,血管周围浸润,血管中有形成分聚集。

④心。高强度次声长时间作用可出现血管痉挛、心脏局部缺血、心肌细胞颗粒营养不良、肌浆水肿、肌原纤维部分断裂。

⑤肝。高强度次声长时间作用,出现弥漫性改变。

⑥神经系统。次声直接作用到脑组织,可造成自主神经系统不适反应,也可使对人

的意识和心理产生影响,如注意力不能集中,或者失能;严重时神经错乱,甚至休克、昏厥。高强度次声长时间作用可引起交感 – 肾上腺系统功能失调,生物氧和能量过程障碍。

(3)细胞效应

次声直接作用到生物膜(如细胞膜、线粒体膜等),振幅大时,细胞膜结构如细胞浆膜、线粒体膜等稳定性遭受破坏。膜组织是全身面积最大的组织结构,它的原发性破坏影响很大,如通透性、酶活性等改变,可使生物能量代谢受到影响,降低机体抗氧化功能等,细胞继发引起一系列病理变化。高强度长时间次声可使心肌细胞线粒体肿胀,肝细胞线粒体破坏,脾和肾细胞的吸附能力发生改变,大脑皮质内皮细胞破坏,听神经中枢细胞色素过多,视神经中枢神经元核增大,轻度染色质溶解等。

3. 激光

自激光问世以来,经过科研人员几十年来的不懈努力,使得激光既可用于对抗、干扰光学传感器或光电传感器,也可使被辐射人员产生眩目,尤其是投射至眼视网膜黄斑,则形成暂时性或永久性致盲。轻度损伤表现为视网膜出现灰白色凝固水肿斑与色素环;中度损伤为圆形或菊花形出血斑,或灰白凝固斑中有出血点;重度损伤则有视网膜或玻璃体大面积出血,甚至因组织蒸发导致眼光学系统的局部爆裂。对眼的损伤由于激光的波长不同(有紫外激光,可见光激光,近、中、远红外激光),作用的时间不同,干扰因素的差异,使其损伤效应也不尽一致,尚有待深入研究。

4.1.3　降　雨

雨时短促、开始和终止都很突然、降水强度变化很大的雨为阵雨。有时伴有闪电和雷鸣,多发生在夏季,且短时间内强度有显著变化。中国雷阵雨夏季最多,春秋两季主要发生在江南地区,冬季最少,十月以后,长江以北雷阵雨基本绝迹。

4.1.4　草　原

发生在森林、草原、河谷、荒漠等偏僻地区的一些自然疫源性疾病如森林脑炎、新疆出血热、蜱传回归热、恙虫病、北亚蜱传热、野兔热、Q 热、鼠疫等,主要是老鼠、野兔、旱獭和家畜等动物的疾病。当人们进入这些疾病的流行区之后,由于不慎,可能会感染得病。这些疾病的流行区一般有一定范围。如新疆出血热病主要发生在半荒漠的胡杨林地区。森林脑炎,仅在森林和草原才有,而且主要是在东北长白山和俄罗斯远东地区的杉树、松树、桦树、杨树等针阔叶混交林地带,以及新疆天山林区和前苏联中亚地区的雪岭云杉树稀疏,而灌木丛和杂草很密的山地阴坡。又如恙虫病,主要发生在云南、广西同越南接壤的山岳丛林地区,以及澜沧江、元江、金沙江、怒江及其支流的河谷地带。这些地方性动物传染病的发病时节也有严格的季节性。如新疆出血热于 4 月下旬至 5 月中旬发病较多;蜱传回归热主要在 4 ~ 8 月最多;森林脑炎多在 5 月底至 6 月下旬发生,其他季节则很少发病甚至没有;恙虫病多在夏秋季节发生,在云南以 8 月为最多;北亚蜱传热也主要在5 ~ 6 月流行。

这些疾病的传染途径主要是由昆虫传播给人类,它们在叮咬发病的动物后,再叮咬人时,就会将病原体注入人的血液而使其发病。在青藏高原的某些地区,许多人得野兔热和鼠疫主要是由于在疫区狩猎野兔引起的。因此,在上述地区,应采取措施防蚊虫叮咬,禁止疫区狩猎。

人们常常听到许多关于热带丛林中毒蛇猛兽的种种恐怖传说,但这些传说大多是夸大其词或完全虚构的。曾长期在热带丛林作战的英军"汉普郡"团上尉菲布斯在《马来亚丛林中的游击战》一文中写道:"马来亚有很多种毒蛇。我亲眼看见过不少,但从未听说谁被蛇咬伤过的事。野兽见了人就逃避,因此我们很难见到它们,但可以听到野兽的叫声。"正是这些夜间动物的吼叫和关于毒蛇猛兽的传说,给军人心理上造成很大影响。然而,热带丛林中真正的危害却来自昆虫,其中许多昆虫可传播疾病使人生病。1941 年6 ~7 月,远征缅甸的军队在撤退途中,因丛林中蚂蝗、蚊虫的叮咬而引起的破伤风、疟疾、回归热等传染病使数万名士兵丧命。仅以第 5 军为例,军直属部队共计4.2 万人,战斗仅伤亡7 300 人,而死于疾病的就达 1.4 万余人。

4.1.5　沙　漠

能否在沙漠中生存下来,主要取决于 3 个相互依赖的因素,环境温度、活动量及饮水的储存量。因此,如何对付高温、如何寻找水源、如何躲避沙暴袭击以及如何预防沙漠疾病等训练成为沙漠生存的基本要素。

如何对付沙漠地形的高温烈日酷暑是所有沙漠干旱地区都存在的问题。白天大气温度高达 60 ℃,热量主要来源于阳光直射、火热的流动风反射的热量,阳光照在沙子上反射的热量。沙子和岩石的温度比大气温度平均高 17 ~22 ℃,例如,当大气温度为60 ℃时,沙子的温度可能是 77 ℃。烈日酷暑增加了身体对水的需求,在阳光直接照射下,即使不进行体力活动,人所消耗的水也要比在阴影下多 3 倍。如果将水的消耗降到最低限度,生存下来的可能性便随之增加。为了保存体力和能量,需要一个避身所来减少暴露于阳光下的时间。沙漠里人的脱水速度之快,超乎一般人的想象。并不是感到口渴时才应该喝水,等真正口渴的时候,或许已经处于半昏迷状态了。所以一进入沙漠就要不停喝水,哪怕不觉得口渴,哪怕不想喝,也要一小口一小口地喝。

1. 如何躲避沙暴袭击

从三月中下旬开始,一直到五月份,沙漠的气候变化可谓瞬息万变。风很大,特别是沙暴来临时,置身于沙漠很容易迷路并危及生命。沙暴的到来异常迅猛,仅在几秒钟之内,天地就变成了黄色,裹着沙尘的狂风铺天盖地,打在人身上的沙子就像砂纸一样打磨着每一寸皮肤。万一在沙漠中遇见沙暴千万不要到沙丘的背风坡躲避,否则有被窒息或被沙暴埋葬的危险。骆驼比较有经验,会随着沙子的埋伏不断地抖动,这样,就不至于被沙子掩埋。人也同样要随着动一动,这样不但不会被埋,也不会被沙暴吹跑。

2. 如何对付沙漠中潜在的危险

在沙漠中要时刻警惕几种危险的情况,如昆虫、蛇、带刺的植物和仙人掌、受污染的水、灼伤、眼睛刺痛、气候性紧张以及糟糕的个人习惯等。

沙漠里有大量的昆虫,几乎包括了所有的昆虫种类,如虱子、螨、蜂、苍蝇等。它们会让人感觉到非常不舒服,而且可能携带疾病病毒。老房子、废墟、洞穴是蜘蛛、蝎子、蜈蚣、虱子和螨最常出没的地方,这些地方既可以给人提供场所避开恶劣大气,同时也吸引着其他野生生物。

3. 寻找水

水是维持生存最基本的要素。如果士兵在训练或实战中摄入的水分不能满足消化、呼吸和排汗的需要,他的健康状况便会迅速恶化。正常人平均每天耗水 2~3 L,即使静卧者每天也要消耗大约 1 L 水。炎热季节身负重物行进的人极易脱水,如果严重脱水患者伴有呕吐和腹泻症状,病人在几小时内就会死亡。

水对于人体如此重要,所以在训练中首先要学的就是如何保持体内的水分。为使体内水分消耗降至最低程度,可以采取以下措施:多休息、少活动;避免阳光的直接照射,尽量在夜间行进,远离表面高温的物体,如太阳暴晒下的岩石;严格按计划用水等。还有一些则是不为众人所了解的措施:如不要讲话,因为讲话时嘴部的呼吸会使身体失去水分。不要进食或尽可能少进食。如果身体得不到水分,体液会从要害器官转移以便消化食物,这会加速脱水,而油腻性食物很难消化,需要大量水分。不要饮酒也不要吸烟,因为那样会使用器官消耗大量水分。

在英国这样的温带国家中寻找自然水源是一件比较容易的事,除了大量的人工水源之外,温带地区河流湖泊众多,天然降雨也是丰富的水源,虽然英国水源条件很好,但是新队员还是要学会在最贫瘠的环境中寻找水源。

要对露天水源多加小心,因为很多可能遭到了自然或人为污染,水质有毒,已不适于饮用。我们可以通过种种迹象判断水源是否有毒。对无活水进出、无任何绿色植物在周围环境中生长的池塘或出现动物残骨的其他水源要警惕,这类水源的水表一般都会发出恶臭味的气泡,这些迹象表明水源已受污染,不再适于饮用。不管你找到什么样水源,都要用净化剂将水净化后饮用。如果没有静化剂,你也可以用布将水过滤,然后将水加热煮沸 10 分钟,这样就能消除水中的大部分杂质。

当然在很多情况下没有时间做这么多的准备工作,可以通过一些别的方法找水,它们同样既安全又方便。许多河流的河床布满石头,这种河流的水质一般较好,当然天然降雨是更好的水源了。所以在野外寻水过程中要尽量多集雨水,可以用衣服浸透水,然后再把水拧出来。还可以用一些中空的树木和杯形的植物来收集雨水,这样的植物往往还能储存大量水分,如竹子、仙人掌、棕榈等。所以士兵应对其途经区域的各种植被分布情况了解得一清二楚。

有时士兵找不着适于饮用的露天水源,这时只有三种方法找水,地下取水、凝结取水和植物中取水。寻找地下水源可不是件容易事,只有训练有素的人才能在荒芜的野外找到地下水源。寻找地下水源的首选之地就是地表早已干涸的溪流与河流的河床地区。虽然这些地方的地表早已无水,但是在它们的地表下往往能找到丰富的地下水。

非洲喀拉哈里沙漠的土著居民用一种非常特别的方法寻找地下水源。他们从地面向下挖一个大坑,一直挖到潮湿土壤才停下,然后把一根芦苇插入坑的底部,用嘴吮吸芦苇露在外面的一端,一般经过 10 min 左右的时间就能从芦苇管内吸到地下水。

凝结取水的程序方法要更加复杂,但这种方法在关键时刻有起死回生的作用。有两种工具可以用来凝结取水,一种是日光蒸馏器,另一种是蒸馏袋。这两种工具都要用一两块聚乙烯薄膜(比如结实的商品袋)。日光蒸馏器取水法特别适用于沙漠地区,而蒸馏袋取水法对环境要求较高,只能在植物繁茂的地区使用这种方法。下面分别介绍两种蒸馏器的使用方法。

日光蒸馏器:在地面挖一个长宽约90 cm、深45 cm的坑,坑底部中央放一收集器,在坑上放一块塑料薄膜,用石头或沙土将薄膜的四周固定在坑沿,然后在塑料膜的中央部分吊一石块确保塑料膜呈弧形,以便水滴能顺利滑至中央底部并落入收集器中。太阳的照射使坑内潮湿土壤和空气的温度升高,蒸发产生水汽。水汽逐渐饱和,与塑料膜接触遇冷凝结成水珠,下滑至收集器中,这种方法在一天之内能收集大约1品脱(1品脱 = 0.473 2升)的水。

蒸馏袋的使用原理同日光蒸馏器一样,它们之间不同的地方只是蒸馏袋通过凝结植物的水汽来收集水分。在一段健壮枝叶浓密的树木嫩枝上套一个塑料袋,放袋子的时候要注意使袋口朝上,袋的一角向下,这样便于接收叶面蒸腾作用产生的凝结水。将一聚乙烯膜覆在任何一个生长良好的植株上都可以收集到水分。因为蒸腾作用产生的水汽上升与薄膜接触时遇冷后就会凝结成水滴。应让凝结的水珠沿着薄膜内壁流入底部收集器中。不要让树叶触动薄膜,否则会碰掉凝结的水珠,甚至将刚砍断的新鲜植物枝叶放在大塑料袋里,温度升高时,也会产生凝结水。用干净的石块垫在枝叶下面,可以方便凝结水的收集。用石块把袋子绷紧,再用一个弹性垫棍支撑袋顶,这样以免枝叶触及袋面。当枝叶变蔫时,可以小心地再换上一批新鲜枝叶。

4.1.6　饥　饿

野外生存的魅力是饥饿。饥饿激发人类的求生欲望和潜力。我们这次进行了三度野战生存,有一点保障基础的条件。感觉上还没有进入到预定的状态,但是已经感觉到我们一心投入的伙伴和即将复出的伙伴已经有了生存危机的感觉。野外生存的活力是意志。野外生存到最后是靠意志,在缺少食物的状况下,我们每天靠稀饭度日,每天的主要工作是狩猎、钓鱼、采野菜野果,第一天是好奇,第二天是忍受,第三天就是坚持。三天以后的日子就是我们最好的意志力的体验。

寻找食物也是生存训练的一项重要内容。一般每个国家都有独特的生物品种,所以无论你到哪里都会有东西可吃。野战生存训练中的特别空勤团新队员要学会获取猪、牛、羊肉和粮食等各种农产品,并且还要会把它们做成食物。但是在敌人眼皮底下做这些事情极易被对方发现,所以只能通过别的办法寻找食物。野战生存训练课程教授新队员如何寻找并利用自然资源作为食物。植物学家会在授课过程中向新队员展示他们能在野外找到的各种可食用天然植物,新队员还有机会亲自捕杀可食用的野外动物,这些训练对他们将来的野外生存大有利益。我们虽然不能在这里完全列举出各种可食用的动植物,但是我们可以了解一下寻找食物的主要方法和技巧。

4.2 野战环境下的生物学效应

4.2.1 高原高寒环境下肢体枪弹伤伤道特点及其对机体的影响

由于对高原火器伤认识不足,过去高原战争一直沿用低海拔地区战伤救治模式,导致高原战伤早期治疗时机的延误,增加感染率、伤残率和死亡率。历史遗留的边境争端和少数分裂主义图谋不轨等问题,决定了我国边境高原地区的安全至关重要,研究高原高寒山地地区战时火器伤的特点、治疗原则和阶梯救治方案迫在眉睫,但至今为止国内外尚没有相关研究报道。高原地区子弹飞行速度快于平原,子弹撞击人体组织时的能量也较平原地区高。与平原地区相比,伤道组织损伤范围大、组织血液灌注低、组织细胞损伤程度重。伤道肌肉组织能量物质和代谢酶活力低于平原,组织细胞能量代谢障碍高于平原地区。但高原平时组伤道周围组织的炎症反应和组织水肿轻于平原地区,伤道组织感染时限推迟为 48~72 h,细菌感染的临界数量提高到 107 cfu/g 湿组织。

1. 高原高寒地区平时枪弹伤对机体全身的影响

与平原地区相比,高原平时枪弹伤后全身应激反应程度重、持续时间长,伤后早期全身 IL -1β、TNFα、NO 等致炎因子和后期 IL -4、IL -10 抗炎因子的水平高,伤后全身抗氧化能力降低,组织损伤重。伤后血糖、乳酸、游离脂肪酸、总氨基酸的变化规律与平原组相似,但伤后增加的幅度较平时组大,持续的时间也较长。伤后 6 h~3 d 出现轻度的低镁血症,在伤后 7 d 以后出现轻度的血钠、血氯降低。伤后机体能量消耗较平原多,高能耗的时间延长,伤道外肌肉组织能量物质和代谢酶活力也较平原组低。伤后出现心输出量降低、呼吸性碱中毒合并代谢性酸中毒,肝酶谱和肾功能改变也重于平原地区火器伤。

2. 高原高寒地区战时环境枪弹伤后伤道局部的特点

高原高寒战时组动物在伤前肌肉组织细胞就存在一定程度的抗氧化能力和氧自由基清除能力降低。与高原平时组相比,伤后局部组织总抗氧化能力降低,脂质过氧化程度较重;局部炎症反应和水肿稍重于高原平时组,伤道感染时限为 24~36 h,细菌感染的临界数量为 106 cfu/g 湿组织;伤道组织血栓形成和血管栓塞稍重于高原平时组,局部肌肉组织能量物质和代谢酶活力显著低于高原平时组,组织细胞能量代谢障碍较高原平时组出现的早而重。

3. 高原高寒地区战时环境枪弹伤对机体的影响

高原战时组动物在伤前就存在一定程度的应激反应和炎症反应,机体的抗氧化能力降低,出现低血糖、高乳酸血症和游离脂肪酸、总氨基酸升高的表现,同时肌肉组织中 LDH、CK 和 Na + -K + -ATP 酶的活性降低,肌糖元、无机磷有一定程度的下降。伤后发生全身剧烈而持久的应激反应,较高原平时程度重、持续时间长。早期血浆中出现 IL -1β、TNFα、NO 等致炎因子和后期出现 IL -4、IL -10 抗炎因子的水平也显著高于高原平时组,而且持续的时间较长;伤后血浆中内毒素出现的时间较高原平时早,而且水平高。与高原平时组相比,伤后全身抗氧化能力进一步降低,全身组织脂质过氧化严重,血液处于严重的高凝状态。伤后血糖、血乳酸、游离脂肪酸、总氨基酸等增加的幅度较高原平时组大,而且在高水平持续的时间长达7 d以上;伤后6 h~3 d出现严重的低镁血症,3 d时出现低钙血症,在伤后3~5 d以后出现严重的低钠低氯血症。伤后机体能量消耗显著高于高原平时组,高能耗的时间较长,伤道外肌肉组织的能量物质和代谢酶活力低于高原平时组,能量代谢障碍出现早。伤后出现严重的呼吸性碱中毒和低氧血症,肝酶谱和肾功能改变均较高原平时组显著。综上所述,高原环境可以引起全身诸多系统器官发生病理及生理的改变,重要组织器官功能均不如低海拔地区,在此基础上发生枪弹伤较平原地区更易引起全身内稳态破坏和各系统组织器官功能紊乱,但局部伤道的炎症反应、组织水肿较轻,感染发生较晚。高原战时组在高原和战时双重因素的影响下,动物伤前就发生显著的病理生理改变,伤后伤道局部组织和全身器官发生严重而持久的病理生理变化改变,并出现显著的内稳态破坏和功能紊乱。

4.2.2　激光武器

1. 激光特性及种类

激光是辐射的受激发射光放大的简称,由英文"Light Amplification by Stimulated Emission of Radiation"缩写而成。激光具有光的一切特性,又与普通光源不同,普通光源的发光以自发辐射为主,各个发光中心发出的光波无论在方向、相位或偏振态上都各不相同。而激光以受激辐射为主,各个发光中心发出的光波具有相同的频率、方向、偏振态和严格的相位关系。因此激光具有方向性强、亮度高、单色性和相干性好等特点。激光器的种类很多,可从不同角度划分,按激励方式分,有光激励、电激励、化学激励、热激励和核能激励等;按输出功率分,有小功率(小至几微瓦)、大功率(大至几十亿瓦);按发射波长分,有各色可见光的,红外的,紫外的,X线的;按工作物质分,有固体、气体、液体、半导体、化学准分子和自由电子激光器等;按发射方式可分为连续激光器和脉冲激光器,后者又分为长脉冲、巨脉冲和超短脉冲激光器。

激光武器是指利用激光束直接摧毁目标或使之失效的定向能武器,它与微波武器、粒子束武器、次声武器、等离子体武器、化学腐蚀剂、计算机病毒等一批武器构成高新技术武器,或称之为"新概念武器"。激光武器有多种分类方法:按激光能量的不同,分为低能量激光武器(又称激光轻武器或激光致盲武器)和高能量激光武器(又称激光炮);按其位置和运载工具的不同,分为陆基、车载、舰载、机载和星载激光武器;按用途分为战术激光武器和战略激光武器。激光武器是高新技术兵器中的佼佼者之一,既可用于战略防御,又可用于战术进攻。它可以打飞机,反坦克,反导弹,反卫星,也可攻击单兵,还可以用于大面积纵火。所以,激光武器的出现对战术、战役行动乃至全国的军事战略都将产生深远的影响。激光武器以光束将大量的能量射向目标,提供了一种崭新的杀伤机制。许多发达国家已把激光武器列为未来的关键军事技术。同时随着高技术兵器的发展,激光技术已渗透到各个军事领域,特别是激光制导、激光测距、激光雷达和激光通信。可以肯定,激光技术和激光武器在未来高技术局部战争中的广泛应用,将使常规武器发生革命性变化。

2. 激光致盲生物学基础

（1）视觉器官中屈光系统对激光的聚焦作用

人体中的视觉器官是一个精密的光学系统。眼组织主要由角膜、房水、晶状体、玻璃体和视网膜等组成。前四者均为有一定曲率半径的透镜，共同形成眼的屈光系统，对可见和近红外波长激光有很强的聚焦作用，使到达视网膜上的激光能量或功率密度比角膜表面高约 10 万倍。因此，眼是最易受激光损伤的敏感器官。

（2）不同波长激光对眼组织的损伤作用

不同部位的眼组织具有不同的光谱透射、反射和吸收特性。光谱吸收系数越大，则越容易受激光损伤。波长为 180 ~ 315 nm 的中、远紫外激光和 1 400 ~ 1 000 000 nm 的中、远红外激光照射，其能量几乎被角膜全部吸收，315 ~ 400 nm 的近紫外激光辐射能量可部分透过角膜，到达晶状体后几乎被全部吸收，400 ~ 1 400 nm 的可见及近红外激光辐射的大部分能量可透过眼的屈光系统，到达视网膜。因此，眼组织的上述光谱吸收特性决定了中、远紫外和中、远红外激光辐射主要损伤角膜，近紫外激光既可损伤角膜，也可损伤晶状体，可见及近红外激光主要损伤视网膜。研究结果表明，532 nm 的绿色波长激光引起的视网膜损伤阈值最低，是激光致盲武器的最佳波长。

（3）不同发射方式激光的眼损伤作用

目前通常认为激光对生物组织的损伤机理主要有四种作用，分别为光热作用、光压作用、光化学作用和光电磁作用。其中连续和长脉冲发射方式的可见及中、远红外激光以光热作用损伤为主；紫外波段激光以光化学作用损伤为主；巨脉冲和超短脉冲发射方式的激光则以光压作用损伤为主。当激光波长相同，照射部位相同，而发射方式不同时，巨脉冲激光对眼的损伤阈值最低，这是由于巨脉冲激光与生物组织作用后产生压强的效果。此外，人眼的瞬目反射时间通常为 150 ~ 259 ms，而激光脉冲可窄至微秒、纳秒、皮秒，甚至飞秒级。激光致伤比瞬目反射快得多。由于极短的瞬间、极小的面积上能量集中释放，因此，低剂量照射就可造成眼的严重损伤，所以巨脉冲是激光致盲武器首选的发射方式。

（4）可见激光的闪光盲作用

一定强度的发散脉冲激光束照射，可引起暂时性视觉障碍，而不产生眼组织的器质性损伤，这种现象称为闪光盲。它对于从事精细工作或特殊作业的人员，如飞行员、驾驶员、观瞄手等可产生很大的视觉干扰作用，因此，在战时具有重要意义。

闪光盲的产生主要是视网膜上视色素在光的作用下被分解为全反视黄醛和视蛋白，使眼暂时失去视物能力。当光照停止后，在还原酶辅酶 I 的作用下，全反视黄醛被还原为无活性的维生素 A，经肝脏转为顺－维生素 A，在眼内被视黄酶和辅酶 I 氧化成有活性的11－顺视黄醛，再与视蛋白结合后合成视紫红质。至此，视功能障碍消失，视力恢复正常。这就是激光致眩的生物学依据。

此外，以激光对付使用光学仪器，如炮队镜、望远镜的敌方人员，则由于光学系统的聚焦作用，使受照的能力密度再次提高，从而使眼的损伤加重，致伤距离加大。用激光对付坦克，光束可沿潜望镜或瞄准镜的逆光路射入射手眼内而致伤。又如用激光干扰飞行人员视觉、封锁碉堡眼等，均可能成为激光致盲武器的特殊用途。

4.3　野战环境对参战人员心理健康的影响

由于野战环境是处在比较恶劣的自然环境中,并且还要承受潜在的战场上各种武器伤害,对参战人员来说其心理状态会发生一定变化,主要表现在如下几方面:

(1)战斗应激异常反应

产生的原因一般是由恐惧引起的,以精神和心理变化为主的病症,肌体出现的心理－生理－行为反应异常,分急、慢性两种。急性通常出现在激烈的战斗中数小时,由于参战人员随时面临着死伤的威胁,又受到杀伤场面恐怖的影响,引起心理状态变异,表现在认知能力、情绪状态和行为能力的改变,如言语障碍、感知觉异常、注意力涣散、焦虑、恐惧、过度烦躁、战场上惊慌失措、不知隐蔽和自我保护等;慢性一般由急性转变而来或长时间处于战斗应激状态下的结果,历时数周或数月,表现为以前掌握的技巧丧失,抵抗挫折的耐力下降,思维迟缓、动作缓慢,常出现孤独、木呆,战斗力下降。

(2)战争综合疲劳征

战时长时间的紧张与疲劳,无黑夜与白天之分,改变了人正常的生活规律。表现为精神紧张疲劳,肉体上松弛疲乏,久之周身无力、虚弱、肌肉萎缩等。

(3)战时神经症

主要由于参战人员精神过度紧张或突然强烈兴奋,生活节奏突然被打乱,造成睡眠不足、过度劳累、营养不良,以及战场环境的强烈刺激引起的惊慌、恐惧等情绪状态。主要包括战时癔症、战时强迫症、战时恐惧症、战时神经衰弱、战时神经性自动症及战伤抑郁症等。

(4)战时精神障碍

此症发生率少,主要包括战时精神分裂症、战时躁狂抑郁症、战时中毒性精神障碍、颅脑外伤性精神障碍、烧伤性精神病等。战时精神障碍的致病因素主要为激烈的战场环境所刺激,如空袭轰炸、炸弹爆破及其他战争火器等威胁造成的紧张心理状态。

4.4　高温军事作业

4.4.1　军事作业卫生防护

热环境劳动时的体温上升和心率加快,是热强度和劳动强度综合作用的结果,其水平能较灵敏地反应体内热积蓄和循环功能的紧张度,故普遍采用它们作为生理紧张程度的评价和卫生监控的指标。鉴于国内外采用的标准不尽一致,我军结合热区部队的实际情况,根据人体在军事劳动时不同生理功能水平所反映的生理紧张度,提出了体温和心率的三级心理上线。生理安全上限表示生理功能仍保持在代偿范围内,在一般情况下每日可进行 $6 \sim 7$ h 劳动而对健康无损害,耐受上限表示机体生理紧张度达到了一定的耐受上限,出现了自觉不适症状,此时应适当地减轻劳动强度,以缓解体内紧张状态,耐受极限表示生理调节功能达到可允许的最大紧张度,部分人有较重的中暑前驱症状,不能坚持军事劳动,继续劳动将发生中暑,在野外劳动、训练时,可测定劳动后 3 min 口腔温度及 1,5,和 10 min 的恢复心律,结合主诉询问进行卫生监控。此外,在可能的条件下也可采用出汗量作为监控指标。

平均体温 = 0.8 × 肛门 + 0.2 × 平均皮肤温(= 0.5 × 胸部皮温 + 0.36 × 腓肌部皮温 + 0.14 × 前臂皮温),平均体温的生理安全上限为 37.7 ℃,耐受极限为 38.8 ℃,出汗安全上限为 900 g/h,耐受极限为 1 100 g/h,也有人以 4 h 出汗 3.6 L 作为生理安全上限。

4.4.2　军事作业水盐补充

在热环境下军事作业时,合理补充水盐,使机体内环境维持相对稳定状态,是提高耐热能力、预防热损伤的一个根本措施。国内外军队都很重视水盐补充问题。美军研究人员认为水是预防热损伤的战术武器。美国陆、海、空三军总部在 20 世纪 80 年代公布的《热损伤的防治》技术通报中对水盐(指钠盐) 补充作了明确的规定。我军通过研究,对水、钠盐与钾盐的补充作了如下规定。

1. 水需要量

(1)劳动过程水需要量

根据生理效果评价研究,劳动过程以充分饮水为最好,如果单凭口渴感饮水,只能补充出汗量的 44% ~ 55%,会产生自发性脱水。饮水量按环境气温与劳动强度确定。

(2)全日需水量

在热环境下进行一般活动或轻劳动时,每日供给水 3.3 ~ 3.6 L(包括食物含水 2 L,饮水 1.3 ~ 1.6 L)便能满足机体水平衡要求。不同劳动强度的日需水量,以 3.3 ~ 3.6 L 为基数,加上劳动过程的饮水量,即为全日需水量。

2. 盐需要量

(1)钠盐需要量

热环境下轻劳动时,通常每人每日需要摄入钠 257 mg,相当于 15 g 食用氯化钠;中、重度劳动时每人每日钠需要量分别为 342 ~ 428 mmol,相当于 20 ~ 25 g 食用氯化钠。

(2)钾盐需要量

热环境下轻劳动时,通常每人每日钾需要量为 40 mmol,相当于 3 g 食用氯化钾;中、重度劳动时每人每日为 70 ~ 80 mmol,相当于 5 ~ 6 g 食用氯化钾。

3. 水盐补充方法

劳动过程按所需水量分多次引用,每小时饮 2 ~ 3 次,劳动前及人休息或进食时也应充分供给饮水,鼓励喝足。钠盐和钾盐主要在进食时补给。为了提高饮水量及适当补充不足的盐量和能量,可采用调味剂调配饮水适宜的口味或饮用饮料。我军在 20 世纪 80 年代研制的复合电解质等渗高温饮料具有维持电解质平衡、保留体内水分在体内、节约水分消耗、改善细胞能量代谢及提供能源等作用,美军近年来也研制出一种能提高热环境下军事作业体能的碳水化合物 – 电解质溶液。

4.4.3　军事作业人员的热习服锻炼

热习服锻炼(又称耐热锻炼)是指对热气候不习惯的指战员在热环境中进行一定强

度的体力活动,加速热习服或提高热耐受能力的整个过程。

热习服锻炼的基本原则:将赴热区执行任务和驻扎热区的部队应按下列原则安排热习服锻炼以加速提高部队耐热能力。

①循序渐进。根据部队热适应能力的基础水平,循序渐进地增加锻炼强度(包括热强度、劳动强度和持续时间)。

②足够的锻炼强度。要求热强度的气温在 30 ~ 34 ℃之间。

③坚持,巩固锻炼。一般坚持两周不间断锻炼,可达到热习服。为了防止热习服,每间隔一段时间可结合部队军事作业,进行一次巩固习服锻炼。此外,缺水缺盐、过度疲劳和睡眠不足等都不利于热习服的形成。

热习服锻炼方法:热习服锻炼可利用现场热环境,也可利用人工气候室进行。英军曾研制一种轻便型人工热习服帐篷供部队使用。非热区部队在进驻热区前的体力锻炼可增强体质,也有促进习服的作用,但热习服形成不完全,故还要结合热气候进行习服锻炼。驻热区部队,虽然已经有了一定的热习服,但还不完全,故每年热季初期也要进行锻炼。具体锻炼方案是:在两周内每天安排 100 ~ 200 min 锻炼,时间以下午为宜。锻炼科目可采用负重行军或与其他军事作业交替进行。在锻炼期间,还应加强卫生监控,合理安排作息时间并满足营养及水盐需要。

4.4.4　军事作业人员的防护

冷却降温可减轻人体在炎热环境军事作业时的紧张度,是特种兵预防中暑的一条途径。美空军研制了水冷背心和液冷头盔。水冷背心的散热量是 108 ~ 150 kcal/h,冷却效率为 50% ~ 68%,可大大提高飞行员的舒适感。液冷头盔可使飞行员生理紧张度和体热蓄积等减少 50% 左右。美陆军为解决战车成员个人微小气候冷却降温问题,也研制了液冷背心和冷却装置,都有显著效果。我军研制的通风服、液冷服及化学冰袋背心、二氧化碳干冰帽及半导体冷却帽等也有一定的防热降温效果。此外,在进行军事作业时也可应用一些简易的防护措施,如戴草帽或树枝编成的伪装帽,防止太阳直射头部,还可用凉湿毛巾包裹头部。身体暴露部位皮肤可涂敷防紫外线辐射药膏以防止太阳灼伤。

4.5　野战环境下的营养与修复

野战环境气候条件复杂,最直接的就是长时间阳光照射和大风对人体造成的一系列生物学效应,容易造成水分流失、口渴、皮肤紫外线损伤等不适反应。通过适当的营养调节能够起到改善和缓解这些不适反应的作用。

4.5.1　野战环境下的营养与修复的研究进展

野战食品的安全性问题、卫生问题、营养问题越来越引起人们的关注,因此实现野战食品热食化和多样化,解决野外训练中官兵吃冷饭和食品较为单一的问题是目前亟待解决的问题,野战环境下的营养修复主要从生津止渴、改善皮肤紫外线损伤两方面进行总结。

蜜茶由茶叶 10 克,蜂蜜及葡萄糖浆适量,用温开水冲饮,能促进消化,生津止渴,亦可补充铁、钙、锌等微量元素及维生素 C、维生素 B2、乳酸、氨基酸等。清暑茶：金银花、益元散、绿豆皮各 9 克，薄荷 6 克，益水代茶饮，具有清暑、利湿、生津之功效。菊花茶：干白菊花 10 克、绿茶 10 克，用开水泡饮，能消暑解渴，祛除内热，平肝明目，提神解乏。除了蜜茶有生津止渴之功效，还有清暑茶、菊花茶、苦瓜茶、盐姜茶、陈皮茶、二子茶、酸梅茶、绿豆酸梅茶、丁香神曲茶、清暑明目茶、荷叶瓜片茶、太子乌梅茶等均有此功效。青梅营养丰富，是较好的保健食品。据分析，100 克鲜青梅中含有碳水化合物 18.9 克、脂肪 0.9克、蛋白质 0.9 克以及多种有机酸、维生素、矿物质。鲜食有生津止渴、增进食欲等作用。

甘果橙汁、山梨酸钾、柠檬酸、柠檬香精和冰糖经一定工艺加工制成，含丰富的 VC、VB1、VB2、VA，清热解毒、生津止渴、祛痰止咳、消食强心等功效，特别是对冠心病、高血压及脑血管硬化、维生素 C 缺乏症等有独特疗效。西瓜自古以来就是深受人们喜爱的消夏解暑良品。其瓜汁中含大量葡萄糖、类胡萝卜素、维生素 C、矿物质、枸杞碱和多种氨基酸，常食有清热利湿、止渴、利尿、降血压等功效。另外，多吃菜可以生津止渴，苦瓜含维生素 C、蛋白质、脂肪等，有清暑除热、明目解毒、清热止咳的作用，除此之外，还有莴笋、仙人掌、枸杞苗等。

苦瓜虽味苦，然而吃过后使人神清气爽。它的营养成分，如蛋白质、脂肪、钙、磷、铁和胡萝卜素、维生素等，都使众多瓜果望尘莫及。因此，苦瓜是深受人们喜爱的一种夏令菜肴。夏季吃苦瓜，不仅可以清心消暑，而且还能防病保健，故又称它是一种难得的食疗佳肴。

沙棘是一种具有重要经济价值的野生浆果，我国沙棘蕴藏量大，资源丰富。果实中含有丰富的维生素，包括维生素 B1、维生素 B2、维生素 BC（叶酸）、维生素 C、维生素 E、维生素 K（叶绿醌）、维生素 P 及类胡萝卜素等。此外，沙棘果中还含有各种矿物元素、氨基酸和生物活性物质；具有活血化瘀、化痰宽胸、补脾健胃、生津止渴之功效。

微量元素与人体健康的关系，日益受到人们的关注和研究。茶是一种很好的饮料，被称为世界三大饮料之一。喝茶不仅可以提神益思、解渴生津，而且具有消炎杀菌、预防疾病的功效。茶的营养药理作用和其中的微量元素有一定的关系。同时人们关心，通过喝茶人体可能摄入多少各种不同的微量元素。因此，不仅对茶叶而且有必要对茶汤中微量元素的含量进行分析，关于茶叶及茶汤中的微量元素的测定研究已有不少报道，但缺少简便而可同时测定茶汤中多个元素的方法。

青梅富含柠檬酸、苹果酸、维生素 C 和铁、钙、磷、钾等矿物质，酸味爽口，能生津止渴。由于青梅的酸味过浓，很少用来鲜食，而是用于蜜饯和凉果加工适应性良好的材料，其产品能保存青梅的营养特点和较好的适口性。草莓果蔬汁是一种以草莓为主要材料的果肉型浑浊汁饮料，具有浓郁的草莓风味，含有多种人体必需的维生素、氨基酸，营养丰富，属天然高档饮品。尤其是其所含的钙、铁、磷含量比苹果、梨、葡萄多 2~4 倍，而维生素 C 的含量则多 10 倍以上。草莓有清暑解热、生津止渴、利尿止泻的功效，特别是所含的营养成分极易被人体吸收，因而是老幼、病人的有益食品。

胶原、蛋白质、维生素、矿物质在野战环境下，改善皮肤紫外线损伤方面起到重要作用。

首先，胶原是人体内非常重要的一类蛋白质，具有很强的生物活性和生物功能，能参与细胞的迁移分化和增殖,使骨骼肌腱软骨和皮肤具有一定的机械强度。皮肤的衰老与疾病可造成胶原变性流失,使皮肤产生皱纹,皮肤损害胶原及其产物以各种形式应用于皮肤修复中,胶原蛋白质在猪肉皮、猪蹄、软骨、肌腱等食物中含量较高。豆类中的植物蛋白质,能减少血液中的胆固醇含量,使毛细管的血液畅通,从而为皮肤组织提供更多的营养物质,减少皱纹。维生素 A 具有润滑、强健皮肤的作用,可以防止皮肤干燥,减少角化皮屑、皮肤粗糙现象。含丰富的维生素 A 的食物有芹菜、菠菜。更多还原胶原蛋白口服在国外的动物实验或研究中表现出可能增强皮肤的机械强度及抵抗损伤的能力,有助于抑制紫外线 B 引起的皮肤损伤和光老化作用,并能促进对受损组织的修复。胶原蛋白外用可起到良好的保湿作用,胶原产物在皮肤修复中的应用已日益广泛,虽然还有许多问题需要解决或改善,但随着各方面研究的进展,其应用前景将更为广阔。

其次,自然界中存在于动植物体内以及某些人工合成的化合物在体内和或体外的实验中具有对抗紫外线辐照损伤从而保护组织或细胞的作用,如绿茶多酚丹参酮银杏叶提取物扇贝多肽等。多年研究表明,宁夏枸杞具有抗氧化、清除氧自由基的作用。虫草多糖能够保护皮肤咸纤维细胞光老化。皮肤干涩应该多吃鱼及瘦肉等动物蛋白质食品,保证氨基酸的供给,以补充皮脂腺的分泌。

再次,维生素是六大营养要素(糖、脂肪、蛋白质、盐类、维生素和水)之一,大多数必须从食物中获得,仅少数可在体内合成或由肠道细菌产生。不少维生素缺乏症可产生皮肤损害,有碍美观。在化品及疗效用化妆品中配入一定量的维生素对防治皮肤粗糙、防治粉刺、消除头屑以及生发、养发的效果已被肯定。维生素按理化特性可分为脂溶性及水溶性两类,前者包括维生素 A,D,E,F,K 等,后者包括包括 B1,B2,B3,B5,B9,B12,C,H,P 等。

皮肤干涩,应当多吃富含维生素 C 和 B 族维生素的食品,如荠菜、苋菜、胡萝卜、西红柿、红薯、金针菜等新鲜蔬菜以及豌豆、木耳、牛奶等。多吃坚果类食物,坚果中富含维生素 E、维生素 A、蛋白质、亚油酸等物质,具有润泽肌肤的功效。坚果中的铁、铜等元素能够让肌肤更加光滑富有弹性,杏仁、桃、花生、腰果等坚果都是不错的选择。肌肤干燥者早晨起床后可喝一杯蜂蜜红枣水,可滋阴润肺。蜂蜜里含有的氨基酸、维生素 A、维生素 C、维生素 D 能滋润肌肤,红枣能让气色更好。午餐后喝普洱茶,可以保湿抗氧化。晚上喝一杯温开水,可以让身体充满水分。口服抗氧化剂类胡萝卜素为维生素 A 的前体,可以灭活单态氧,具有抗氧化特性。目前主要用来治疗红细胞生成性原卟啉病,这是一种光敏性的卟啉病。研究口服 180 ~ 300 mg/d 类胡萝卜素可以明显减轻 EPP 的光敏性。维生素 C 是皮肤中天然的抗氧化剂含量最高的成分,单纯口服维生素 C 未能减轻 UVB 诱导的氧化应激反应,然而维生素 C 可以使氧化型维生素 E 还原,联合口服可以协同对抗自由基,起到保护皮肤组织的作用。流行病学调查对于口服维生素 E 是否对防晒有益尚存在争议。部分学者认为基底细胞癌的发生率与血清维生素 E 的水平成反比,然而此类患者通常维生素的摄入量不足。维生素 E 与维生素 C 有协同作用,联合应用有防晒功能。

最后,矿物质对人类皮肤具有相当大的保健作用,其具有抗氧化作用,能够通过清除自由基,使皮肤免受脂质过氧化损伤,改善皮肤老化现象,使肤柔软滑润,消除皱纹。锌、硒、铁、锰元素均属于此类物质。含锌、硒元素丰富的食物有牛肉、鸡蛋、鱼、虾、海产品等。多饮茶可滋润皮肤、延长青春期,这与茶叶中微量元素氟、铁、锡、铜含量较丰富有关。当然,外用含有矿物质的水或者粉剂,以其舒缓作用,对敏感皮肤有较好的效果,也值得推广。矿物质水是从山泉来的水,常利用在美肤保养上,活肤泉水多取自在地下流经多年的水源,其主要成分是所流经地层中的可溶性矿物质,矿物质成分大致可以分为碳酸盐、硫酸盐、硒酸盐、硅酸盐等。

矿物质粉剂:珍珠用于护肤已经有相当长的历史,可外用于护肤,对内科、儿科、妇科、眼科、外科的某些疾病也具有特殊功效,有较高的药用价值。经现代医学研究证实,珍珠中含有 19 种氨基酸近 20 种矿物质高活性生物。牛磺酸丰富的珍珠蛋白及大量的微量元素,能提高人体抗衰老因子、超氧化物、歧化酶和谷胱甘肽的活性,发挥抗氧化作用。珍珠具有养颜润肤、抗衰老、收敛生肌、明目消翳等功效。作为药妆护肤使用的主要是珍珠粉,由贝类的珍珠磨制而来,除含有大量碳酸钙外,还有一定量铜等微量元素。这些微量元素是其美容效果发挥的物质基础,能延缓肌肤衰老、祛斑、祛痘、抗皱,增强肌肤光泽和弹性。

炉甘石主要成分是碳酸锌,尚含少量氧化钙和氧化镁、氧化铁、氧化锰等,有的还含少量钴、铜、镉、铅和痕量的锗、铟。目前皮肤科多用于收敛止痒等,能部分吸收创面分泌液,有收敛保护作用,还可抑制局部葡萄球菌生长。炉甘石粉剂也在一定程度类似滑石粉,可能用于药用护肤品。矿物质硒具有光防护作用。硒是抗氧化酶组成中必不可少的成分,特别是存在于角质形成细胞膜的谷胱甘肽过氧化物酶和硫氧蛋白还原酶。硒可以抑制紫外线诱导的 DNA 氧化损伤,同样也阻止脂质氧化。

4.5.2　药食同源食物与功能性成分

1. 生津止渴药食同源食物

乌梅

【来源】为蔷薇科落叶乔木植物梅 Prunus Mume 的近成熟果实。

【传统功效】敛肺,涩肠,生津,安蛔。用于肺虚久咳,虚热烦渴,久疟,久泻,痢疾,便血,尿血,血崩,蛔厥腹痛,呕吐,钩虫病。

【治疗与保健作用】乌梅的酸味可刺激唾液分泌,生津止渴。常用来治疗口渴多饮的消渴(如糖尿病)以及热病口渴、咽干等。夏天可用乌梅煎汤作为饮品,能去暑解渴。

【功能性成分】乌梅含柠檬酸 19%,苹果酸 15%,琥珀酸,碳水化合物,谷甾醇,蜡样物质及齐墩果酸样物质。在成熟时期含氢氰酸,经加工而成的乌梅干含柠檬酸 50%、苹果酸 20%、苦味酸及苦扁桃苷,乌梅果肉中尚含有较高活性的超氧化物歧化酶(SOD),新鲜乌梅果实含果胶,乌梅种子含苦杏仁苷。

【保健食谱】

乌梅汤

(1)乌梅洗净后在水中浸泡约 30 分钟。

(2)将乌梅连带浸泡的水一起入锅煮,先用大火把水烧开,然后再用小火煮,看到乌梅的皮被煮成渣掉出来为止,全过程约 30 分钟(注意:可根据个人口味确定乌梅放入的量,喜欢酸的话可多放一点乌梅)。

(3)最后加入适量的冰糖或白糖。

乌梅绿豆茶

绿豆 500 克,乌梅 6 克,加水适量,以文火煎约半小时,取其汁液加食盐 15 克,白砂糖 6 克,绿茶 6 克混合浸泡,再加白开水适量经充分和匀后饮用。具有清热毒、消暑湿、生津止渴的作用。常用于高热中暑、口渴胸闷、口舌生疮等症。

乌梅冰糖饮

材料:乌梅 6~12 克,冰糖 15 克。

做法:先将乌梅清洗,然后放入锅中加水适量煎煮,煮沸后 10 分钟,再加入冰糖煮 20 分钟,糖化后,即成。

麦冬

【来源】百合科植物麦冬(沿阶草)的干燥块根。

【传统功效】养阴清热,治疗阴虚内热或用于热病伤津、心烦口渴等症。治疗燥热伤肺所致的咳嗽、痰稠、气逆。

【治疗与保健作用】具有生津润肺、养阴清热的功能,用于热病伤津,心烦口渴等症。

【功能性成分】含多种甾体皂苷,麦冬皂苷 A、B、C、D,苷元均为假叶树皂苷元,另含麦冬皂苷 B'、C'、D',苷元均为薯蓣皂苷元;尚含多种黄酮类化合物,如麦冬甲基黄烷酮 A、B,麦冬黄烷酮 A,麦冬黄酮 A、B,甲基麦冬黄酮 A,B;另分得 5 个异黄酮类化合物。

【保健食谱】

材料:麦门冬 20~30 克,粳米 100 克,冰糖少许。

做法:用麦门冬 20~30 克,煎汤取汁,再以粳米 100 克煮粥待半熟,加入麦门冬汁和冰糖适量同煮。

葛根

【来源】为豆科植物野葛 Pueraria Lobata(Willd.)Ohwi 的干燥根。

【传统功效】解表退热,生津,透疹,升阳止泻。

【治疗与保健作用】葛根辛甘微寒,有解肌退热、透疹、生津止渴之功,外感热病,热盛伤津,身热口渴,项背强肌,以及麻疹不透等病,为必用之品。如葛根汤,桂枝加葛根汤,升麻葛根汤,均以本品为主药。

【功能性成分】同前。

【保健食谱】同前。

2. 改善皮肤紫外线损伤药食同源食物

人参

【来源】五加科植物人参的干燥根。

【传统功效】大补元气,复脉固脱,补脾益肺,生津止渴,安神益智。

【治疗与保健作用】通过对细胞照射后存活率的检测、单细胞电泳和软克隆集落形成实验,评估人参皂苷对细胞的照射后 DNA 修复抗损伤能力,以及人参皂苷对 EGF 诱导的皮肤细胞恶性转化能力的抑制作用。结果人参皂苷能有效地对紫外线 B 造成的细胞致死性损伤抑制作用($p < 0.05$),并且对 EGF 诱导的皮肤细胞转化作用也有明显的抑制作

用($p < 0.05$)。结论:人参皂苷对皮肤细胞抗紫外线辐射损伤的保护作用明显,能显著提高细胞存活率。

【功能性成分】同前。

【保健食谱】同前。

红景天

【来源】是景天科多年生草木或灌木植物。

【传统功效】益气活血,通脉平喘。用于气虚血瘀,胸痹心痛,中风偏瘫,倦怠气喘。

【治疗与保健作用】研究发现红景天对电离辐射所造成的自由基损伤具有明显的保护作用。经微波辐射后的小鼠,脑内单胺类递质脾脏及胸腺内 cAMP 淋巴细胞转化率和血素等出现抵制性变化,使用红景天可使之恢复正常。沈干等证实 UVB 照射人角质形成细胞 HaCaT 后,细胞中 SOD 谷胱甘肽(GSH)过氧化氢酶(CAT)活性以及 MDA 含量的变化,经红景天苷处理的细胞内 SOD GSH CAT 的活性提高,MDA 的产生减少,证明红景天苷具有增加人角质形成细胞内抗氧化酶活性、抑制脂质过氧化反应及抗氧化作用,可以用于对抗皮肤光老化。

【功能性成分】同前。

【保健食谱】同前。

黄芪

【来源】豆科草本植物蒙古黄芪、膜荚黄芪的根。

【传统功效】黄芪有益气固表、敛汗固脱、托疮生肌、利水消肿之功效。

【治疗与保健作用】实验证明黄芪对紫外线照射所引起的皮肤光老化具有一定防护作用。王诗晗等研究发现黄芪提取液可提高光老化小鼠血中羟脯氨酸(HYP)含量,并降低丙二醛(MDA)含量。黄芪的主要成分黄芪甲苷可减轻 UVB 对皮肤角质形成细胞的损伤作用,也可在一定程度上抑制 UVA 引起的成纤维细胞活性下降。

【功能性成分】同第1章中。

【保健食谱】同第1章中。

川芎

【来源】为伞形科植物川芎的根茎。

【传统功效】活血祛瘀,行气开郁,祛风止痛。

【治疗与保健作用】实验证实川芎有效成分阿魏酸能显著减少 UVB 诱导 HaCaT 的氧化损伤,经阿魏酸预处理的细胞上清液中 SOD 谷胱甘肽过氧化物酶(GSH - Px)活性显著增加,而 MDA 水平明显下降,证明阿魏酸具有明显的抗紫外线损伤的作用,其机制可能与增强抗氧化成分活性和减少氧自由基有关。

【功能性成分】同前。

【保健食谱】同前。

枸杞

【来源】该品为茄科植物宁夏枸杞的干燥成熟果实。

【传统功效】滋补肝肾,益精明目。

【治疗与保健作用】研究证实:枸杞可通过降低 UVB 引起的炎症因子 TNF - α 的分

泌从而减轻紫外线辐射引起的皮肤损伤;王小勇等研究发现,枸杞多糖对 UVB 诱导培养的成纤维细胞提早衰老具有抑制作用,对 p16、p53mRNA 表达的下调作用是抑制作用的机制之一。长波紫外线可以造成体外培养的人皮肤成纤维细胞损伤,包括细胞增殖、氧化损伤等细胞毒性;同时,枸杞多糖具有保护细胞免受长波紫外线损伤的作用。枸杞多糖的保护作用在低剂量时不明显,但是高剂量时保护作用较好,这为将来更好地利用枸杞多糖提供了理论依据。紫外线可通过抑制 SOD、GSH - PX 酶活性的防御系统,降低其清除 ROS 的能力,使机体自由基堆积,脂质过氧化物含量增多,造成细胞及组织的损伤;而加入的 LBP 干预组却可明显抑制长波紫外线导致的细胞内 SOD、GSH - PX 下降,降低 MDA 产生和乳酸脱氢酶漏出量。检测枸杞多糖对长波紫外线辐射细胞活力的影响,发现各枸杞多糖干预组 OD 值均明显高于 UVB 照射组而低于空白组,提示 UVB 可以造成体外培养角质细胞增殖活力降低,而枸杞多糖可以剂量依赖性地增加细胞的增殖活力。研究数据的变化表明枸杞多糖有对抗长波紫外线引起的角质细胞损伤的能力,这为将来更好地利用枸杞多糖以及抗氧化剂研发提供了重要的理论依据。

【功能性成分】同前。

【保健食谱】同前。

姜黄

【来源】姜科植物姜黄的干燥根茎。

【传统功效】破血行气,通经止痛。

【治疗与保健作用】姜黄中的姜黄素有抗氧化、抗炎作用,可拮抗紫外线辐射诱导的 DNA 损伤,这与其具有可清除羟自由基的特性有关,另外,使用莪术油治疗长波紫外线照射导致的豚鼠皮肤损伤,经检测发现 MDA 减少,SOD、GSH - PX 活性及总抗氧化能力增加。证实莪术油对长波紫外线皮肤氧化损伤有治疗作用;姜黄素对中波紫外线造成的 NIH3T3 细胞损伤有重要的保护作用,不仅对细胞内 ROS 有清除作用,而且对线粒体膜电位有保护作用。但姜黄素对 NIH3T3 细胞紫外线损伤保护的分子机制还有待进一步研究。

【功能性成分】含姜黄素类化合物:姜黄素(Curcumin),双去甲氧基姜黄素(Bisdeme-thoxycurcumin),去甲氧基姜黄素(Demethoxycurcumin),二氢姜黄素(Dihydrocurcumin);倍半萜类化合物:姜黄新酮(Curlone),姜黄酮醇(Turmeronol)A、B,原莪术二醇(Procur-cumadiol),莪术双环烯酮(Curcumenone),去氢莪术二酮(Drhydrocurdione),α - 姜黄酮(α - turmerone),甜没药姜黄醇(Bisacurone),莪术烯醇(Curcumenol),异原莪术烯醇(Isopro-curcumenol),莪术奥酮二醇(Zedaaronediol),原莪术烯醇(Procurcumenol),等;酸性多糖:姜黄多糖(Utonan)A、B、C、D。挥发油(4.2%),主要有姜黄酮,芳香 - 姜黄酮(Arturmer-one),姜黄烯(Curcumene),大牻牛儿酮(Germacrone),芳 - 香姜黄烯(Ar - curcumene),桉叶素(Cineole),松油烯(Terpinene),莪术醇(Curcumol),莪术呋喃烯酮(Curzerenone),莪术二酮(Curdione),α - 蒎烯(α - pinene),β - 蒎烯(β - pinene),柠檬烯(Limonene),芳樟醇(Linalool),丁香烯(Caryophyllene),龙脑(Borneol)等。

【保健食谱】

姜香青蟹

材料:青蟹三只,适量的姜黄、葱花。

做法：

(1)青蟹洗净切对开备用。

(2)锅内放入适量的食用油开中火。

(3)锅热后放入姜黄、蒜片爆香,最后放入青蟹(切开面朝下)煎香。然后加入适量的黄酒、酱油、水焖烧。

(4)菜熟后加入适量的味精、胡椒粉及葱花即可。

姜黄花饼

材料:姜黄花2朵,麦面粉100克。

做法:将姜黄花洗净,切细,与蒲黄混合均匀,用清水适量调为稀糊状,放置于热油锅中煎至两面金黄时服食,每日1剂。

第5章 灾后环境生物学效应及活性成分的应用

5.1 灾后环境特点

5.1.1 地 震

地震是一种突发的自然灾害,震后生态环境和生活条件受到极大破坏,卫生基础设施损坏严重,供水设施遭到破坏,饮用水源会受到污染,是导致传染病发生的潜在因素。以下是地震后可能引发的病症:

①肠道传染病,如霍乱、甲肝、伤寒、痢疾、感染性腹泻、肠炎等。

②虫媒传染病,如乙脑、黑热病、疟疾等。

③人畜共患病和自然疫源性疾病,如鼠疫、流行性出血热、炭疽、狂犬病等。

④经皮肤破损引起的传染病,如破伤风、钩端螺旋体病等。

⑤常见传染病,如流脑、麻疹、流感等呼吸道传染病等。其次是食源性疾病和饮水安全。

⑥震后房屋倒塌,使食品、粮食受潮霉变、腐败变质,存在发生食物中毒的潜在危险。

⑦由于水源和供水设施破坏和污染,存在饮水安全隐患问题。

地震灾害是对人类生命和财产威胁最大的自然灾害,号称群灾之首。地震灾害对人类社会的破坏多是由建筑物的倒塌而造成的。地震是一种破坏力很大的自然灾害,除了直接造成房倒屋塌和山崩、地裂、砂土液化、喷砂冒水外,还会引起火灾、爆炸、毒气蔓延、水灾、滑坡、泥石流、瘟疫等次生灾害。此外,由于地震所造成的社会秩序混乱、生产停滞、家庭破坏、生活困苦和人们心理的损害,往往会造成比地震的直接损失更大的后果。

主要危害分类:

①建筑物与构筑物的破坏,如房屋倒塌、桥梁断落、水坝开裂、铁轨变形等。

②地面破坏,如地面裂缝、塌陷,喷水冒砂等。山体等自然物的破坏,如山崩、滑坡等。

③海啸、海底地震引起的巨大海浪冲上海岸,造成沿海地区的破坏。

此外,在有些大地震中,还有地火烧伤人畜的现象。地震的直接灾害发生后,会引发出次生灾害。有时,次生灾害所造成的伤亡和损失,比直接灾害还大。例如,1932年日本关东大地震,直接因地震倒塌的房屋仅1万幢,而地震时失火却烧毁了70万幢。

次生灾害:火灾,由震后火源失控引起;水灾,由水坝决口或山崩壅塞河道等引起;毒气泄漏,由建筑物或装置破坏等引起;瘟疫,由震后生存环境的严重破坏引起。唐山大地震对沱江的污染,导致鱼全死光(见图5.1)。

图 5.1　唐山大地震对沱江的污染

5.1.2　火　灾

火的发现将人类社会带入了文明,火的使用是人类文明最早的体现。人类在使用火的同时却不断与火灾作斗争,火灾造成的不仅只是人员的伤亡和财产的损失,它与人类自下而上的生存环境也休戚相关,火灾产生的浓烟及有毒气体直接或间接地影响着人们的环境,人们在关心人员伤亡和财产损失的同时,往往容易忽视火灾带来的环境污染,这会严重危害人类健康。

火灾是指在时间和空间上失去控制的燃烧所造成的灾害。在各种灾害中,火灾是最经常、最普遍地威胁公众安全和社会发展的主要灾害之一。人类能够对火进行利用和控制,是文明进步的一个重要标志。所以说人类使用火的历史与同火灾作斗争的历史是相伴相生的,人们在用火的同时,不断总结火灾发生的规律,尽可能地减少火灾及其对人类造成的危害。

根据 2007 年 6 月 26 日公安部下发的《关于调整火灾等级标准的通知》,新的火灾等级标准由原来的特大火灾、重大火灾、一般火灾三个等级调整为特别重大火灾、重大火灾、较大火灾和一般火灾四个等级。

①特别重大火灾,指造成 30 人以上死亡,或者 100 人以上重伤,或者 1 亿元以上直接财产损失的火灾。

②重大火灾,指造成 10 人以上 30 人以下死亡,或者 50 人以上 100 人以下重伤,或者 5 000 万元以上 1 亿元以下直接财产损失的火灾。

③较大火灾,指造成 3 人以上 10 人以下死亡,或者 10 人以上 50 人以下重伤,或者 1 000 万元以上 5 000 万元以下直接财产损失的火灾。

④一般火灾,指造成 3 人以下死亡,或者 10 人以下重伤,或者 1 000 万元以下直接财产损失的火灾。(注:"以上"包括本数,"以下"不包括本数。)

5.1.3　洪　涝

从洪涝灾害的发生机制来看,洪涝具有明显的季节性、区域性和可重复性。如我国长江中下游地区的洪涝几乎全部都发生在夏季,并且成因也基本上相同,而在黄河流域则有不同的特点。

同时,洪涝灾害具有很大的破坏性和普遍性。洪涝灾害不仅对社会有害,还能严重危害相邻流域,造成水系变迁。并且,在不同地区均有可能发生洪涝灾害,包括山区、滨海、河流入海口、河流中下游以及冰川周边地区等。但是,洪涝仍具有可防御性。人类不可能彻底根治洪水灾害,但通过各种努力,可以尽可能地减少灾害的影响。

5.1.4　雪　灾

雪灾也称白灾,是因长时间大量降雪造成大范围积雪成灾的自然现象。它是中国牧区常发生的一种畜牧气象灾害,主要是指依靠天然草场放牧的畜牧业地区,由于冬半年降雪量过多和积雪过厚,雪层维持时间长,影响畜牧正常放牧活动的一种灾害。对畜牧业的危害,主要是积雪掩盖草场,且超过一定深度,有的积雪虽不深,但密度较大,或者雪面覆冰形成冰壳,牲畜难以扒开雪层吃草,造成饥饿,有时冰壳还易划破羊和马的蹄腕,造成冻伤,致使牲畜瘦弱,常常造成牧畜流产,仔畜成活率低,老弱幼畜饥寒交迫,死亡增多。同时还严重影响甚至破坏交通、通信、输电线路等生命线工程,对牧民的生命安全和生活造成威胁。雪灾主要发生在稳定积雪地区和不稳定积雪山区,偶尔出现在瞬时积雪地区。中国牧区的雪灾主要发生在内蒙古草原、西北和青藏高原的部分地区。

在 2008 年 1 月 10 日,雪灾在南方爆发了。严重的受灾地区有湖南,贵州,湖北,江西,广西北部,广东北部,浙江西部,安徽南部,河南南部。截至 2008 年 2 月 12 日,低温雨雪冰冻灾害已造成 21 个省(区、市、兵团)不同程度受灾,因灾死亡 107 人,失踪 8 人,紧急转移安置 151.2 万人,累计救助铁路公路滞留人员 192.7 万人;农作物受灾面积 1.77 亿亩,绝收 2 530 亩;森林受损面积近 2.6 亿亩;倒塌房屋 35.4 万间;造成 1 111 亿元人民币直接经济损失。

雪灾按其发生的气候规律可分为两类:猝发型和持续型。猝发型雪灾发生在暴风雪天气过程中或以后,在几天内保持较厚的积雪对牲畜构成威胁。本类型多见于深秋和气候多变的春季,如青海省 2009 年 3 月下旬至 4 月上旬和 1985 年 10 月中旬出现的罕见大雪灾,便是近年来这类雪灾最明显的例子。持续型雪灾达到危害牲畜的积雪厚度随降雪天气逐渐加厚,密度逐渐增加,稳定积雪时间长。此型可从秋末一直持续到第二年的春季,如青海省 1974 年 10 月至 1975 年 3 月的特大雪灾,持续积雪长达 5 个月之久,极端最低气温降至零下三四十摄氏度。

人们通常用草场的积雪深度作为雪灾的首要标志。由于各地草场差异、牧草生长高度不等,因此形成雪灾的积雪深度是不一样的。内蒙古和新疆根据多年观察调查资料分析,对历年降雪量和雪灾形成的关系进行比较,得出雪灾的指标为:

轻雪灾,冬春降雪量相当于常年同期降雪量的 120% 以上。

中雪灾,冬春降雪量相当于常年同期降雪量的 140% 以上。

重雪灾,冬春降雪量相当于常年同期降雪量的 160% 以上。

雪灾的指标也可以用其他物理量来表示,如积雪深度、密度、温度等,不过上述指标的最大优点是使用简便,且资料易于获得。

5.1.5　台　风

根据近几年来台风发生的有关资料表明,台风发生的规律及其特点主要有以下几点:一是有季节性。台风(包括热带风暴)一般发生在夏秋之间,最早发生在五月初,最迟发生在十一月。二是台风中心登陆地点难准确预报。台风的风向时有变化,常出人意料,台风中心登陆地点往往与预报相左。三是台风具有旋转性。其登陆时的风向一般先北后南。四是损毁性严重。对不坚固的建筑物、架空的各种线路、树木、海上船只、海上网箱养鱼、海边农作物等破坏性很大。五是强台风发生常伴有大暴雨、大海潮、大海啸。六是强台风发生时,人力不可抗拒,易造成人员伤亡。

我国把进入东经150°以西、北纬10°以北、近中心最大风力大于8级的热带低压按每年出现的先后顺序编号,这就是我们从广播、电视里听到或看到的"今年第×号台风(热带风暴、强热带风暴)"。

台风是一种破坏力很强的灾害性天气系统,但有时也能起到消除干旱的有益作用。其危害性主要有三个方面:

①大风。台风中心附近最大风力一般为8级以上。

②暴雨。台风是最强的暴雨天气系统之一,在台风经过的地区,一般能产生150~300 mm降雨,少数台风能产生1 000 mm以上的特大暴雨。1975年第3号台风在淮河上游产生的特大暴雨,创造了中国内地地区暴雨极值,形成了河南"75.8"大洪水。

③风暴潮。一般台风能使沿岸海水产生增水,江苏省沿海最大增水可达3 m。"9608"和"9711"号台风增水,使江苏省沿江沿海出现超历史的高潮位。

在我国沿海地区,几乎每年夏秋两季都会或多或少地遭受台风的侵袭,由此产生的生命财产损失也不小。作为一种灾害性天气,可以说,提起台风,没有人会对它表示好感。然而,凡事都有两重性,台风是给人类带来了灾害,但假如没有台风,人类将更加遭殃。科学研究发现,台风对人类起码有如下几大好处:

①台风这一热带风暴为人们带来了丰沛的淡水。台风给中国沿海、日本海沿岸、印度、东南亚和美国东南部带来大量的雨水,约占这些地区总降水量的1/4以上,对改善这些地区的淡水供应和生态环境都有十分重要的意义。

②靠近赤道的热带、亚热带地区受日照时间最长,干热难忍,如果没有台风来驱散这些地区的热量,那里将会更热,地表沙荒将更加严重。同时寒带将会更冷,温带将会消失。我国将没有昆明这样的春城,也没有四季常青的广州,"北大仓"、内蒙古草原也将不复存在。

③台风最高时速可达200 km以上,这巨大的能量可以直接给人类造成灾难,但也全凭着这巨大的能量流动使地球保持着热平衡,使人类安居乐业,生生不息。

④台风还能增加捕鱼产量。每当台风吹袭时翻江倒海,将江海底部的营养物质卷上来,鱼饵增多,吸引鱼群在水面附近聚集,渔获量自然提高。

5.1.6　火　山

火山爆发呈现了大自然疯狂的一面。一座爆发中的火山,可能会流出灼热的红色熔岩流,或是喷出大量的火山灰和火山气体。这样的自然浩劫可能造成成千上万人伤亡的惨剧,不过大多数火山爆发对生命和财产只造成轻微的伤害。火山爆发是世界各地都可能发生的自然灾害,只是有些地区发生得比较频繁而已。

　　地球内部充满着炽热的岩浆,在极大的压力下,岩浆便会从薄弱的地方冲破地壳,喷涌而出,造成火山爆发。

　　火山可分活火山、死火山和休眠火山。前面讲到的坦博拉火山和夏威夷群岛上的火山,现在还在活动,这就是活火山。死火山是指史前有过活动,但历史上无喷发记载的火山。我国境内的 600 多座火山,大都是死火山。有些火山在历史上有过活动的记载,但后来一直没有活动,这种火山就称为休眠火山。休眠火山可能会突然"醒来",成为活火山。

　　猛烈的火山爆发会吞噬、摧毁大片土地,把大批生命、财产烧为灰烬。可是令人惊讶的是,火山所在地往往是人烟稠密的地区,日本的那须火山和富士火山周围就是这样。原来,火山喷发出来的火山灰是很好的天然肥料,富士山地区的桑树长得特别好,有利于养蚕业;维苏威火山地区则盛产葡萄。火山地区景象奇特,往往成为旅游胜地。

　　在人类能够控制火山活动之前,加强预报是防止火山灾害的唯一办法。科学家对火山爆发问题的研究,常常得益于动、植物的某种突然变化。许多动物往往在火山爆发之前就纷纷逃离远去,似乎知道大祸即将临头。印度尼西亚爪哇岛上有一种奇特的植物,在火山爆发之前会开花,当地居民把它称为"火山报警花"。

　　火山爆发可能是全球气候变暖的一个重要原因,"地球上每年大约有 50 多次规模不等的火山爆发,可能是全球气候变暖的一个重要原因",中国南极村南极科学考察队首席科学家、中国科学院刘嘉麒院士在考察南极地区的火山和地质后指出。

5.1.7　瘟　疫

　　总的来说,瘟疫是由于一些强烈致病性微生物,如细菌、病毒引起的传染病。一般是自然灾害后,环境卫生不好引起的。2000 年八国集团领导人(G8)在日本冲绳举行年度会议。鉴于包括艾滋病、肺结核和疟疾等在内的传染病已成为人类头号杀手,其所带来的经济损失更是难以数计,如何遏止全球瘟疫的蔓延首次正式列入此次会议的议题。

　　瘟疫灾害是由传染病大规模流行所引起的灾害,它直接威胁着人类的健康与生命安全,是人类社会的顶级灾害。自人类诞生以来,瘟疫就像是人类的影子,总是与人类相伴而行,即使科技高度发达到医学空前进步的今日,瘟疫仍然是人类生存与发展的大敌。

　　据了解,目前全世界共有 3 500 万人感染艾滋病病毒,其中 70% 的人生活在非洲撒哈拉以南地区,该地区迄今为止已有 1 100 万人死于艾滋病。

　　1/3 的艾滋病患者最后都死于肺结核,后者每年夺去 200 万人的生命,同时又有 800 万人感染,几乎全部集中在发展中国家。

　　疟疾只需借助蚊子叮咬就可以传染,在非洲,它每年要夺去 100 万人的生命。

　　世界卫生组织估计,在发展中国家,艾滋病、肺结核和疟疫这三种传染病使各国遭受了巨大的损失。其中在撒哈拉以南的非洲国家,过去 35 年中,仅疟疫一种传染病就使国内生产总值损失了 1/3。

　　法国总统希拉克在一次重大艾滋病会议上曾表示,他将在八国集团领导人会议上敦促其他国家的领导人支持改善发展中国家的医疗水平。

　　从以往的情况来看,八国集团所作的允诺往往最终不能兑现。例如,1999 年,八国集团曾宣布将为世界上最贫穷国家削减 1 000 亿美元的债务,但迄今为止,还没有哪个国家采取具体行动。

有鉴于此,积极呼吁向贫穷国家提供廉价药品的世界慈善医疗卫生阵线(MSF)警告说,八国集团必须用实际行动来实现所许下的诺言。

MSF 女发言人萨曼莎·波尔顿说,"八国集团应该提供资金,帮助发展中国家生产一些普通药品,如治疗艾滋病的抗逆转录酶病毒药品,以使这些国家摆脱对国外大医药公司的依赖。"

此外,鼓励、支持公共研究机构的研究工作也非常重要,研制新药品不应该像商品一样为某个跨国大公司所垄断。肺结核的治疗就是一个突出例子。目前仅有的一种疫苗还是在 1923 年发现的,此后,几乎没有人再去研究新的更为有效的药品。而这种名为 TB 的疫苗经过 30 多年的运用之后,不仅价钱昂贵,而且药力也在逐渐下降。

波尔顿说,"肺结核是穷人的疾病。如果感染了肺结核,你必需待在医院里几个月,无法工作,而这对许多人来说是根本负担不起的。"

5.2　灾后环境下的生物学效应

5.2.1　地　震

大灾过后防大疫。由于震后生态环境和生活条件受到极大破坏,卫生基础设施损坏严重,饮用水源受到污染,是导致传染病发生的潜在因素。防疫保健工作已经成为灾后重建的重要任务,而震区每个人加强防治措施同样至关重要。

根据医学分析和有关案例显示,地震过后初期,灾区卫生状况令人担忧。首先,地震造成大量人员的直接伤亡,来不及处理的遇难人员遗体、受伤者伤口很容易成为细菌生长繁殖的理想场所;其次是灾害导致生活环境相对恶劣,粪便、垃圾等污物相对集中,容易造成蚊蝇滋生,加之生活用水紧缺、营养不足、睡眠不足等,灾区人群的抵抗力下降,很容易感染病菌;此外就是气候原因,比如降水可能导致空气流动性较强,使病菌的传播途径广泛,传播速度快,这些都促使传染病很可能爆发。

汶川地震发生后,卫生部迅速发布《抗震救灾卫生防疫工作方案》,四川省疾病预防控制中心也在短期内编制出了《抗震救灾卫生防病知识》。综合看来,地震灾区救援人员、灾民等防疫保健要点包括:

①参与执行搜救任务注意戴帽子(安全帽)、戴手套(防护手套)、戴口罩(16 层棉口罩),穿防护靴,遗体要经专业防疫人员的处理后再行搬运,搬运人员归队后注意个人清洗和消毒;人员外伤须及时注射破伤风抗毒素,对伤口进行清创缝合,并进行抗感染治疗。

②预防呼吸道传染病。灾区昼夜温差很大,女性尤其要注意增减衣服,防止雨淋,多休息,多喝水,如果有感冒症状及时服用板蓝根、感冒冲剂、玉叶解毒颗粒等药品。

③预防肠道传染病(菌痢、伤寒、甲肝为主),饮水和食品卫生是关键。喝水、漱口、刷牙要用纯净水(瓶装),不吃过期、蚊蝇叮咬过的食品。饭前饭后、便前便后一定要洗手,

并可随身准备保济丸等药品进行防御。

④预防泌尿系统等感染疾病。尿路感染本来就是男女老少都会罹患的常见疾病,而四川灾区气候温暖潮湿,加之灾区各类人群个人清洁不方便或不及时等,更容易造成尿路感染,可结合三金片等中成药进行防治;而女性则要定期洗澡,勤换卫生巾等。

⑤预防虫媒传染病。主要是乙型脑炎、疟疾、黑热病的预防。要使用蚊香、保持营区卫生等措施积极防蚊、灭蚊,防止蚊虫叮咬。

⑥预防人畜共患病和自然疫源性疾病。主要是鼠疫、流行性出血热、炭疽等的预防。要注意灭鼠、灭蚊、灭虫,做好粪便、厕所、垃圾场的管理,避免污染水源。临时搭建的帐篷尽量向阳,地势高、防潮。

专家建议,震区民众应积极承担防疫职能,在发现周围亲属、朋友出现传染病症状后,应及时报告卫生防疫部门。同时,各地主管医疗机构应根据灾区目前易患疾病的情况,适时给灾区人员发送保济丸、板蓝根、三金片等防治传染性疾病的常备药物。另外,每个人要保持良好和正确的心态,只要采取正确的方法积极主动预防,大规模传染病出现的几率并不大,是完全可以预防的。

5.2.2　火　灾

1. 燃烧产物和烟雾

燃烧产物的成分与可燃物质的化学组成和燃烧条件有关。大部分可燃物质属于有机物,它们是由碳、氢、氧、硫、磷和氮等元素构成的,燃烧后分别生成二氧化碳(不完全燃烧时生成一氧化碳)、水蒸气、二氧化硫和五氧化二磷等产物。上述燃烧产物除一氧化碳外,都不能再燃烧。有机物质不完全燃烧时,不仅会生成完全燃烧产物,还会生成一氧化碳、酮类、醇类、醛类、醚类以及其他一些复杂的有机化合物。例如,木材在空气充足的条件下燃烧时,生成二氧化碳、水蒸气和灰分,而在空气不足的条件(如地下室、密闭的房间)下燃烧时,还会生成一氧化碳、甲醇、丙酮、乙醛、醋酸以及其他干馏产物。如果是各种塑料、人造丝、羊毛等高分子材料燃烧,除了生成二氧化碳外,还生成其他一些有毒或有刺激性的气体,如一氧化碳、氯化氢、氨、氰化氢等。

2. 燃烧产物对水体的影响

①无机污染物质。污染水体的无机污染物质有酸、碱和一些无机盐类,这种污染可使水体的 pH 值发生变化,妨碍水体自净能力。

②无机有毒物质。污染水体的无机有毒物质主要是重金属和非金属等有长期潜在影响的物质。主要有汞、镉、铅、砷、硫等元素。

③有机有毒物质。污染水体的有机有毒物质主要是燃烧过程中生成的氰化氢及灭火过程中冲刷出的各种有机农药、多环芳烃、卤代烃等。它们大多是人工合成物质,其化学性质稳定,很难被降解。

④需氧污染物质。灭火救援产生的废水中所含的碳水化合物、蛋白质、脂肪和酚、醇等有机物质可在微生物的作用下进行分解。在分解过程中需要大量氧气,故称之为需氧污染物质。

⑤植物营养物质。主要是灭火救援产生污水中的含氮、磷等植物营养素。

⑥油类污染物质。主要是指石油及石油产品对水体的污染。

3. 燃烧产物对大气的影响

造成大气污染的主要物质是 SO、NO、CO、碳氢化合物、炭黑粒子和飞灰等。烟气中的飞灰是燃料燃烧后剩余的细微固体颗粒物,少量的碳氢化合物、炭黑粒子等属于不完全燃烧的产物。粒径小于 10 μm 的颗粒能在空气中长期悬浮并做布朗运动,容易进入人的呼吸系统。由于这些颗粒几乎不能被上呼吸道表面体液截留并随痰排出,很容易直接进入肺部并在肺泡内沉积,因此对人体的危害最大,其危害程度取决于固体颗粒物的粒径、种类、溶解度以及吸附的有害气体的性质等。燃烧过程产生的烟尘具有很复杂的化学组成,其中有含镍、镉、铬、铍、钒、铅、砷等的有毒化合物。特别是致癌物质苯并芘、苯芘蒽等,通过呼吸道或皮肤进入人体,引起肺癌或皮肤癌。

①含硫化合物。主要指 SO_2、SO 和 H_2S 等,是影响和破坏全世界范围大气质量的最主要的气态污染物,含硫化合物是造成二次污染硫酸烟雾的主要物质,并参与了酸雨的形成。

②含氮化合物。大气污染物中含氮化合物种类很多,如 NO、NO_2、N_2O 以及 HCN 等,通常用符号 NO_x 表示这些氮氧化物。其中造成大气污染的 NO_x 主要是 NO 和 NO_2。

③碳氧化合物。污染大气的碳氧化合物主要有两种物质,即 CO 和 CO_2。

④碳氢化合物。大气中的碳氢化合物通常是指可挥发的各种有机烃类化合物,如烷烃、烯烃和芳烃等。各种复杂的碳氢化合物如多环芳烃中的苯并芘,具有明显的致癌作用,更大危害还在于碳氢化合物和氮氧化合物的共同作用会形成光化学烟雾。

⑤卤素化合物。对大气构成污染的卤素化合物,主要是含氯化合物及含氟化合物,如 HCl、HF 等。这些氟氯烃类气体排放对局部地区的植物生长具有很大的伤害,同时也是破坏臭氧层的主要成分之一。

5.2.3 洪 水

洪水造成的最严重的破坏莫过于家破人亡、流离失所,而这些主要是由纯粹的流水力量导致的。在洪水中,15 cm 高的水流就可以将人冲倒,高于 60 cm 高的水流所产生的力量则足以冲走汽车。即使水量再大,这可能看起来也非常令人惊讶,水竟然能具有如此大的威力。我们能够在海洋里顺畅地游泳,而不会被冲得东倒西歪,是因为海洋是由大量不断移动的潮水形成的。而且在大多数情况下,流动的江河也不足以将人冲倒。但为什么洪水的作用会如此不同呢?

洪水之所以比普通的河流或平静的海洋更加危险,是因为它们能够施加更强大的压力。这是由于洪水期间水量分布存在的巨大差异造成的。在洪水中,一片区域内汇集了大量的水,而另一片区域内则基本上没有水。水是相当重的,因此它为了"找到自身平衡"会飞快地移动。区域之间的水量差异越大,流水移动的力量就越大。但是在特定的时候,水看起来并没有那么深,而且似乎看起来也没有什么危险——而直到灾难发生时,人们才追悔莫及。在洪水中丧生的人有将近一半都是因为试图开车冲过急流而造成的。海洋中的水量远远多于洪水的水量,但海水之所以不会将我们冲倒,是因为海水的水量分布相当均匀——平静海洋中的水不会急于寻找自身的平衡。

最危险的洪水是山洪暴发，它们是由突然、急剧汇集的水量导致的。山洪暴发可以在水量开始汇集（无论是过多降雨还是其他原因）后不久就袭击附近地区。因此很多时候，人们根本看不到它们的到来。由于一个地区内聚集了大量的水，山洪暴发时的急流往往在流动时带有巨大的冲击力，能够冲走行人、汽车甚至房屋。当大暴雨将大量雨水瞬间倾泻在山上时，暴发的山洪会极具破坏性。水流以惊人的速度奔向山谷，所到之处都毁于一旦。

洪水带来的另一种危害是疾病传播。当洪水流经某个地区时，它会夹带各种化学制品和废品，导致灾区卫生状况极度恶化。从根本上来讲，洪水中所有的人和物都像是在一个大汤锅中漂浮着。虽然这些条件通常并不会产生疾病，但是它们却非常有利于疾病的传播（大多数疾病在水中要比在空气中更易于传播）。如果处于洪水灾区，那么在洪水期间务必只饮用瓶装水或开水，并遵守其他卫生原则，做到这几点非常重要。

我们永远都不能阻止洪水的发生，它是我们大气的复杂气候系统中无法避免的因素。但是，我们可以通过修建先进的水坝、防洪堤和排水系统，努力将洪水带来的危害降到最低。避免遭受洪灾的最好方法可能还是完全撤出易于暴发洪水的地区。如同许多自然现象一样，面对洪水最明智的反应就是避让和疏导。

5.2.4　雪　灾

1. 农业生产防雪灾的 5 条措施

①要及早采取有效防冻措施，抵御强低温对越冬作物的侵袭，特别是要防止持续低温对旺苗、弱苗的危害。

②加强对大棚蔬菜和在地越冬蔬菜的管理，防止连阴雨雪、低温天气的危害，雪后应及时清除大棚上的积雪，既减轻塑料薄膜压力，又有利于增温透光；同时加强各类冬季蔬菜、瓜果的储存管理。

③要趁雨雪间隙及时做好"三沟"的清理工作，降湿排涝，以防连阴雨雪天气造成田间长期积水，影响麦菜根系生长发育。同时要加强田间管理，中耕松土，铲除杂草，提高其抗寒能力，做好病虫害的防治工作。

④及时给麦菜盖土，提高御寒能力，若能用猪牛粪等有机肥覆盖，保苗越冬效果更好。

⑤要做好大棚的防风加固，并注意棚内的保温、增温，减少蔬菜病害的发生，保障春节蔬菜的正常供应。

2. 强冷空气侵袭时的健康注意事项

冬季是一年四季中最为寒冷的季节，当强冷空气侵袭时，还常常伴有大风、雨雪、冰冻等恶劣天气。这种低气温环境，可以大大削弱人体的防御功能和抵抗力，从而诱发各种疾病，甚至发生生命危险。有几种看似小的健康问题，防范不好也会引起大毛病。下面一组应对策略可以给大家提供一些帮助。

（1）鼻子出血

轻微的出血可采取让患者半坐卧或侧卧位，头部稍向前低的姿势，改用嘴巴呼吸来保持气道通畅,并以手指压迫鼻翼止血,约 10 min 左右流血量多自然减少或停止。多量或快速的出血,尤其是合并高血压或其他病症,往往需要紧急请医生帮助。

(2)呼吸疾病

不要因为怕冷就一下子穿上很厚的衣服,也不要整天缩在空调房里享受空调制造的温暖。最好的方法就是让自己动起来,因为运动不仅能促进身体的血液循环,增强心肺功能,而且对我们的呼吸系统也是很有益的锻炼。爱上运动的你很快就会发现,自己不用再穿成个球也能出门了。当然,进入流感高发的季节,注射流感疫苗也是对健康必要的保护。

(3)皮肤干燥

冬季里,爱清洁的你更要讲究洗澡的章法和频率,洗澡次数不要太频,最好不要用香皂洗澡(因为香皂一般呈碱性,容易让皮肤表层的 pH 值失衡),水温也不要太高,尽量用含有滋润成分的浴液,洗过澡后应涂抹含有保湿成分的润肤膏,例如凡士林。

(4)手脚冰凉

平时不要吸烟,避免摄入过多含咖啡因的食物,如咖啡、浓茶、可乐等,多吃性温热的活血食物,多穿保暖的衣服,多做伸缩手指、手臂绕圈、扭动脚趾等暖身运动,避免长时间固定不动的姿势和精神集中,尤其是持续使用电脑达 7 h 以上。当然,如果能让自己在秋风瑟瑟的季节动起来,更是一种最自然且效果立竿见影的好办法。

(5)关节疼痛

平时除了注意肢体保暖外,更可利用护膝、护肘等用品。有规律地进行运动,可以强化腿部的肌肉,促进血液循环。在温水泳池中做水中运动,游泳是比较不错的选择。也可依据天气预报,在天气变化前采取保暖、祛湿措施。

(6)情感失调

除了参加心理辅导,一定的抗忧郁剂药物治疗外,光疗可以作为有效辅助疗法。在萧瑟的冬季里,让自己多晒太阳非常必要。阳光不仅能晒干抑郁,还能借助阳光合成体内的维生素 D,对补钙也一样好处多多。

5.2.5　火　山

1.火山对环境的影响

最具威力、最壮观的火山爆发常常发生在俯冲带。这里的火山可能在沉寂数百年之后再度爆发,而一旦爆发,威力就特别大。这样的火山爆发常常会给人类带来灭顶之灾。

(1)影响全球气候

火山爆发时喷出的大量火山灰和火山气体,对气候造成极大的影响。因为在这种情况下,昏暗的白昼和狂风暴雨,甚至泥浆雨都会困扰当地居民长达数月之久。火山灰和火山气体被喷到高空中去,它们就会随风散布到很远的地方。这些火山物质会遮住阳光,导致气温下降。此外,它们还会滤掉某些波长的光线,使得太阳和月亮看起来就像蒙上一层光晕,或是泛着奇异的色彩,尤其在日出和日落时能形成奇特的自然景观。

(2)破坏环境

火山爆发喷出的大量火山灰和暴雨结合形成泥石流能冲毁道路、桥梁,淹没附近的乡村和城市,使得无数人无家可归。泥土、岩石碎屑形成的泥浆可像洪水一般淹没整座城市。岩石虽被火山灰云遮住了,但火山刚爆发时仍可看到被喷到半空中的巨大岩石。

(3)重现生机

火山爆发对自然景观的影响十分深远。土地是世界最宝贵的资源,因为它能孕育出各种植物来供养万物。如果火山爆发能给农田盖上不到 20 cm 厚的火山灰,对农民来说可真是喜从天降,因为这些火山灰富含养分能使土地更肥沃。

熔岩崩解后,杂草苔类开始冒出来。绳状熔岩流过的山坡长出蕨类植物。火山灰也会让周围的土地肥沃。

2. 火山的益处

凡火山地质、火山地形及后火山作用的地热和温泉,以及肥沃火山土壤,都会带给人们相当多的益处。

火山作用对我们并非完全有害无益。例如岩浆只要能留在地表下,就是很好的地热来源。火山附近常有温泉或热泉,这就是因为岩浆散发出的热度使地下水变热而形成的。这种热源我们称为地热,规模大的可形成"地热田"。

火山作用的另一个好处是为我们制造陆地。地球表面大约有 71% 被海水所覆盖,海底火山经年累月不断地冒出岩浆,冷凝成岩石,如此长期堆积,直到有一天岩石高出水面形成岛屿。夏威夷群岛与冰岛就是这么形成的,至今,岛上还有活动火山不时喷出岩浆。

此外,火山爆发所形成的火山灰云层会在爆发后一段时间内影响该区阻挡太阳光,该区的平均温度也因此下降,科学家认为火山爆发是地球天然的气候调整机制。

5.2.6　瘟　疫

(1)快速致死疾病

埃博拉病毒、拉萨热、裂谷热、马尔堡病毒、玻利维亚出血热都具高度传染性并且能快速致死,理论上将可能造成广大的流行。然而这些疾病的扩散能力却也因此受到局限,患者还不及将病原散布便丧命,加上这几种疾病都需要近距离接触才会传染,至今尚未在全球发生大流行,但基因突变的可能性,将有机会提高它们的蔓延潜力。

(2)抗药性

具有抵抗抗生素能力的超级细菌可能使得已获得控制的疾病再度活跃,医疗专业人员已发现许多结核病的病原,对多种传统有效的药物已产生多重抵抗力,使得治疗方式日益困难,而金黄色葡萄球菌、沙雷氏菌都有类似强力抵抗如万古霉素等抗生素的现象,并且造成严重的感染。

(3)后天免疫缺乏综合征

人类免疫不全病毒是造成艾滋病的元凶,艾滋病已是全球现今流行的疾病之一,国际目前提出许多计划企图压制这种疾病的传播,但由于对疾病的认知宣导和卫生的性教育至今无法完善,毒品针头共用等因素,加上社会普遍歧视患者的恶化,使得罹患人口逐年攀升,每年死亡人数也持续增长。

(4)严重急性呼吸道综合征

2003 年出现的严重急性呼吸道综合征是一种具有高度传染力的非典型肺炎,它由冠状病毒引起,由于对于新兴疾病的预测和危机意识,国际透过世界卫生组织联袂决策,在它发生全球性的大流行之前予以遏止,但目前此疾病尚未根除,仍有可能再度引发医疗问题。

(5)流行性感冒和禽流感

历史上流行性感冒每20至40年便出现一次全球大流行,而2004年2月,越南出现禽流感的流行病,令人担心新型流感出现的可能。果真,H5N1病毒与人类现行流感病毒出现基因转换,新型流感将可能出现,并获得人对人的高度传染性,也可能造成人类大量死亡,尽管目前对未来的推测不可认为完全正确,但若能有效预防,应能减少未来的恐慌或损失。

5.3　灾后环境下的营养与修复

随着现代生活速度的不断加快,人们越来越不注意环境保护,以至于地球上的灾难频繁发生,疫病也随之而来,因此靠提高自身免疫力来抵御疫病相当重要。适当摄入富含蛋白质、维生素、矿物质类食物等,对于提高机体免疫力,抵抗和抑制灾后瘟疫具有重要意义。灾后许多灾民都经历家园丧失、亲人伤亡的痛苦,给自身身心带来极大的影响。如何及时有效地控制、积极减轻并预防由灾害给灾后居民心理上带来的负面影响,保障灾后公众的心理健康,促进灾后心理健康重建,是当今社会普遍关注的热点。大量研究表明,适量摄入某些维生素有助于改善人的情绪,可以使人心情舒畅,趋向积极乐观的态度。

5.3.1　灾后环境下的营养与修复的研究现状

灾后环境下的营养修复的基本原则是满足基本营养需要,重点关注能量、蛋白质、矿物质和维生素等的供给。首先要保证主食和能量供给充足,保证优质蛋白质的摄入量,保证维生素及矿物质的供给,提高机体免疫力,调节灾后人们的情志。

碳水化合物是机体的重要能量来源,我国人民所摄取食物中的营养素,以碳水化合物所占比重最大,一般来说机体所需50%以上是由食物中的碳水化合物提供的。可见摄入足量的碳水化合物是保证机体免疫力的前提条件。蛋白质是构成人体细胞的基本元素,同样也是构成白血球和抗体的主要成分。人体如果严重缺乏蛋白质,会促使淋巴球的数量减少,造成免疫机能严重下降。因此多摄取高蛋白质的食物,例如新鲜的肉类、鸡鸭鱼肉、蛋类、牛乳以及乳制品,丰富的动物蛋白质内含的球蛋白能够帮助你提高免疫力。建议一天喝一到两杯牛奶,维持适当的蛋白质摄取,能够让你的身体保持基本的防御能力。6月龄内的婴儿尽可能纯母乳喂养,如不能实现母乳喂养,可给予相应月龄婴儿配方奶粉。6月龄以上的婴儿和幼儿以及学龄前儿童,给予相应的配方奶粉或其他奶制品。儿童要保证足够量的主食和增加优质蛋白的摄入量。老年人已发生蛋白质营养不良或代谢异常的症状,应摄入适量优质蛋白质。

全面均衡适量营养摄入有助于提高自身免疫力,维生素A能促进糖蛋白的合成,细胞膜表面的蛋白主要是糖蛋白,免疫球蛋白也是糖蛋白。维生素A和细胞的完整性有关,能够帮助细胞对抗氧化损伤,如果身体缺乏维生素A,会使得胸腺及脾脏的体积缩小，相对的，自然杀手细胞的活力也会随着降低。因此摄取足够的维生素 A，就能够增进免疫细胞的活力，提高免疫细胞的数量。预防维生素 A 缺乏，其膳食预防主要是增加富含维生素 A 的食物摄入量和每 3~6 个月给予 1 次大剂量浓缩维生素 A 胶囊。

缺铁性贫血预防技术要点是：婴幼儿从 6 个月起即应补充含铁丰富的食物，一岁以后应逐渐增加摄入量，同时应补充富含维生素 C 的食物以促进铁的吸收；也可给予相应营养素补充剂。佝偻病预防技术要点是：婴儿出生 2 周后即应补充维生素 D，适当补充钙剂（1 岁以上每天 400~600 mg）和每日晒 1~2 小时太阳。改善其他微量营养素的营养状况，预防缺乏症的预防技术要点是：维生素 B1 缺乏，增加富含维生素 B1 的食品摄入，补充维生素 B1 制剂；维生素 B2 和维生素 C 缺乏，增加肉类、动物内脏、鸡蛋、新鲜蔬菜、水果等摄入，补充维生素 B2、维生素 C 或复合维生素制剂。

维生素 C 有促进免疫系统的作用，并且增加白血球吞噬细菌的能力，以及增强胸腺及淋巴球的能力，帮助人体增加抵抗及提升血液中干扰素含量，是有效的抗氧化物，可抵抗破坏性分子，是增强免疫力的维生素之一。饱含维生素 C 的蔬菜、水果如苹果、柠檬、橙子等，都是提升免疫力的良好食物来源。

维生素 E 为自由基的克星，同时也可促进抗体产生，从对抗病毒的观点来看，具有抗氧化、增强免疫细胞的作用。一般食物中以豆类、小麦胚芽、蔬果、植物油、核果类含维生素 E 丰富。但是，现代人的饮食习惯改变，饮食不均衡，能从食物中摄取到的维生素 E 含量非常低，若担心最近 SARS 流行，可以多利用营养补充剂，以补足身体所需的维生素 E。

维生素 B 群与体内的抗体、白血球和补体的产生有关，缺乏维生素 B 群会影响到淋巴球的数量及抗体的产生，而且也会造成胸腺的萎缩。维生素 B 群主要存在于牛奶、新鲜的肉类、绿叶蔬菜、全谷类等食物当中，因此免疫力较弱的人，可以多摄取这一类的食物，增强自体免疫力。另外，矿物质也是影响人体免疫力的重要角色之一。缺乏"铁"会降低吞噬细胞的能力及活性，缺乏"锌"则会造成胸腺萎缩，降低消灭细胞的能力，缺乏"铜"则会影响抗体的产生，此外，"镁"可以改善 T 细胞及 B 细胞的功能；"硒"可以减少病毒的变形、防止病毒感染的效果，提升免疫细胞的能力。

老年人骨质软化和骨质疏松的预防要点是增加富含钙和维生素 D 的食物摄入，补充钙剂和维生素 D 制剂。贫血的膳食预防主要是增加富含铁和蛋白质、叶酸、维生素 B12 等营养素的食物摄入量，摄入铁强化食品或补充铁制剂。孕妇缺铁性贫血和其他营养不良性贫血的膳食预防是增加富含铁和叶酸、维生素 B12 等的食物摄入量，并应适量摄入铁强化食品或补充铁制剂、叶酸制剂等。孕妇骨质软化症的膳食预防主要是增加富含钙的食物摄入，适量补充钙剂。孕妇营养不良性水肿、胎儿宫内发育迟缓和低出生体重的预防要点是全面改善孕妇营养，尤其是增加优质蛋白的摄入量。及营养不良有关的先天畸形的预防要点是增加富含叶酸、锌等微量营养素的食物摄入，补充锌制剂。

茶叶中含有磷、钾、钙、镁、锰、铝、硫等多种矿质元素。局部地区茶叶中的硒素含量很高，对人体具有抗癌功效、提高人体免疫力的能力，它的缺乏会引起某些地方病，如克山病的发生。此外，灵芝富含锗元素，可增强人体的免疫力。锌是身体微量元素中的一种，人体锌不足时，会出现淋巴细胞数量低落、血中免疫球蛋白降低、自然杀手功能减弱、皮肤免疫测试反映降低的代谢问题。婴幼儿缺乏会造成生长发育迟缓、食欲不振，甚至拒食。人体90%的锌都存留在肌肉与骨骼中,剩下10%的锌在血液中扮演举足轻重的角色。因此适量增加体内锌元素的摄入有助于提高自身免疫力来抵抗外来疫病。生活中富含锌的植物性食物有豆类、花生、小米、萝卜、大白菜等,动物性食物中,牡蛎含锌量最丰富,牛肉、鸡肝、蛋类、羊排、猪肉等含锌也比较多。综上所述,微量元素锌、硒等多种元素都与人体非特异性免疫功能有关。所以,除了做到一日三餐全面均衡适量外,还可以补充一些可提高人体免疫力的药物等来抵御灾后的疫病。

另外,蛋白质、脂肪、碳水化合物等宏量元素以及维生素、矿物质在调节灾后环境人们情志方面也起到重要作用。

首先,蔬菜中含有丰富的碳水化合物、纤维素、铁、钙及其他营养成分,可以起到一定的败火润燥作用,对情绪有一定的改善作用。复合性的碳水化合物,如全麦面包、苏打饼干也能改善情绪。多糖类食品有很好的改善情绪的功能,包括全谷米、大麦、小麦、燕麦、瓜类和含高纤维多糖蔬菜与水果等。蛋白质可以改善情绪;因为蛋白质在体内被分解成各种氨基酸,其中之一的酪氨酸是肾上腺素及多巴胺的前体,可提高此类神经递质的含量,进而增加人的警觉水平,并增强行事的动机,使人处于比较主动的情绪中。因此,高蛋白的食物常被看成对情绪有积极作用,鱼、禽、肉、蛋就是这类的代表,而奶和豆腐也是不错的选择。据调查结果显示,吃鱼可以改善人的情绪,这是因为鱼肉中所含的 $\Omega-3$ 脂肪酸能产生相当于抗抑郁药的类似作用,使人的心理焦虑减轻。说明脂肪酸对于改善人的情绪有很重要的作用。

其次,维生素 B 对改善情绪最为重要。维生素 B 影响情绪的途径之一就是保护神经纤维及其周围的组织——髓鞘。大量缺乏维生素 B 可导致柯萨可夫综合征,主要表现为情感淡漠,以及形成记忆困难,而服用维生素 B 后可以缓解。维生素 B 还参与乙酰胆碱的合成,这种化学物质有助于大脑储存与提取信息。疲劳是维生素 B 缺乏的另一个常见的症状,没有维生素 B,体内就不能生成蛋白质或碳水化合物。富含维生素 B 的食物有:肉类(特别是猪肉)、酵母、豆类、粗粮或麦片粥及面包。B 族维生素是通过神经系统的调控间接影响情绪的,主要有维生素 B1、维生素 B2、维生素 B6 和维生素 B12 等。其中维生素 B1 被称为“精神性的维生素”,对人体的神经组织和精神状态有一定影响;而维生素 B6 参与色氨酸、糖和雌激素代谢;维生素 B12 负责核酸和氨基酸代谢,同时也保持着人体神经系统的完整性。香蕉是色氨酸和维生素 B6 的最好来源,可以帮助大脑减少负面情绪。葡萄对神经衰弱、过度疲劳者有良好的滋补作用,含有大量维生素 B 和铜、铁、锌等营养物质,高量维生素 C 是参与人体制造多巴胺、肾上腺激素等“兴奋”物质的重要成分之一。富含维生素 B 类的食物,如粗面粉制品、谷物颗粒、酿的酵母、动物肝脏及水果等,对纠治心情不佳、沮丧、抑郁有明显的效果,特别是 B 族维生素类有一种烟酸更能减轻忧虑、疲劳、失眠及头痛症状。

医学微量元素是指生物营养所必需,但每日只需少量的无机元素,如铁、硅、锌、铜、溴、锡、锰等。这些微量元素占人体总质量的 0.03% 左右。这些微量元素在体内的含量虽小,但在生命活动过程中的作用是十分重要的;是人体的必需物质,它能在人体内发挥出微妙的功效,辅助病者克服疾病和痛苦。人体中的微量元素不但维持正常生理功能,而且它们在人体中含量的多少也会影响到人的情绪,是人类心理健康的物质基础。其中以钙、镁、锌、铁、碘、硒等元素对人的心理健康最为重要。

钙(Ca)是人体内含量最多的矿质元素之一,调节人体各个系统组织器官的正常功能都要依靠它的存在。钙是脑神经元代谢不可缺少的重要元素,能保证脑力旺盛、头脑冷静并提高人的判断力,影响人的情绪。充足的钙能抑制脑神经的异常兴奋,使人保持镇静。缺钙可影响神经传导,使神经、肌肉的兴奋性失调,人就会变得敏感、情绪不稳定,注意力难以集中。

镁(Mg)可镇定中枢神经,帮助消除女性在经期中的紧张情绪,减轻心理压力。镁缺乏时就会导致各种各样的头痛,还包括怕光、怕声等附加症状。有镁的药剂($MgSO_4$)能够有效地消除头痛症状,使人的情绪保持平稳积极乐观。

碘(I)是人体内含量极少、但生理功能别无替代的必需微量元素。碘在人体内的主要作用是用来合成甲状腺素,每个甲状腺素分子含有 4 个碘原子。碘缺乏是目前已知导致人类智力障碍的原因之一。据调查,我国一千多万智残人中80%是因缺碘造成的。食物中缺乏碘会造成一定的心理紧张,导致精神状态不良。经常食用含碘的食物有助于消除紧张、帮助睡眠,使人的情绪保持一个平稳舒畅的状态。

硒(Se)是甲状腺激素合成和代谢过程中的必需元素,当硒缺乏时会引起甲状腺功能的下降,从而导致抑郁的发生。硒的缺乏会降低机体的免疫功能,而免疫功能的降低恰恰是抑郁症患者的一个特点。心理学家发现,人在吃过含有硒的食物后,普遍感觉精神好、思维更为协调。硒的丰富来源有干果、鸡肉、海鲜、谷类等。硒可以调节抑郁症患者的情绪,还可缓解抑郁症状,改善情绪,提高生活质量。

因此,灾后环境的营养修复的基本原则是满足基本营养需要,重点关注能量、蛋白质、矿物质和维生素等的供给。首先,保证主食和能量供给充足,如足够量的米饭、面食、薯类等。其次,保证优质蛋白质的摄入量,保证适当的肉、鱼、禽、蛋、奶类动物性食品及豆类食品的摄入。如每天进食鸡蛋 1 个,火腿肠 1 ~ 2 根、液态奶 250 ~ 500 mL 或奶粉 50 g、豆类食品 30 ~ 50 g。也可适当增加午餐肉、鱼罐头等食品的供应。最后,保证维生素及矿物质的供给,当蔬菜水果供应不足时,建议每天补充复合营养素补充剂。对于儿童应能满足中国营养学会提出的推荐摄入量或适宜摄入量的1/3 ~ 2/3;对于孕产妇和乳母应达到推荐摄入量或适宜摄入量;对于中老年人可适当超过推荐摄入量或适宜摄入量。如果条件许可,每日应至少进食 3 种、总量 500 g 以上新鲜蔬菜和水果。

5.3.2 药食同源食物与功能性成分

1. 提高机体免疫力药食同源食物

人参

【来源】为五加科植物人参的干燥根。

【传统功效】大补元气,复脉固脱,补脾益肺,生津止渴,安神益智。

【治疗与保健作用】中药单体人参皂苷 Rb1(Ginsenoside Rb1,GRb1)对氧化型低密度脂蛋白(Oxidized Low Density Lipoprotein,OX - LDL)诱导的人单核细胞源树突状细胞(Dendritic Cells,DCS)免疫成熟的影响,人参皂苷(GS)可使小鼠脾脏 T、B 淋巴细胞对 ConA 及 LPS 分裂原的反应性增强,且与浓度相关。CY 腹腔注射可极显著低降低小鼠

CD4 + T 淋巴细胞亚群的比例($p < 0.01$)。当连续灌服 GS 后,各个剂量均使模型小鼠的 CD4q 淋巴细胞亚群的比例显著回升($p < 0.01$ 或 $p < 0.05$),且均回升至正常水平。

【功能性成分】同前。

【保健食谱】

参灵清补汤

功能:大补元气,补脾益肺,生津止渴,提高免疫力。

材料:灵芝,党参,黄芪,五味子,贝母,天麻,黑木耳等。

配选人参:野山参 1 支(大小年限皆不限),种植园参 1 支(生晒、保鲜、红参),切片人参(7~15 克),三者选一即可。

建议炖材:鸡,猪排骨,牛肉,鱼类(或其他常用肉类,各种常用炖材及高级炖材皆可)。

白术

【来源】白术为菊科植物白术的干燥根茎。

【传统功效】健脾益气,燥湿利水,止汗安胎。

【治疗与保健作用】单味白术能使 TH 细胞明显增加,提高 TH/TS 比值,纠正 T 细胞亚群分布紊乱状态,可使低下的 IL - 2 水平显著提高,并能增加 T 淋巴细胞表面 IL - 2 的表达。说明白术可提高免疫抑制动物脾细胞体外培养的存活率,延长淋巴细胞寿命,增强机体清除自由基的能力,具有明显的抗氧化作用。其他如白术能增强机体网状内皮系统的吞噬功能,促进细胞免疫,明显提高血清的含量,抑制代谢活化酶,以及降血糖、抗菌、保肝、升高放化疗引起的白细胞减少、抗肿瘤等作用。用 ELISA 法检测小鼠血清中的相应抗体及交叉抗体,结果发现,白术水溶性多糖能刺激小鼠产生特异性 IgG 类抗体及非特异性交叉抗体,白术多糖免疫血清中存在与当归多糖抗原相对应的抗体。从而推测白术多糖可能是一种特异性广谱免疫调节剂。

【功能性成分】白术的主要化学成分为挥发油(含量为 1.4% 左右),不含苍术素(Atractylodin)。石油醚 - 乙醚梯度洗脱还可得到白术内酯 I(Atractylenolide I),白术内酯 II(Atractylenolide II),白术内酯 III(Atractylenolide III),8 - 乙氧基白术内酯 III(8 ~ ethoxy atractylenolide III),12a - 甲基丁酰 - 14 - 乙酰 - 8 - 顺白术三醇,12a - 甲基丁酰 - 14 乙酰 - 8 - 反白术三醇,14a - 甲基丁酰 - 8 - 顺白术三醇,14a - 甲基丁酰 - 8 - 反白术三醇等。

【保健食谱】

白术粥

材料:大米,白术,陈皮,白糖。

做法:

(1)准备好材料。白术和陈皮用清水略洗,大米洗净后用清水泡一泡备用。

(2)把白术和陈皮装入小纱包里,放入砂锅,添加足量的清水,大火煮开后转小火熬 30 分钟。

(3)最后加入大米,小火熬至粥熟,米烂开花即可。怕苦的也可以加点糖。

枸杞

【来源】该品为茄科植物宁夏枸杞 Lycium barbarum L. 的干燥成熟果实。

【传统功效】滋补肝肾,益精明目。

【治疗与保健作用】对于非特异性免疫:枸杞多糖(LBP)对处于不同功能状态的巨噬细胞均有明显的促进作用,且具有双向调节作用。LBP增强巨噬细胞的活性是通过激活T细胞产生巨噬细胞活化因子介导的。巨噬细胞活化后可分泌多种细胞因子、蛋白水解酶活性氧及其他各种介质,并发挥抗感染、抗肿瘤及抗衰老等作用。

对于特异性免疫:LBP通过Ca^{2+}、cAMP、cGMP等多种细胞内信息传递机制发挥对免疫活性细胞功能的调节作用。增强免疫功能的机理,是通过调节中枢下丘脑与外周免疫器官脾脏交感神经释放去甲肾上腺素等单胺递质,及肾上腺皮质释放皮质激素等环节相互协调而实现的。在多糖调节下,机体在自身免疫活力范围内可回升到正常幅度;超过高限时,外加剂量也不再升高。LBP作为枸杞子促进免疫功能的功能因子,其剂量效应关系符合生物体生存与发展的规律。

【功能性成分】化学成分主要有枸杞多糖(LBP),甜菜碱(Betaine),类胡萝卜素及类胡萝卜素醋,维生素C,莨菪亭 (Scopoletin),多种氨基酸及微量元素K、Na、Ca、Mg、Cu、Fe、Mn、Zn、I、P等成分,此外,尚从枸杞中分得玉蜀黍黄素及玉蜀黍黄素二棕榈酸(Zeax-anrhin Dipalmitare)、环肽(Cyclic Peptides)及枸杞素A—D、脑苷脂类等,其中,枸杞多糖有促进免疫作用,为枸杞的主要活性成分之一。甜菜碱、玉蜀黍黄素及玉蜀黍黄素二棕榈酸、脑苷脂类对四氯化碳引起的肝损害有保护作用。枸杞素A和B有抑制血管紧张肽转化酶的活性。

【保健食谱】同第1章中。

大枣

【来源】为鼠李科植物枣的成熟果实。

【传统功效】补脾和胃,益气生津,调营卫,解药毒。

【治疗与保健作用】大枣多糖对机体非特异性免疫、细胞免疫和体液免疫均有显著的兴奋作用,可提高免疫抑制小鼠腹腔巨噬细胞吞噬功能,促进溶血素溶血空斑形成,提高淋巴细胞转化率和外周血T淋巴细胞百分率。大枣多糖能促进免疫低下小鼠腹腔巨噬细胞分泌产生IL-1,提高IL-1的活性,促进体外ConA及LPS诱导的脾细胞增殖。从腹腔巨噬细胞分泌产生IL-1的情况可观察免疫系统及细胞因子的功能状态和作用特点,而脾细胞的增殖情况可反映机体细胞免疫功能,促进IL-1的分泌和产生,提示大枣多糖有明显免疫兴奋作用。

【功能性成分】大枣含有的酸类有苹果酸、酒石酸、桦木酸等;糖类有多糖及水溶性糖类D-果糖、D-葡萄糖、低聚糖、阿聚糖、蔗糖等;有机物类有蛋白质,天门冬氨酸,谷氨基酸等多种氨基酸,维生素A、B_2、C、P及磷酸腺苷(cAMP);皂苷类有枣皂苷Ⅰ、Ⅱ、Ⅲ及酸枣仁皂苷B,齐敦果酸,山楂酸3-0-反式(顺势)香豆酰酯等;生物碱类有苯基异喹啉型、阿扑啡型、厚阿扑啡型、枣碱及枣宁等;黄酮类化合物有当药黄素(Swertisin),黄酮-C-葡萄糖苷(Spniosin),乙酰SpniosinA、B、C等。

【保健食谱】

(1)成人每次食生枣十枚,一日三次,治过敏性紫癜。

(2)每日煮大枣500克,分五次食完,治小儿过敏性紫癜。

（3）大枣粥：红枣 10～20 枚，大米 100 克，同煮粥，用冰糖或白糖调味食用。有健脾胃、补气血作用。适用于病后或年老体弱、体虚，胃弱食少，大便溏稀，营养不良，气血不足，体弱羸瘦，慢性肝炎，贫血，血小板减少，过敏性紫癜等症。

（4）党参红枣茶：党参 20 克，红枣 10～20 枚，同煮茶饮用。有补脾和胃，益气生津作用。适用于体虚，病后饮食减少，大便溏稀，体困神疲，心悸怔忡，妇女脏躁。

（5）治非血小板减少性紫癜：红枣，每日 3 次，每次 10 枚，至紫癜全部消退为止。一般每人约需服 500～1 000 克可达到药效。

五味子

【来源】五味子是多年生落叶藤本，属木兰科植物五味子，习称北五味子。

【传统功效】收敛固涩，益气生津，补肾宁心。

【治疗与保健作用】对代谢及免疫功能的作用：五味子能促进肝糖原的合成，使糖代谢加强，又能增加肝细胞蛋白质的合成。对淋巴细胞 DNA 合成有促进作用，使淋巴母细胞生成增多，并促进脾免疫功能，而五味子醇能增强肾上腺皮质激素的免疫抑制作用，能对抗同种异体组织移植的排斥反应。

环磷酰胺组小鼠脾脏和肠系膜淋巴结重量明显降低，五味子能明显对抗环磷酰胺所致脾脏和淋巴结重量减轻，环磷酰胺能使小鼠脾细胞、淋巴结细胞数目明显减少。五味子对小鼠免疫器官形态结构的影响：光镜下可见环磷酰胺组小鼠脾脏白髓变小，淋巴细胞排列稀疏，肠系膜淋巴结皮质变薄，淋巴小结明显减少。免疫器官体视学参数测量结果：对照组小鼠脾脏白髓总体积为（50.71±8.23）mm³。淋巴结皮质总体积为（39.42±5.51）mm³。环磷酰胺使小鼠白髓总体积和皮质总体积明显减少，五味子能拮抗这种作用。

【功能性成分】同前。

【保健食谱】同前。

当归

【来源】伞形科植物当归的根。

【传统功效】抗缺氧、调节机体免疫功能、抗癌、护肤美容、补血活血、抑菌、抗动脉硬化作用。

【治疗与保健作用】研究者通过实验观察了当归多糖对正常和免疫抑制小鼠碳廓清指数的影响，结果表明，当归多糖能对抗氢化可的松引起的小鼠巨噬细胞的吞噬能力降低，说明当归多糖能促进小鼠非特异性免疫功能。这可能是当归多糖抑制小鼠移植性肿瘤的生长，延长生存时间的机制之一。实验还观察到当归多糖在促进小鼠非特异性免疫功能的同时，对体液免疫功能有较强的抑制作用，表现出与 HC 有协同作用，抑制小鼠血清溶血素 IgG、IgM 的生成。另有研究结果表明，当归多糖及其分离组分对环磷酰胺所致小鼠免疫功能低下状态表现出一定的对抗作用，使小鼠的细胞及体液免疫功能均明显改善，基本恢复至正常水平。表明当归多糖可产生双向免疫调节作用。

【功能性成分】同前。

【保健食谱】

当归生姜羊肉汤

材料：当归 15 克，生姜 15 克，羊肉 200 克。

做法:将生姜切片,羊肉切小块,当归切薄片,同放锅内加清水适量煮汤,待羊肉熟烂后再放葱花、胡椒粉、猪油、味精、食盐调味,饮汤食肉。

黄精

【来源】为百合科植物滇黄精、黄精或多花黄精的干燥根茎。

【传统功效】滋肾润肺,补脾益气。

【治疗与保健作用】黄精对细胞免疫、体液免疫有一定影响,能提高淋巴细胞转化率,有利于抗体的形成。用 60 ℃照射 90% 的致死量后,给予黄精多糖,小鼠于 9 ~ 11 天脾脏增重显著,造血灶亦增多,小鼠脾、肝、心等脏器的 DNA 含量增加,实验证明,黄精、人参、淫羊藿的复方制剂有增强细胞免疫功能的作用,能提高动物脾脏 T 细胞数和外源胸腺依赖抗原的体液免疫水平,吞噬指数与碳粒廓清指数生、制品组与对照组比较均有显著性差异($p < 0.01$),而制品与生品之间也存在明显差异($p < 0.01$),说明黄精能明显提高小鼠免疫功能,经酒蒸制后其非特异性免疫功能更能显著增强。

【功能性成分】黄精根茎中主含甾体皂苷;另含黏液质、淀粉;黄精多糖 A、B、C,三者分子量均大于 20 万;又含黄精低聚糖 A、B、C,分子量分别为 1 630、862 和 472;一种新生物碱 10;六个化合物和一组混合物:5 - 羟甲基糠醛(5 - HMF)胡萝卜苷、琥珀酸、果糖、葡萄糖和高级脂肪酸混合物;木脂素类、黄酮类和黄精神经鞘苷 A、B、C 等;多花黄精根茎中含有 Fe、Zn、Sr、Ba、Ge、Mn、Bi 等 18 种微量元素及 K、Mg、Ga、P 等含量丰富的常量元素,6 种氨基酸,有 8 种为人体必需的,含量测定结果表明,总量为 8.92%,其中必需氨基酸含量为 3.52%,谷氨酸含量特别高,为 1.55%。从滇黄精中分离得到黄酮类、水杨酸、果糖苷类等 13 个化合物。

【保健食谱】

黄精炒鳝丝

做法:鳝丝、黄精 6 克,料酒 5 克,大葱 10 克,姜 2 克,酱油 5 克,花生油 15 克,盐 2 克。配冬笋炒熟即可。

黄精炖肉

做法:猪瘦肉 150 ~ 250 克,黄精 30 ~ 60 克,切片洗净,同放入碗内,放适量食盐、生姜、料酒调味。

冰糖黄精汤

做法:黄精 20 克、鸡蛋 3 个。黄精洗净、切细与鸡蛋同放锅中煮熟后,去壳再煮 5 ~ 10 分钟,食蛋饮汤嚼食黄精。每日 1 剂。此汤养血化瘀,祛脂降浊。

黄精鸡蛋汤

做法:黄精 30 克、冰糖 50 克。黄精用冷水泡发,加冰糖,用小火煎煮 1 小时即成。吃黄精喝汤,每日 2 次。

2.调节情志药食同源食物

白术

【来源】白术为菊科植物白术的干燥根茎。

【传统功效】健脾益气,燥湿利水,止汗安胎。

【治疗与保健作用】白术对植物神经系统有双向调节作用,可通过调整植物神经,治疗脾虚病人的类似消化道功能紊乱的有关诸症,从而达到补脾的目的。β-桉叶醇兼有布比卡因和氯丙嗪具有的类似苯环利定(Phencyclidine)的降低骨骼肌乙酰胆碱受体敏感性作用。并对琥珀酰胆碱引起的烟碱受体持续的除极有相乘作用,苍术醇对平滑肌以抗胆碱作用为主,兼有 Ca^{2+} 拮抗作用,此二者使白术具有镇痛作用,后者更与白术的健胃作用密切相关,从而达到开胃醒脾以舒肝气的目的,从五脏着手来调节情志。

【功能性成分】同前。

【保健食谱】同前。

柴胡

【来源】柴胡为伞形科植物柴胡或狭叶柴胡的干燥根。

【传统功效】解表退热,舒肝解郁,升举阳气。

【治疗与保健作用】柴胡能改变大鼠慢性应激抑郁模型脑单胺类神经递质及其代谢物含量,脑内各部位色氨酸,5-HT 含量,用于治疗难治性抑郁症,且柴胡皂苷无明显不良反应,口服易吸收。戈宏炎利用不可预知的应激和孤养模型研究了柴胡皂苷抗抑郁的效应及机制,研究结果表明,柴胡皂苷可以改善抑郁大鼠的抑郁表现,并可以保护海马区神经元,提高抑郁大鼠脑内 5-HT、多巴胺、脑源性神经营养因子等的含量,提示柴胡皂苷抗抑郁作用可能与调节脑内单胺类神经递质及脑源性神经营养因子含量有关。

柴胡皂苷有一定的保肝活性,降低细胞色素 P450 的活性能保护肝细胞坏死,促肝细胞再生;刺激垂体肾上腺皮质系统,使内原性糖皮质激素分泌增加;降低脱氢酶的辅酶细胞色素 C 还原酶的活性,降低激素样副作用的反应;可以使巨细胞活性化,促进抗体、干扰素的产生;促进蛋白质合成,增加肝糖原,降低过氧化脂质,促进肝细胞再生;增强 NK 细胞和 LAK 的活性。情志不舒可致肝郁气滞,故采用保肝、条达肝气之药舒缓气机。

【功能性成分】柴胡皂苷结构均为五环三萜类齐墩果烷型衍生物,其苷元分为 7 种不同类型:环氧醚(Ⅰ),异环双烯(Ⅱ),12-烯(Ⅲ),同环双烯(Ⅳ),12 烯-28-羧酸(Ⅴ),异环双烯-30-羧酸(Ⅵ),18-烯型(Ⅶ)。柴胡皂苷中一般只含葡萄糖、呋糖、鼠李糖和木糖,此外,除以上各种糖外还有戊糖醇。至今为止,共研究了该属 20 多种柴胡,从柴胡属植物已分离出 90 多种皂苷类成分,发现了 30 多种新化合物。近 10 年分离鉴定的皂苷为 43 个,文献报道较多的是柴胡皂苷 a,b,c,d 等,皂苷绝大部分是从柴胡根中分得,地上部分分得的皂苷极少。

【保健食谱】

柴胡白术炖乌龟

主料:乌龟 300 克。

辅料:柴胡 9 克,桃仁 10 克,白术 15 克,白花蛇舌草 30 克。

(1)将龟宰杀,去内脏,清洗干净。

(2)将柴胡、桃仁、白术、白花蛇舌草,煎汤去渣。

(3)药汁中加入乌龟肉炖熟。

郁金

【来源】本品为姜科植物温郁金、广西莪术、或蓬莪术,干燥块根。

【传统功效】行气化瘀,清心解郁,利胆退黄。

【治疗与保健作用】郁金水煎剂可降低对离体兔奥狄氏括约肌的位相性收缩,从而表现出抑制效应。同时郁金可提高胆囊平滑肌静息张力,从而加强其紧张性收缩。有实验根据临床配方及用药量,将大黄、茵陈、郁金、栀子进行两种不同的组方,发现两种组方水煎剂均可加强括约肌和十二指肠平滑肌的收缩活动,提高其张力,从而表现出对十二指肠平滑肌的兴奋作用,起到利胆保肝的作用。

【功能性成分】汉黄芩素、木樨草素、姜黄素、15,16 ~ bisnorlabda – 8(17),11 – dien – 13 – one、桂荙术内酯、尿嘧啶、3,4 – 二羟基苯甲酸、对羟基苯甲醛和对羟基苯甲酸等。

【保健食谱】

郁金炒羊肝

主料:郁金 20 克,羊肝 250 克。

辅料:西芹 50 克,水苁粉 20 毫升,精盐 3 克,味精 2 克,姜 4 克,葱 6 克,花生油 20 毫升,料酒 10 毫升。

做法:

(1)将郁金润透切片;羊肝洗净,切成薄片,用精盐、味精、水苁粉腌制;姜切片,葱切断;西芹切菱形片。

(2)将炒锅置武火上烧热,放入花生油,烧至六成热时,下葱、姜爆香,随即下入羊肝、郁金、料酒、精盐、西芹,炒熟,调入味精用水苁粉勾苁即成。

三七

【来源】为五加科植物三七的根。

【传统功效】止血,散血,定痛。

【治疗与保健作用】三七叶总皂苷里面筛选出具有显著抗抑郁作用的三七叶人参皂苷活性组分 PnGL,而进一步的药理实验表明,PnGL 抗抑郁作用机制与目前常用的化学治疗药物对比有很大的不同,即可能同时通过影响五羟色胺能系统、去甲肾上腺素能系统以及多巴胺能系统等 3 种神经递质能系统而发挥抗抑郁作用,具有多重的作用机制。三七叶总皂苷作为安神补脑药应用于精神科疾病多年,安全可靠,毒副作用少。

【功能性成分】三七含有 24 种三七皂苷,占总量的 9.75% ~ 14.90% ,主要为人参皂苷 Rb_1、Rb_2、Rb_3、R_c、R_d、Rg_3、Rh_1、Rg_1、Rg_2;三七皂苷 R_1、R_2、R_3、R_4、R_6、R_7;77 种挥发油、17 种氨基酸以及三七多糖、三七黄酮等多种生理活性物质。此外尚含止血活性成分三七氨酸、少量黄酮苷、淀粉、蛋白质、油脂、槲皮素、β – 谷甾醇、三七多糖及钙、铁、铜、铬、锰、锌等多种微量元素,并有生物碱反应。

【保健食谱】

三七枸杞鸡

材料:三七 10 克,枸杞 15 克,母鸡 1 只,料酒,精盐,味精,胡椒粉,姜片,葱,白菜,调料适量。

做法:将母鸡宰杀,去毛、内脏、爪尖,洗净;入沸水锅内焯一下捞出洗净;三七回软切成薄片;再将三七片、枸杞、姜片、葱、白菜塞入鸡腹内,放入炖盅内,加入适量料酒、精盐、味精及水,封好口,入蒸笼蒸 2 小时,出笼撒入胡椒即成。

食用方法:佐餐服食,可常食。

刺五加

【来源】为刺五加科植物刺五加的根及根茎。

【传统功效】益气健脾，补肾安神。

【治疗与保健作用】刺五加具有益气健胃、补肾安神的功效，多用于治疗体虚乏力、腰膝酸痛和失眠多梦等症。临床研究提示，刺五加能改善人的自我感觉记忆力，提高人的情绪和工作能力，另使睡眠正常，另有报道刺五加具有治疗抑郁症作用。陈忠新等对刺五加浸膏抗抑郁作用进行筛选研究表明，刺五加浸膏对行为绝望动物的抑郁模型具有明显的抗抑郁作用；其水提物能够上调小鼠大脑反应结合蛋白的表达保护细胞膜功能而发挥抗抑郁作用。

【功能性成分】同第 2 章中。

【保健食谱】同第 2 章中。

白芍

【来源】为毛茛科植物芍药的根。

【传统功效】养血柔肝，缓中止痛，敛阴收汗。

【治疗与保健作用】白芍既能养肝血，又能柔肝体，最能顺应肝之特性。现代研究表明，白芍水煎剂有抗抑郁作用。王景霞等通过大鼠抑郁模型发现白芍能显著改善抑郁大鼠的行为学改变，增加大鼠脑内 NE、5 – HT 含量，提示白芍对中枢单胺类神经递质的调节作用是其抗抑郁作用机制之一。崔广智采用小鼠强迫游泳悬尾及体外培养大鼠肾上腺嗜铬细胞瘤的方法观察芍药苷的抗抑郁作用，结果表明芍药苷具有明显的抗抑郁作用，其机制可能与细胞保护有关。

【功能性成分】含芍药甙、牡丹酚、芍药花甙、苯甲酸（约 1.07%）、挥发油、脂肪油、树脂、鞣质、糖、淀粉、黏液质、蛋白质、β – 谷甾醇和三萜类。

【保健食谱】

白芍炖乳鸽

材料：白芍 10 克，枸杞 10 克，乳鸽 300 克，姜 10 克，清水 1 000 克，盐 5 克，鸡精 3 克，糖 1 克，胡椒粉 1 克。

做法：

（1）乳鸽斩块氽水，白芍洗净，姜切片待用。

（2）将净锅上火，放入清水、姜片、乳鸽、白芍、枸杞，大火烧开转小火炖 40 分钟调味即成。

第6章 高寒环境生物学效应及营养

在寒冷环境中,人体通过增加产热、减少散热来维持体温相对恒定。长期在冷环境中生活的人群可获得冷习服,提高耐寒力,但仍不足以抵御自然界严寒的侵袭。因此,人体还必须借助服装、装备及设施的防护作用进行行为调节,这样才能抵御严寒,扩大自身的生存和生活空间。低温环境超越人体的生理耐受限度,轻则降低体力和脑力作业效率,诱发或加重某些疾病,重则导致冻伤,甚至危及生命。因此,认识冷环境对机体的影响、机体对寒冷刺激的反应、冻伤及其防治,对提高人类在寒冷环境中的生存能力具有重要意义。

6.1 高寒环境特点

我国的寒冷地区通常是指东北、华北、西北和青藏高原等地,主要包括东北三省大部、河北北部、内蒙古自治区、宁夏和甘肃北部、新疆北部和西北部、西藏、青海及四川的西北地区。其中大多地处边疆,具有重要的战略地位和经济地位。

我国寒区多属大陆性气候,其共同特点是冬季寒期长、温度低、积雪深、冰冻期长、冻土层厚,空气干燥。寒区最冷的时日在1月份,各地极端最低气温也多在此期间出现。因地理位置及海拔高度不同,寒区各地的气候也不尽相同,根据其气候特点可划分为以下四个气候区。

1. 东北气候区

东北气候区大部分属大陆性气候,由南向北冬季长达6~8个月,气候严寒干燥。黑龙江最北部每年约9月8日前后进入冬季,直到第二年的5月,冬季长达8个月之久。松嫩平原及大兴安岭山地约9月28日蠕动;而到10月8日,除辽东半岛外东北全区均已进入冬季。该区冬季极端最低气温达到 −20 ~ −50 ℃,哈尔滨、牡丹江、嫩江、呼玛、黑河等地曾记录到最低气温低于 −40 ℃,素有"北极村"之称的漠河最低气温曾达 −53.3 ℃。由于气候严寒,冬期长,该区冰冻期长达5~7个月,冻土层深达2~3 m。因降雪后很少融化,该区积雪期长达150~254 d,积雪厚度20~60 cm,个别地区积雪深达1 m。

2. 华北气候区

华北气候区包括长城至淮河流域的华北平原和黄土高原,气候特点是冬冷夏热。该区从北到南一般在10月20日~11月中旬进入冬季,第二年3月底至4月初结束。一月份平均气温为1.9~7.0 ℃,有49~151 d气温低于零度。该区冬季受西北季风和西伯利亚寒流的影响,时有气温骤降。

3. 蒙西气候区

蒙西气候区包括内蒙、河西走廊和新疆一带,属极端大陆性气候。其气候特点是干燥少雨,夏热冬寒,气温日差较大。内蒙古东北部 9 月中旬进入冬季,第二年 5 月中旬结束,冬季长达 8 个月;河西走廊从 10 月中旬至第二年 4 月中旬有 6 个月为冬季;新疆北部一般从 10 月上旬进入冬季,到第二年 5 月中下旬止,历时 7 个月。该气候区 1 月份平均气温在 $-10 \sim -30\,\text{℃}$ 以下,内蒙古的海拉尔、满洲里、阿尔山、锡林浩特,新疆的乌鲁木齐、伊宁、哈巴河、阿泰勒、青河等地最低气温曾达 $-40\,\text{℃}$;而免渡河及富蕴的气温曾低于 $-50\,\text{℃}$。受西伯利亚寒潮的影响,该气候区冬季常有大风夹雪甚至暴风雪天气,极为寒冷。

4. 青藏高原气候区

青藏高原气候区包括西藏和青海高原地区,平均海拔 5 000 m,气候以严寒、干燥、大风、低气压为特点。该区常年无夏,绝大多数月平均气温在 0 ℃ 以下,1 月平均气温为 $-10 \sim -20\,\text{℃}$,极端最低气温可达 $-40\,\text{℃}$ 以下。

高寒环境下生物学效应在冷环境中人体散热增加,机体动员各个系统功能增加产热、减少散热,以维持体热平衡,防止体温降低。严寒环境的作用往往超出人体体温调控能力,此时将对人体产生多方面的影响。

6.2　低温的生物学效应

低温对全身的致病作用:冻僵机体暴露于寒冷的面积较小时,局部损伤尽管严重,但并不伴有体温降低;如暴露的面积较大,乃至全身暴露于寒冷的条件下,则体温调节发生障碍,散热超过产热,体温明显下降,这一病理过程即称为冻僵。冻僵一般不伴有低温所致的局部损伤。浸泡于冷水中或暴露于风速较大的冷空气中,在短时间内体温即可降至致命的水平,而导致死亡——冻死。

冻僵的病理过程可分为两个阶段,即以兴奋为主的机能代偿期和以抑制为主的机能衰竭期。

（1）代偿期

整个机体生理功能增强,表现为精神过度兴奋,皮肤血管收缩呈紫色或苍白色,寒战,排血量增加,血压上升。糖原分解加速,血糖升高,氧耗增加,代谢产热剧增。此后则体温继续下降进入衰竭期。

（2）衰竭期

首先是中枢神经系统进入抑制状态,随着体温的降低,抑制逐渐加深。

低温对局部的致病作用——冻伤,常见于耳、鼻、手、足等处,其轻重与环境寒冷的程度、空气湿度、风速、受冻时间、局部血液循环及全身状态等均有密切关系。冻伤分为两种不同的病理类型:一类是组织冻结点以下的寒冷,使组织发生冻结造成的损伤,称为冻结性冻伤;另一类是由组织冻结点以上的低温所造成的损伤,称为非冻结性冻伤,其中包括冻疮、浸渍足和战壕足。

冻区局部血液循环障碍的原因可能与下列因素有关：

①血管壁损伤。冻融过程中，浓缩的电解质或高渗溶液对细胞的浸润有可能引起内皮细胞变性甚至坏死。

②血液黏性升高，红细胞黏集。

关于重度冻伤组织坏死的损伤机制，提出了多种假说，主要有下列几种：

①冰晶体机械损伤假说。这是最早提出的一种假说，认为细胞外冰晶体的形成和膨胀对细胞造成机械损伤。但尽管存在有冰晶，也不致破坏细胞的生存能力。事实上，组织或细胞经过长期的冻结保存，进行适当处理后仍可存活，可见冰结晶造成组织细胞机械损伤的可能性是很小的，至少并非是主要的。

②寒冷直接损伤组织细胞的假说。主张此假说的作者认为，冻结和融化对细胞的直接损伤是冻区组织细胞坏死的原因。

③电解质浓缩损伤假说。此假说认为，由于冰结晶的形成和扩展，导致脱水、电解质浓度增高和渗透增高，因而引起蛋白质变性、细胞膜和细胞器尤其是线粒体的损伤，并使得酶系统和一系列的代谢紊乱。

6.2.1　冷环境对机体的影响

1. 皮肤温度

评价冷环境对机体的影响，体温是最有意义的生理指标。通常需测定皮肤温度（Skin Temperature）、体心温度（Core Temperature，Tc），进而计算加权平均皮肤温度（Weighted Mean Skin Temperature，Ts）和平均体温（Mean Body Temperature，Tb）。

人体各部位皮下脂肪厚度、肌肉厚度、血管密度和几何形状不同，其温度分布亦呈现较大差异。即使在室温条件下，手足皮温可能较头和躯干低 8～10 ℃，而胸、背部皮肤温度可相差 10 ℃以上却无不适感觉。任何环境下，体表的皮肤温度总是低于体心温度。

皮肤温度对冷刺激的反应最灵敏。人体冷暴露时，首先是手足末梢部位皮肤降温，而后逐渐波及四肢和躯干。皮肤温度随环境温度和衣着的不同可有相当大的变化，环境温度越低、冷暴露时间越长，皮肤温度下降幅度越大。皮肤温度降低使人体体表与环境间的温差减小，经体表散热的热量大为减少，有利于保持体内温度相对稳定，具有重要的体温调节作用。但是，手足皮温降至 23～20 ℃时会感觉寒冷，降至 16～10 ℃时感觉疼痛，手皮温低于 12 ℃时手指触觉敏感性及操作的灵活性均明显降低。任何部位皮肤温度降至 2 ℃均为寒冷耐受的临界值，此时剧痛难忍，日常寒冷环境中常见指、趾皮温达此临界温度。皮肤血管收缩、血流量减少是皮肤温度下降的主要原因。若以常温下皮肤血流量为 100% 计，在环境温度 18 ℃（暴露 2 h）时皮肤血流量平均减少 16%，环境温度下 15 ℃，12 ℃，10 ℃和 7 ℃时血流量分别平均减少 58%，64%，65% 和 66%。持续的皮肤温度下降将不可避免地导致皮下组织和肌肉温度降低，最终必然引起体温降低。

2. 加权平均皮肤温度

在冷环境中，不同部位的皮肤温度分布可有很大差异。为获取尽可能真实的皮肤温度，一般采用多点测温、加权计算的方法，以加权平均皮肤温度（Ts）作为代表。实验多测定 9 个点或 12 个点的皮肤温度,再根据各测定部位占体表总面积的比例,赋以不同的加权系数进行计算。加权平均皮肤温度多简称为平均皮肤温度。人体服装覆盖部位的最适 Ts 为 33 ℃,Ts 降至 30.3 ℃时 50% 的人感到冷,降至 28 ~ 29 ℃则出现寒战,降至 27.5 ℃时 100% 的人都感觉极冷,而 Ts 为 22 ℃则视为寒冷耐受限度。

3. 体心温度

真正意义上的体温是指心、脑、肝、肾及大小肠等重要器官所在部位的温度,即身体内部温度,称为体心温度(Tc),可用直肠温度(Rectal Temperature,Tr)、鼓膜温度(Tympanic Temperature)或食道温度(Esophageal Temperature)表示。通常以 Tr 为代表,正常范围为 36.9 ~ 37.9 ℃。维持人体生理功能所要求的最适体心温度,必须恒定在 37 ℃左右,其变化范围仅限于 0.4 ~ 0.6 ℃之间,变化超过 1 ℃则影响体力和脑力工作能力。人体在寒冷环境中 Tc 变化不易出现较大的波动,这是由于皮肤、皮下脂肪和肌肉组织的隔热保温作用和机体对温度的调控能力所致。在持续冷暴露一定时间后,如机体的代偿调节不能维持体热平衡,热值超过 167 kJ/m² 时,Tc 将下降 1 ℃。一旦 Tc 下降,对机体所产生的影响远比皮肤温度下降的影响严重,因为各脏器的功能及各种酶类的活性等对温度的变化都非常敏感。尤其是心脑功能,当 Tc 降至 35 ℃时可出现反应及思维迟钝、构音困难,Tc 降至 32 ℃时多数人会发生心脏传导紊乱。因此从防寒的观点看,最重要的是防止人体内部各脏器的温度下降。人在极端寒冷环境下,应以 Tr 35 ℃作为耐受限度,这相当于体重60 kg的人热值达到 418.4 kJ,超越此限度则视为低体温。

4. 平均体温

人体的 Ts 和 Tc 存在着很大的差异,二者均不能反映真实的体温。为此,引入由不同比例的 Ts 和 Tc 之和构成的平均体温(Tb)的概念,更接近人体体温的实际状况。其计算方法为

$$Tb = 0.67Tc + 0.33Ts$$

5. 体热含量

人体组织的比热为 3.473 kJ/(kg·℃),根据人体重和体表面积即可计算体热含量(Heat,H):

$$H/(kJ \cdot m^{-2}) = (0.67Tc + 0.33Ts) \times 3.473 \times 体重(kg) \div 体表面积(m^2)$$

人体在冷环境中的散热增加,如产热不能代偿散热,则人体体热含量减少。散热超过产热造成的体热负平衡称为热值(Heat Debt,D),可根据下式计算:

$$D/(kJ \cdot m^{-2}) = H_2 - H_1$$

式中,H_1 为冷暴露前体热含量,H_2 为冷暴露后体热含量。

单位时间内的热值称为热值率(D/h),单位为 kJ/(m²·h)。

影响体温和体热含量的因素包括:冷暴露的程度和时间、人体的冷适应程度、体力活动强度、作业安排及防寒装备的使用等。

6.2.2　体热平衡

Tc 的稳定有赖于机体产生热量与散失热量的平衡调节机制。人体在代谢产热的同

时,又以辐射、传导、对流和蒸发等方式将这些热量散发到体外,以维持体热平衡。

代谢产热量随着机体活动强度的变化而增减。成年男子安静时代谢产热为335~377 kcal/h。最大有氧锻炼时代谢产热增加到安静的10倍,但一般只能维持很短时间;维持重体力劳动时为安静时的4~5倍。机体冷暴露时,寒战产热可达基础产热量的3~4倍,最高可达6倍。

辐射(Radiation)是以电磁波的形式散失或获得热量,热量从温暖的物体转移到较冷的物体。人体在阳光照射下获得辐射热,感觉温暖;而在冷环境中人体较环境物体温暖,通过辐射散失的热量增多。使用控制辐射热传递方向的屏蔽材料或隔热材料,可调节辐射热的获得或散失。

传导(Conduction)和对流(Convection)是温度不同的两种物质之间经物理接触而发生的热转移。一种物质经直接接触来加热另一种物质时的热转移称为传导。如果一种物质是流体(水或空气),将温暖(或较冷)的流体驱开代之以较冷(或温暖)的流体时即出现对流。风加速冷却降温就是促进对流的结果,对流也是机体在冷水浸泡过程中降温的重要原因。出汗或体表水分蒸发引起散热,寒冷中出汗也是散热的重要途径。

辐射、对流和传导三种方式的散热量取决于机体与外环境的温度差,外界温度越低散热越多。为了维持热平衡,人体在冷环境中必须增加产热、减少散热。

6.2.3　能量代谢

人体最适的环境温度为27~29 ℃,此时机体的代谢最稳定。环境温度降低时机体散热增多,并通过中枢神经系统的调节作用增加产热用以维持体热含量及体温的恒定。产热增加包括基础代谢率提高和安静状态下代谢率提高。人体安静时的代谢量在一定的环境温度范围内显示最低值,这个环境温度范围称为温度中性区。气温低于这一范围时散热增加,机体代谢亢进、增加产热,以保持 Tc 恒定;气温上升过程超过这一温度范围时,代谢也亢进。温度中性区的上限和下限分别称为上临界温度和下临界温度,但一般所讲的临界温度是指具有重要生理学意义的下临界温度。机体对环境温度适应后下临界温度会发生变化,即使生存环境相同,不同个体的下临界温度也不尽相同。人的下临界温度较高,一般为10 ℃。极地动物的下临界温度很低,都具有隔热型的耐寒能力。人类作为热带动物在进化过程中隔热组织退化,在寒冷条件下主要通过增加产热保持体温,具有一定的产热型耐寒能力。

未冷习服的个体冷暴露以寒战产热(Shivering Thermogenesis, ST)为主,出现寒战(即骨骼肌不随意的周期性收缩),呼吸、循环系统功能增强,肌肉耗氧增多等变化。寒战出现在体温下降之前,并随体温下降而加剧,Tc 接近35 ℃时寒战最剧烈,此后随着体温的降低会逐渐减弱,Tc 降至33 ℃时寒战则完全停止。

寒战时产热效率明显增高,此时肌肉收缩消耗的能量几乎全部转变为热量,而运动时骨骼肌随意收缩消耗的能量却只有60%~70%转变为热量。通常寒战产热可达基础产热量的3~4倍,Tc 可升高0.5 ℃并维持较长时间;最大寒战产热可达基础产热量的6倍,但维持时间较短。尽管寒战是机体在冷环境中快速代谢产热的重要机制,但寒战耗能多,而且干扰肌肉运动的目标性和协调性;更重要的是寒战时肢体血流量增加,组织隔热作用减弱,机体的散热量反而会增多。

冷习服个体冷暴露时寒战明显减少,主要是以非寒战产热(Non – shivering Thermogenesis,NST)完全替代或部分替代了寒战产热,此时耗氧量明显增加而肌电活动增加不明显。

6.2.4　皮肤血管反应性

寒冷刺激作用于人体的冷感受器,引起外周血管和四肢小动脉收缩,使皮肤血流量减少、温度降低,以减少散热。Burton 等报道,人体皮肤血管充分舒张及收缩时全身组织隔热值大约分别为 0.15 和 0.9 克罗(clo),相差 0.75 clo,这相当于厚度 0.5 cm 的毛皮的隔热作用,或相当于环境温度降低 6 ℃ 而安静的人体不增加产热就能维持舒适状态。皮肤血管收缩一定时间后,其动脉 – 静脉吻合枝突然开放,皮肤温度回升,这一现象称为冷致血管舒张反应(Cold – induced Vasodilation,CIVD)。实验中,当手浸入冰水时,手指温度迅速下降,至接近 0 ℃ 时一般不再降低,在此温度水平持续 1 ~ 5 min 后手指温度急剧回升,回升幅度在 1 ~ 8 ℃ 之间。温度回升持续 1 ~ 2 min 后又呈指数曲线方式下降到接近 0 ℃。如此反复,称为波动反应。随着手指皮肤温度的升降交替,痛觉也呈现缓解或加剧的变化。皮肤血管周期性地舒缩交替使皮肤温度在一定范围内波动,可明显提高肢端的抗冻能力。如冷暴露超过生理耐受限度,则使局部血管活动减弱至麻痹、血流减少或停滞,引起冻伤。目前已证实,CIVD 的强弱与机体的抗冻能力有关,此反应强者抗冻能力也较强;冷锻炼可以增强 CIVD;增加全身热含量的因素均可增强 CIVD。

6.2.5　循环和呼吸系统

冷暴露引起交感神经兴奋、血液中儿茶酚胺浓度增高,使心输出量增加、血压上升、心率加快;还使血液浓缩及流变性质恶化。吸入寒冷空气常使舒张压升高,使心血管动力学改变及冠状动脉收缩,有诱发心绞痛的危险。

吸入极冷空气可直接损伤上呼吸道黏膜,支气管分泌物增加、排出困难,严重时可发生呼吸道黏液溢出;还可使气道阻力增高,成为冬季运动性哮喘发病的主要因素。大量过冷空气的吸入对呼吸道及肺实质的血流亦有明显的影响,表现为肺静脉收缩,严重时可引发进行性肺动脉高压,甚至右心衰竭。此症可见于严寒季节户外重体力劳动者。

6.2.6　泌尿系统和血液系统

冷暴露后皮肤血管收缩,使体内血流量增加,胸内压力感受器受刺激使抗利尿激素分泌减少,因而造成多尿。寒冷性利尿是冷暴露后最常见的现象。实验发现,人在 10 ~ 15 ℃ 环境中裸体 1 h,尿量增加 1.1 倍,Na^+、Cl^- 及磷酸盐排出量增加,K^+、Ca^{2+} 排出量无变化,尿量增加造成血液浓缩、血浆蛋白含量和红细胞比积提高,血液流变性质异常。冷暴露所致多尿造成的机体失水与冻伤和低体温的发生密切相关。

6.2.7　作业效率

寒冷影响神经系统和肌肉、关节的功能,使肌肉的收缩力、协调性和操作灵活性减弱,使人体的作业效率和精细作业能力下降,更易发生疲劳。前已述及,手部皮肤温度降低时会感觉寒冷、疼痛、知觉与触觉鉴别能力等降低。同时冷暴露后脑力作业效率也下降,表现为注意力不集中、作业错误率增多、反应时间延长,特别是观察距离较远的物体时视觉灵敏度减弱,还易产生幻觉和错觉。

6.2.8　内分泌系统

1. 肾上腺素和去甲肾上腺素

在实验中观察到,0 ℃冷暴露后,大鼠肾上腺内肾上腺素的含量迅速减少,而后逐渐恢复;但去甲肾上腺素并无减少,大鼠在冷环境中滞留时间延长(75 d),NE 可逐渐增加4 倍,但不同动物的反应程度可有很大差异。大鼠 3 ℃冷暴露 24 h 内,尿内 NE 排出量增加 2～3 倍,在此后的冷暴露期间始终保持这一高水平;E 含量增长缓慢(增长约 1.7倍)。摘除肾上腺的大鼠冷暴露时,E 排出量受到明显抑制,NE 排出量基本无变化;而用交感神经阻断剂美加明处理大鼠的冷暴露后,E 排出量增加,NE 排出量未增加,这表明尿中 E 主要来自肾上腺髓质,NE 主要来自于交感神经末梢。在低温环境下人体尿中儿茶酚胺排出量增加,人体 10～15 ℃暴露 1 h 尿中 E 和 NE 排出量较对照组增加 1 倍以上。身着薄衣裤在室温及 10 ℃暴露 90 min,尿中 NE 代谢产物香草扁桃酸(VMA)排出量分别为 0.16 mg 和 1.01 mg,二者相差 6.3 倍。在 VMA 排出量增加的同时,机体能量代谢亢进。

2. 甲状腺素

动物冷暴露 1 周至 1 个月后甲状腺明显肥大,甲状腺素含量增高、分泌增多,血浆蛋白结合碘(反应血中 T4 含量)周转率升高;而长期冷暴露后,甲状腺重量和血浆蛋白结合碘周转率恢复正常水平。人体长期冷暴露后血浆 T4 低于正常水平,冷习服后 T4 的组织利用和代谢增加,T4 半衰期明显缩短,尿中无机碘排出量明显增加。

3. 肾上腺皮质激素

肾上腺皮质激素(Adrenocortical Hormone,ADH)可提高动物冷暴露时的存活率,对冷习服十分重要,但对冷习服的作用还有很多不明之处。动物冷暴露初期伴随着粗肾上腺皮质激素(ACTH)释放,肾上腺皮质对 ACTH 反应增强;肾上腺的 ADH 含量增加、分泌亢进,并在此后的一段时间内一直保持较高水平。冷习服建立后,肾上腺皮质功能才恢复至正常。

6.3　高寒环境下的营养与修复

在高寒环境下,往往使人因寒冷而感到不适,而且有些人由于体内阳气虚弱而特别怕冷。因此,在寒冷环境下要适当用具有御寒功效的食物进行温补和调养,以起到温养全身组织、增强体质、促进新陈代谢、提高人体防寒的能力,维持机体组织正常功能,抗拒外邪,减少疾病的发生。

6.3.1　高寒环境下的营养与修复研究现状

高寒环境下营养的主要目的是为了增强机体的抗寒能力,补充机体所需要的热量和能量。

首先,蛋白质、脂肪、碳水合化物等宏量元素在高寒环境中起到重要作用,机体每天为适应外界寒冷环境,消耗能量相应增多,因而需要增加产热营养素的摄入量。产热营养素主要指蛋白质、脂肪、碳水合化物等,因而要多吃富含这三大营养素的食物,尤其是要相对增加一些脂肪的摄入量。补充蛋氨酸,蛋氨酸可通过转移作用,提供一系列适应耐寒所必需的甲基。寒冷的气候使人体尿液中肌酸的排出量增多,脂肪代谢加快,而合成肌酸、脂酸及人体内氧化所释放出的热量都需要甲基。

改进膳食结构,提高抗冻能力。在寒区野外作业时,应加大能量的供应量(要比平时高 25% ~50%,每人每日要在 4 400 kcal)。根据研究报告,寒区新兵、冬季调到寒区的部队及新进入寒区作业人员,短期内(1 个月)要提高膳食热量,脂肪含量应占总能量的30% ~40%,经过大量实验证明,人参多糖通过改善心血管等系统功能,调节能量代谢,从而提高机体的耐寒能力,亦有抗疲劳的功效,作用比较温和。还可常吃芝麻(麻油)、黄豆、花生等食物,它们含有不饱和脂肪酸,如亚油酸等。人体缺乏亚油酸,皮肤会变得干燥,鳞屑增厚。可见,宏观营养素的摄入对改善人体耐寒能力有一定的作用。

碳水化合物是很好的热量来源。碳水化合物跟脂肪和蛋白质不同,是以糖元的形式储存于肌肉和脏中的,身体一旦需要,随时可以取用,这种"储备燃料"能确保体力的充沛。碳水化合物进入人体之后会分解渗进血液,提高血糖(细胞能量来源)的量。碳水化合物是补充体力的最佳物质,不过,摄取过多的碳水化合物而不摄取蛋白质,对脑会有不良影响,使人昏昏欲睡。因此,西方人把鱼称为"粮"是有一定道理的。金枪鱼之类的高蛋白质鱼含有一种 RH 酪氨酸的氨基酸,这种氨基酸一经消化,便会增加制造去甲肾上腺素和多巴胺等脑神经介质,而这些天然醒脑物质能刺激大脑提高警觉,使人在精神压力下仍能把注意力集中或从事思维活动。美国某大学运动生理研究所的研究人员发现,假使运动后不补充足够的蛋白质,肌肉复原的速度会减慢。

其次,维生素也是高寒环境改善机体耐寒能力及提高机体能量的重要物质。由于寒冷气候使人体氧化产热加强,机体维生素代谢也发生明显变化。如增加摄入维生素 A,以增强人体的耐寒能力。当人体缺乏维生素 A 时,皮肤会变得干燥,有鳞屑出现,甚至使皮肤出现棘状丘疹,因而高寒环境下宜多吃些富含维 A 的食物,如猪肝、禽蛋、鱼肝油等。增加对维生素 C 的摄入量,可以防止胶原纤维合成受阻,会修复皮肤损伤、防止血管破裂,促进骨胶原的生物合成,利于组织创伤口的更快愈合。维生素 E 本身是一种很好的抗氧化剂,它可以进入皮肤细胞,具有抗自由基链式反应。同时补充 VC、VE 同样可以提高机体耐寒能力。

维生素帮助人体吸收滋养细胞所需要的铁质。营养学家研究发现,每天摄取 60 mg的维生素 C,就能让人精力充沛。维生素 C 与胶原的正常合成、体内酪氨酸代谢及铁的吸收有直接关系。维生素 C 的主要功能是帮助人体完成氧化还原反应,从而使脑力好转,智力提高。生物素,又称维生素 H、辅酶 R,也属于维生素 B 族,它是合成维生素 C 的必要物质,是脂肪和蛋白质正常代谢不可或缺的物质。它为无色长针状结晶,具有尿素与噻吩相结合的骈环,并带有戊酸侧链,能溶于热水,不溶于有机溶剂,在普通温度下相当稳定,但高温和氧化剂可使其丧失活性。生物素与酶结合参与体内二氧化碳的固定和羧化过程,与体内的重要代谢过程如丙酮酸羧化而转变成为草酰乙酸,乙酰辅酶 A 羧化成为丙二酰辅酶 A 等糖及脂肪代谢中的主要生化反应产生热量。

最后,矿物质对于改善高寒环境下机体耐寒能力及提高机体能量至关重要。人怕冷与机体摄入适量矿物质量也有一定关系。如钙在人体内含量的多少,可直接影响人体的心肌、血管及肌肉的伸缩性和兴奋性,补充钙可提高机体的御寒能力。含钙丰富的食物有牛奶、豆制品、海带等。食盐对人体御寒也很重要,它可使人体产热功能增强,因而在高寒环境调味以重味辛热为主,但也不能过咸,每日摄盐量最多不超过 6 g。还有补充适量的 Zn 等抗氧化剂可以加速伤口愈合。

镁,大多数妇女对这种矿物质(特别是要承受压力或从事激烈运动的女性)往往摄取不足。专家建议,妇女每天至少要摄入 280 mg,但一般妇女的摄入量只有专家建议的60% 左右,因而她们常常会感到疲劳。肌肉在镁的帮助下,可把碳水化合物转变为能增强肌肉力量的能源。

铁质不足往往会导致精神委靡,特别是那些长期不吃肉、从事剧烈运动的人或是正在减肥的人。铁质的主要作用是帮助输送氧到人体各器官和组织中去。如果一个人得了贫血症才感觉到铁质不足,可能为时已晚。如果体内铁质匮乏,会常常觉得疲劳,肌肉无力,容易中风。不过,只要多吃豆类或蛋白质丰富的食物,这些症状就会消失,用铁剂也有帮助。

钾质的作用是帮助肌肉与神经活动正常。有些营养素可以长时间储存在体内,但钾不同。激烈运动时,钾会随汗水流失;健康有问题时,钾的储存量也会降低。钾质不足的明显症状包括肌肉酸痛、心跳不规则、反应较慢、觉得头脑混乱。钾质可以帮助恢复活力。

6.3.2　药食同源食物与功能性成分

改善耐寒能力药食同源食物

红景天

【来源】本品为景天科植物大花红景天的干燥根和根茎。

【传统功效】益气活血,通脉平喘。

【治疗与保健作用】红景天可使暴露于寒冷环境的正常人体非特异性免疫功能由抑制到自然冷适应(即免疫功能恢复到正常水平)所需时间从 24 d 提前到 10 d,可提高寒冷血管反应指数(VRCI),使血管反应加强,即机体的末梢循环开放,血液循环加快,血管舒张时间延长。表明红景天是寒冷环境的促适应药物,能加速正常人体冷适应的建立。高山红景天又能显著增加冷适应过程中红细胞膜中 SOD 的活性、cAMP 和 cGMP 的含量,从而抑制红细胞膜 MDA 含量的增加,表明红景天虽然使机体的代谢率增强,但机体的过氧化产物被急剧增加的 SOD 及时清除,致使 MDA 含量降低,这样就不会因过氧化产物的堆积造成对机体的损伤而降低机体的抗寒能力。

【功能性成分】同前。

【保健食谱】同前。

刺五加

【来源】为刺五加科植物刺五加的根及根茎。

【传统功效】益气健脾,补肾安神。

【治疗与保健作用】刺五加的抗寒作用也表现为:增加冷适应过程中红细胞膜 SOD 活性、cAMP 和 cGMP 的含量,抑制红细胞膜 MDA 含量的增加,抑制冷暴露大鼠肝脏、心肌和骨骼肌组织氧耗量的增加,从而提高机体的冷适应能力;其对血液循环系统功能的改善作用与人参多糖相似。

【功能性成分】同第 2 章中。

【保健食谱】同第 2 章中。

干姜

【来源】本品为姜科植物姜的干燥根茎。

【传统功效】温中散寒,回阳通脉,燥湿消痰,温肺化饮。

【治疗与保健作用】干姜含挥发油 2% ~3%,为淡黄色或黄绿色的油状液体,油中主成分为姜酮(Zingiberone),其次为 β - 没药烯(β - bisabolene)、α - 姜黄烯(α - curcumene)、β - 倍半水芹烯(β - sesqui - phellandrene)及姜醇(Zingiberol);另含 d - 茨烯、桉油精、枸橼醛(Citral)、龙脑等萜类化合物及姜烯(Zingiberene)等。此外,尚含天冬酰胺、1 - 派可酸(1 - pipecolinic Acid)及多种氨基酸。另由鲜姜分得去氢姜辣醇、[6]和[10] - 姜二酮(Gingerdione)及去氢姜二酮(Dehydrogingerdione),对前列腺素的生物合成有抑制作用。干姜含多量姜辣烯酮,少量姜辣醇,微量姜酮。

【功能性成分】干姜含挥发油 2% ~3%,为淡黄色或黄绿色的油状液体,油中主成分为姜酮(Zingiberone),其次为 β - 没药烯(β - bisabolene)、α - 姜黄烯(α - curcumene)、β - 倍半水芹烯(β - sesqui - phellandrene)及姜醇(Zingiberol);另含 d - 茨烯、桉油精、枸橼醛(Citral)、龙脑等萜类化合物及姜烯(Zingiberene)等。此外,尚含天冬酰胺、1 - 派可酸(1 - pipecolinic Acid)及多种氨基酸。另由鲜姜分得去氢姜辣醇、[6]和[10] - 姜二酮(Gingerdione)及去氢姜二酮(Dehydrogingerdione),对前列腺素的生物合成有抑制作用。干姜含多量姜辣烯酮,少量姜辣醇,微量姜酮。

【保健食谱】

干姜粥

材料:干姜 5 克,大米 50 克,白糖适量。

做法:将干姜择净,水煎取汁,加大米煮粥,待沸时调入白糖,煮至粥熟即成,每日 1 剂,连续 3 ~5 天。

人参

【来源】五加科植物人参的干燥根。

【传统功效】大补元气,复脉固脱,补脾益肺,生津止渴,安神益智。

【治疗与保健作用】人参可提高机体对环境不良刺激的抵抗力,提高动物对高温及寒冷的耐受性。人参根皂苷(GRS)应用于冷应激动物时,可抑制小鼠体温下降,防止大鼠体温降低，维持体温恒定，同时脑内乙酰胆碱增高，血浆皮质酮上升，但对脑内氨基酸、单胺类递质无影响。人参多糖可提高冷应激所导致的红细胞膜 Na + – K + – ATP 酶活性的增高幅度，表明人参多糖有调整细胞代谢的作用。人参多糖还可提高人尿中香草基扁桃酸(VMA)的含量，表明了体内儿茶酚胺含量的升高，加快了冷适应的建立。服用人参多糖后血液循环系统也有比较明显的变化，即全血黏度下降，微循环半更新时间变短，心肌氧耗指数增大，总周阻变小，说明其可以改善血液循环功能，间接地提高和加速机体冷适应的建立。

【功能性成分】同前。

【保健食谱】同第 3 章中。

吴茱萸

【来源】为芸香科植物吴茱萸的近成熟果实。

【传统功效】散寒止痛，降逆止呕，助阳止泻。

【治疗与保健作用】研究结果显示：与空白对照组相比较，虚寒模型组的促甲状腺激素等相关指标均显著降低，差异具有统计学意义；与虚寒模型组相对比吴茱萸萃取物组促甲状腺激素等相关指标均有升高趋势，其中吴茱萸热性趋势标记组、寒性趋势标记组、水煎液组促甲状腺激素等相关指标显著升高，差异具有统计学意义，提示吴茱萸能升高大鼠血浆促甲状腺激素释放激素及甲状腺激素的水平，从而促进体内绝大多数组织细胞内的物质氧化，提高耗氧率，增加产热，使基础代谢增高。

【功能性成分】含挥发油，主要为吴茱萸烯(Evo – den)、罗勒烯(Ocimene)、吴茱萸内酯(Evodin)、吴茱萸内酯醇(Evodol)。尚含生物碱，有吴茱萸碱(Evodiamine)、吴茱萸次碱(Rutaecarpine)、吴茱萸因碱(Wuchuyine)、羟基吴茱萸碱(Hydroxyevodia – mine)、吴茱萸卡品碱(Evocarpine)、二氢吴茱萸卡品碱(Dihydroevocarpine)、环磷酸鸟苷(cGMP)。吴茱萸碱用盐酸乙醇处理即转化为异吴茱萸碱(Isoevodiamine)。从吴茱萸生药中尚分离出去甲乌药碱。亦含柠檬苦素(Limonin)、吴茱萸苦素(Rutae – vine)、吴茱萸苦素乙酯(Rutaevine Acetate)、黄柏酮(Obacunone)。还含有黄酮类如花色苷(Arachidoside)、异戊烯黄酮(Isopentenyl – flavone)；酮类如吴茱萸啶酮(Evodinone)、吴茱萸精(Evogin)及甾体化合物、脂肪酸类化合物。

【保健食谱】

吴茱萸粥

材料：吴茱萸 2 克，粳米 50 克，生姜 2 片，葱白 2 茎。

制作：将吴茱萸研为细末，用粳米先煮粥，待米熟后下吴茱萸末及生姜、葱白，同煮为粥。

用法：每日 2 次，早晚温热服。

第7章 高温环境生物学效应及营养

7.1 高温环境特点

高温环境主要是由下列几个方面所产生的热造成的。

①燃烧所散发的热。如物料在锅炉、冶炼炉、窑等燃烧过程所散发的热。

②机器运转所散发的热。如电动机、发动机以及各种机械运动所产生的热等。

③化学反应过程所散发的热。如化工厂的一些反应炉所散发的热等,有人把核反应散发的热也归入这一类。

④人体所散发的热。平均一个成年人散发的热相当于一个 146 W 的发热器所散发的热量。在人密集的生产环境,或人在密闭的环境中所散发的热也能形成高温环境。如在潜水艇中潜航几个月,由于人体散发的热和来自机器、烹饪等所散发的热,在舱内积聚,如不加处理,可以形成高达 50 ℃ 以上的高温环境。

⑤太阳辐射所散发的热。在炎热的夏季,或在热带和沙漠中,日光强烈地照射而形成高温环境。此外,在军事活动中,爆炸也可形成高温。

根据环境温度及其和人体热平衡之间的关系,通常把 35 ℃ 以上的生活环境和 32 ℃ 以上的生产劳动环境作为高温环境。高温环境因其产生原因不同可分为自然高温环境(如阳光热源)和工业高温环境(如生产型热源)。

(1)自然高温环境

自然高温环境是由日光辐射引起,主要出现于夏季(每年 7~8 月)。夏季高温的炎热程度和持续时间因地区的纬度、海拔高度和当地气候特点而异,这种自然高温的特点是作用面广,从工农业作业环境到一般居民住室均可受到影响,而其中受影响最大的则是露天作业者。

(2)工业高温环境

工业高温环境的热源主要为各种燃料的燃烧(如煤炭、石油、天然气、煤气等),机械的转动摩擦(如电动机、机床、砂轮、电锯等),使机械能变成热能和部分来自热的化学反应。

工业高温环境是生产劳动中经常遇到的,如冶炼工业的炼焦、炼铁、炼钢;机械工业的铸造、锻造;机械加工车间,如陶瓷、玻璃、砖瓦等;以及各种工程;轮船的锅炉间等。在印染、纺织、造纸的蒸煮作业场所,不仅气温高而且湿度大。所有的工业环境高温均可因夏季的自然高温而加剧。

7.2　高温环境下的生物学效应

1. 人体的热平衡

机体产热与散热保持相对平衡的状态称为人体的热平衡。人体保持着恒定的体温,这对于维持正常的代谢和生理功能都是十分重要的。产热与散热之间的关系可以决定人体是否能维持热量平衡或体内的热积聚是否增加。

在通常情况下,散热的形式是辐射、传导和对流。在高气温、强辐射和高气湿为特点的高温环境中作业时,劳动者的辐射散热和对流散热发生困难,散热只能依靠蒸发来完成。在高气温、高气湿条件下工作时,不仅辐射散热、传导和对流散热无法发挥作用,而且蒸发散热也受到阻碍。

2. 气温和体温

在高温作业环境下作业,体温往往有不同程度的增加,皮肤温度也可迅速升高。在高温环境中,人体为维持正常体温,通过以下两种方式增强散热的作用。

①在高温环境中,体表血管反射性扩张,皮肤血流量增加,皮肤温度增高,通过辐射和对流使皮肤的散热增加。

②汗腺增加汗液分泌功能,通过汗液蒸发使人体散热增加,1 克汗液从皮肤表面蒸发要吸收 600 kcal(2.51 MJ)的汽化热。人体出汗量不仅受环境温度的影响,而且受劳动强度、环境湿度、环境风速因素的影响。

3. 消化系统

在高温条件下劳动时,体内血液重新分配,皮肤血管扩张,腹腔内脏血管收缩,这样就会引起消化道贫血,可能出现消化液(唾液、胃液、胰液、胆液、肠液等)分泌减少,使胃肠消化过程所必需的游离盐酸、蛋白酶、脂酶、淀粉酶、胆汁酸的分泌量减少,胃肠消化机能相应减退。同时大量排汗以及氯化物的损失,使血液中形成胃酸所必需的氯离子储备减少,也会导致胃液酸度降低,这样就会出现食欲减退、消化不良以及其他胃肠疾病。由于高温环境中胃的排空加速,使胃中的食物在其化学消化过程尚未充分进行的情况下就被过早地送进十二指肠,从而使食物不能得到充分的消化。

4. 循环系统

在高温条件下,由于大量出汗,血液浓缩,同时高温使血管扩张,末梢血液循环的增加,加上劳动的需要,肌肉的血流量也增加,这些因素都可使心跳过速,而每搏心输出量减少,加重心脏负担,血压也有所改变。

5. 神经系统

在高温和热辐射作用下,大脑皮层调节中枢的兴奋性增加,由于负诱导使中枢神经系统运动功能受抑制,因而,肌肉工作能力、动作的准确性、协调性、反应速度及注意力均降低,易发生工伤事故。

6. 呼吸系统

呼吸系统功能的调节主要受脑干网状系统的呼吸中枢的调控。在高温环境中,体内热蓄积使血液温度升高,引起包括 pH、渗透压及离子强度在内的多项血浆生理生化指标的变化,使体内环境稳定性改变。这种变化通过对下丘脑体温调节中枢和外周化学感受器的刺激,激活呼吸中枢,反射性地加强呼吸运动,特别是增强呼吸肌的做功能力,导致呼吸频率增加,呼吸深度加深,使呼吸道蒸发散热量增加。同时,增加的肺气量,也有利于机体对流散热呼吸道,蒸发散热是机体热平衡机制中的重要途径之一。呼吸系统的这种散热功能可因热环境温度的提高、机体活动强度的加大,或热应激时交感神经系统兴奋强度的增加而逐步强化。

机体在热应激初期,首先升高的是呼吸潮气量而非呼吸频率,这将有利于肺泡换气量的增加,换气量的增加可进一步提高氧分压($p(O_2)$),特别是在高温环境中进行较高强度的体力活动时,胸腔与肺容积明显扩大,而深吸气时肺毛细管扩张,肺容量增加,氧的弥散量增加,从而使呼吸气体交换频率得到提高。

然而,当环境高温超过一定强度时,呼吸频率通过如前所述的调节机制而进一步加大,甚至可能导致换气过度。此刻,血液 pH 由 7.38 上升至 7.46,$p(CO_2)$ 由 5.8 kPa 下降至 4.39 kPa,发生了换气过度。有趣的是,在因换气过度而发生呼吸性碱中毒时,血乳酸含量却表现为过多。实验中可观察到,机体在换气过度发生后 1 h,可出现动脉 $p(CO_2)$、血压、心输出量和肝脏血流量下降,组织对血乳酸的利用率减少,血乳酸开始增多;当换气过度 2~3 h 后,血液 pH 下降至正常值,血糖含量降低,而机体氧耗量、心输出量未有明显变化,动脉 $p(CO_2)$ 的降低刺激糖酵解加速,乳糖产生进一步增多,导致体内酸乳过剩。当机体过热时,肺换气与气体交换之间会形成负平衡,在呼出的气体中甚至含有较多的氧。因此,过热机体过度换气,并不使血浆 $p(CO_2)$ 升高。受热家兔在受热晚期可出现组织缺氧,其原因可能在于,过热机体血液酸碱度及温度的改变使血红蛋白对氧的结合及在组织中的解离能力降低,同时,由于高温机体循环功能改变、血液流速加快、血液循环障碍,使组织血液灌流不足,组织缺血;加之机体在体温升高时组织代谢可能增强,耗氧量增加,更加剧了过热机体的缺氧状态。因此,机体过热往往伴随着机体缺氧,这种组织缺血往往是热损伤发生的直接且重要的原因。

7. 其他

此外,高温可加重肾脏负担,还可降低机体对化学物质毒性作用的耐受度,使毒物对机体的毒作用更加明显。高温也可以使机体的免疫力降低,抗体形成受到抑制,抗病能力下降。

工作中经常需要在高温环境中从事作业,如夏季露天作业,炎热沙漠地区工作生活。在高温环境中人体可能出现生理功能变化,如体温调节、水盐代谢、消化和循环等方面功能的改变。生理功能的变化,必将引起机体内许多物质代谢的改变,特别是大量出汗与机体过热,可使钠钾大量丧失,矿物质代谢紊乱和血清钾浓度下降,水溶性维生素也大量丧失。机体过热,蛋白质分解加速,胰腺和胃肠消化液及消化酶分泌减少,胃蠕动减弱,消化功能下降。故在高温环境中生活人员的营养和饮食必须加以调整,使机体能更好地适应高温环境中的生活和生产劳动。

8. 水盐代谢

在常温下,正常人每天进出的水量为 2~2.5 L。在炎热季节,正常人每天出汗量为

1 L,而在高温下从事体力劳动,排汗量会大大增加,每天平均出汗量达 3 ~ 8 L。由于汗的主要成分为水,同时含有一定量的无机盐和维生素,所以大量出汗对人体的水盐代谢产生显著的影响,同时对微量元素和维生素代谢也产生一定的影响。当水分丧失达到体重的 5% ~ 8% ,而未能及时得到补充时,就可能出现无力、口渴、尿少、脉搏增快、体温升高、水盐平衡失调等症状,使工作效率降低。

9. 矿物质代谢

高温炎热环境中,机体为散热而大量出汗,可达 4.2 L/d,故在 37 ~ 38 ℃温度下从事劳动每天需水 10 ~ 12 L 才能满足机体需要。如不及时补充,则难以维持体内水平衡;当机体失水超过体重 2% 时,工作效率会明显下降。补充水分最好多次补给,每次少量,可以使排汗减慢,防止食欲减退,并可减少水分蒸发。如高温作业,第 1 d 清晨空腹时体重与第 2 d 清晨时体重比较接近,或每个工作时或工作班开始与结束时体重差别不大,则表示水分供给与排汗引起的水分丧失相等。汗液氯化钠含量为 80 mmol/L,所以在高温环境中生活或工作人员每天有大量氯化钠随同汗液丧失。通常每天可通过排汗损失氯化钠 20 ~ 25 g,如不及时补充,可引起严重缺水和缺氯化钠,同时可引起循环衰竭及痉挛等。气温在 36.7 ℃以上时,每升高 0.1 ℃,每天应增加氯化钠 1 g。但食盐也不能太高,约为 25 g 或稍多,不应超过 30 g。随汗液排出的还有钾、钙和镁等,其中钾最值得注意。在高温环境下也观察到中暑病人血钾浓度下降,所以长期缺钾的人员,在高温条件下最易中暑,故对高温环境下生活或从事军事劳动的人员要注意补钾,以提高机体耐热能力。补充钾盐可用氯化钾片,每片含有钾 2.5 mmol,每天 2 片,可补充 4 L 汗液损失的钾。也可增加含钾丰富食物,通常各种植物性食品钾含量较高,所以在高温作业时应根据供给情况尽量多吃各种新鲜蔬菜和瓜果;还可增加维生素 C、维生素 B12 以及胡萝卜素的来源。在植物食品中,各种豆类含钾特别丰富,黄豆、绿豆、赤豆、豇豆、蚕豆和豌豆含钾量都较高。除钠和钾外,对于钙、镁和铁也应注意。经汗液由体内损失钙和镁的量分别可达 0.33 mmol/L 和 0.13 mmol/L,或 0.42 mmol/L 和 0.6 mmol/h。随同汗液还有一定量铁损失,每天由汗液损失可超过 0.3 mg,相当于通过食物所吸收铁量的 1/3,因此高温下生活或作业人员的饮食应特别注意补充铁。除动物肝等内脏和蛋黄外,还可补充豆类食品。通过汗液可损失多种矿物质,对高温作业人员不能仅补充氯化钠,更不能滥用,还必须考虑到体内电解质平衡。

10. 蛋白质代谢

温度 35 ~ 40 ℃时,汗液含氮可达 206 ~ 229 mg/h,25 ℃时仅为 125 mg/h,机体可出现负氮平衡。失水可促进组织蛋白分解,尿排氮增多,血皮质醇浓度升高,使蛋白质分解代谢加速,高温时粪便排氮增多,故应注意高温作业人员饮食蛋白问题。汗液中氮损失和高温失水促进组织蛋白分解,所以蛋白质供给量较正常稍高,占饮食总热能的 2% ~ 15%,蛋白质食物特殊动力作用较强,并使机体对水分需要量增加,但不宜过多。高温时进行强体力劳动,每天摄入 100 ~ 500 g 蛋白质,对机体无不利影响。高温环境下生活和劳动人员蛋白质供给量仍应在总热能的 12% ~ 15% 范围内,一般在 14% 左右;但最重要的是应充分供给营养价值较高的蛋白质。汗液氨基酸约 1/3 为必需氨基酸,以赖氨酸最多。在高温环境生活的人员饮食蛋白质,应有 50% 来自鱼、肉、蛋、奶和豆类食品。

11. 维生素代谢

汗液和尿液排出水溶性维生素较多,首先是维生素 C。汗液维生素 C 含量达 10 μg/mL,按排汗 5 000 mL/d 计,可损失维生素 C 50 mg。动物实验发现豚鼠在 43 ℃ 环境中,其脾、肾、脑及血液中还原型谷胱甘肽含量下降,而氧化型谷胱甘肽增高,体内正常氧化还原过程发生改变。一般认为高温环境中劳动者,每天维生素 C 供给量应在 150 ~ 200 mg;汗液含有维生素 B1 和维生素 B2,前者为 0.14 μg/mL,如排汗 5 000 mL/d 则损失 0.7 mg,相当于每天供给量的 1/3 ~ 1/2。通常尿液排出汗液少,且补充维生素 B1 后,尿中排出量并不增加,表示机体中维生素 B1 不够充裕。每天饮食含维生素 B1 5 mg 和维生素 B2 3 ~ 5 mg 才能满足机体需要。接触钢水人员,应适当增加维生素 A 供给量,可增加到 5 000 IU/d。

12. 热能代谢

高温环境对热能代谢,特别是基础代谢可以发生影响;体力劳动强度也影响热能的需要量。比较在 22 ℃ 和 37 ℃ 左右环境中从事各种强度劳动时热能消耗,在高温环境中从事各种强体力劳动时,热能需要增加 10% ~ 40%。增加过多热能有困难,以 10% 为适宜。为满足高温环境机体特殊生理状况以及营养需要,可增加 10% 左右热能,适当供给含盐较多食品和营养价值较高动物性和豆类蛋白质,每天供给维生素 B1 5 mg、维生素 B2 5 mg、维生素 C 150 mg 和维生素 A 5 000 IU。高温环境中唾液、胃液、肠液和胰液分泌减少,胃液酸度降低,肠液中消化酶下降;由于饮水中枢兴奋使食物中枢抑制,还要设法提高高温作业人员的食欲;如饮食烹调时注意色香味,经常变换花色品种,适当用凉拌菜,多用酸味或辛辣调味品。且可将 3 种主要餐次安排在休息起床后、上班前或下班后 1 ~ 2 h,以适应劳动后食欲较差的状况。

13. 中暑与皮肤病

无论是环境过度高温还是机体因多种原因所致散热不利,都会导致机体高热负荷,从而引起一系列过热性疾患。这类热致疾患主要包括中暑和热致皮肤病。

(1) 中暑

中暑是一类热致急性病患的总称。根据中暑发生的病程、病理机制和临床表现的差异,对中暑的分类有多种。临床上按病程和发病程度分为先兆中暑、轻症中暑和重症中暑。而重症中暑,根据世界卫生组织 1957 年的国际疾病分类方法,又主要分为热射病、日射病、热痉挛、热衰竭等类型。1975 年,国际疾病分类的修订版已将此二者合一。

①热射病。主要由于多环节的体温调节机制衰竭,使散热途径受阻所致。大多数热射病患者发病急,无明显前驱症状,只有 20% 左右患者发病前表现出眩晕、疲倦、嗜睡、过热感、恶心、厌食、焦虑、头痛等症状。发病时的主要特征包括:高体温,肛温常超过 41 ℃,有时甚至高达 46.7 ~ 47 ℃;中枢神经系统紊乱,中暑神经抑制与高度兴奋往往同时存在,出现昏迷、惊厥;皮肤干热,汗腺疲劳或衰竭之前可表现为多汗,但发病时往往无汗,严重时出现皮肤血瘀点。热射病患者的预后与体温升高程度有关,体温 42 ℃ 以下时,死亡率约 8%,超过 42.7 ℃,死亡率高达 70%。

②热衰竭。主要由于高温使机体过量出汗,水和电解质大量丢失,或补水不充分,致血容量减少,有循环血量不足,心血管系统负担加重并继发功能紊乱,或受热个体心血管功能不全,不能承受过强热负荷而导致热衰竭。这类患者主要的特征为外周循环虚脱,表现为面色苍白、皮肤湿冷、脉压明显减低,患者易发生立位性昏厥,但这种昏厥可在患者卧位后自行清醒;体温出现部位性差异,即口温及腋温低于正常值,而肛温明显升高,有时达40 ℃左右。这类患者的愈后往往主要取决于心血管功能紊乱状态和可恢复能力,同时发生的机体电解质丢失情况及其对应机体内稳态的影响程度亦是愈后的另一个重要因素。

③热痉挛。由于高热时过度出汗,体内过多电解质丢失,或者在对过热者只注意补水而忽视补盐,致使体液晶体渗透压严重下降,组织细胞特别是肌肉细胞舒缩不当,导致肌肉痉挛所致。这是中暑类疾病中最轻的一种。其主要特征为随意肌发生痛性痉挛,尤其以肌体肌肉如腓肠肌及腹壁肌肉多见;重症者躯干肌群也发生痉挛。体温多为正常。这类患者一般愈后良好,只是影响肌体的劳动和作用能力。患者可因及时补充电解质而痊愈。

（2）热致皮肤病

皮肤疾患往往由于局部皮肤散热不利,特别是汗液蒸发不利而引起。

①痱子。多在湿热气候环境中发生。由于高温潮湿,或皮肤通风不好,汗液蒸发不利,皮肤受汗水浸渍过久,汗腺管堵塞,汗液不易排出,引起皮肤炎性病变,皮肤表面产生大小均一的密集型红色或白色小丘疹,称为痱子。

②热带烂脚。在湿热环境中,脚较长时间在水中浸泡或穿着湿鞋袜,造成足部部分发生肿胀、糜烂病变,发病率可达到40% ~80% 。

③癣。高温环境下,机体大量出汗致皮肤潮湿,皮肤表层发生丘疹或水疱、瘙痒、糜烂、渗出或脱屑过度等病损现象。可发生在手足等,在大腿内侧、阴囊及股部皮损严重,面广者即所谓"烂裆"。在战争条件下,部队若长时间蹲伏于坑道或掩体,或较长时期不能洗澡,"烂裆"的发生率较高,可严重影响指战员的活动。

7.3　高温环境下的营养与修复

在高温环境中,人体可以出现一定的生理功能变化,例如体温调节、水盐代谢、消化和循环等方面的功能改变。国外报道,在炎热环境下从事体力劳动时,由于大量出汗而丧失过多的水分与盐分,如果不作适当的补充,有使机体内环境的稳定遭到破坏并发生热病的可能。因此,由于生理功能的变化,必将引起机体内许多物质代谢的改变,特别是大量出汗与机体过热,可使钠、钾大量丧失,无机盐代谢紊乱和血清钾浓度下降;水溶性维生素也大量由体内丧失。许多研究报告曾提出,高温条件下机体对维生素 B1、B2、C 的需要量增加。

7.3.1　高温环境下的营养与修复的研究现状

首先,蛋白质、脂肪、碳水化合物等宏量元素,维生素、矿物质均可以用于预防及缓解中暑症状。

中暑是由于人体在热环境下,热平衡失调,水盐代谢紊乱,或因阳光直射头部导致脑膜脑组织损伤所引起的一种急性过热性疾病的总称。中暑作为一种病理状态被认识已超过数世纪,其确切病理生理机制仍不十分明确。有学者认为中暑是一种高热状态,同时存在全身性炎症反应,继而导致以脑病为突出表现的多脏器功能障碍。机体内盐类代谢的障碍可引起蛋白质代谢的变化,所以合理的营养对预防中暑是完全必要的。苏联拉钦科夫教授学派的研究证实了丰富的蛋白质食谱可以减少糖类的消耗及组织蛋白的分解,从而减少疲劳,提高劳动效率及改善工人的自觉状态。此外,由于糖类在蛋白质分解产物的再利用上具有促进作用,因此在合理膳食调配中应添加少量的糖类。

许多研究报告曾提出,高温条件下机体对维生素 B1,B2,C 的需要量增加。武汉医学院历年对高温作业工人营养问题研究的结果,亦发现高温作业工人维生素 B1,B2,C 的营养状况较一般工人差。在各种维生素方面,汗液和尿液排出水溶性维生素较多,首先是抗坏血酸。除维生素 C 外,高温环境中生活劳动人员汗液中硫胺素和核黄素都有一定的数量。因此,补充各种水溶性维生素有助于预防中暑。维生素 B1 缺乏或不足,常使人感到乏力,因此多吃含维生素 B1 的食物可以消除疲劳。含维生素 B1 丰富的食物有动物内脏、肉类、蘑菇、酵母、青蒜等。维生素 B2 缺乏或者不足,会使人肌肉运动无力,耐力下降,也容易产生疲劳。富含维生素 B2 的食物有动物内脏、河蟹、蛋类、牛奶、大豆、豌豆、蚕豆、花生、紫菜、酵母等。在体力劳动量大时及时补充维生素 C,可以提高肌肉的耐力,加速体力的恢复。富含维生素 C 的食物有青辣椒、红辣椒、菜花、苦瓜、油菜、小白菜、酸枣、鲜枣、山楂、草莓等。

在高温环境下的人员随着体内水分的丧失,血液内可出现缺钾,红细胞内钾含量降低,中暑患者血钾浓度下降,在高温条件下最易中暑。所以高温环境下要注意补钾,以提高机体耐热力,可以增加含钾丰富的食物,在普通的植物食品中,各种豆类含钾特别丰富,黄豆、绿豆、赤豆、豇豆、蚕豆和豌豆含钾都较高。大量出汗时应该补充钠盐,这个道理许多人都知道。所以天气炎热或高温作业时,人们都知道要喝盐开水、盐汽水。然而,人体出汗较多时,汗水里排出的不仅只有钠盐,还有大量的钾盐。钾是机体重要的电解质,它可加强肌肉的兴奋性和心肌的运动能力。如果体内钾丢失过多,就会引起酸碱平衡失调,出现四肢无力,全身肌肉酸痛,尤其是四肢肌肉还会发生痉挛、疼痛和强直,也就是热痉挛,重者还可发生心律不齐、嗜睡等。可见缺钾也是引起中暑的重要原因之一。所以说,人体大量出汗的时候不仅要补充氯化钠,还要注意补钾。夏令水果中,西瓜、甜瓜、菠萝、香蕉等都含有丰富的钾,所以热天出汗多时不妨多吃点这类水果来补钾。值得一提的是,茶叶中钾的含量也非常高,暑热之时,经常饮用盐茶,对于祛暑解热、利尿强心、爽身提神都具有独特的功效。盐茶的制作方法非常简单:用食盐 6 g,茶叶 5 g,加开水 500 mL,冲泡,凉后饮用。

其次,蛋白质、脂肪、碳水化合物等宏量元素,维生素、矿物质均可以用于预防高温环境下水分、盐分流失,调节水盐代谢失调。

高温 35 ~ 40 ℃时,人体可从汗液中排出大量的氮,从而出现负氮平衡,而失水又促进组织蛋白质分解,尿氮排泄量增多。此外,高温下粪便中排出氮也增多,一般认为在高温条件下蛋白质的摄取量应占总热量的 14% 左右。蛋白质的供给量要充分,更重要的是蛋白质的生理价值要高。有人发现由汗液中排出的必需氨基酸中,赖氨酸最多,所以供给蛋白质中优质蛋白质应占一半。在高温环境中,基础代谢发生改变,一般认为膳食中热量的供给至少增加 10%。在高温环境中生活和劳动的人,应适当提高营养的供给量。以成年男人轻体力劳动者为例,每日应供给热量 2 860 kcal 以上,蛋白质 90 ~ 107 g,同时优质蛋白质应占半。因此,在膳食中要多吃豆类、瓜果,适当搭配奶、肉、蛋或鱼类。

水盐平衡是维持人体生命、维持各脏器生理功能所必需的条件。热环境中机体水盐丢失也可影响机体的机能活动,甚至导致疾病发生。一项研究表明,高温作业者每天仅从汗液中就排出维生素 C 50 mg、维生素 B1 0.7 mg。可见,高温条件下应注意补充维生素。

在高温条件下,由于汗流量大,水溶性维生素容易随汗流失,因而要及时补充。据武汉医学院报道,钢铁厂的高温作业工人每日从膳食中摄取维生素 C 84.5 mg,其维生素 C 营养状况仍不能达到规定的指标;当每日摄入量增加到 180 mg 以上时才能达到规定的标准。高温环境还使较多 B 族维生素随汗流失。有人观察到有时高温作业人员从汗中排出的维生素 B2 比从尿中排出的还要多。高温作业者除了应多食水果、蔬菜以补充水溶性维生素外,还应饮用含有维生素 C、维生素 B1、维生素 B2 等的饮料以弥补不足。

高温下常引起体温升高,热能代谢增强,需补充较多的糖以满足代谢的需要。维生素 B1 在机体糖代谢中起重要作用,特别是摄取较多的高糖食物者,尤应补充维生素 B1,否则就会引起糖代谢失调,故高温作业者对维生素 B1 的补充不可忽视。资料表明,在高温厂从事较重劳动的工人,其维生素 A、维生素 B1、维生素 B2 和维生素 C 应比平时条件下增加 1 ~ 3 倍的摄入量才能满足需要。因此膳食中应有较多的瘦肉、动物肝脏、蛋类,以补充维生素 B1、维生素 B2 和维生素 A,要多吃水果、蔬菜以补充维生素 C 和胡萝卜素。若仍不能满足需要,则应补充维生素强化饮料或强化食品。

最后,蛋白质、脂肪、碳水化合物等宏量元素,维生素、矿物质均可以改善食欲减退、消化不良症状。

随着夏季气温的升高,人的体温也会升高,丘脑下部感知体温改变后即要作用于附近的摄食中枢,产生抑制作用,使食欲下降;高温下,胃肠道活动即出现抑制反应,消化液分泌减少,胃液酸度降低;高温使胃的收缩和蠕动减弱,排空速度变慢;使唾液分泌明显减少,淀粉酶活性降低;使小肠的运动受抑制,吸收减慢,导致人消瘦;高温下大量出汗,随即大量饮水使胃酸稀释,导致胃的消化能力下降;血液流入皮下,体内温度易于向外发散。而腹腔内脏血管收缩,消化道血液减少,使消化道功能下降。以上这些原因都能引起食欲减退和消化不良,最后导致体重减轻。当夏季天气炎热季节,在高温环境中工作,常有大量的汗液排出,部分营养素和水分丢失,并有食欲降低,身体消耗大,甚至可出现中暑、热痉挛。因此高温环境应及时补充糖类及蛋白质。高温下作业工人基础代谢率高,热能消耗多,所以应增加热量。一般中等体力劳动每日 3 300 cal,重体力劳动 4 000 cal。每天供应蛋白质约 100 g,最好半数以上为动物性食物(如牛奶、鸡蛋等)或豆类。

在高温环境中,机体为了散发热量而大量出汗,每小时可达 4.2 L,由于汗液含有大量氯化钠,所以在高温环境中生活的人每日有大量氯化钠可随同汗液由体内丧失,经汗液由机体排出的还有钾、钙和镁等。一般情况下每日可通过排汗损失氯化钠 20～25 g,如不及时补充,可引起严重缺水和缺氯化钠,甚至可引起循环衰竭及痉挛等。有人建议,气温在 36.7 ℃以上时,每升高 0.1 ℃,每天应增加氯化钠 1 g;但也不能过高,约 25 g 或稍多,不应超过 30 g。在高温环境下的人员随着体内水分的丧失,血液内可出现缺钾,红细胞内钾含量降低,中暑患者血钾浓度下降,在高温条件下最易中暑。所以高温环境下要注意补钾,以提高机体耐热力,大量出汗与机体过热,水溶性维生素也大量由体内丧失。由于机体过热,蛋白质分解加速,胰脏和胃肠消化液及其中消化酶分泌减少,胃蠕动减弱,消化功能下降。一般情况下,应根据供应情况尽量多吃各种新鲜蔬菜和瓜果来增加维生素 C、维生素 B2 以及胡萝卜素的来源。除钠和钾以外,对于钙、镁和铁也应注意,每天由汗液损失铁可达 0.3 mg,相当于通过食物所吸收铁的数量的 1/3。因此高温下生活或作业的人员的膳食应特别注意铁的补充。除动物肝脏等内脏和蛋黄外,还可补充豆类食品。

　　在高温下从事劳动的人因大量出汗而体内丧失许多液体,所以常需要多量水进行补充。人在普通情况下一昼夜的出汗量为 500～1 000 mL,通过汗液的蒸发能释放 200 大卡的热量。因为汗液中含有 0.1%～0.5% 的氯化钠及其他物质,因大量出汗的结果,也丧失了大量的盐分和维生素。在高热环境下,从事紧张劳动时,若以 8 h 平均排汗6 500 mL 计算,则高温工作 8 h 损失硫胺素达 1 mg,核黄素 0.9 mg,尼克酸 6.5 mg,维生素丙 50～70 mg。另外,还有铜、锰、磷、镁、钙、钾、碘、铁等矿物质的流失。因此应及时补充铜、锰等矿物质。

　　从事炼钢铁、炼焦、铸造、金属热处理淬火,以及陶瓷、烧砖瓦、炼石英砂、玻璃制造等作业工人,必须在高温环境下进行生产劳动。由于高温和热辐射,机体大量出汗,引起体内大量水分、盐和一些维生素丢失,使人体物质代谢和生理机能发生一定的变化。因此,在营养供给上,有别于其他工种。高温作业工人每人一工作日出汗 5 000～10 000 mL,大量氯化钠、维生素 B1、B2、C 及其他的水溶性维生素随汗液排出体外,就有可能出现维生素 B1 缺乏症,轻的会有食欲不振,消化不良,生长迟缓等现象,严重的还会得脚气病。维生素 B1 能抑制胆碱酯酶的活性,使神经传导所需的乙酰胆碱不被破坏,保持神经的正常传导功能,缺乏维生素 B1 时,可产生胃肠蠕动缓慢、消化液分泌减少、食欲不振、消化不良等症状。此外,维生素 B12 属水溶性维生素,有促进红血球的形成和再生,增进食欲,维持神经系统的正常功能,促进脂肪、碳水化合物、蛋白质的利用,增进记忆力与平衡感等作用。维生素 B12 的缺乏会出现消化功能和肝功能障碍,导致贫血、脸色苍白、轻度黄疸、食欲不振、腹胀腹泻等。

　　人缺锌表现最明显的就是常常感到味觉异常,吃东西不香,补锌往往可使这些症状得到改善。锌参与了口腔唾液蛋白——味觉素组成,所以缺锌会影响到味觉;锌与很多重要的生命物质的合成密切相关,能影响细胞的生长过程,人常见的一些症状如食欲不振,味觉减退,皮肤、黏膜的溃疡不易愈合,适应能力下降等都和缺锌有一定关系,补锌往往可使这些症状得到改善。预防缺锌的最好方法是食物多样化,荤素搭配,注意平衡膳食,一般情况下,动物性食物含锌量较高,较易被人体吸收利用。如牛肉、猪肉每千克含锌高达 20 ~ 60 mg,鱼类和海产品的含锌量也很高,特别是牡蛎,每千克含锌量达 100 mg 以上,其含锌量是普通食品的 5 倍以上;水果一般含锌较少。此外,食物越精制,烹调过程越复杂,锌的丢失就越严重,除了补充含锌量较多的食品外,还可在医生指导下口服含锌药物。

7.3.2　药食同源食物与功能性成分

1. 清热解暑类药食同源食物

荷叶

【来源】荷叶为睡莲科植物莲的叶。

【传统功效】清热利水,健脾助胃,散瘀止血,治暑热、胸闷、腹泻及多种出血症。

【治疗与保健作用】用鲜荷叶煎煮蒸馏后提取之淡绿色透明水剂,用于各种热性病,用鲜品治疗小儿尿频及小儿夏季热病效果明显。

【功能性成分】叶含多种生物碱:莲碱(Roemerine)、荷叶碱(Nunciferine)、原荷叶碱(Nornuciferine)、亚美罂粟碱(Armepavine)、斑点亚洲罂粟碱(罗默碱,Roemerine)、前荷叶碱(Pronuciferine)、N - 去甲基荷叶碱(N - Nornuciferine)、O - 去甲荷叶碱(O - nor-nuciferin)、D - N - 甲基乌药碱(D - N - Methylcoc - laurine)、番荔枝碱(Anonaine)、鹅掌楸碱(Liriodenine)、牛心果碱(Anonaine)、N - 甲基衡州乌药碱(N - methglco - claurine)、N - 甲基异衡州乌药碱(N - methylisococaurine)、去氢荷叶碱(Dehydeonuciferine),以及维生素 C、枸橼酸、酒石酸、苹果酸、草酸、琥珀酸。还含抗有丝分裂作用的碱性成分。

【保健食谱】

荷叶粳米粥

材料:粳米 100 克,荷叶 30 克,冰糖 20 克,白矾 2 克。

做法:

(1)粳米淘洗干净,用冷水浸泡半小时,捞出,沥干水分。

(2)荷叶洗净,撕为两半。

(3)白矾加少许水溶化。

(4)锅内放入粳米和冷水,先用旺火烧沸。

(5)然后用小火熬煮 20 分钟左右。

(6)见米粒涨起快熟时,将半张荷叶洒上白矾水(起保护绿色作用),浸入粥内,另外半张荷叶盖在粥上。

(7)继续用小火熬煮 15 分钟,去掉荷叶,加冰糖调好味,即可盛起食用。

薄荷

【来源】唇形科多年生宿根性草本植物薄荷属的地上部分。

【传统功效】疏风散热,清头目,利咽喉,透疹,解郁。

【治疗与保健作用】现代药理研究表明内服适量的薄荷有兴奋中枢神经的作用,能使皮肤毛细血管扩张,促进汗腺的分泌,使机体散热增加,故有发汗、解热、防中暑的作用,被人们誉为"解暑良药"。

【功能性成分】同前。

【保健食谱】

薄荷粥

鲜薄荷 30 克或干品 15 克,清水 1 升,用中火煎成约 0.5 升,冷却后捞出薄荷留汁。用 150 克粳米煮粥,待粥将成时,加入薄荷汤及少许冰糖,煮沸即可。

功效:清新怡神,疏风散热,增进食欲,帮助消化。

薄荷鸡丝

鸡胸脯肉 150 克,切成细丝,加蛋清、淀粉、精盐拌匀待用。薄荷梗 150 克洗净,切成同样的段。锅中油烧至 5 成热,将拌好的鸡丝倒入过下油。另起锅,加底油,下葱姜末,加料酒、薄荷梗、鸡丝、盐、味精略炒,淋上花椒油即可。

功效:消火解暑。

绿豆

【来源】豆科植物绿豆的种子。

【传统功效】清热,消暑,利水,解毒。

【治疗与保健作用】绿豆能够清热解暑,利尿消肿,滋肤止渴,是常用的消夏食品。

绿豆中矿物质种类相对齐全且总含量高,并含有多种维生素。在高温环境中以绿豆汤为饮料,既可以及时补充丢失的营养物质,又能够达到清热解暑的治疗效果。

【功能性成分】主要有蛋白质,脂肪,碳水化合物,维生素 B1、B2,胡萝卜素,菸硷酸,叶酸,矿物质钙、磷、铁。所含蛋白质主要为球蛋白,其组成中富含赖氨酸、亮氨酸、苏氨酸,但蛋氨酸、色氨酸、酪氨酸比较少。绿豆皮中含有 21 种无机元素,磷含量最高。另有牡荆素,β-谷甾醇。

【保健食谱】

绿豆汤

绿豆淘净,加大火煮沸 10 分钟,取汤冷后食用,用于解毒清热(注意不能久煮)。

绿豆汁

绿豆 1 500 克,淘净,用水 2 500 毫升,煮烂细研,过滤取汁,早晚食前各服一小盏,治消渴、小便频数。

绿豆银花汤

绿豆 100 克,金银花 30 克,水煎服,用于夏天预防中暑。

绿豆竹叶粥

主料:绿豆 30 克,粳米 100 克,金银花 10 克,荷叶 10 克,淡竹叶 10 克。

调料:冰糖 50 克。

做法:

(1)将鲜荷叶、鲜竹叶用清水洗净,共煎取汁、去渣。

(2)绿豆、粳米淘洗干净后共煮稀粥,待沸后加入银花露及药汁,文火缓熬至粥熟;最后调入冰糖。

功效:

(1)清暑化湿,解表清营。

(2)适用于伏暑,症见头痛、全身酸楚、无汗、恶寒发热、心烦口渴、尿黄、苔腻、脉濡数。

金银花

【来源】忍冬科忍冬属植物,忍冬及同属植物的干燥花蕾或带初开的花。

【传统功效】芳香透达,清热解毒,凉散风热。

【治疗与保健作用】用 IL-1β 作为致热原,使新西兰兔出现明显的发热反应,并使热敏神经元的放电频率减少、冷敏神经元的放电频率增加;而注射金银花可起到解热作用,并可逆转致热原引起的温度敏感神经元放电的改变,但对温度不敏感神经元没有明显影响。上述结果提示:金银花具有解热作用,其解热机制可能与逆转致热原引起的温度敏感神经元放电频率的改变有关。

【功能性成分】金银花含绿原酸,异绿原酸,白果醇,β-谷甾醇,豆甾醇,β-谷甾醇-D-葡萄糖苷,豆甾醇-D-葡萄糖苷;还含挥发油,其成分有芳樟醇,左旋-顺三甲基-2-乙烯基-5-羟基-四氢吡喃,棕榈酸乙酯,1,1-联二环己烷,亚油酸甲酯,3-甲基-2-(2-戊烯基)-2-环戊烯-1-酮,反金合欢醇,亚麻酸乙酯,β-荜澄匣油烯,顺-3-己烯-1-醇,牻牛儿醇,苯甲酸苄酯,2-甲基-丁醇,苯甲醇,苯乙醇,顺-芳樟醇氧化物,丁香油酚及香荆芥酚等数十种。

【保健食谱】

金银花苦瓜汤

主料:苦瓜 200 克。

辅料:金银花 15 克。

做法:

(1)将苦瓜切开去瓤和籽。

(2)与金银花一起放入锅中。

(3)加清水适量,煎汤饮用即可。

知母

【来源】百合科植物知母的根茎。

【传统功效】清热泻火、滋阴润燥、止渴除烦。

【治疗与保健作用】知母浸膏 4 g/kg 皮下注射,能防止和治疗大肠杆菌所致兔高热,且作用持久。知母根茎中所含皂苷具有明显降低由甲状腺素造成的耗氧率增高及抑制 Na^+,K^+-ATP 酶活性的作用。知母作为性寒的中药在细胞内对单胺氧化酶有抑制作用,知母能减少有致热作用的 PG 的生物合成。

【功能性成分】根茎中含总皂苷约 6%,其中有知母皂苷(Timosaponin)A-Ⅰ、A-Ⅱ、A-Ⅲ、A-Ⅳ、B-Ⅰ和 B-Ⅱ。其中知母皂苷 A-Ⅰ是萨尔萨皂苷元 β-D-吡喃半乳糖苷,知母皂苷 A-Ⅲ是萨尔萨皂苷元与知母双糖(Timobiose)结合而成的双糖苷。知母根茎中的皂苷元有萨尔萨皂苷元(Sarsasapogenin)、吗尔考皂苷元(Markogenin)、新芰脱皂苷元(Neogitogenin)。以前从知母中分离出来的皂苷知母宁(Asphonin)是吗尔考皂苷、知母皂苷 A-Ⅲ、A-Ⅳ、B 等的混合物,亦分离出异菝葜皂苷元(Smilagenin)等皂苷类成分,尚含有黄酮类的芒果苷(Mangiferin,Chimonin), 异芒果苷(Isomangiferin);生物碱类的胆碱(Choline),尼克酰胺(Nicotinamide);有机酸类的鞣酸(Tannic acid), 烟酸(Nicotinic acid)以及四种知母多糖(Anemarn A,B,C,D),另外尚含铁、锌、锰、铜、铬、镍等多种金属元素以及黏液质、还原糖等。

【保健食谱】

知母玉竹饮

食材:知母,玉竹,蜂蜜。

用法:每日 3 次,每次 15 毫升,饭后温开水送服。

功效:生津、止渴、润燥。

栀子

【来源】茜草科植物栀子的干燥成熟果实。

【传统功效】泻火除烦;清热利湿;凉血解毒。

【治疗与保健作用】栀子生品及各种炮制品的 95% 乙醇提取物以含生药 10 g/1 kg 灌胃大鼠,对致热剂 15% 鲜酵母混悬液以 20 mL/1 kg 皮下注射大鼠颈背部所致发热有较好的解热作用,以生品作用强于炮制品,这与目前临床生用栀子治疗热病高热的用药经验一致。现代药理研究表明,栀子醇提物能促进胆汁分泌,能减轻四氯化碳引起的肝损害,有降温、镇静、降压作用。对金黄色葡萄球菌、脑膜炎双球菌、卡他球菌及多种真菌有抑制作用。水煎液能杀死钩端螺旋体及血吸虫成虫。但栀子苦寒伤胃,不宜久服。脾胃虚寒、食少便溏者不宜选用,年老、久病、体弱者不宜常用。

【功能性成分】含黄酮类栀子素(Gardenin),三萜类化合物藏红花素(Crocin)、藏红花酸(Crocetin)及 α - 藏红花苷元(α - Crocetin);亦含环烯醚萜苷类栀子苷(Jasminoidin)、异栀子苷(Gardenoside)、去羟栀子苷(京尼平苷,Geniposide)、京尼平龙胆二糖苷(Genipingentiobioside)、山栀子苷(Shanzhiside)、栀子酮苷(Gardoside)、鸡屎藤次苷甲酯(Scandoside Methylester)、脱乙酰车叶草苷酸甲酯(Deacetylasperulosidic Acid Methylester)、京尼平苷酸(Geniposidic Acid)等。此外,尚含有 D - 甘露醇(D - mannitol)、β - 谷甾醇(β - sitosterol)、二十九烷(Nonacosane)、熊果酸(Ursolic Acid)。

【保健食谱】

栀子仁粥

材料:粳米 100 克,栀子 5 克。

做法:将栀子仁碾成细末,用粳米煮稀粥,待粥将成时,调入栀子仁末稍煮即成。

蒜辣栀子花

材料:栀子花,大蒜,辣椒,开水,盐。

做法:

(1)取花朵开水烫了泡两天;

(2)多冲洗几遍,抓干水分;

(3)再炒干就可以和大蒜辣椒一起炒。

菊花

【来源】为多年生菊科草本植物的花瓣,呈舌状或筒状。

【传统功效】具有疏风、清热、明目、解毒之功效。

【治疗与保健作用】对菊花提取物解热作用的研究证实,菊花挥发油组对发热大鼠的体温有显著降温作用;其他成分组均无明显作用,表明挥发油是菊花解热作用的有效成分。菊花药性微寒，有疏散风热、平肝明目、清热解毒等功效，秋燥引起的上火症状也可以用菊花来消除。菊花亦常被人们采来制成菊花茶，夏天暑热时饮用，可降温、清心除烦。

【功能性成分】菊花中富含挥发油、菊苷、腺嘌呤、氨基酸、小苏碱、菊花素、胆碱、维生素及铁、锌、硒、铜等微量元素。

【保健食谱】

一、茶饮

（1）菊花茶：菊花5克，放在盖杯中，用沸水冲泡。菊花茶香气浓郁，可消暑、生津、祛风、润喉、养目、解酒。

（2）菊花枸杞茶：杭菊花、枸杞各10克，以沸水冲泡，10分钟后便可饮用。菊花枸杞茶能预防和治疗各种眼病，对糖尿病、高血压、冠心病都有好处，最适宜老年人饮用。脾胃虚弱者可放上几枚大枣，以加强健脾作用。

（3）桑菊饮：菊花6克、金银花4克、桑叶3克，以沸水浸泡代茶饮，治风热感冒效果尤佳。

（4）菊花芦根茶：菊花6克，芦根21克（鲜者加倍），以沸水浸泡代茶饮，清热解毒，治风热感冒。

（5）菊银山楂茶：菊花、山楂、金银花各10克。将山楂切成碎片，再把三味加入杯中，用沸水冲泡即成。每日1剂，代茶饮用。此茶有减肥轻身、清凉降压、消脂化瘀的功效。

（6）菊楂决明饮：菊花3克，生山楂片、草决明各15克，放入保温杯中，以沸水冲泡，盖严温浸30分钟。频频饮用，每日数次。此饮品可治疗高血压兼冠心病症。

二、药膳

（1）菊花粥：菊花50克，粳米100克，白糖40克。粳米加清水1 000毫升，煮至米烂汤稠，表面浮起粥油时，下菊花瓣、白糖再煮5分钟即可。此膳有疏散风热、清肝明目、降血压的功效。适用于风热头痛、肝火目赤、眩晕目暗以及高血压病、冠心病等症。

（2）菊花糕：把菊花拌在米浆里，蒸制成糕，或用绿豆粉与菊花制糕，具有清凉去火的食疗效果。

（3）菊花醪：菊花10克，剪碎，与粳米酒酿适量，煮沸。顿食，每日2次。此品可治疗肝热型高血压眩晕症。

（4）菊花拌蜇皮：菊花50克，蜇皮200克，盐、糖、醋、麻油适量。蜇皮切成丝，用开水烫煮一下，冷却后再浸泡5~6小时。菊花入沸水过一下，沥净水分。将各种调料与菊花和蜇皮拌匀即成。此膳有降血压、防肥胖的功效。适用于高血压、肥胖症。

（5）菊花羹：将菊花与银耳或莲子煮或蒸成羹食，加入少许冰糖，可去烦热，利五脏，治头晕目眩等症。

2.调节食欲、改善消化类药食同源食物

麦芽

【来源】禾本科植物大麦的成熟果实经发芽干燥而得。

【传统功效】消食化积，回乳。

【治疗与保健作用】淀粉是糖淀粉与胶淀粉的混合物。麦芽内主要含有 α 与 β 淀粉酶。淀粉在上述两种淀粉酶的作用下分解成麦芽糖与糊精。麦芽煎剂对胃酸与胃蛋白酶的分泌有轻度促进作用,可以促进消化。

【功能性成分】麦芽主要含 α – 及 β – 淀粉酶(Amylase),催化酶(Catalyticase),过氧化异构酶(Peroxidisomerase) 等。另含大麦芽碱(Hordenine),大麦芽胍碱(Hordatine)A、B,腺嘌呤(Adenine)胆碱(Choline),蛋白质,氨基酸,维生素 D、E,细胞色素(Cytochrome)C。尚含麦芽毒素,即白栝楼碱(Candicine)。

【保健食谱】

健胃麦芽粥

材料:麦芽 4 两,糯米 1/2 杯,水 12 杯,冰糖 2 两。

制法:(1)麦芽、糯米以冷水浸泡 1 小时后,沥干水备用。

(2)取一深锅,加 12 杯水,以大火煮开后转小火,加入(1)的材料续煮 50 分钟,再加入冰糖调味即可。

枳实

【来源】芸香科植物酸橙及其栽培变种或甜橙的干燥幼果。

【传统功效】积滞内停;痞满胀痛;大便秘结;泻痢后重;结胸;胃下垂;子宫脱垂;脱肛。

【治疗与保健作用】现代药理研究表明,枳实能增强兔离体胃底平滑肌运动,促进胃排空,且对兔离体回肠平滑肌张力也有增强作用,而且枳实可使小肠平滑肌张力和运动功能增强,更加有力地清除小肠内容物,促进小肠的消化和吸收能力。

【功能性成分】果实中含橙皮苷(Hesperidin),酸橙幼果含维生素 C、辛福林(对羟福林,Synephrine)、N – 甲基酪胺(N – Methyltyramine),未成熟果实的果皮中含新橙皮苷(Neohesperidin)、柚皮苷(Naringin)、野漆树苷(Rhoifolin)和忍冬苷(Lonicerin)等黄酮化合物,新橙皮苷在果实成熟时消失。

【保健食谱】同前。

山楂

【来源】蔷薇科植物山楂、山里红或野山楂的果实。

【传统功效】开胃消食,化滞消积,活血散瘀,化痰行气。

【治疗与保健作用】山楂可单味应用,亦可与神曲、麦芽、莱菔子等配伍,加强消食化积之功。其含 VC、VB、胡萝卜素及多种有机酸,口服能增加胃中消化酶的分泌,加强酶的活性,所含蛋白酶、脂肪酸可促进肉食分解消化。山楂醇提液对受刺激兔、鼠离体胃肠平滑肌收缩具有明显的抑制作用,表明服山楂对胃肠功能紊乱有明显调节作用,达到健脾消食作用。

【功能性成分】同前。

【保健食谱】同前。

木香

【来源】菊科植物木香的干燥根。

【传统功效】行气止痛,调中导滞,健脾消滞。

【治疗与保健作用】木香能消食积,治疗饮食不节、宿食停滞、脾胃受损、纳运失常致气机壅阻不舒。实验研究表明,木香汤剂能加速胃排空和增强胃动素的释放;动物实验发现不同剂量木香煎剂对胃排空及肠推进均有促进作用且具剂量依赖性;通过木香动力胶囊内容物(木香为主要成分)对小鼠胃排空的影响,发现其对阿托品、左旋麻黄碱负荷下胃排空抑制有一定拮抗作用。

【功能性成分】同前。

【保健食谱】同前。

莱菔子

【来源】为十字花科植物萝卜的成熟种子。

【传统功效】消食除胀,降气化痰。

【治疗与保健作用】文献报道莱菔子水煎剂可增强豚鼠体外胃窦环行肌条的收缩活动而发挥消食作用;莱菔子脂肪油部位具有明显的促进小鼠胃排空和肠推进的作用,并能提高大鼠血浆 MTL 的含量,阿托品能拮抗其促进胃排空的作用,而多巴胺作用不明显;亦有研究表明莱菔子行气消食的作用机制可能与促进血浆胃动素的分泌和作用于 M 受体相关。

【功能性成分】种子含芥子碱和脂肪油 30%,油中含大量的芥酸及亚油酸亚麻酸,还含菜子甾醇和 22 - 去氢莱油甾醇。另含莱菔素。

【保健食谱】

莱菔子粥

材料:莱菔子末 15 克,粳米 100 克。

做法:将莱菔子末与粳米同煮为粥。

功效:化痰平喘,行气消食。

第8章 高原环境生物学效应及营养

8.1 高原环境特点

在生物学和医学领域,通常依据海拔高度对生物(包括人、动植物以及微生物)产生明显的生物效应而发生"高原反应"为尺度,将海拔 3 000 m 以上的广阔地区称为高原。我国的青藏高原和南美的安第斯山区是地球上两个最高的高原,基于高原环境自然地理条件的特异性,使移居或暂进高原环境的人群或生物出现高原反应,或者发生"高原(山)病",而世居高原环境的人群,由于其生理、生化和解剖学等存在着世居平原人群所没有的高原适应性的调整,因而对高原环境因素的反应,或发生高原病的概率要少得多。

高原环境是地球上一个特殊的地理单元,由于受海拔高度、纬度、地形、地貌、地表等环境因素的影响,使高原环境高山林立,冰川众多,长期积雪,冻土广为分布,湖泊星罗棋布,空气稀薄干燥,太阳辐射强烈等,形成了独立的高原气候特征。高原气候又有大气压低、氧分压低、气温低、气温年较差小而日较差大,太阳辐射强,大风冰雹常年不断的显著特点,加之地球化学异常,使高原环境中的生物处于和平原地区迥然不同的逆境。这种逆境即为生物产生应激反应的应激源,其中大气压低,氧分压低,太阳辐射强与生物氧化应激反应直接相关,而氧化应激反应的直接效应是使机体产生自由基反应,导致过氧化/抗氧化系统平衡失调。众所周知,在大气压下降 2 mmHg 柱,即下降 0.67 kPa,氧分压下降 1 mmHg,即下降 0.1 时,紫外线的辐射量增加 3% ~4%。

我国高原和高寒地区面积广阔,海拔 1 000 m 以上的地区占国土面积的 58%,海拔 2 000 m 以上的地区占国土面积 33% 以上,有连绵数千公里的高原和高寒边界线。我国高原地区较大,海拔 3 000 m 以上地区约占全国总面积六分之一,包括西藏、青海、新疆、云南等省,特别是青藏高原面积大,号称世界屋脊的珠穆朗玛峰即处于青藏高原。在我国的广大高原地区蕴藏着丰富的自然资源,居住着各兄弟民族,地处边陲、位于国防前哨,具有重要的经济的、政治的和军事的地位。高原地区由于海拔高,有其特有的地理条件和自然环境,如空气稀薄,大气压低,氧分压低,气温低,昼夜温差大,太阳辐射强等。这些因素直接影响人们的生活和健康。

8.1.1 温 度

在高原地区气温随海拔升高而降低,一般每升高 150 m 气温下降 1 ℃,这一点不受纬度的影响。但纬度的确影响山区的气温,如热带山区气温的季节性变化很小而昼夜间温差较大,纬度较高的地区则相反。根据气象测定,海拔高度每升高 150 m,气温会下降 1 ℃。一般海拔高度每升高 1 000 m,气温下降 6.5 ℃。因此,相对于平原地区,高原的气温普遍较低。

一般来说,高原气候区年平均气温 -1~10 ℃,极端最低气温 -35~40 ℃,即使在最热的 7~8 月份,平均气温也仅 3~10 ℃,最冷的 1 月份平均气温低达 -11~21 ℃。高原气候区不但气温低,而且低温持续时间长,全年冷季长达 9 个月。低温日(日最低气温低于 -10 ℃)长达 270 天,寒冷日(日最低气温低于 -20 ℃)长达 170 天,严寒日(日最低气温低于 -30 ℃)长约 60 天。在海拔 5 500 m 以上的山巅地区则常年冰封雪裹。高寒气候区气温日变化剧烈,该区虽终年不存在夏季高温,气温年差不大(约 26 ℃),但一日之中,气温变化却甚剧烈。在暖季的中午,气温可升至 20 ℃左右,但夜间仍可降至冰点以下,甚至 -10 ℃,最大日较差高达 30 ℃。

再者,大部分高原地区不受海洋季风的影响,所以气温偏低。另外,高山地区的阳光直射的地方与背阴处相差也相当大,如在安第斯山和喜马拉雅山均如此。风是高原寒冷的一个附加因素。随着海拔高度的升高,气流的速度也增大。在高山地区每小时 50 km 的阵风(相当于风速 12 级)并不少见,有人提出在珠穆朗玛峰上会有每小时 60 km 的大风。随着风速的增大,皮肤表面的有效温度也随之下降。实质上刮风时吹散了紧贴皮肤的空气隔离层,这称为风寒因素,所以风大与寒冷有密切关系。高原上的寒冷对人体有不良影响,极易引起感冒、上呼吸道感染和冻伤。大风还妨碍人的活动,增加氧耗,也能导致疲劳与衰竭,所以在高原上生活时要考虑防风的问题。

8.1.2　空　气

氧分压低是高原自然环境中影响人体最主要的因素。空气中的氧含量为 20.93%,海平面的大气压为 101.3 kPa(760 mmHg),因此空气中氧分压为 21.2 kPa(159 mmHg)。高原上空气含氧百分率与平原相同,但单位容积内气体的分子数都低于平原,所以随着海拔高度的升高,不仅大气压降低,空气中的氧分压也降低。已知肺泡中的氧分压明显低于吸入气的氧分压,这主要是由于水蒸气分压(6.3 kPa,47 mmHg)(体温 37 ℃时)和二氧化碳分压(5.4 kPa,40 mmHg)的影响所致。所以随着高度的升高肺泡氧分压也降低,因此弥散入肺毛细管血液内的氧量也将减少,故动脉血氧饱和程度也将随着高度的升高而降低,降低至一定程度时即可出现缺氧症状。

8.1.3　气　压

气压低在高原地区,由于海拔高,空气中的分子密度减小,因而空气稀薄,气压下降。随着海拔高度的升高,大气压逐渐降低。一般每升高 100 m,大气压下降 5 mmHg。但在一定高度上的大气压,随季节、气候形式及纬度的不同也有变化。

从海平面到 10 万米的高空,氧气在空气中的含量均为 21%。然而,由于空气密度是随高度的升高而减小的,也就是说,尽管氧气在大气中的相对比例没有变化,但由于高原气压变低,空气变得稀薄,氧气的绝对量却变小了,由此导致了缺氧。

为了便于计算,利用气象学上得出的气压与高度之间的换算关系,并用 760 毫米水银柱这一平均值代表海平面气压,来算出每一高度上气压对海平面气压的百分比,此百分比就是此高度的含氧量占平原含氧量的百分比。数据显示:拉萨市海拔 3 649 m,含氧量占平原的 64%；狮泉河海拔 4 278 m,百分比为 59%；那曲海拔 4 507 m,百分比为 56%。

8.1.4　太阳辐射

在高原由于空气稀薄、清洁,水蒸气含量少,大气透明度大,所以太阳辐射的透过率随高度升高而增加。一般每升高 1 000 m,辐射强度增加 10%。在海平面人体吸收的太阳热量为 230 kcal/m²/h,而有人指出 5 790 m 晴朗的高原上,穿着衣服的人体体表所吸收的太阳热量为 350 kcal/m²/h。由于积雪能反射日光,所以是增加人体的太阳辐射量的重要因素。这种称为反射率的日光反射,在无积雪时低于 25% 而在有积雪时则可达 75%~90%。此外,自然地理对高原太阳辐射量的大小也有很大影响,如安第斯山坡的狭长海岸荒漠,以干燥多尘为特征;东山坡则气候温湿,满山丛林,因此即使超过 4 000 m 的高原上也甚少积雪,所以这些地区的日光反射量是较低的。在高原地区,紫外线辐射强,空气稀薄清洁,尘埃及水蒸气含量少,大气透明度比平原地带高,太阳辐射透过率随海拔高度增加而增大。研究表明,海拔每升高 100 m,紫外线的强度就比在海平面的水平增加 3%~4%。尤其大雪之后,空气经过一次净化,尘埃减少,相对增加了紫外线及太阳辐射的照射量,且积雪对这些射线的反射也非常强烈,据测定,积雪可将 90% 的紫外线反射回地表面,而草地的反射率仅为 9%~17%。换句话说,由于积雪的作用,人体将遭受紫外线的双重辐射。

高原电离辐射也是高原辐射中重要的组成部分,这主要是由于宇宙射线通过大气层时被吸收较少所致。宇宙射线是来自宇宙空间的高能粒子流。在海拔 3 000 m 的高原,一年的宇宙射线量比北温带地域的大 3 倍。

此外,在高海拔的影响下,高原环境一般还具有冰川众多、长期积雪、冻土广为分布、空气稀薄干燥、大风冰雹常年不断等特点。

8.1.5　紫外线

紫外线是太阳辐射线中的一段。这部分电磁光谱的波长为 200~400 nm。随着海拔高度的升高,紫外线的辐射强度也增加,一般每升高 100 m,紫外线增加 3%~4%,而且出现波长短、生物活性较强的短波紫外线。有人指出,在海拔 4 000 m 的高原上,波长 300 nm 的紫外线放射量增加 2.5 倍。高原上的日光和紫外线辐射经过雪地反射后,更加强烈,雪地对入射紫外线的反射量高达 90%,而长青草的地面只能反射紫外线 9%~17%。因此在白雪茫茫的高原上,入射和反射的紫外线加在一起,常常可以引起雪盲、光照性眼炎等。

8.1.6　其他因素

高原地区蔬菜水果缺少,食品单调,易患维生素缺乏症,影响创伤修复愈合;高原大气中氧分压低,所含臭氧却较平原增加 1~2 倍,臭氧虽可部分吸收太阳的紫外线,但它易使人疲劳,机能下降,加速老化,海拔 3 000~4 000 m 地区人的劳动率平均下降 20%。高原阳光充足,日照时间长,日温升大,紫外线强,可影响细菌生长,创伤感染率及破伤风发生率较低,有利创面愈合,然菌痢、布氏杆菌病、结核、麻风等发病率较平原地区为高。

作为地球环境中的一个特殊的地理单元,高原一直都具有自己独特的环境特点。

8.1.7　高原缺氧

大气压随海拔上升而降低,一般情况下,海拔每升高 100 m,大气压降低 0.99 kPa (7.45 mmHg)。随着海拔高度的升高,吸入氧分压($p(O_2)$)也随着降低,肺内的气体交换以及氧在血液和组织间的运送,都可受到影响。海拔越高缺氧越重。

8.2　高原环境下的生物学效应

高原是指海拔高度能激发机体产生明显生物学效应的地区,一般认为海拔 3 000 m 以上。由于血红蛋白氧离曲线呈 S 型,海拔 3 000 m 以上,动脉血氧分压($p(O_2)$)轻度下降,即可引起动脉氧血氧饱和度($S(O_2)$)显著降低,使机体产生一系列缺氧反应。海拔越高,缺氧越重,机体出现的病理生理变化也越明显。

以海拔 3 000 m 为高原界线,是从人群的一般反应规律而言。因对缺氧的反应有很大的个体差异,一些对缺氧易感者,完全可在低于此高度就出现反应,甚至发生高原病。此外,从平原升抵海拔 3 000 m 的过程中机体的反应是逐步发生的,只不过到 3 000 m 更加“显化”而已。

海拔 3 000 m(相应大气压约为 70 kPa)以下属无症状高原反应区,在此范围内,低压低氧会引起人体的一些生理机能发生代偿性的变化,但不会发生病理的变化,高原缺氧问题可以不予考虑。

8.2.1　高原辐射生物学效应

日光的辐射作用随高度的增加而增强。在高原,由于空气稀薄、水蒸气含量少,使日光辐射的透过率增加。紫外线在日光辐射中的比例亦随高度而增加,如在 4 000 m 高原,紫外线的强度比海平面地区大 5 ~ 2.5 倍。紫外线过强或照射时间过久,可引起光照性皮炎。此外,高原雪覆盖期长,雪面对光的反射率高,对太阳光的反射可达 75% ~ 90%,而无雪地面的反射率小于 25%,因此,在高原野外作业时如防护不当,可发生日晒性皮炎,可因紫外线过强而损伤眼结合膜和角膜而发生紫外线角膜结膜炎(雪盲)。

太阳辐射强、日照时间长是高原气候的特点。同时,由于高原地区空气稀薄清洁,尘埃及水蒸气含量少,太阳辐射及宇宙射线透过率均较平原地区大。

一般而言,高原地区辐射对生物的损害主要包括紫外线损伤和宇宙射线损伤两种。

高原电离辐射对人体的损害主要是由宇宙射线引起的。宇宙射线可直接作用于人体组织细胞的蛋白质、酶等有机化合物,促其发生电离,激发其化学链断裂,分子变性,结构破坏;同时,宇宙射线又可间接作用于体内的水分子,促使其电离、激发,产生大量具有强氧化能力的“热基”,继而产生一系列的生物学效应。

一般认为,宇宙射线所造成的人体损伤中,以造血功能障碍为主。马致远曾报道称,有 2 例患者从未接触过放射线,只是在拉萨居住了 15 年以上,血像出现了类似于放射线损伤的核固缩、核破碎和细胞溶解的形态变化。然而,尽管宇宙射线增强作为高原病的一个诱因已被提出和公认,但是高原宇宙射线增强的任何危害及生物学效应尚无充足的证据。

2006 年 7 月,一份新的世界卫生组织报告显示,太阳紫外辐射造成相当大的全球疾病负担,主要包括对皮肤的损害和白内障等。

1. 高原辐射对皮肤的影响

皮肤是动物体中光生物学最主要的效应器官。紫外线辐射到皮肤表面后约有 5% 被弥漫性反射,其余的被投射、散射、吸收。300 nm 以下透射紫外线大部分被表皮中尿刊酸、DNA、RNA、色氨酸和黑素所吸收,剩余的到达真皮后被真皮 DNA、RNA 和弹性纤维、胶原纤维内的氨基酸所吸收。300 nm 以上的透射紫外线多数被真皮胶原纤维束反射回环境中。皮肤经紫外线辐射后可引起晒伤、老化,甚至诱发皮肤肿瘤。

长期日光照射可影响皮肤的多种细胞成分和组织结构改变,但最具有特征性的变化还是日光引起的真皮成分的变化。真皮中最主要成分包括弹力纤维、胶原纤维、氨基多糖和蛋白多糖等基质。其中弹力纤维由弹力蛋白和微丝组成,具有特异的弹力和张力,对皮肤的弹性和顺应性起着重要的作用。高原日光中强烈紫外线照射可使弹力纤维变性并呈团块状堆积,其弹性和顺应性则随之丧失,皮肤出现松弛、皱纹,过度伸展后出现裂纹。

此外,高原地区强烈的紫外线照射还易引起皮肤组织内自由基的过量堆积。自由基能够破坏细胞膜或是核膜,干扰细胞的正常分裂增生。一方面由于真皮中的成纤维细胞受到干扰,使得新的微细纤维出现再生困难,从而造成皮肤衰老和色斑。另一方面,由于部分细胞分裂异常,易引起细胞无限增殖,从而诱导产生皮肤癌。一份数据显示臭氧层每减少 1% ,皮肤癌约增加 5% 。

2. 高原辐射导致白内障

流行病学调查表明,紫外线照射强烈的地区白内障的发病率高于其他地区,且白内障的发病率明显随海拔高度的增高而增加。

人类白内障的类型很多,虽然其病因和机理尚不完全清楚,但是公认紫外辐射会导致晶体细胞核膨胀、破裂和细胞死亡,从而对晶体造成损伤。研究表明,无论哪种白内障,其致白内障过程都与晶体氧化损伤有关,即通过自由基诱发晶体蛋白质和脂质过氧化而引起。因此,自由基成为各种因素引发白内障的共同通路。而研究人员在对活性氧自由基诱发白内障机理的研究中,就自由基反应与白内障发生的关系作了较深层次的揭示与论述,其中证明紫外线通过光动力学、光化学反应,尤其通过光敏化学反应,产生活性氧自由基是引起光化学、光敏损伤的源泉,确认了光动力学、光化学、光敏反应诱导产生过量氧自由基,首先攻击晶体脂膜,产生脂质过氧化反应是晶体产生白内障的启动机制。

8.2.2　高原寒冷、风强、干燥对人体影响

气温随高度上升而降低,大约每升高 100 m,气温平均下降 0.6 ℃。高原的气流速度

也随高度增加,5 000 m 以上高原午后多大风,风强使气温更低。因此,高原上的寒风是引起冷损伤的重要因素之一。随着海拔高度上升,大气中的水蒸气分压也降低,即海拔越高、空气越干燥。在 3 000 m 高原,大气中的水蒸气含量不及海平面的1/3,而到了 6 000 m 只有海平面的 5%。由于高原风大、干燥,由体表丧失的水分较多,因此易感口渴,皮肤干燥,常易发生咽炎、干咳、口唇干裂和鼻衄。

尽管人体可以生存的环境温度范围较广,而作为恒温动物,其整体仍可保持其体温恒定而暴露的皮肤温度随环境温度的变化而变化。一般认为,组织温度升高超过常温 5 ℃,则细胞将发生损伤或死亡。

国际分类将高温对全身所致疾病(简称热病)分为热痉挛、热衰竭、中暑。各种热病的发病机理虽有不同,但也有相当近似之处,而且单一类型不如混合型多见。高温作用所致各种疾病,都是由于内在代谢和外界环境的热负荷与散热之间的关系失调所致。

1.热痉挛

热痉挛是急性骨骼肌紊乱,其特点是剧烈活动的骨骼肌发生短暂的、间歇性的难以忍受的痉挛。人们认为,尽管出汗造成的失水得到补充,而缺钠仍是这种痉挛发生的原因。所以,患者经常伴有低血钠症;补给食盐能有效地防止痉挛。

2.热衰竭

热衰竭可分为以缺水为主的热衰竭和以缺盐为主的热衰竭,但单一类型是很少发生的。

(1)以缺水为主的热衰竭

在炎热沙漠中的士兵或劳动者,可出现严重缺水,而体内钠的储量保持正常,结果发生高渗脱水。主要表现为严重口渴、疲乏、虚弱,明显的中枢神经系统机能障碍,甚至出现体温过高和昏迷,即中暑。

(2)以缺盐为主的热衰竭

发生于大量出汗仅补充足够量的水而未补充盐时。患者一般无严重口渴,体温通常保持正常或接近正常。组织间液容量减少,细胞内空隙扩大。与间隙容量相比,血浆容量因血清蛋白的胶体渗透压而维持较好。患者最终会出现骨骼肌痉挛并伴有疼痛。

8.2.3　高原中暑对人体的影响

中暑是热病中最重要的类型,其特征是体温过高、昏迷和无汗。中暑的发病机制尚不完全清楚,一般认为是由于外界环境温度过高,得热超过散热,因而造成热量蓄积,体温不断增高,下丘脑体温调节功能发生障碍,主要生理功能发生紊乱,导致中暑。关于中暑发病机制的研究已有较长的历史,提出了不少看法,主要有以下几种假说:

①心血管系统功能障碍。当机体热负荷过大时,心血管系统的代偿性调节负担过重,而发生循环衰竭——有效动脉血量出现严重不足,心输出量下降,影响机体散热,体温升高,最终可导致中暑。

②出汗功能障碍。中暑病人常见到的一个主要症状是无汗。有些人认为出汗功能障碍、影响散热是中暑发生的重要因素。出汗功能失调说法很多,不甚清楚。

③缺钾可能是因为在热环境中劳动时,肾上腺皮质分泌大量醛固酮,作用于汗腺及肾脏,使钾连续不断从尿和汗中排出,造成体内缺钾。但是,有些作者认为,缺钾不一定是中暑的主要病因。所以,关于缺钾在中暑发病机制中的作用问题,仍待澄清。

高温的极端是造成皮肤烧伤,其最早期的表现是功能上的障碍,而并非是结构的损伤。当组织温度升高时,毛细血管和小血管扩张,毛细血管壁的渗透性增加,血液的液体成分由血管中渗出进入组织间隙造成水肿。当表皮发生水肿时,液体将在表皮下聚集而形成水疱。

高原通常是指海拔 3 000 m 以上、产生明显生物学效应(机体反应)的地区,超过5 800 m 为特高海拔地区。高原环境对人体的健康影响很大,对部队行军、作战、训练、劳动、生活等有时可造成严重危害,无论世居者或移居者(尤其移居者)均然。高原环境也对作战创伤的损伤与修复愈合带来影响。

8.2.4　高原低氧对人体生理功能的影响

高原环境对人体的影响是多方面的,其中影响最大的因素是海拔升高后大气压降低所带来的氧分压降低。人从平原进入高原超过临界高度 3 000 m 时,因氧分压降低导致机体缺氧,从而引起身体各系统机能发生暂时紊乱,并产生相应症状,出现所谓的"高山反应"。但人是一个活动的生物体,对环境有很强的适应能力。因此,人体对低氧刺激会很快建立起代偿机制来适应。高原缺氧属于乏氧性缺氧,由于吸入气中的氧分压降低,动脉血的氧分压或氧含量低于正常,称为低张性低氧血症。机体对缺氧的反应,取决于缺氧发生的速度、程度、持续的时间以及机体的机能代谢状态。缺氧初期,机体各系统出现一系列代偿性变化,以增加氧的供应或提高组织利用氧的能力;严重的缺氧导致组织代谢障碍和各系统功能紊乱,甚至造成机体的死亡。

高原地区不同海拔高度,缺氧程度有明显差异,且高原病的发病率也不一。曹祯吾等通过流行病学研究认为在海拔 3 000 m,3 700 m,3 900 m 与 4 520 m 四个不同海拔高度人群,急性高原病的发病率分别为 57.3%,63.8%,89.2% 和 100%。特别是从平原地区急进海拔超过 3 000 m 以上的高原,除空气中氧含量明显降低外,也会产生明显生物学效应,而在 3 658 m,3 900 m 和 4 520 m 海拔高度的高原,高原肺水肿的患病率分别为0.77%,1.61% 和 6.67%。海拔高度增加,高原性肺水肿的发病率也明显上升。高原性肺水肿是高山病的一个主要类型,也是高山病中致患者死亡的最重要原因。

由于在高原氧分压不断降低,人(动物)如果长期处在这种缺氧环境中,严重者可出现低氧血症。由于人的神经组织对内外环境变化最为敏感,因此在缺氧条件下,脑功能损害发生的最早,损害程度也比较严重,且暴露时间越长,损害越严重,特别是对感觉、记忆、思维和注意力等认知功能的影响显著而持久。

1. 高原缺氧对中枢神经系统的影响

由于海拔高,高原地区有其特有的地理条件和自然环境,如空气稀薄、低压、低氧、低温、昼夜温差大、太阳辐射强和紫外线照射量增多等。而且文化生活单调,交通落后,信息闭塞。这些因素直接影响人的生活和健康,不仅对他们的生理状况产生很大影响,而且会引起感觉、知觉、记忆、思维、操作、注意、情绪和人格等多方面的心理问题,使其心理功能下降,影响高原作业人员的工作成绩和生活质量。因此,研究高原环境下军人心理健康状况及其影响因素,并提出心理干预措施有着极其重要的意义和最严重的因素。在人体组织中,神经组织对内外环境的变化最为敏感。缺氧条件下,脑功能尤其是学习、记忆、思维和情绪情感等高级脑功能损害发生最早,损害程度也比较严重,暴露时间越长,损害越严重。

高原环境氧分压低,机体对低氧的反应取决于影响机体对低氧反应因素,包括个体因素和外界环境因素。个体因素有低氧发生的速度、低氧程度、低氧持续时间、机体的体质状况(代谢、机能状态)、心理因素等;外界因素有大气压、氧分压、温度、风速、湿度等。低氧环境下,机体生理功能的变化具有双重性,就其性质可分为两类。首先出现一系列适应性改变,以使机体获得较多的氧和提高对氧的利用。如果适应不良,低氧不断加重可导致病理性改变。研究还表明,急性高原缺氧将严重影响人的思维能力。

中枢神经系统氧耗最高,对缺氧也最为敏感,处于安静状态时,大脑的氧耗占全身氧耗的15%~20%。在安静状态下,人脑平均氧耗每分钟为3.5 mL,因为大脑由1 009个脑组织构成,这样全脑氧耗为50 mL/min,占全身氧耗的20%,而大脑重量只占全身体重的2%,可见其氧耗量是非常高的。早已证明,停止对大脑的供氧后,经6~8 min意识丧失,而完全阻断脑血流经5~6 min,大脑皮层、海马和小脑皮质某些细胞结构就会出现不可逆的形态改变。通过对哺乳动物氧分压的研究,表明大脑皮层(起码是局部)甚至在正常情况下,也是处于缺氧边沿的。实际上在完全阻断大脑皮层的血液循环时,储存的溶解氧是很少的。根据这些结果提出,在大脑皮层中$p(O_2)$如果不低于5 mmHg的话,脑功能还可以维持正常。特别有意思的是呼吸中枢,一般认为它对缺氧最敏感,然而在阻断血相当长的时间后,却可以复苏。

呼吸中枢和血管运动中枢对缺氧最敏感,而其功能在阻断血流后30 min仍可恢复。同时还发现,某种神经中枢,可能在小脑,对缺氧更为敏感,且在阻断血流后,如果超过5 min就不能恢复了。以上的研究充分证明,中枢神经系统,特别是大脑对缺氧的高敏感性,有许多作者在动物身上研究了缺氧和窒息对脑的特定电位的影响。一般认为缺氧可使脑电位降低或消失,缺氧常常引起脑电位的初期兴奋,但这很快就转入抑制。在减压舱登高山时,观察人体脑电图的变化结果表明,随着高度的增加,缺氧积蓄的加深,慢波逐渐增多,a波逐渐减少。而且适应能力较差者,脑电的异常率也较高。所以国内外曾经以EEG作为挑选空军飞行员和登山队员的评价方法之一。缺氧影响EEG的机制是比较复杂的,θ节律的发放往往见于脑干的改变,有人认为缺氧首先可能影响到中枢的网状结构,引起e节律出现,有人提出,EEG的节律与脑干有密切依属关系,如果破坏了皮质与皮质下联系,节律就会明显破坏。在丘脑下部受损时,发现节律减慢,波幅降低。我们的实验证明,在8 000 m高度处家兔减压缺氧,首先发生改变的是网状结构出现高幅慢波。应当指出缺氧EEG的变化特点与麻醉的EEG很相似,这说明,在中枢系统的高级部位处于抑制状态。缺氧时高级神经活动的变化:通过对高级神经活动的研究证明,机体遭到低氧作用时,在大脑皮层中渐渐扩散抑制过程,主要是内抑制的减弱,兴奋过程变化较少,随着缺氧的加深,抑制过程向皮层下中枢扩散一直到超限抑制。

人类精神活动是中枢神经系统高级部位机能状态的反应。低氧时精神活动的改变也反映着缺氧对中枢神经系统的影响。严重的急性缺氧可以突然出现意识丧失,失去知觉。不太严重的缺氧对精神意识的影响很类似酒精中毒,表现为头痛、意识错乱、嗜睡、肌无力、运动协调障碍。人类进入低氧环境中,首先出现欣快症,感觉愉快、很自信。这是中枢神经系统兴奋的表现。有人表现活泼、唱喊,以致出现情绪紊乱。经过一段时间后,初期兴奋转变为抑郁,活泼逐渐变为阴沉,概括人类在低氧作用下行为的改变如下:完成任务要付出更大的努力;对别人吹毛求疵;不愿从事脑力工作;对刺激的感觉敏感;委屈感;工作中受指责时容易受刺激;精神不易集中;思考问题迟钝;总想一个问题;记忆力差。有人主张缺氧有后作用,如飞行员的"高空官能症"。人体低压舱实验表明,在3 500 ~ 5 180 m 数小时,出舱后一周,在一般实验室工作中还经常出现错误。所以说缺氧是有引起精神和体力障碍作用的。

(1)高原缺氧对感知觉的影响

高原缺氧对机体感觉机能的影响出现较早,其中视觉对缺氧最为敏感。急性高空缺氧时,以柱状细胞为感受器的夜间视力受影响最为严重,一般自 1 200 m 起即开始出现障碍,平均每升高 600 m,夜间视力下降约 5%。有研究发现,在 4 300 m 以上的高度时,夜间视力明显受损,并且这种损害并不因机体代偿反应或降低高度而有所改善。当躯体症状、情绪及操作能力有所恢复时,视觉损害仍持续存在。以锥状细胞为感受器的昼间视力的耐受力较强,平均自 5 500 m 才开始受损。缺氧时,视网膜中心凹区域的辨别阈在视野背景照明度较低的情况下,受影响最大;当照明度较强时,几乎不受影响。在低照明度下,缺氧对几何形象分辨能力影响很大,而照明度增强后影响减小。

听觉机能随着海拔的增加也受到影响,大约在 5 000 m 附近,高频范围的听力下降,中频及低频范围的听力(包括语言感受范围),则在 5 000 ~ 6 000 m 以上才显著减退。

研究人员发现,高原缺氧对人体感觉机能的影响出现较早,其中视觉对缺氧最为敏感。在海拔 4 300 m 以上高度时,夜间视力明显受损,并且这种损害不会因机体的代偿反应或降低海拔高度而有所改善。人体的听觉机能也会随着海拔的增加而受到影响,大约在海拔 5 000 m 左右,人的高频范围听力下降,5 000 ~ 6 000 m,人的中频和低频范围听力显著减退,而且听觉的定向力也受到了明显的影响,这可能也是高原缺氧条件下容易发生事故的重要原因。

此外人体的触觉和痛觉等也会在严重缺氧时逐渐变得迟钝,在极端高度时还可能出现错觉和幻觉。此外,由于高原大气氧分压的降低,人体肺泡气氧分压、动脉血氧分压、动脉血氧饱和度也相应下降,机体氧气供应不足,造成组织缺氧而表现出一系列缺氧症状和体征,如头痛、头晕、心慌、气短、发绀、恶心、呕吐、食欲不振、失眠、血压改变等。

(2)高原缺氧对记忆的影响

记忆对缺氧很敏感,1 800 ~ 2 400 m 进行检查,可看出记忆力开始受影响。大约5 400 m,记忆薄弱,已不能同时记住两件事。以后,随着海拔的升高,缺氧程度的加重,表现出不同程度的记忆损害,从记忆下降到完全丧失记忆能力。

在此过程中,虽然意识尚存在,并始终保持,但下降到地面后本人对自己在高空停留期间的许多异常表现却完全遗忘(逆行性遗忘)。缺氧主要影响短时记忆,一般不影响长时记忆,这可能因为短时记忆与特定形式的脑电活动有关。国内研究发现,在 2 800 m、

3 600 m及4 400 m急性轻、中度缺氧条件下,短时记忆能力降低,且随高度增加而加重。

研究人员认为,记忆损害可能与大脑里面的海马胆碱能系统功能变化有关,缺氧主要影响短时记忆,一般不影响长时记忆。缺氧会使三磷酸腺苷合成减少,使神经细胞膜钠泵运转障碍,细胞内的钠不能移向细胞外,使细胞内钠离子积聚,渗透压升高,并吸收水分,引起脑水肿。缺氧可以引起记忆力降低,嗅觉和味觉能力减退,视力和听力障碍。

(3)高原缺氧对思维的影响

急性高原缺氧严重影响人的思维能力。1 500 m,思维能力开始受损,表现为新近学会的复杂智力活动能力受到影响;3 000 m,各方面的思维能力全面下降,判断力下降尤为明显,但对已熟练掌握的任务仍能完成;4 000 m,书写字迹拙劣、造句生硬、语法错误,然而却认定自己没有错,错的是别人;5 000 m,思维受损已达明显程度,判断力尤为拙劣,做错了事,也不会察觉,反而觉得好,不知道危险,自以为能征服世界;6 000 m,意识虽然存在,但机体实际上已处于失能状态,判断常常出现明显错误,可自己却毫不在意;7 000 m,由于肺泡气氧分压在数分钟内降至临界水平,相当一部分人可在无明显症状的情况下突然丧失意识,但少数人仍可坚持一段时间。严重缺氧常产生不合理的固定观念,表现为主观性增强,说话重复,书写字间距扩大,笔画不整齐、重复混乱等现象。正常理解、判断力也遭到破坏,丧失对现实的认知和判断能力。缺氧对思维能力影响的危险性在于,主观感觉和客观损害相矛盾。缺氧已致个体的思维能力显著损坏,但自己却往往意识不到,做错了事,也不会察觉,还自以为思维和工作能力"正常"。低压氧舱实验发现,有的被试在7 000 m附近停留期间,当已出现下肢瘫痪、记忆力丧失、不能书写、体力和智力已接近完全衰竭时,自己却完全不能觉察,不顾舱外主试的提示,仍要坚持在此高度继续停留下去;并且被试还自信自己的思考是"清晰的",判断是"可靠的"。

(4)高原缺氧对注意力的影响

急性高原缺氧时注意能力明显减退。大约5 000 m,注意的转移和分配能力明显减弱,难于从一项活动很快转向另一项活动,往往不能同时做好几件事情。随着海拔的上升,缺氧程度加重,注意的范围变得越来越狭窄,往往只能看到前方的事物,而对左右两侧的东西却看不到,注意不到方向。注意难于集中,不能像平时那样集中精力专心做好一项工作。在6 452 m,注意已明显受损,注意的损害程度与任务难度以及人员在高原停留的时间都有关系,停留时间越长,注意损害越重,而且这种损害在人员回到海平面后仍持续存在一段时间。国内研究发现,注意的测试指标在3 600 m时有不同程度的下降,4 000 m以上时注意力反应时间明显延长,综合绩效进一步降低。

(5)高原缺氧对情绪情感的影响

情绪情感状态和唤醒水平对人的身心健康和活动效率有重要影响。人的情绪情感由边缘系统产生,受大脑皮层的调控。高原缺氧对中枢的影响是越高级的部位影响越早,所以缺氧时首先麻痹皮层功能,使情绪情感失去皮层的正常调节,从而发生程度不同的情绪紊乱,直至情感障碍。大约自4 000 m起,就可看到情绪方面的某些变化。其表现特点、严重程度除与缺氧程度、暴露时间有关外,还与个体的情绪反应类型有关。如在低压仓实验中,有的被试表现为活动过多、喜悦愉快、好说俏皮话、好做手势、爱开玩笑等;有的被试则表现为嗜睡、反应迟钝、对周围事物不关心、头晕、疲乏、精神不振和情感淡漠等;还有的被试表现为敏感、易激惹、敌意、争吵等,严重者有欣快感的表现,如饮酒初醉状态。若海拔升高,则这种情绪失控现象将会更加严重。在 6 000 m 以上高度停留时,有些被试会出现突然的、不可控制的情绪爆发现象,如忽而大笑、忽而大怒、争吵,有时又突然悲伤流泪,情感的两极性表现非常明显。

(6)高原缺氧对心理运动能力的影响

高原缺氧对心理运动能力的影响随海拔的升高而加深。国外研究发现,随海拔的升高,缺氧对心理运动能力的影响日益明显,平时已熟练掌握的精细技术动作,在 3 000 ~ 3 500 m 即开始变得有些笨拙,甚至出现手指颤抖及前后摆动,常常须加倍小心才能做好平日已熟练的技术操作。可见,在此高度,精细运动的协调机能已受影响。

心理运动绩效在 2 800 m 时并无显著改变,至 3 600 m 时反应时明显延长,运动绩效下降,且随高度增加而加重。随着高度的增加,缺氧程度逐渐加重,运动协调机能障碍也进一步加剧,可出现运动迟缓、震颤、抽搐和痉挛等表现。研究认为,这些表现可能是缺氧致使高级部位的神经结构麻痹,低级部位脱离其控制,出现病理性兴奋增强所致。严重缺氧时,还可能出现全身瘫痪,这种瘫痪是上行性的,即腿部先丧失机能,之后上肢和躯干肌肉相继瘫痪,颈部以上肌肉最后瘫痪。

高原缺氧下,认知功能的改变及情绪情感的变化都是在不知不觉中发生的,不易被觉察,因而具有一定危险性。心理运动能力的损害与急性高原病症状的发生并不同步,存在一定分离。一般在急性高原病的症状出现之前,心理运动能力已受到很大损害。高原环境下,除了缺氧影响人的心理功能外,其他高原环境特点如低温、气候干燥、风速大、太阳辐射线和紫外线照射量增多等均会对人的心理功能造成一定影响。但在所有因素中,以缺氧对心理功能的影响最为明显。

2. 高原缺氧对心血管系统的影响

平原人到达高原,心泵功能立即增强,心率增快,静息状态下每搏量、心排出量、心指数随海拔升高有增加的趋势,但仍处于平原正常值范围。心脏收缩能力如心缩间期、射血分数及平均左室周径缩短率三项指标也随海拔升高而增加,并明显高于平原。心泵功能的增加,一般到高原后 5 d 达到最大值,此后逐渐恢复,大约两周左右接近平原,随着在高原居留时间延长,心泵功能比平原减弱。缺氧导致的肺循环的突出改变是肺动脉压升高,升高的程度与海拔高度或缺氧程度成正比。初到高原,由于氧气供应不足,使脑血管扩张、脑血流量明显增加,之后会逐渐下降,严重时会出现脑水肿。

人体进入高原低氧环境后,在适应过程中,心血管系统发生一系列代偿性变化。

①心率。刚进入高原,心率往往明显加快,活动后增快更多。安静状态下,在海拔 4 000 m 的高度,心率一般较平原地区增快 20 ~ 30 次/分,但心率增加的个体差异很大。在进入高原的一周后,心率逐渐变慢;约两周后,心率恢复到平原水平。观察高原世居居民的心率,则与平原健康人无明显差别。心率增快的机制可能是由缺氧使交感神经兴奋,刺激心脏的肾上腺素能 β 受体而引起,因用心得安阻断 β - 受体即可使心率减慢。急性高山病的患者,由于脑水肿的发生,可能出现心率减慢。高原世居者和久居者心率较慢,可能是迷走神经张力增加所致。

②心输出量。多数人研究表明,初入低氧环境,由于心率加快,每搏量不变,故每分

输出量增加,停留 1～2 周后则接近或略低于初始水平。严重缺氧时,由于心肌受损,心肌收缩力减弱(心肌缺氧代谢酸中毒)和心率减慢,每分搏出量和每搏量均降低。

根据国内观察结果,初入高原的人有 4%～6% 的人每搏输出量保持不变,13%～33% 的人每搏输出量增加,61%～83% 的人每搏输出量下降。以后虽有所回升,但仍低于平原对照水平。心输出量变化,与每搏输出量的变化大体一致。一般初入高原者心率加快,心输出量也随之增加。但心率的加快若不能代偿心搏量的减少,则心输出量减少。当机体逐渐习服低氧环境后,心输出量一般会下降。如对移居高原一年适应良好的居民进行观察,发现他们的自输出量较平原低 14% 左右。移居者与高原世居者相比,心输出量低于世居者。这表明移居人心脏对低氧环境的代偿调节作用不如世居人。有关研究证实,在高原适应初期,进行与平原相同负荷的运动,心输出量增加约超过平原的 20%。当适应以后,运动时心输出量则下降。这可能是运动时每搏输出量减少及红细胞压积容积增加的缘故。

③动脉血压。在中等海拔高度,血压几乎没有什么特殊反应。而进入 3 000 m 以上地区,多数人血压有程度不同的升高,经过数天乃至数周适应后,可恢复到平原水平,甚至低于平原水平。1967 年国外学者观察了 10 多名移居到秘鲁安第斯山 4 068 m 地区2～15 年后的居民血压,发现约有半数左右的居民收缩压和舒张压降低约 10 毫米水银柱或更多;9% 的居民血压升高约 10 毫米水银柱。国内学者对拉萨市居民血压调查发现,移居汉族收缩压明显低于平原水平,舒张压变动则较小。但世居藏族血压均值却明显增高。可见,高度对血压的影响存在着明显的种族与个体差异。

3. 高原缺氧对血液与造血系统的影响

人体暴露于高原低氧环境后,血液有形成分会迅速增加。平原人到高原初期,血红蛋白和红细胞压积的明显升高机制可能有:

①血液浓缩。高原空气干燥使得水分从呼吸道和皮肤蒸发增加,加上高原不适引起的进食减少,故血液浓缩,血浆量减少,使血红蛋白相对增加。

②动员骨髓红细胞储备池。高原急性缺氧使髓血屏障相对开放,导致骨髓中的未成熟红细胞进入循环,因此外周血网织红细胞较平原明显增加。红细胞生成加速。

血液的一个主要作用就是携带氧气。在完全饱和状态下,每克血红蛋白可以携带 1.36 mL 的氧,而血红蛋白实际携带氧的多少主要受氧分压的影响。根据氧解离曲线的特征,当动脉血氧分压在 96～100 毫米水银柱时,动脉血氧饱和度为 95% 到 100%。氧分压降低时,血氧饱和度也随之降低。在低氧环境,为了保证机体组织的氧供应,红细胞和血红蛋白代偿增加。

(1)高原人血液循环系统特征

人从平原进入高原后,红细胞和血红蛋白立即增加,随海拔升高更为显著。这主要是体表水分蒸发使血液浓缩,同时肝脾收缩将储存血液释放进入血管系统所致。大约经过数周或数月适应后,骨髓造血机能增强,由于红细胞和血红蛋白的代偿性增加,动脉血液的带氧能力增强,血氧饱和度较初入高原时有所提高。但因氧分压降低过多,即就是高原适应后,血氧饱和度仍低于平原水平。然而,此时机体的代偿机制已经建立,虽然氧饱和度较低,但组织的氧供应不致缺乏。

①血容量的增加。影响高原人体循环的一个重要因素是血容量的增加。血容量平原为 80 mL/kg,到高原增加到 100 mL/kg,血容总量增加的基础是红细胞容量的增加,而不是血浆容量增加。

②血流量的重新分配。高原上人体内一些区域的血液重新分配到机体的其余部分以增加它们的氧储备。因此较少量的全身血流重新分配,使生命器官和肌肉既面临慢性缺氧,也能有效发挥作用。

③肺动脉高压。由于慢性缺氧对平滑肌有松弛作用,所以它对动脉中层影响引起血管扩张。动脉高压具有可塑性,吸氧后由于松弛了缺氧所致的肺动脉高压具有恢复性特点而克服部分恢复,在高原居住两年后,即完全恢复。这是由于消除了肺小动脉肌化。

④心储备功能。高原人心泵功能增加与摄氧量有关,所以高原世居者有较高的最大摄氧能力。

⑤红细胞生成素。到达高原 1~2 周内,血浆容量早期下降 15%~20%,致使循环 Hb 增加 1%~2%。这是因为红细胞生成量增加而造成的。红细胞生成增加,红细胞破坏也增加,但红细胞寿命在正常范围内。到高原 1~2 周红细胞生成活性比平原高约 3 倍,Hb 增加与缺氧高度呈线性关系。超过 3 600 m,Hb 的增高幅度快于高度的增高幅度。但这种增高有个限度,在 6 000 m 左右极度缺氧条件下,红细胞与 Hb 生成开始降低。当动脉血氧饱和度为 60% 时,红细胞生成活性过度的现象就减少。缺氧 2 h 时就有红细胞生成素活性增高,红细胞生成素的多少与缺氧严重性成正比。随着机体对缺氧适应机制的建立,红细胞生成素降低。

(2)冠状循环

心肌对缺氧也很敏感,仅次于中枢神经系统,动脉血氧饱和度低于 80% 即可引起 ECG 发生心肌缺血(氧)性改变,这是因为心肌氧耗也像中枢神经系统一样非常大。常人静息时冠状动脉流量占心输出量的 5%,冠状 A—V 血氧含量差可达 12.5%,而一般组织仅为 5%。而冠状循环决定着供氧的状态。

(3)弥漫性血管内凝血

有人观察到,在高原发生肺 A 高压的人纤维蛋白溶解活性降低,血液凝固性增高,返回平原后,肺动脉压和血液凝固性恢复了正常。从而认为,肺弥漫性血管内凝血在肺 A 高压发生上可能起一定作用。RBC 增加,血液黏滞性增加和血容量增加可能也起一定作用。

(4)脑循环

许多工作表明,在急、慢性缺氧时脑血流(CBF)增加。动物实验证明,脑血流的增加与吸入气中氧分压的降低有关。在吸含氧 7% 的空气时,脑血流几乎增加 2 倍。CBF 增加的机制现在还不十分清楚,根据最近的资料可概括以下几点:

①在脑血管中存在有敏感的血管感受器,担负着缺氧时脑血管扩张的责任。

②代谢产物。鉴于在胰岛素引起的低血糖时,脑血管对缺氧的扩张反应消失,提出缺氧对脑循环的影响取决于无氧糖酵解和乳酸盐的形成。正常脑组织和 CSF 中存在有腺苷,使脑血管扩张。在缺氧时腺苷产生增加可能与 H^+ 协同调节 CBF。

③缺氧过程中微循环的改变引起大脑内 $p(O_2)$ 分布的改变。

④缺氧时 CBF 增加的意义：

a. 代偿意义。增加供氧，改善大脑的机能状态。

b. 病理意义。在 4 000～6 000 m 以上急性缺氧时，尽管脑血流增加以提高脑组织氧的供应，然而不能完全满足代谢所需的氧，结果将发生不同程度的，中枢 AMS 发生机制中一个被多数人所接受的学说。在取得适应的被试者暴露于急性低氧时（5 000 m 减压舱），CBF 不但不增加，反而减少，且高山反应症状也很轻。所以，CBF 在缺氧时的改变及其生物学意义是值得进一步研究的。

（5）血红蛋白氧离曲线

97% 的氧由 Hb 携带，血浆内溶解氧只有 3%，组织从血液获氧决定于氧从 Hb 释放的难易。这种亲和力以 Hb 氧离曲线来表示。在高原上 Hb 对 O_2 的亲和力是降低的，故当血液流经毛细血管时，血红蛋白释放氧，曲线右移的作用可以维持相当高的氧分压。每分钟从血液弥散到组织细胞线粒体内的氧量直接随二者氧分压差而变化。因为线粒体氧分压可能低于 1 mmHg，所以毛细血管氧分压就决定着氧的弥散度。保持较高毛细血管的氧分压对组织氧弥散是有利的。有人提出氧解曲线右移的益处与缺氧高度有关。当海拔在 3 500 m 以下时，对机体确有好处；若在 3 500 m 以上时，则益处很小，原因是肺泡内氧分压大幅度下降，致使肺内血液带氧量降低。因此在组织中需氧量增加的有利作用由肺内带氧量减少而抵消。通气量增加，可以增加氧离曲线不断右移的好处。

（6）二磷酸甘油酸的作用

二磷酸甘油酸存在于红细胞中，简称 2,3 - DPG。2,3 - DPG 对高山缺氧的适应能力起着很重要的作用。一般能适应高山低氧的人可能与红细胞中 2,3 - DPG 浓度增加有关。CO_2 分压和 2,3 - DPG 都影响血红蛋白对氧的亲和力。

4. 高原缺氧对呼吸系统的影响

高原缺氧时，动脉血 $p(O_2)$ 降低，主要经颈动脉体化学感受器引起呼吸中枢兴奋，呼吸因而加快，形成过度通气。通气增加有利于从外界摄取更多的氧，提高肺泡气的 $p(O_2)$。呼吸运动增强还可使胸腔负压增加，促使回心血量、心输出量和肺血量增加，改善缺氧。在高原长期居住的人，其颈动脉体可明显增大，对缺氧引起的通气反应减弱，这可能是外周化学感受器钝化、功能减退的结果。高原慢性缺氧可致肺总容量、肺活量、残气量和功能残气量时增加。此外高原缺氧时，还会出现周期性呼吸、陈施式呼吸、呼吸暂停和睡眠性呼吸紊乱，尤其在早期伴有呼吸性碱中毒时更为明显。迅速登高或在高原条件下进行剧烈体力活动者，有发生高原肺水肿的可能。极严重的缺氧可抑制呼吸中枢，引起周期性呼吸，呼吸运动减弱，甚至呼吸停止。

在高原低氧环境，呼吸系统的反应主要表现为呼吸频率增快，肺通气量增加，运动时更为明显。如在 4 000 m 高原，肺通气量增加 20%～100%。这主要是由于高原氧分压降低，刺激了主动脉、颈动脉内的化学感受器，反射性地引起呼吸运动加强，呼吸频率加快，潮气量增大，肺通气量随之增加。肺通气量增加的程度，常与海拔高度成正比。对高原适应良好、肺通气量增加的同时，肺泡通气量也相应增加，使肺泡氧分压提高。这有利于气体交换和血氧饱和度的增加以及机体缺氧状态的改善。但持续过度通气，体内二氧化碳排出增多，血液二氧化碳含量减少，pH 值升高，引起呼吸性碱中毒，对人体又会产生不良影响。

初入高原者,因过度通气引起体内二氧化碳含量不足,pH 值升高,使主动脉体、颈动脉体化学感受性反射的效应减弱,呼吸急促现象有所改善,但实际上人体缺氧状况仍未得到改善。以后经过数天乃至数月的适应,过度通气逐渐有所恢复。肺通气量较初入高原时有所降低,但仍然高于海平面水平。这主要是机体在适应中,肾脏排出 HCO_3^- 增加,纠正了碱中毒现象,解除了 pH 值升高对呼吸中枢的抑制作用,使化学感受器的反射活动又活跃起来。

(1)肺通气量

高原人群的肺通气量明显高于平原人群。通过对肺通气功能的测定发现,随海拔增高,大气压降低,气道阻力减小,肺通气量增加。其原因是,在低氧刺激下,机体通过调节,使肺泡全部开放,容量增加,肺泡表面积增大,以提高肺泡氧分压,增强肺泡氧弥散能力,同时肺弹性回缩压也增强。

(2)肺容量

高原人的肺容量高于平原人,但 RV/TLC 比值测定无差异。因为在高原胸廓扩大,TLC 和 RV 增加,肺泡充气持续增加,肺泡气体交换面积扩大,弥散功能增强。这对低氧适应具有重要作用。

(3)过度通气

过度通气是对缺氧的一种重要通气反应。尽管大气氧分压低下,但能维持适当氧分压,使肺泡的通气量增加25% ~30%,因而肺泡氧分压升高,使肺泡气更多地与新鲜气体交换,从而提高肺泡的氧分压,降低肺泡的二氧化碳分压,发生代偿性重碳酸盐排出,以纠正呼吸性碱中毒。

使动物或人吸入低氧混合气或暴露于低压环境,肺 A 压立即升高。高原世居者和移居者的肺 A 压比平原人高。大约在 3 000 m 高度就可发生肺 A 高压。年龄越小肺动脉压上升越明显,所处海拔越高,肺 A 压越高。在高原进行体力活动时所引起的肺动脉压反应比平原更为明显。缺氧引起的肺 A 压机制,可能与下列因素有关:

(1)肺血管收缩

①$p(O_2)$刺激外周化学感受器(颈 A 体、主 A 体),反射通过交感 N 使肺血管收缩(肺小动脉,不排除肺小静脉)。

②缺氧引起某些体液因子的释放(如去甲肾上腺素、组织胺、血管紧张素)等,使肺血管收缩。

③缺氧直接作用于血管平滑肌。有人认为缺氧可提高肌膜对 Ca^{2+} 的通透性,使透入肌细胞的钙增多,从而增强血管平滑肌的收缩;也有人认为缺氧使肺血管平滑肌失去 K^+ 而获得 Na^+,膜电位接近阈值,易于去极化而收缩。

(2)肺血管结构变化

肺血管长期收缩可使肺小 A 肌层肥厚,管腔狭小,阻力增加。到达海拔 4 000 m 以上高原低氧环境后,通气量增加达最大,其机制是由于骨髓与中枢对呼吸调节的相互作用。进入低氧环境之初,由于血液氧分压低,刺激外周化学感受器,通过反射引起呼吸加深加快,CO_2 亦降低。但是由于 pH 升高,抑制中枢化学感受器,所以又部分抵消了外周化学感受器对呼吸的刺激作用。约经 3～4 天,CSF(HCO_2^-)、pH 恢复正常,中枢化学感受器的抑制解除,外周化学感受器对呼吸的刺激作用得以发挥,通气量达最大(3～4 天后)。

外周化学感受器对血液成分的变化反应迅速。而中枢化学感受器对血液气体成分变化反应缓慢,这就防止了血液 pH、$p(CO_2)$ 急剧变化。中枢化学感受器对缺氧刺激不能产生兴奋反应,但严重缺氧对呼吸中枢有直接抑制作用。因此当严重缺氧导致呼吸中枢兴奋性下降时,即使外周化学感受器传入神经冲动,也不足以使呼吸中枢兴奋,这样,呼吸转入抑制,直至麻痹停止。

总之,初入高原的人,在低氧环境的影响下机体会产生一系列适应性反应,主要表现为脑功能降低,肺通气量增加,心率加快,心输出量增多,血压升高,红细胞和血红蛋白增多等。若适应良好,在高原一段时间后,机体在神经体液调节下,就会建立完整的代偿机制,内外环境最终达到统一,从而能较好地适应高原低氧环境。适应不良或缺氧严重,会因过度通气引起呼吸碱中毒,从而进一步加重脑缺氧,此时必须从根本上解决机体的氧供应。

在高原,氧分压降低,导致血液中氧含量和肌肉的氧供应减少,这在安静状态下维持人体正常生理活动是不成问题的,但对人体持续有氧工作能力则有一定的影响。观察不同海拔高度所进行的比赛,可发现不同海拔高度对人体运动能力和不同体育运动项目形成的不同影响。

高原性肺水肿的发生率与在高原中上升速度、到达的高度、个人的敏感程度、寒冷、体力消耗等多种因素有关。高原肺水肿的发病机制经多年研究,目前仍未完全了解,有研究表明,随着海拔高度的上升,达到海拔 3 000 m 以上的高原时 $p(O_2)$ 将到 7.99 kPa 以下,$S(O_2)$ 将随海拔上升而明显下降。这种机体缺氧属低气压、正常氧浓度性缺氧或低张性缺氧。高寒缺氧致使肺小动脉收缩引起肺动脉高压,又因交感神经兴奋、儿茶酚胺分泌增多、外周血管收缩、肺循环血容量增加,同时抗利尿激素分泌增多等导致水钠滞留,均有助于肺水肿形成。近年电镜研究缺氧使肺泡呈开放状态,肺泡隔变宽,隔内毛细血管扩张充血,血管内皮细胞线粒体肿胀,如融合内皮型管形成使腔面与基底面扩大,均提示肺泡壁毛细血管超微结构改变。同时缺氧时动脉压力升高的另一个机制是低氧性肺血管收缩,有研究显示在收缩区血管处于保护状态,非收缩区或收缩较弱的区域明显出现高灌注样改变,毛细血管压升高并且导致血液成分渗出增加。高原性肺水肿属于非心源性水肿与非肾源性肺水肿,肺毛细血管楔压正常,心输出量仍正常,肺血容量增加,加上肺动脉高压与低氧时肺泡壁内毛细血管超微结构的变化、通透性增加、液体大量渗出,则形成高原性肺水肿。高原肺水肿系综合因素结果,除低氧刺激使肺泡壁内毛细管超微结构改变与神经、体液调节紊乱外,高寒低温、上呼吸道感染与休息不佳等均有明显关系。

5. 高原缺氧对泌尿系统的影响

在严重的高原缺氧时可发生少尿,并加重或导致脑水肿的发生。缺氧时少尿的机理尚待阐明,可能与缺氧引起垂体后叶抗利尿激素分泌增加和缺氧引起肾小动脉收缩,使肾血流量减少有关。高山病时还常见肾小管上皮组织细胞变性甚至坏死、血尿、蛋白尿等征象。

6. 高原缺氧对消化系统的影响

缺氧对消化功能的影响,慢性缺氧比急性缺氧明显,主要表现为唾液、胃液、肠液等消化腺分泌减少,胃排空时间延长和肠内容物吸收障碍。初次进入高原者,即使在海拔3 000 m左右生活数天,也会感到食欲不振,海拔越高越明显,甚至出现恶心、呕吐、腹胀等不适反应。如发生胃肠黏膜血管扩张,血流瘀滞,血栓形成,易引起消化道出血。高原缺氧常致胃肠蠕动减弱,胃排空时间延缓,唾液、肠液及胆汁分泌减少,食欲减退,高原低压使沸点下降,饭不易煮熟,影响消化吸收。初入高原者因食欲减退,消化不良,导致体重下降,劳动力减退。

7. 高原缺氧对运动能力的影响

高原训练时,运动员在承受负荷强度和负荷量的同时,还必须面对缺氧、干燥、寒冷及消化系统机能下降等问题。因此,运动员必须在均衡膳食的基础上,科学合理地补充运动营养,才能保证高原训练取得理想的效果。

(1)高原对运动员身体的积极影响

高原训练使运动员身体产生的变化主要有:血液中的氧容量、血浆、总血量、每搏输出量和分输出量下降,而肺通气量、体液损失、安静时脉搏和基础代谢率增加。这些变化是因为高原的大气压下降而引起的。高原还降低了肺内氧气的局部压力,从而减少了肺脏和血液之间的压力倾斜度。由于分子是从高压力区域向低压力区域移动的,较小的压力倾斜度降低了进入血液的氧气量。对运动能力来说,最明显的现象是心脏和骨骼肌肉的氧供应量减少,从而降低了在较高有氧强度下练习的能力。

(2)高原训练对人体一些消极影响

运动员在高原生活和训练的时间过长,随着高原训练强度的降低,也许破坏作用会超过心血管的适应极性。有些反应者血液中会出现较高的促红细胞生成素(红细胞生成刺激素),而且比未反应者的高原训练的速度下降小。在高原,由于基础代谢率增加,所以对热量摄入的需求也会增加。因此,运动员应该食入更多。另外,体重会出现下降,这也反映了需要增加饮食。在高原,体液损失增加,从而降低了血流量并增加了血液的黏稠度,平衡了到达收缩肌肉群的血流量和氧气。而且运动员应该增加液体的摄入,特别是摄入有助于保持体液的液体如运动饮料和含有钠或水与丙三醇混合的饮料。呼吸系统表现为胸闷、气短、呼吸频率增快;再次,循环系统的症状表现为心跳加快、心悸、血液黏度高、氧运输能力下降;还有,植物神经失调;消化系统的症状表现为腹胀、腹泻、食欲减退、排便次数增多;再加上神经,内分泌功能失调,合成激素水平明显下降;还有免疫能力降低;机体自由基生成增加,抗氧化能力下降等。高原会削弱身体的免疫系统,这最有可能发生在较高的高度(大于4 270 m)而非较低的高度(小于3 050 m)。

8.2.5 高原环境对人体的有益影响

随着青藏铁路开通,越来越多的世人把目光聚焦在青藏高原。世界屋脊的高寒缺氧令人心存惧怕。但殊不知高原环境既有对人体低氧损伤的一面,即易发生各型高原病,又有有利健康的一面,这与在高原低氧环境下人体获得习服(Acclimatization)和适应(Adaptation)或预适应(Preacclimatization)的生理变化有关。特别是近年来的一些高原临床实践和低氧实验的研究进一步证明了尽管高原地区高寒缺氧,自然环境严酷,但是,人类为何能成功地生活于高原?这是因为人体具有深刻的柔韧性,具有强大的适应潜力。高原低氧对人体的作用,通过习服－适应,使人体调动了体内的生理功能活动,从而提高心、肺、血功能,增强氧的利用,改善新陈代谢。在这里,适度高原的轻度缺氧对人体起到了一种"激活"生理功能的作用,因此高原低氧环境也会给健康带来有益影响。

高海拔的低氧环境,使世居藏族的心血管、肺得到了良好的发育,小血管和微血管极其丰富,肺泡数量显著增多,心、肺功能明显增强。这样,在高原人群中,某些在平原的多发病,如高血压、冠心病、糖尿病、肥胖病和支气管哮喘等在高原地区发病率相对较低。这是藏族在高原适应过程的获益。藏族是人类适应高原环境的典范,其在高原具有最完善的氧提取系统和最有效的氧利用系统,他们可消耗较少的氧而做最大的功。藏族对高原低氧环境的全面适应是其能够世代生活在青藏高原并繁衍生息的真正奥秘。

1. 高原人或在高原居住可以提高人体对低氧的耐力

1968 年 10 月 12 日在墨西哥首都墨西哥城(海拔 2 830 m)举行的第 19 届奥运会上爆发重大新闻,所有耐力项目的金、银、铜牌都被高原运动员夺得了。这一事件引起了体育界的高度关注和导致"高原训练"(Altitude Training)的产生。就是让平原运动员到高原进行体育训练,通过低氧刺激复合强化体能,来提高低氧耐力,从而提高运动成绩。从 1992 年巴塞罗那到 2004 年雅典的 4 届奥运会中,我国总共获得过 5 块田径金牌,除了刘翔,其余 4 位金牌得主陈跃玲、王军霞、王丽萍和邢慧娜都曾在青海多巴高原训练基地强化训练。多巴海拔 2 366 m,在这样的高度经适应性训练,能产生一系列生理变化,如红细胞适度增多以提高血液携氧能力,运动状态下增加潮气量及肺泡血流量,改善肺通气和血流的比率,增加肺弥散功能,使周围血流重新分配。并降低心率,提高心脏每搏量,提高对氧气的利用率和增强对低氧运动耐力,使运动成绩大大提高。因此,运动生理上已普遍应用高原训练。

2. 高山疗养和高原健康游

受到高原训练的启发,在一些国家和地区,如瑞士和我国台湾,在海拔 2 000 ～ 3 000 m 地区,已利用高山气候加身体锻炼,来提高心、肺功能和提高健康水平,开展"高山疗养"和"高原健康旅游"。选点条件是在中度高原、风光秀丽、植被丰富、气候宜人的山区。疗养点保持朴素的生活环境,有医务人员指导,有简单的物理训练设备,主要让人体接触高原大自然,享受空气、阳光和绿色食品,可以做健身操或高原呼吸体操,也组织徒步旅行或登山活动。但切记:海拔不能过高,运动不能过强,登高不能过快。这是金科玉律,以免产生不良反应。平原人每年有机会在高原短期疗养或旅游,经低氧刺激,可以"激活"生理功能,调整神经系统功能,有益于健康。

3. 利用高原气候治疗某些疾病

受此高原训练的获益和高原世居人群心、脑血管病发病率相对较低的启发,已利用高山进行气候治疗、康复,或用低压舱模拟高原低氧环境治疗有关这类疾病,主要的有早期高血压、冠心病、支气管哮喘、再生障碍性贫血、糖尿病。利用高原气候治疗的疾病还有帕金森病、放射性损伤、情感性疾病、某些职业病和慢性肾炎肾病综合征等,也收到较好效果。

　　有趣的是,世界三大长寿区都在高山地区,包括高加索的阿塞拜疆和阿布哈兹(2 000 m),东喜马拉雅的罕萨地区(包括克什米尔及我国新疆南部和田地区)和安第斯山厄瓜多尔的 Vilcabamba 地区(2 250 m),这里平均寿命高,百岁老人不足为奇,如阿塞拜疆山区百岁老人占人口的 48.4/100 000。这些地区的共同特点是,环境保持着高山原始的生态系统,空气和水清新,较少污染,人们多从事体力劳动,进低热量饮食,但大多有饮酒之习,体型清瘦者多,性情乐观,长者在家庭中依然有权威地位,百岁老人大多有家族史。而我国青藏高原的长寿老人却居全国第 3 位,这除与上述因素相似外,尚因在高原低氧环境中,人体发育延迟,性成熟期延缓,生命周期延长及心脑血管疾病和恶性肿瘤的低发病率有关。

　　由上可见,高原低氧环境也有有利于人体健康的一面,尽管这是一个新的研究领域,许多问题有待深入探讨,但至少启示我们,高原低氧环境对人体的影响是一分为二的,看如何选择条件、对象和措施,取其有利的一面。我国博大、纯洁和秀丽的青藏高原,有许多适于高原健康锻炼、旅行、短居和疗养的理想之地,大可利用,造福人民健康。

8.3　高原环境下的营养与修复

　　高原地区低压、低氧、寒冷等特殊环境因素对机体生理功能、营养代谢等均产生十分显著的影响。初入高原由于缺氧,会导致头痛、恶心、食欲减退、消化吸收功能下降等。研究表明,补充水溶性,维生素可以提高机体的耐缺氧能力,补充大剂量烟酰胺或以水溶性维生素为主的复合维生素可以提高动物的急性耐缺氧能力。可见摄入适量的功能性营养物对提高人体的耐缺氧能力从而减小相关副作用具有重要意义。

8.3.1　高原环境下的营养与修复的研究现状

　　高原低氧环境由于营养供给不足,加之缺氧状态机体营养代谢紊乱,致使人体体质量下降、肌消瘦、营养缺乏等,进而导致机体免疫力下降,患病率增高。

　　首先,碳水化合物、脂肪、蛋白质是为适应高原环境变化需要补充的营养物质。

　　在 3 种产能营养素中,碳水化合物代谢能最灵敏地适应高原代谢变化。碳水化合物膳食能使人的动脉含氧量增加,能在低氧分压条件下增加换气作用。有研究证明,高碳水化合物膳食能将动脉氧分压提高(6.6 ± 3.7) mmHg,肺扩张能力可增加13.9%。机体摄食量不足,心脏线粒体上三羧酸循环中脱氢酶特异性活力和细胞色素 C 氧化酶的活力均下降。可见在高原地区,应保证充足的能量摄入,特别是碳水化合物摄入量,这对维持体力非常重要。有人建议,碳水化合物占供给量的比例,可提高到65% ~75%,以便提高机体耐低氧的能力。糖和糖原是机体在紧急情况下首先被动用的能源物质,并且维持血糖水平对脑功能是至关重要的。研究发现,碳水化合物能提高对急性低氧的耐力,有利于肺部气体交换,使肺泡和动脉氧分压及血氧饱和度增大。有人证实,4 300 m 高度口服葡萄糖 110 g,可提高肺动脉弥散率13.9%,进食高碳水化合物和高脂膳食的动物耐受低氧程度大于高蛋白膳食,并且高碳水化合物对低氧动物的高级神经活动有良好作用。高糖膳食可减轻高山反应症状(头痛、恶心、嗜睡等)的严重性,补糖有助于防止初到高原时头 24 h 人体力的下降,而且可防止高原暴露 24 h 内的负氮平衡。碳水化合物糖耐力的原因包括:其分子结构中含氧原子多于脂肪和蛋白质;消耗等量氧时,产能高于脂肪、蛋白质;碳水化合物代谢能产生更多 CO_2,有利于纠正低氧过度通气所致碱中毒。

在高原低氧情况下,机体利用脂肪的能力仍保持相当程度。甚至有人提出,在高原上人体能量来源可能由碳水化合物转向脂肪。

在登山过程中,往往观察到负氮平衡,此时提高氮的摄取量,即可恢复平衡。在高原低氧适应过程中,毛细血管可出现缓慢新生,红细胞增加,血红蛋白增高和血细胞总容积增加的过程,以提高单位体积血液的氧饱和度,这决定了高原作业人员对蛋白质的需要。

补充营养的保健品,特别是指一种抗缺氧复合营养素。其能纠正大运动负荷量训练中运动员维生素、氨基酸和微量元素的不平衡,预防因维生素和微量元素缺乏所引起的疾病的同时,特别强化了铁、锌、钙等矿物质和相关必需氨基酸的储备,以使运动员机体保持较强的造血代偿能力,更快适应高原训练低氧、低压环境,实现高原训练的平原化。为高水平运动员(这批特殊人群)在高原训练前中后,适应高原训练的双重缺氧环境,迅速恢复机能水平,稳定获得训练效果,实现预防疾病、最终促进机能提高。不仅能为高水平运动员参赛服务,也为户外、登山、旅游以及缺氧人群提供专业的、有效的身体机能强化营养。

1,6 二磷酸果糖(FDP)具有抗高原环境组织缺氧,可提高细胞内三磷酸腺苷和磷酸肌酸的浓度、促进钾离子内流、增加红细胞内二磷酸甘油酸的含量、抑制高原环境氧自由基和组织胺释放等多种作用,能减轻机体因高原缺血、缺氧造成的损害,保护心肌。牛磺酸属于人体必需氨基酸之一,参与糖代谢的调节,加速糖酵解;能增强高原环境下的心肌收缩力,增加血液输出,同时防止高原训练期间的心肌损伤;能保护肝脏。对于维持运动能力牛磺酸是必需的,加强补给可使运动能力和抗运动性疲劳能力进一步增加。赖氨酸属于人体必需氨基酸之一,可以调节人体代谢平衡;能提高钙的吸收以及在体内的积累,维持运动员骨代谢、增加食欲、减少疾病和增强体质的作用。门冬氨酸具有防止和恢复缺氧环境疲劳的特殊作用,解毒,促进肝功能和促进运动员有氧耐力能力。辅酶 Q10 主要有两个作用,一是营养物质在线粒体内转化为能量的过程中起重要的作用,提高运动能量代谢;二是有明显的抗脂质过氧化作用,增强免疫系统,改善肌肉收缩功能,预防运动损伤。

其次,维生素是为适应高原环境变化需要补充的重要营养物质。

低氧时,辅酶含量下降,呼吸酶活性降低,补充维生素后可促进有氧代谢,提高机体低氧耐力。所以有人主张在低氧情况下,除应提高膳食中碳水化合物的比例外,还应增加维生素摄入量,加速对高原环境的适应。从事体力劳动时,维生素 A、维生素 C、维生素 B1、维生素 B2 和烟酸应按正常供给量的 5 倍给予。另外,对登山运动员补充维生素 E 可防止出现红细胞溶解肌酸尿症、体重减轻和脂肪不易被吸收等。

①维生素 E。在缺氧条件下培养视网膜色素上皮细胞,缺氧后产生了大量的活性氧,同时细胞内的超氧化物歧化酶活力明显下降,细胞抗氧化损伤能力急剧下降,导致细胞

损害甚或凋亡,细胞活力明显下降。而加了维生素 E 后,细胞内活性氧的产生显著减少,同时细胞内超氧化物歧化酶的活力明显提高,细胞的抗损伤能力大大提高,因而细胞的活力明显提升。总之,维生素 E 对缺氧下引起的视网膜色素上皮细胞损伤有保护作用,其主要通过降低细胞内活性氧生成和提高细胞内超氧化物歧化酶活力来发挥保护细胞的作用,然而如何利用维生素 E 有效防治老年性黄斑变性仍需进一步研究。

②复合维生素。根据人体营养需要以及高原营养代谢特点,设计了复合氨基酸、维生素、矿物质配方,小鼠灌胃 20 天后,采用急性耐缺氧实验观察缺氧后生存时间变化。结果复合氨基酸对小鼠缺氧生存时间没有显著影响,复合维生素、矿物质配方具有显著延长小鼠缺氧生存时间的作用。

③维生素 B 族水溶性维生素。研究表明,补充水溶性维生素可以提高机体的耐缺氧能力,补充大剂量烟酰胺或以水溶性维生素为主的复合维生素可以提高动物的急性耐缺氧能力;补充 3 倍于正常需要量的维生素 B1、B2、PP 能有效改善动物的能量代谢,具有提高机体耐缺氧能力作用。补充含有大剂量 B 族维生素的复合营养制剂可以有效提高小鼠急性密闭缺氧生存率,并提高初入高原青年的血氧饱和度及改善心肺功能。

④维生素 C。静滴 Vit C 30 min 后能迅速使血清 MDA 含量下降、红细胞 SOD 活性明显上升,表明大剂量 Vit C 能单独、迅速、有效地清除自由基,并具有保护血中其他抗氧化剂的功能,从而可进一步加强脑神经的抗缺氧能力,防止脑神经细胞损伤,加速脑细胞的修复,促进脑神经细胞的活力,提高中、重度 HIE 的治愈率。

最后,水和无机盐在改善高原环境机体的代谢变化中起到重要作用。

初登高原者,体内水分排出较多,可减少 2 ~ 3 kg。一般认为,此种现象是一种适应性的反应。这一阶段如因失水严重影响进食,则应设法使饭菜更为可口,并增加液体,以促进食欲,增加进食,保证营养,防止代谢紊乱。但在低氧情况下,尚未适应的人应避免饮水过多,防止肺水肿。未能适应高原环境的人,还要适当减少食盐摄入量,可有助于预防急性高山反应。

铁是构成体内携氧物质血红蛋白的重要成分,同时也是体内能量和物质代谢呼吸过程中呼吸链酶的重要组成成分。铜是呼吸色素酶的重要组成成分,在能量代谢中起重要作用。锌是构成体内 80 多种酶的成分,其中包括构成能量代谢所需要酶及激素成分。急性低压缺氧时,机体为了增强氧的传递和呼吸代偿,各组织细胞内酶的合成及消耗相对较多,而使肝脾内微量元素重新分布于外周组织细胞中,从而使肝脾中 Fe、Cu、Zn 的含量降低,以供给其他主要脏器细胞能量代谢呼吸酶的合成。微量元素是一切生物生长发育、繁殖、免疫过程中的重要物质,其在人体一系列代谢活动中起到关键性作用。

8.3.2　药食同源食物与功能性成分

耐缺氧、低氧类药食同源食物

巴戟天

【来源】双子叶植物茜草科巴戟天的干燥根。

【传统功效】补肾助阳;强筋壮骨;祛风除湿。

【治疗与保健作用】研究者从补肾健脑的角度进行研究,观察到巴戟素对大鼠脑缺氧损伤有保护作用,并能增强大鼠脑的记忆功能,其作用机制与 NO 有一定关系。有研究采用纯化培养的心肌细胞建立缺氧复氧损伤模型,研究巴戟天提取物对体外培养的心肌细胞缺血再灌注损伤的直接防护作用,并对其作用机制进行探讨。巴戟天正丁醇可溶部分可明显提高 SOD、LDH 活性,降低 MDA 含量,增加 NO 含量。巴戟天具有明显的抗缺氧复氧损伤、保护心肌作用。

【功能性成分】蒽醌类成分:甲基异茜草素,甲基异茜草素 - 1 - 甲醚,大黄素甲醚,2 - 羟基羟甲基蒽醌,1 - 羟基蒽醌,1 - 羟基 - 2 - 甲基蒽醌,1,6 - 二羟基 - 2,4 - 二甲氧基蒽醌,1,6 - 二羟基 - 2 - 甲氧基蒽醌,2 - 甲基蒽醌。还含环烯醚萜成分:水晶兰苷,四乙酰车叶草苷。又含葡萄糖,甘露糖,β - 谷甾醇,棕榈酸,维生素 C,十九烷,24 - 乙基胆甾醇。

【保健食谱】

五味巴戟粥

主料:粳米 50 克。

辅料:五味子 30 克,巴戟天 30 克。

做法:

(1)将五味子、巴戟天置于砂锅中。

(2)加入适量清水煎取 1 000 毫升汁液。

(3)用药汁熬成煮至粳米成粥即成。

当归

【来源】伞形科植物当归的根。

【传统功效】香郁行散,可升可降;具有补血,活血,调经止痛,润肠通便的功效。

【治疗与保健作用】临床实践表明,当归注射液对脑中风患者可以起到治疗作用。经研究,当归抗低氧有效成分主要包括苯酞类、香豆素类、黄酮类、挥发油类化合物等。目前普遍认为当归可以在抗自由基损伤、调节基因表达、激活蛋白酶、影响一氧化氮生成等方面发挥抗缺氧保护作用。蒿本内酯可以通过减轻氧化应激和抗细胞凋亡,从而保护缺血再灌注的脑损伤;当归的提取物进行 NO 清除力筛选,发现 6 种香豆素类化合物具有潜在的抑制 NO 生成作用;黄酮类化合物也可以通过抗氧自由基,保护缺血再灌注的脑损伤;阿魏酸钠有清除自由基、减轻膜脂质过氧化、提高抗氧化酶活性的作用。从当归中分离到的黄当归醇、黄当归醇 H、黄当归醇 F,具有抑制 NO 生成的作用,黄酮类化合物也可以通过抗氧自由基,保护缺血再灌注损伤。

【功能性成分】主要含有苯酞类化合物,有蒿苯内酯、正丁烯基苯肽、丁基苯酞以及新蛇床内酯等。香豆素类的主要成分为简单香豆素、呋喃香豆素、吡喃香豆素和双香豆素类。黄酮类化合物包括一些查尔酮类化合物,阿魏酸钠等有机酸类化合物;此外,还含有蔗糖(Sucrose)、果糖(Fructose)、葡萄糖(Glucose);维生素 A、维生素 B12、维生素 E;17 种氨基酸以及钠、钾、钙、镁等 20 余种无机元素。

【保健食谱】

当归烧羊肉

当归、干地黄各 15 克,干姜 10 克,羊肉 250 克。羊肉,洗净、切块,入油中炒至发白,放入中药,加水、盐、酒等,以小火煨至羊肉烂熟即成。饮汤吃肉。

当归羊肉汤

当归、党参各 15 克,黄芪 30 克,生姜 10 克,羊肉 500 克。羊肉切片,各以药用纱布包扎,加水一同煎煮至肉烂熟。饮汤吃肉。

枸杞

【来源】茄科植物枸杞的果实。

【传统功效】养肝;滋肾;润肺。

【治疗与保健作用】研究表明枸杞酒具有提高机体机能、增强机体耐缺氧和抗疲劳的作用。另外,在常压耐缺氧实验和游泳运动实验中发现,不同剂量的青海枸杞叶水提取液均能显著延长小鼠在密闭缺氧条件下的存活时间和增强游泳耐力的作用。枸杞多糖能明显改善缺氧损伤神经元的形态改变,提高细胞存活率,减少细胞内 LDH 的漏出,并可显著提高细胞内 SOD 活性,减少脂质过氧化产物 MDA 的产生。表明枸杞多糖对神经元缺氧损伤具有明显的保护作用。

【功能性成分】多糖:枸杞果中含有阿拉伯糖、甘露糖、葡萄糖、木糖、鼠李糖、半乳糖等。氨基酸:主要含有谷氨酸、天门冬氨酸、丙氨酸、脯氨酸。另外,还含脂肪,蛋白,纤维,维生素 B1、B2、C、E,胡萝卜素,硫胺素,烟酸,钙、磷、铁等。

【保健食谱】

枸杞烧鲫鱼

材料:鲫鱼 1 条,枸杞 12 克,豆油、葱、姜、胡椒面、盐、味精适量。

做法:

(1)将鲫鱼去内脏、去鳞,洗净,葱切丝,姜切末。

(2)将油锅烧热,鲫鱼下锅炸至微焦黄,加入葱、姜、盐、胡椒面及水,稍焖片刻。

(3)投入枸杞再焖烧 10 分钟,加入味精即可食。

沙棘

【来源】胡颓子科植物中国沙棘和云南沙棘的果实。

【传统功效】止咳化痰;健胃消食;活血散瘀。

【治疗与保健作用】沙棘油的各种功效与其多种营养成分有关,它含有多种氨基酸、酶、矿物元素、维生素、黄酮类等物质。沙棘油及其制品在日用、医药、美容、保健、食品等领域的研究已取得了极大的成果,研究表明,沙棘油的抗氧化作用和其他药理作用大多与其抗自由基氧化有关。一般认为运动引起体内自由基的大量生成,进而攻击膜系统,导致细胞结构功能紊乱。沙棘籽粕原花青素乙酸乙酯萃取物和 50% 乙醇洗脱物能显著提高缺氧/复氧心肌细胞的存活率,对心肌细胞损伤有很好的保护作用。

【功能性成分】黄酮类成分:异鼠李素(Isorhamnetin),异鼠李素 - 3 - O - β - D - 葡萄糖苷(Isorham - netin - 3 - O - β - D - glucoside),异鼠李素 - 3 - O - β - 芸香糖(Isorh-amnetin - 3 - O - β - rutinoside),芸香苷(Rutin),紫云英苷(Astragalin)以及槲皮素(Quer-cetin)和山奈酚(Kaempferol)为苷元的低糖苷。还含维生素(Vitamin)A、B1、B2、C、E,去氢抗坏血酸(Dehydroascorbic acid),叶酸(Folic acid),胡萝卜素(Carotene),类胡萝卜素(Carotenoid),儿茶精(Catechin),花色素(Anthocyanin)等。

红景天

【来源】景天科植物大花红景天的干燥根和根茎。

【传统功效】益气活血,通脉平喘。用于气虚血瘀,胸痹心痛,中风偏瘫,倦怠气喘。

【治疗与保健作用】红景天提取物对多种缺氧模型均能明显提高动物对缺氧的耐力;合成的红景天苷和苷元也能明显延长小鼠在低压缺氧环境条件下的存活时间;研究表明狭叶红景天既能降低氧耗速度又能增加供氧的速度;其醇提物能特异性地提高动物心肌缺氧能力,对被损害的心肌具有保护作用。陈海娟、周晓棉指出唐古特红景天抗缺氧能力强于红景天。

【功能性成分】红景天苷(Salidroside)及其苷元酪醇(Tryosol)、6-氧-没食子醯基红景天苷、1,2,3,4,6-五氧-没食子醯基-β-D-吡喃葡萄糖、草质素-7-氧-α-L-吡喃李糖甘、草质素-7-氧-(3-氧-β-D-吡喃葡萄糖基)-α-L-吡喃李糖甘;另外还含有黄酮苷、没食子酸、山奈酚、槲皮素、酪萨维(Rosavin)、酪生(Rosarin)、酪萨利(Rosin)等结构。红景天根中含有黄酮苷 Rhodionin、Rhodiosin、Rhodiolin,约有30种挥发油,其中 Sosaol 含量最高,约占26%,还有 β-石竹烯、α-橄香烯等。地上部分含有 Rhodiolgin、Rhodionidin 和 Rhodiolgidin 等。

【保健食谱】同前。

黄芪

【来源】豆科草本植物蒙古黄芪、膜荚黄芪的根。

【传统功效】黄芪有益气固表、敛汗固脱、托疮生肌、利水消肿之功效。

【治疗与保健作用】实验表明黄芪可提高乳鼠心肌细胞内和上清液中超氧化物歧化酶(SOD)活性,降低丙二醛(MDA)、肌酸磷酸激酶(CK)水平,表明黄芪可能通过抗氧自由基、稳定细胞膜来减少缺氧心肌细胞损伤。朱海燕等研究发现黄芪多糖可减少缺氧再复氧损伤的人心脏微血管内皮细胞细胞间黏附分子-1(ICAM-1)和血管细胞黏附分子-1(VCAM-1)蛋白的表达,抑制白细胞的浸润,达到减轻心肌缺血再灌注损伤的作用。杨富国等观察到黄芪甲苷能显著抑制缺氧/复氧引起的血管内皮细胞 NF-KB 表达,且呈剂量依赖性,对缺氧/复氧损伤的血管内皮细胞具有保护作用。彭定凤等采用原代培养乳鼠心肌细胞,观察黄芪对缺氧心肌细胞凋亡的影响,结果发现一定浓度的黄芪可减少缺氧心肌细胞凋亡及损伤。赵文峰等通过结扎左侧颈总动脉并进行缺氧制备缺血缺氧脑损伤模型,应用免疫组化方法观察黄芪对缺血缺氧脑损伤大鼠海马和皮质部位 FOS 蛋白表达的影响,结果显示,黄芪可抑制缺血缺氧脑损伤 FOS 蛋白的表达,对缺血缺氧脑损伤模型后神经元具有保护作用。

【功能性成分】同第1章中。

【保健食谱】同第1章中。

葛根

【来源】为豆科植物野葛的干燥根。

【传统功效】解表退热,生津,透疹,升阳止泻。

【治疗与保健作用】葛根素对小鼠的常压缺氧、减压缺氧、氰化钾所致组织缺氧等都有显著地延长存活时间的功能;对小鼠缺氧后再暴露所引起的过氧化脂质代谢产物 MDA 的产生具有显著的抑制作用,这说明葛根素在体内能抑制自由基的产生,减少因自由基及其产物所引起的各种损伤,从而保证组织正常活力,这可能也是其提高小鼠耐缺氧能力的分子机制之一。石瑞丽等研究发现葛根素可显著减少缺氧性内皮细胞凋亡,此作用至少部分通过抑制 Caspase - 3 的表达而实现。朱智彤等研究发现葛根素能抑制缺氧时 TNF 的分泌,可抑制 IL - 6 的过度分泌,并呈剂量依赖趋势。

【功能性成分】同前。

【保健食谱】同前。

红景天

【来源】是景天科多年生草木或灌木植物。

【传统功效】益气活血,通脉平喘。用于气虚血瘀,胸痹心痛,中风偏瘫,倦怠气喘。

【治疗与保健作用】研究发现红景天苷对缺氧诱导的血管内皮细胞凋亡具有抑制作用,进一步发现其机制可能是通过 PI(3)K/Akt 信号通路激活 HIF - 1 的表达有关。张文生等研究发现红景天苷可抑制缺氧/缺糖损伤所致的线粒体膜电位和活性的降低,从而具有稳定线粒体膜电位的作用,抑制细胞凋亡的发生,这种作用可能与其能抑制神经细胞内钙超载有关。赵霞等研究发现红景天可使参与机体慢性缺氧应激反应中的 ACTH 细胞功能明显增强,ACTH 是神经系统重要的应激激素,体内 ACTH 激素的合成和释放增多,以对抗低氧环境对机体的影响。

【功能性成分】同前。

【保健食谱】同前。

玉竹

【来源】百合科植物玉竹的干燥根茎。

【传统功效】滋阴润肺;养胃生津。

【治疗与保健作用】研究发现玉竹能显著延长小鼠常压缺氧和亚硝酸钠中毒条件下的存活时间,并且能明显延长急性脑缺血性缺氧实验中断头小鼠的张口喘气持续时间,玉竹给药组小鼠心脏和脑组织中过氧化产物 MDA 含量降低,抗氧化酶 SOD 的水平升高,作用效应与玉竹浓度存在计量依从关系,表明玉竹可以通过升高小鼠心脑组织中抗氧化酶的活性,降低过氧化物的含量,从而减少自由基对重要组织的损伤,提高缺氧模型小鼠的抗缺氧能力。

【功能性成分】玉竹根茎含铃兰苦苷(Convallamarin)、铃兰苷(Convallarin)、山奈酚苷、槲皮醇(Quercitol)苷、皂苷、白屈菜酸(Chelidonic Acid)、黏液质、门冬酰胺(Asparagine)、葡萄糖、阿拉伯糖和甘露醇。尚含淀粉 25.6% ~30.6% 及维生素 A、维生素 C。叶中含玉竹苷(Polygonotin)、胡萝卜素(Carotene)、维生素 C 及含 C25 - C32 的醛类物质,主要是 28 碳醛(Octacosantal)。

【保健食谱】

小麦玉竹粥

材料:粳米 60 克,玉竹 9 克,小麦 15 克,枣(干)10 克。

做法:将小麦、大枣、玉竹、粳米,依常法共煮做粥。

沙参玉竹鸭煲

材料:鸭 650 克,北沙参 10 克,玉竹 8 克,枸杞子 10 克,姜 5 克,盐 4 克,味精 2 克。

做法：

(1) 老鸭剁成块，用水冲净血污；

(2) 沙参、玉竹、枸杞子分别用水洗净；

(3) 锅内放水，放在火上烧沸，把洗好的鸭块焯一下水；

(4) 焯好的鸭块及沙参、玉竹和姜片放入砂煲内，砂煲中加水放在火上，烧沸；

(5) 撇去表面浮沫后，再放入枸杞子，盖好盖，用小火煲 2 小时左右；

(6) 至鸭块熟烂时，放精盐、味精，调好口味即成。

人参

【来源】五加科植物人参的干燥根。

【传统功效】大补元气，复脉固脱，补脾益肺，生津止渴，安神益智。

【治疗与保健作用】人参能明显延长低压缺氧和常压缺氧条件下小鼠的存活时间，提高存活率；增强脂质抗氧化作用，提高超氧化物歧化酶和乳酸脱氢酶活性，加强清除自由基；降低血红蛋白对氧的亲和力，向组织释放更多的氧，抑制细胞凋亡，减轻缺氧损伤。聂荣庆等研究发现人参皂苷 Rb1 通过上调缺氧神经细胞 Bcl－2 表达和下调 Bax 表达，抑制缺氧神经细胞凋亡。还有研究发现人参总皂苷在缺氧的不同时段均能显著提高小鼠的红细胞计数和血红蛋白含量，其机制与促进小鼠各个时段肾脏及大脑皮层 EPOmRNA 表达有关。王万银等研究发现人参皂苷可增强缺氧小鼠大脑皮质 HIF－la 表达，在保护缺氧脑组织中起着重要作用。刘玲等研究发现人参萃取液可快速、可逆地抑制经缺氧处理的海马神经元 NMDA 诱发电流，NMDA 诱发电流的大小反映了神经元膜上 NMDA 受体的数量和功能状态神经细胞缺氧，细胞外钙离子主要是通过膜上 NMDA 受体根联的离子通道进入细胞，使脑细胞内的钙离子超负荷状态，最终导致脑细胞死亡，人参萃取液具有保护因 NMDA 受体过度激活引起的神经元损伤的作用。

【功能性成分】同前。

【保健食谱】同前。

丹参

【来源】该品为双子叶植物唇形科鼠尾草属植物丹参的干燥根及根茎。

【传统功效】活血调经，祛瘀止痛，凉血消痈，清心除烦，养血安神。

【治疗与保健作用】陈旭华等应用膜片钳全细胞记录技术研究丹参对缺氧复氧后心室肌细胞 L－型钙通道电流的影响，结果发现丹参能有效地减少缺氧复氧后心室肌细胞的 L－型钙通道电流，这种作用可能是其抗心肌缺血以及缺血再灌性心律失常的机制之一。徐万红等观察丹参在常氧和缺氧/复氧过程中对心肌细胞收缩和电刺激诱导的细胞内钙离子瞬态的影响，结果显示缺氧/复氧引起的心肌细胞最大收缩和舒张速率、收缩幅度和电刺激诱导的钙离子幅度明显升高，舒张末钙离子水平显著降低，表明丹参对抗缺氧/复氧引起的大鼠心室肌细胞收缩力降低和细胞内动态和静态钙变化的影响。又有研究表明丹参可抑制缺氧/缺糖损伤所致的线粒体膜电位的降低，从而具有稳定线粒体膜电位的作用，抑制细胞凋亡的发生，这种作用可能与其能抑制神经细胞内钙超载有关。

【功能性成分】同前。

【保健食谱】同前。

第9章 噪声环境生物学效应及营养

9.1 噪声环境特点

噪声即噪音,是一类引起人烦躁或音量过强而危害人体健康的声音。噪声通常是指那些难听的、令人厌烦的声音。噪音的波形是杂乱无章的。从环境保护的角度看,凡是影响人们正常学习、工作和休息的声音,凡是人们在某些场合"不需要的"声音,都统称为噪声。从物理角度看,噪声是发生体做无规则振动时发出的声音。噪声主要损伤人体的听觉器官。长期接触高强度的噪声,不仅使听觉器官受损,同时对中枢神经系统、心血管系统、内分泌系统及消化系统等均有不同程度的影响。因而噪声病是以听觉器官受损为主并伴有听觉外系统反应的全身性疾病,其症状和体征的产生与噪声的强度、频率、接触时间以及个体对噪声的易感性有关。噪声的特异性作用主要是引起听觉系统的损伤,它的非特异性作用则表现为对听觉外系统的影响。

1. 与听觉生理有关的噪声基本概念

噪声污染属于感觉公害,它与人们的主观意愿有关,与人们的生活状态有关,因而它具有与其他公害不同的特点。噪音污染主要来源于交通运输、车辆鸣笛、工业噪音、建筑施工,社会噪音如音乐厅、高音喇叭、早市和人的大声说话等。

我们国家制定的《中华人民共和国环境噪声污染防治法》中把超过国家规定的环境噪声排放标准,并干扰他人正常生活、工作和学习的现象称为环境噪声污染。声音的分贝是声压级单位,记为 dB,用于表示声音的大小。《中华人民共和国城市区域噪声标准》中则明确规定了城市五类区域的环境噪声最高限值:疗养区、高级别墅区、高级宾馆区,昼间 50 dB、夜间 40 dB;以居住、文教机关为主的区域,昼间 55 dB、夜间 45 dB;居住、商业、工业混杂区,昼间 60 dB、夜间 50 dB;工业区,昼间 65 dB、夜间 55 dB;城市中的道路交通干线道路、内河航道、铁路主、次干线两侧区域,昼间 70 dB、夜间 55 dB(夜间指 22 点到次日晨 6 点)。按照国家标准规定,住宅区的噪音,白天不能超过 50 dB,夜间应低于 45 dB,若超过这个标准,便会对人体产生危害。那么,室内环境中的噪声标准是多少呢?国家《城市区域环境噪声测量方法》中第 5 条 4 款规定,在室内进行噪声测量时,室内噪声限值低于所在区域标准值 10 dB。

2. 噪声的分类

噪声污染按声源的机械特点可分为气体扰动产生的噪声、固体振动产生的噪声、液体撞击产生的噪声以及电磁作用产生的电磁噪声。噪声按声音的频率可分为小于 400 Hz 的低频噪声、400~1 000 Hz 的中频噪声及大于 1 000 Hz 的高频噪声。噪声按时间变化的属性可分为稳态噪声、非稳态噪声、起伏噪声、间歇噪声以及脉冲噪声等。噪声有自然现象引起的(见自然界噪声),有人为造成的,故也分为自然噪声和人造噪声。城市中的噪音主要来源于交通噪声、工场企业厂界噪声、建筑工地噪声和商业生活噪声。

(1)交通噪声

城市发展的一个重要标志就是机动车数量增加。从城镇近几年交通噪声检测数据看,交通噪声占城市噪声污染的 60% ~ 70%。机动车噪声的主要声源是机动车发动机、喇叭、刹车、排气、防盗报警器等,穿城而过的铁路和飞机起落时的噪声,也都给附近居民生活带来了严重的危害。

(2)工场企业厂界噪声

由于城市建设缺乏合理的规划布局,在工业企业建设时,没有充分考虑环境保护的要求,有些工业企业的厂界临近居民区,对居民影响很大。对于厂界的噪声标准见表9.1。

表9.1　厂界噪声标准

时段 厂界外声 环境功能区类别	昼间	夜间
0	50	40
1	55	45
2	60	50
3	65	55
4	70	55

注:0 类标准适用于特别需要安静的区域;

　　1 类标准适用于以居住、文教机关为主的区域;

　　2 类标准适用于居住、商业、工业混杂区;

　　3 类标准适用于工业区;

　　4 类标准适用于城市中的道路交通干线两侧区域。

对某轧钢厂的听力损伤调查结果显示,不同听力噪声组,被调查人员均有不同程度损伤。

(3)建筑工地噪声

在建筑工地中,施工机械种类较多,噪声来源比较多。例如运输土石方及其他建筑材料的载重汽车行驶所产生的噪声,对道路两侧一定范围内的居民产生影响;其次,施工工地的各种施工机械工作时所产生的噪声。尤其在公路施工过程中,由于其机械设备种类繁多,施工内容多样,噪声污染就更为严重。

(4)商业生活噪声

近年来,由于经济的快速发展,居民楼的一二层已基本都改为了商品房,这样不可避免地为人们生活带来了商业噪声污染。尤其当 KTV、慢摇、酒吧等西方元素逐渐融入人们的生活的时候,噪声更成为人们不可忽视的污染源。

9.2 噪声环境下的生物学效应

噪声所产生的危害能量化是影响听力和降低语言的明了度。但对人的生理和心理的影响却难以记及。由于声的强度、周波数分布、冲击性、连续性等声音方面的特性及人的差异、习惯性、感情和情绪等方面的问题,噪声对人的影响远没有弄清楚。

9.2.1 噪声对听觉系统的影响

人的听觉器官是耳。人耳是由外耳、中耳和内耳组成。外耳包括耳廓和外耳道,起保护耳孔、集声和传声的作用。中耳包括鼓膜、鼓室,鼓室内有三块听小骨,即锤骨、砧骨和镫骨,它们由关节连接成一个称为听骨链的杠杆连动系统。锤骨的长柄与鼓膜相连,镫骨板附着在内耳耳蜗的卵圆窗上。鼓膜和听骨链是主要的传音装置。内耳包括耳蜗等,耳蜗是听觉感受器的所在部位,即耳蜗内的基底膜上的科蒂氏器含有的能接受刺激的毛细胞是听觉感受器。耳廓将搜集到的外界声波,经外耳道传至鼓膜,引起鼓膜与之发生同步振动。鼓膜的振动经听小骨放大后再传递到内耳,引起耳蜗内淋巴液的波动,最后转变为神经冲动。冲动经耳蜗听神经传至大脑皮质听觉中枢,产生听觉。而噪声主要伤害的就是我们的听觉系统。在人们对于噪声的动物实验中,发现在电击回避任务学习中,噪声组要用比非噪声组多得多的电击次数才能逐步学会回避,表明噪声的确对动物学习能力、短时记忆有明显干扰。

长时间接触噪声,对机体可以产生不良作用,这种作用包括听觉器官引起的“特异性”病变以及噪声作用下引起的非特异性病变。近年来,对噪声的研究又进一步发现噪声的另外一些作用及作用机制,尤其对女性生理机能及子代健康方面的不良影响引起了人们的普通关注。

噪声对听觉系统长期作用后,多出现在 2 000 赫兹(Hz)以上的高频听力损失,初期尤以 3 000 ~ 4 000 Hz 最为典型。在强噪音作用下,听觉皮质层器官的毛细胞受到暂时性的伤害而引起听网的暂时性迁移(听觉疲劳)。长期暴露在高噪声环境中,听觉器官不断受到噪声刺激,而发生器质性病变,失去恢复正常的听觉能力,称为永久性的听力迁移(听力损失);如果噪声超过 140 dB,听觉器官发生急性外伤,致使耳鼓破裂出血,螺旋体就从基底膜急性剥离,从而使两耳失听(爆震性耳聋)。

噪声对机体的影响是多方面的,除引起听觉损伤外,对神经、心血管、消化和其他系统都有不良影响,噪声对其他系统的影响也称非听觉效应或听觉外效应。

噪声对听觉功能的影响主要表现在听觉敏感度的下降,听阈的升高,语言接受和信号辨别能力降低,严重时刻造成耳聋。噪声引起的听力改变,称为听力阈移或听力损失。听力阈移可分为暂时性和永久性两种。

1. 暂时性听力阈移(TTS)

人在强噪声环境中停留,短时间即可引起听力阈移,即响度下降,阈值增高。TTS 是指人或动物脱离噪声环境后,经过一段时间可以恢复的听力阈移。一般认为,脱离噪声环境后数分钟,听力恢复到原来水平的称为听觉适应。这种生理性适应为个体出现的一过性的可逆性变化,是内环境稳定的过程。经数小时、数天乃至更长时间才能恢复的听力阈移称为听力疲劳或称 TTS,是一种保护性反应。与 TTS 有关的因素主要有噪声的强度、频率、暴露时间和个体敏感性等。

噪声强度增高,TTS 随之增大。TTS 小于 40 dB 者,听力恢复较快;超过 50 dB 时恢复较慢,并可有部分听力不能恢复,造成永久性听力损失。

TTS 随暴露时间延长而加大。TTS 的增长,大体上与暴露时间的对数呈正比。当暴露时间达到某一界限时,这种关系就发生了变化,呈渐进性的指数增长的关系,再延长暴露时间,TTS 几乎不再增长,形成一个平台。这个平台区的阈移称为渐进性阈移(ATS)。ATS 比较稳定,变异小。一般认为 ATS 可以预测永久性阈移的量,即后者不会超过前者。不同强度、不同频谱的声音形成 ATS 所需的时间不相同。

当人离开引起听觉疲劳的噪声环境后,听力就开始恢复,恢复过程前几分钟比较复杂,呈多时相性,TTS 减小后又增大,以后才逐渐下降。为了避免一些因素如听觉适应和增敏的相互影响以及恢复早期听阈变化的复杂性,故实验性测听通常选在声暴露停止后 2 min,此时测出的 TTS 标为 TTS2。TTS2 已被较广泛用于评价噪声对听力的影响。

2. 永久性听力阈移(PTS)

噪声引起的不可恢复的听力变化称为噪声引起的永久性听力阈移(NIPTS 或 PTS)。它可作为划分不同级别耳聋的定量标准。军事作业环境中,舰艇舱室、通信机房、实验风洞等的噪声大多是稳态,作业人员所产生的 PTS 多由 TTS 发展而来。理论上讲,TTS 的恢复需要时间,若在完全恢复之前,就重复暴露,阈移便有积累,日积月累之后,阈移便不能恢复,成为 PTS。但这个过程往往较长,有的需要几年或更长时间。另外不论暴露什么频谱的噪声,NIPTS 几乎都首先发生在 4 000 Hz 或 6 000 Hz 感音频率范围,形成"高频听谷",这是职业性、噪声性听力损失的一个典型特征,也是噪声性耳聋的前期信号和警报。

3. 噪声性耳聋

长期受噪音暴露,耳感受器发生了器质性病变,高频听力损失逐渐加重而不能恢复,受损频率向 2 000 Hz,1 000 Hz,500 Hz 等语频区扩展。当听力下降达到一定程度时,倾听日常交谈语言的能力受到影响,即出现了"耳聋"。

4. 爆震性耳聋

特指由于枪炮射击或爆炸等使空气压力急剧变化,产生强脉冲噪音或弱冲击波造成的急性听觉器官损伤。当强大的声压超过鼓膜张力的临界值时,就可能形成鼓膜充血、出血甚至穿孔,严重时可致听骨链错位或断裂。瞬间强大的声能传入内耳,引起耳蜗淋巴液剧烈震荡,造成感觉毛细胞静纤毛、毛细胞、支持细胞、血管纹等损伤,出现听力障碍,表现为耳鸣、耳胀、头晕、听力下降、胸闷、食欲不振等。诊断室主要根据噪声暴露情况,检查鼓膜有无充血、出血或穿孔。

9.2.2　噪声对其他系统生理功能的影响

噪声除了对听觉器官产生直接影响外,也引起人体心理和生理的广泛的反应与变化。噪声对其他系统的影响主要是由于听神经与其他神经的相互联系所致。进入脑干的听觉传入神经,除沿听觉通路上行外,从外侧丘系及核发出的侧支,有的纤维中止在运动核团的细胞上,有的通过网状结构的上行激动系统,将冲动扩散到大脑皮层协调感觉、运动、行为等区域;网状结构还能将冲动传送到植物神经系统,可能听觉通路中某些核团的纤维与植物神经核有直接联系。这就是噪声所致听觉外效应的神经生理学基础。强噪声是一种应激源。由于听觉传入神经部分纤维与植物神经系统、大脑皮层广泛区域的联系以及肾上腺素能的交感神经纤维终止在边缘小血管与毛细血管壁上,噪声作用人体后,通过下丘脑—垂体—肾上腺素皮质轴及交感—肾上腺髓质系统,引起应激反应,表现为对各器官组织的急性影响,尤其是肾上腺皮质和髓质激素分泌增加。噪声对非听觉系统的影响,有些就是由于过度应激所致。

1. 对神经、心理和工效的影响

持续性噪声引起大脑皮层功能紊乱,出现头疼、头晕、失眠、多梦、乏力、记忆力减退等症状。噪声还可以使人的交感神经不正常,引发高血压、心脑血管疾病。有调查显示,噪声与罹患心脑血管疾病的调查者的工龄成负相关,即噪声越强烈,工龄越短。噪声能导致高血压患病率增高,且与噪声强度大小、接触时间长短呈正相关关系。长期接触噪声,可引起头痛、头晕、耳鸣、心悸及睡眠障碍等神经衰弱症候群。脑电图显示 α 节律减弱或消失,β 节律增加或增强,脑电波的振幅降低,噪声可导致感情障碍如紧张、忧郁,敏感者甚至可发生心理变态、脾气暴躁。人在噪声环境里,心情烦躁,精力不易集中,反应迟钝,工作效率降低,尤其是需要辨认、选择、注意力分配等脑力劳动较多的作业更是如此。

2. 对心血管系统的影响

在噪声作用下,心血管系统的反应主要表现为血压和心率变化,但研究结果差异较大,多数认为长期接触噪声可导致血压高于对照人群,噪声对心率的影响尚不确定,可表现为心率加快或减慢,也有未见明显改变的。噪声对心电图的影响主要表现为 S – T 段和 T 波的异常率升高,这种变化随气压级增高和工龄增长而增加。QRS 期间的改变也有随噪声强度增加而阳性率增加的趋势。此外,还可出现窦性心律不齐。

3. 对消化系统的影响

接触噪声的工人易患肠胃功能紊乱,表现为食欲不振。X 射线检查可见,胃紧张度降低,蠕动无力,排空减慢,还有胃液酸度降低等,但未发现器质性病变。

4. 对视觉器官的影响

噪声暴露可使视觉运动翻越时长延长,闪烁融合值降低,瞳孔散大,视敏度减低。强噪声对视野也有影响,如对蓝绿光的视野增大,对金黄色的视野缩小。

5. 对内分泌、免疫功能的影响

噪声可使单胺类递质、5 – 羟色胺、皮质酮、皮质醇等分泌增多,免疫球蛋白含量降低。职业噪声暴露能引起女性月经紊乱,影响受孕率、胎儿发育,甚至子代发育。

6. 致命性伤害

(1)噪声对于妇女和胎儿的影响

多数研究表明,噪声可以导致女性月经周期紊乱,并且女性月经周期紊乱患病率随噪声暴露水平升高呈上升趋势。噪声对胎儿的影响主要表现在对胎儿发育、胎儿反应以及致畸作用等方面。

(2)噪声对人体其他系统的影响

长期暴露在噪声环境中,人易患胃肠功能紊乱,表现为恶心、反胃、食欲不振、反酸等,长期下去易患胃溃疡。另外,视力也与噪声有关,噪声越大,清晰度越低。

9.3　噪声环境下的营养与修复

随着社会的不断进步,来源于多方面的噪声污染对人体所产生的影响不容忽视。噪声会消耗人体大量的营养素,破坏热能平衡,严重地影响人体的健康状况,尤其是在一些极端环境下工作的人员,受到的损伤则更大。噪声会损害神经系统、心血管系统和消化系统,对神经系统的作用最直接;危害听觉系统,导致听力下降,严重的发展为噪声性耳聋。噪声还可引起头痛、头晕、耳鸣、心悸及睡眠障碍等神经衰弱综合征,心血管系统损害表现为心率加快或减缓、血压不稳。对消化系统可引起胃肠功能紊乱、食欲减退、消瘦、胃液分泌减少、胃肠蠕动减慢等。针对噪声所造成的营养损耗及平衡破坏进行适当的营养素补充,对消除和降低噪声对人体的损伤具有重要意义,如适当摄入富含蛋白质、维生素、矿物质类食物等。

9.3.1　噪声环境下的营养与修复的研究现状

首先,增加蛋白质摄入,补充能量。在强噪声振动作用下,中枢神经系统处于高度紧张状态,机体蛋白质代谢发生一定的变化,某些氨基酸的消耗量增加。研究表明,在噪声、振动联合作用条件下,供给优质高含量蛋白质对机体有保护作用。可选择蛋类、牛奶、鱼类、大豆及其制品等减轻噪声对组织蛋白的损害,且可促进耳蜗蛋白的合成,有效地防止听力受损。国内外医学家和营养学家们进一步研究还发现,噪声对蛋白质代谢和维生素代谢有明显的影响,还能使体内色氨酸、赖氨酸等氨基酸的消耗量加大,谷氨酸含量显著减少。医学家认为这可能与噪声使中枢神经系统中氨的生成增加,机体需要谷氨酸与氨结合解毒有关。补充膳食蛋白质(特别是优质蛋白质),对受噪声影响的人体有保护作用,并有助于提高人在噪声环境中学习、工作的耐受力,减轻精神紧张和疲劳。蛋白质存在于动物性食物中,如肉、鱼、蛋、乳等,其中所含的必需氨基酸数量充足,相互间的比例也很适当,为优质蛋白质。植物性蛋白质以黄豆较佳,其次是花生、芝麻等。脂肪及碳水化合物补充能量。

其次,补充氨基酸和维生素合剂对机体有保护作用,且可提高肌肉耐力,减轻疲劳感,对防止听力减退有一定帮助。

在噪声的作用下,体内维生素 B1、维生素 B2、维生素 B6、维生素 PP 和维生素 C 的消耗量也增加。许多研究证据显示,噪音会使得内耳的自由基活性过高而造成听力损失。氧自由基与噪音伤害有关,噪音暴露后,氧自由基释放至毛细胞,并转变为极具破坏力的氢氧自由基。因此噪音暴露后,抗氧化物可以预防暂时性听力损失。维生素 C 是人体最主要的一种水溶性抗氧化剂,在一定程度上可预防噪声性听力损失的发生,维生素 E 是人体内最主要的一种脂溶性抗氧化剂,也可预防噪声性听力损失。研究表明,在噪声作用下,维生素 B1、B2、PP 和维生素 C 的消耗量增加,进而导致相关维生素的不足或缺乏。在强噪声生产环境,人体高级神经系统和植物神经系统功能紊乱,因而使其一些维生素的消耗量增加,故供给噪声作业人员的平衡膳食时,除供给优质足量的蛋白质,还应供给富有多种维生素的膳食,特别是 B 族维生素和维生素 C,以促进神经系统的恢复,并有着重要的防护作用。

噪声还能增加机体多种水溶性维生素的消耗,使其在组织中的含量减少,尿中的排出量增加,进而导致有关维生素的缺乏。鉴于此,医学家和营养学家认为,减少噪声的污染和危害,除了控制、治理噪声源及加强防护工作外,加强营养补充同样十分重要。科学家强调指出,多吃含维生素 B、维生素 B2、维生素 B6 和维生素 C 的食物。日常生活中,维生素 B、维生素 B2、维生素 E 主要来源于各种粗粮、花生、大豆及其制品、蛋黄以及动物肝、心、肾等;维生素 C 主要来源于水果,如山楂、鲜枣、橙、柠檬、番茄以及各种新鲜的绿叶菜。常规量补充维生素 E,对防止听力损害或恢复听力有益。平素应注意多吃一些富含维生素 E 的食物,如芝麻、花生、大豆、豌豆、蛋黄、橄榄、核桃、玉米油、燕麦片等。密西根大学的研究人员在一项新的动物研究中发现,在暴露于噪音前一个小时,服用维生素 A、C 和 E 及镁的大剂量组合,并且每天服用一次,连续服用五天,对于防止噪音造成的听力永久损失,是相当有效的。研究结果建议,无法避免暴露于噪音环境中的人们,例如军人、飞行员、建筑工人等,可以在早上接受这种多合一营养补充法的治疗,使听力损伤减到最小。

最后,矿物质类对消除和降低噪声对人体的损伤具有重要意义。矿物质,又称微量元素,如钙、镁、锌、铁、铜、锰、碘、硒等,在组织中存在而表现出一定生理功能,虽然体内含量很低,却对人体生理功能有着极其重要的影响。研究表明,铁缺乏是噪声性耳聋发生的重要体内因素之一。应用高铁或铁剂强化食品防治铁缺乏及其相关疾病是近些年来营养学研究领域的重要进展之一。研究表明,在动物机体铁及相关元素代谢情况无明显差异、一般状况均属正常的范围内,给予相同条件的噪声暴露,铁强化饲料饲养的大鼠暂时性阈移值(TTS)显著低于标准饲料饲养的大鼠;听毛细胞静纤毛病变程度也明显较后者为轻。前者的 TTS 很快恢复正常,听毛细胞静纤毛病变亦完全恢复常态;后者的 TTS 则恢复缓慢,且出现一定程度的永久性阈移(PTS),听毛细胞静纤毛病变未能完全恢复。由此可见,强化铁营养使耳蜗对稳态噪声损伤的抵抗力明显增强,听力康复速度显著加快。尽管目前还不清楚强化铁营养对抗稳态噪声听损伤的确切机理,但鉴于铁缺乏状态下琥珀酸脱氢酶、过氧化物酶、细胞色素氧化酶等含铁酶类的分布异常、活性减低或消失,可以推测强化铁营养对上述含铁酶类活性的增强作用可能与其对抗噪声性听损伤有关。机体铁营养状况作为体内因素不仅影响稳态噪声听力损伤的发病率,而且与听力损伤程度、损伤后听力恢复程度和速度有关。改善及强化铁营养对于经常接触稳态噪声的航海、航空以及某些产业的人员防治稳态噪声听力损伤具有积极意义。

Zn 是体内多种酶的辅基或激活因子,Zn 缺乏还可导致体内自由基的产生增加,使 SOD 被大量消耗,同时还可抑制过氧化氢酶的活性,使之清除 H_2O_2 的能力下降。大鼠分别暴露噪声中 1 d、7 d 和 21 d 后,血锌含量均较对照组(无噪声因素)下降($p < 0.01;p < 0.05$)。另在噪声的作用下,组织细胞的代谢增强,因而增强了对 Zn 的需求量,若其不

足,必然削弱机体的抗过氧化机制。补锌可抑制反应性氧化产物生成和增加抗氧化途径的活化,发挥抗氧化作用,从而抑制噪声损伤下引起的细胞凋亡,在一定程度上对噪声损伤所致听力下降具有保护作用。

镁对耳蜗代谢和耳蜗微循环血流有一定影响。补镁能够减轻毛细胞消耗能量,舒张内耳微血管,抑制 NMDA 受体活化,缓解听神经毒性。在噪声引起的内耳缺氧环境下,补镁可以保护毛细胞,从代谢性和血管性两方面为噪声性听力损伤提供保护。

此外,补充硒和钙能减轻噪声引起的毛细胞损伤,从而对噪声性耳聋起到防护作用。

9.3.2　药食同源食物与功能性成分

减轻噪声损害、改善听力类药食同源食物

葛根

【来源】为豆科植物野葛 Pueraria lobata（Wild）Ohwi 的干燥根。

【传统功效】解表退热,生津透疹,升阳止泻。

【治疗与保健作用】葛根含有丰富的血管活性成分,能降低血液黏稠度,抑制血小板的聚集,葛根总黄酮能使脑血流量增加,脑血管阻力下降,改善脑与外周缺血区的血液供应,并有广泛的 B 受体阻滞作用,有治疗血液的高黏高凝状态,改善循环的作用。葛根素的这种作用有利于内耳血管"瘀塞"的解除,从而使耳蜗的血氧供应增多,因此对突发性耳聋有一定的治疗作用。葛根素具有还原特性,可以优先清除生成的自由基,避免自由基与细胞膜发生脂质过氧化反应,从而减轻噪声带来的细胞毒性。并且,葛根素具有改善微循环、改善血液流变学特性、抗血栓等作用,最终使毛细胞损伤降低,机械能向生物电能的转换效率较单纯噪声组高,因此葛根素组螺旋神经节处受损程度较轻,且听功能也有改善。葛根素对提高噪声性耳聋动物的听功能有一定作用。

【功能性成分】葛根是常用的传统中药的成分,异黄酮类化合物包括:大豆苷元（Daidzein）、大豆苷（Daidzin）、葛根素（Puerarin）、金雀花异黄素（Genistein）、鹰嘴豆芽素 A（Biochanin A）等;三萜类化合物主要包括以葛根皂醇 A,B,C 命名的新型齐墩果烷型皂角精醇、槐二醇、大豆皂醇、大豆苷醇等;香豆素多为其苯丙二氢呋喃衍生物 Coumestan。Coumestan 实为异黄酮类化合物的最高氧化形式。

【保健食谱】同前。

桑葚

【来源】为桑科落叶乔木桑树的成熟果实。

【传统功效】补血滋阴,生津润燥。

【治疗与保健作用】桑葚中桑葚多糖对羟基自由基和超氧负离子都具有一定的清除能力。伤害性噪声暴露使过氧化氢酶水平降低,而声音条件刺激后,再暴露于伤害性噪声,过氧化氢酶、谷胱甘肽还原酶等活力的增加,保护了耳蜗免受强噪声伤害。桑葚中桑葚多糖可以提高过氧化氢酶、谷胱甘肽还原酶等活力,具有明显的抗氧化能力,减轻噪声性听力损伤。

【功能性成分】鲜桑葚中含有 80% ~85% 的水分,此外还含转化糖（9.19%）、游离酸（1.86%）、维生素 A（0.053%）、维生素 B（0.02%）、维生素 C（1.02%）、粗纤维（0.91%）、蛋白质（0.36%）,以及胡萝卜素、芦丁、杨梅酮、桑色素、白藜芦醇、鞣质、花青

素(主要为矢车菊素)、挥发油、磷脂、矿物质等成分。

【保健食谱】

桑葚薏米炖鸽子

材料:新鲜桑葚,薏米,鸽子。

做法:

(1)桑葚和薏米洗净。

(2)洗净宰好的鸽子,汆水捞。

(3)煮沸清水,倒入大炖盅,放入所有材料,隔水炖 2 小时,下盐调味即可品尝。

桑葚杏仁奶

材料:牛奶 250 毫升,杏仁粉 60 克,白砂糖 60 克,鱼胶粉 3 克,桑葚果酱适量。

做法:

(1)鱼胶粉加适量冷开水泡胀。

(2)牛奶中加入白糖煮沸。

(3)将杏仁粉加入煮沸的牛奶中,盖上铝箔,焖 5 分钟。

(4)将杏仁牛奶过滤,趁热加入泡涨的鱼胶粉,拌溶。

(5)杯中舀入适量桑葚果酱,倒入做好的杏仁奶,稍微搅拌,入冰箱冷藏即可。

黄芪

【来源】豆科草本植物蒙古黄芪、膜荚黄芪的根。

【传统功效】黄芪有益气固表、敛汗固脱、托疮生肌、利水消肿之功效。

【治疗与保健作用】黄芪对鼠的抗噪效果比其他药物好,最优剂量为 10 g/kg。有研究认为,黄芪对噪声所致肝脏 DNA、RNA 含量降低可能有一定的拮抗作用。对未经过噪声暴露和经过噪声暴露的大鼠进行了肝乳酸含量的测定,发现大鼠受到噪声刺激后肝乳酸含量远远低于对照组,且很难恢复正常值;注射黄芪后,噪声暴露后乳酸含量仍基本维持在正常水平。有实验表明,长期高强度噪声刺激,能引起小鼠血中总胆固醇水平升高,高密度脂蛋白胆固醇含量降低,而对血糖无影响,在暴露噪声前给予黄芪口服液能逆转总胆固醇水平升高和高密度脂蛋白胆固醇含量降低。

【功能性成分】同第 1 章中。

【保健食谱】同第 1 章中。

川芎

【来源】为伞形科植物川芎的根茎。

【传统功效】活血祛瘀,行气开郁,祛风止痛。

【治疗与保健作用】川芎为活血化瘀良药,主要有效成分为川芎嗪和阿魏酸钠。川芎改善血流动力学,对中枢神经系统具有镇静作用,对动物大脑皮层有抑制效应。因此,预先给予动物川芎口服液就可以对抗或消除噪声对中枢神经系统和内分泌激素的影响。有研究表明,在预先给予内服川芎液以后噪声对小鼠血胆固醇的影响可以清除。有文献报道,飞机噪声可致小鼠血清心肌酶升高,川芎对飞机噪声致小鼠血清心肌酶升高有一定预防作用。川芎可逆转噪声刺激引起的小鼠肝糖原含量的降低和肝谷氨酸转氨酶活性增高,说明川芎有抗噪保健作用。冯悦等人研究认为,川芎嗪对低压及噪声暴露下豚鼠的听阈阈移具有一定防治作用。

【功能性成分】同前。

【保健食谱】同前。

丹参

【来源】该品为双子叶植物唇形科鼠尾草属植物丹参的干燥根及根茎。

【传统功效】活血调经,祛瘀止痛,凉血消痈,清心除烦,养血安神。

【治疗与保健作用】丹参对低气压噪声环境下的听器损伤具有一定的防治效果,可能与其改善微循环和血液流变学特性、抗氧化自由基作用,从而减轻低气压噪声暴露后的氧化损伤有关。有研究表明,丹参在防治感音神经性耳聋方面,主要是通过血液循环起作用,即活血化瘀,改善脑组织、内耳微循环从而改善缺氧状况,而不是直接通过脑脊液和耳蜗液途径起作用,提示临床上静脉滴注丹参的途径可较直接出现药物效应。

【功能性成分】同前。

【保健食谱】同前。

人参

【来源】五加科植物人参的干燥根。

【传统功效】大补元气,复脉固脱,补脾益肺,生津止渴,安神益智。

【治疗与保健作用】人参皂苷对多种动物应激模型有保护作用,其作用机制与神经内分泌功能有关。85 dB(A)急性连续机械噪声应激 30 min,使小鼠血清皮质酮升高,脑谷氨酸(Glu)、天冬氨酸(Asp)、氨基丁酸(GABA)含量下降,人参茎叶皂苷腹膜内注射,25 mg/kg,50 mg/kg,可进一步增加噪声应激小鼠血清皮质酮含量,并预防和减少噪声引起的小鼠脑谷氨酸(Glu)、天冬氨酸(Asp)、氨基丁酸(GABA)含量下降,提示人参皂苷对噪声应激小鼠有保护作用。

【功能性成分】同前。

【保健食谱】同前。

银杏叶

【来源】银杏科植物银杏(白果树、公孙树)的干燥叶。

【传统功效】敛肺,平喘,活血化瘀,止痛。

【治疗与保健作用】研究发现噪声性耳蜗损伤时耳蜗螺旋神经节细胞的总超氧化物歧化酶活性降低,血清丙二醛含量升高,提示由脂质过氧化反应引发的自由基损伤是耳蜗噪声性损伤的重要原因。银杏叶提取物含有黄酮类化合物,通过超氧化物歧化酶而阻断脂质过氧化反应,直接清除自由基,限制了血清丙二醛的生成。因此,该药物具有清除自由基和抑制脂质过氧化从而拮抗噪声性耳蜗损伤的作用。其作用机制可能是:①清除氧自由基,减少螺旋神经节细胞膜脂质过氧化,抑制羟自由基所致神经细胞膜蛋白构象的改变。保护膜功能。②保护神经突触体摄取递质功能免受氧自由基的损害。③影响自由基所致的基因表达变化,从而对自由基所致的细胞凋亡或坏死有一定防护作用。但是用药组和正常对照组结果也存在显著差异,说明该药物对耳蜗的保护作用不完全,有一定局限性。

【功能性成分】同前。

【保健食谱】同前。

第10章 营养知识

10.1 宏量营养素

人体日常所需的营养素高达四五十种,按需求量可分为宏量营养素和微量营养素。宏量营养素包括蛋白质、脂肪、碳水化合物、水;微量营养素包括维生素和矿物质(包括常量元素和微量元素)。这些宏量营养素是可以相互转变的能量来源;脂肪产热 9 kcal/g,蛋白质/碳水化合物均产热 4 kcal/g,乙醇通常不作为营养素,每克产热 7 kcal,碳水化合物和脂肪可节约组织蛋白质。如果膳食来源或组织储存(特别是脂肪)不能提供足够的非蛋白质能量,那么蛋白质就不能有效地用于组织的维持、更新或生长,也就需要更多的膳食蛋白质以维持正氮平衡。必需氨基酸(EAA)是蛋白质的组成成分,必须由膳食供给。在组成蛋白质的 20 种氨基酸中,有 9 种是必需的,即必须从膳食获得,因为它们不能被机体合成。婴儿除此之外还需要组氨酸。宏量元素——钠,氯,钾,钙,磷和镁。水也被认为是一种宏量营养素,因为每消耗 1 kcal 能量需要 1 mL 水,或者大约 2 500 mL/d。

宏量营养素的消化、分配及利用过程与其代谢转化有关,这种代谢转化通过不同步骤来进行,其中包括最初形成葡萄糖、脂肪酸、氨基酸的转化过程。这些营养素后来或用作分解代谢途径产生细胞能量的能量来源,或用作细胞生物合成的组成成分。营养素代谢的最终结果及代谢内环境的稳定受控于神经激素的调节,并且取决于营养素的营养特性及个体的生理及病理生理条件,以便在任何情况下都能使所需营养素满足不同组织的需要。

由于不同的组织需要不断地供给营养素,因此营养素的储存、迁移及互变途径的调节与机体的营养状况有关(如进食过量或禁食)。这些宏量营养素代谢调节机制的一个重要作用是为能量代谢和细胞合成提供能源与基质,而且也保持了大脑及其他非胰岛素依赖性组织所需特殊葡萄糖的血糖浓度的稳定。在急性紊乱条件下(如应激、感染或败血),这些代谢调节机制往往发生改变,以便于提高宿主的防御能力,包括急性期蛋白以及免疫系统应答能力的不同阶段。

宏量营养素的特性也受环境因素的影响,并且与各种慢性代谢紊乱和代谢疾病的遗传学因素有关,其中包括糖尿病、动脉粥样硬化,同时也与和饥饿相关的慢性病理学(如癌症)的遗传因素有关。在这些方面,重要的任务是测定不同营养素用于能量供给时的均衡性;评估机体对必需氨基酸的需求情况以及不同种蛋白质达到这些要求的能力;从必需脂肪酸角度来评价宏量营养素在身体中的作用及需要情况。

10.2　维 生 素 类

　　维生素又名维他命,是维持人体生命活动所必需的一类有机物质,也是保持人体健康的重要活性物质。维生素在体内的含量很少,但在人体生长、代谢、发育过程中却发挥着重要的作用。各种维生素的化学结构以及性质虽然不同,但它们却有着以下共同点:维生素均以维生素原(维生素前体)的形式存在于食物中;维生素不是构成机体组织和细胞的组成成分,它也不会产生能量,它的作用主要是参与机体代谢的调节;大多数的维生素,机体不能合成或合成量不足,不能满足机体的需要,必须经常通过食物中获得;人体对维生素的需要量很小,日需要量常以毫克(mg)或微克(μg)计算,但一旦缺乏就会引发相应的维生素缺乏症,对人体健康造成损害。

　　维生素与碳水化合物、脂肪和蛋白质3大物质不同,在天然食物中仅占极少比例,但又为人体所必需。有些维生素如 B6、K 等能由动物肠道内的细菌合成,合成量可满足动物的需要。动物细胞可将色氨酸转变成烟酸(一种 B 族维生素);维生素 C 除灵长类(包括人类)及豚鼠以外,其他动物都可以自身合成。植物和多数微生物都能自己合成维生素,不必由体外供给。许多维生素是辅基或辅酶的组成部分。

　　人和动物营养、生长所必需的某些少量有机化合物,对机体的新陈代谢、生长、发育、健康有极重要作用。如果长期缺乏某种维生素,就会引起生理机能障碍从而引发某种疾病。维生素是个庞大的家族,就目前所知的维生素就有几十种,大致可分为脂溶性和水溶性两大类。有些物质在化学结构上类似于某种维生素,经过简单的代谢反应即可转变成维生素,此类物质称为维生素原,例如 β - 胡萝卜素能转变为维生素 A;7 - 脱氢胆固醇可转变为维生素 D3;但要经许多复杂代谢反应才能成为尼克酸的色氨酸则不能称为维生素原。水溶性维生素从肠道吸收后,通过循环到机体需要的组织中,多余的部分大多由尿排出,在体内储存甚少。脂溶性维生素大部分由胆盐帮助吸收,循淋巴系统到体内各器官。体内可储存大量脂溶性维生素。维生素 A 和 D 主要储存于肝脏,维生素 E 主要存在于体内脂肪组织,维生素 K 储存较少。水溶性维生素易溶于水而不易溶于非极性有机溶剂,吸收后体内储存很少,过量的多从尿中排出;脂溶性维生素易溶于非极性有机溶剂,而不易溶于水,可随脂肪为人体吸收并在体内储积,排泄率不高。

　　维生素的发现是 19 世纪的伟大发现之一。1897 年,艾克曼(Christian Eijkman)在爪哇发现只吃精磨的白米可患脚气病,未经碾磨的糙米能治疗这种病。并发现可治脚气病的物质能用水或酒精提取,当时称这种物质为"水溶性 B"。1906 年证明食物中含有除蛋白质、脂类、碳水化合物、无机盐和水以外的"辅助因素",其量很小,但为动物生长所必需。1911 年卡西米尔·冯克(Kazimierz Funk)鉴定出在糙米中能对抗脚气病的物质是胺类(一类含氮的化合物),只是性质和在食品中的分布类似,且多数为辅酶。有的供给量须彼此平衡,如维生素 B1、B2 和 PP,否则可影响生理作用。维生素 B 复合体包括:泛酸、烟酸、生物素、叶酸、维生素 B1(硫胺素)、维生素 B2(核黄素)、吡哆醇(维生素 B6)和氰钴胺(维生素 B12)。有人也将胆碱、肌醇、对氨基酸(对氨基苯甲酸)、肉毒碱、硫辛酸包括在 B 复合体内。

各类维生素的发源：

维生素 A，抗干眼病维生素，亦称美容维生素，脂溶性。由 Elmer McCollum 和 M. Davis 在 1912 年到 1914 年之间发现。它并不是单一的化合物，而是一系列视黄醇的衍生物（视黄醇亦被译作维生素 A 醇、松香油），别称抗干眼病维生素。多存在于鱼肝油、动物肝脏、绿色蔬菜中，缺少维生素 A 易患夜盲症。

维生素 B1，硫胺素，又称抗脚气病因子、抗神经炎因子等，是水溶性维生素。由卡西米尔·冯克（Kazimierz Funk）在 1912 年发现（一说 1911 年）。在生物体内通常以硫胺焦磷酸盐（TPP）的形式存在。多存在于酵母、谷物、肝脏、大豆、肉类中。

维生素 B2，核黄素，水溶性。由 D. T. Smith 和 E. G. Hendrick 在 1926 年发现。也被称为维生素 G，多存在于酵母、肝脏、蔬菜、蛋类中。缺少维生素 B2 易患口舌炎症（口腔溃疡）等。

维生素 PP，水溶性。由 Conrad Elvehjem 在 1937 年发现。包括尼克酸（烟酸）和尼克酰胺（烟酰胺）两种物质，均属于吡啶衍生物。多存在于菸碱酸、尼古丁酸 酵母、谷物、肝脏、米糠中。

维生素 B4（腺嘌呤、氨基嘌呤，Adenine），现在已经不将其视为真正的维生素。胆碱由 Maurice Gobley 在 1850 年发现。维生素 B 族之一，1849 年首次从猪肝中被分离出，此后一直认为胆碱为磷脂的组分，1940 年 Sura 和 Gyorgy Goldblatt 根据他们各自的工作，表明了它具有维生素特性。蛋类、动物的脑、啤酒酵母、麦芽、大豆卵磷脂中含量较高。

维生素 B5，泛酸，水溶性。由 Roger Williams 在 1933 年发现，亦称为遍多酸。多存在于酵母、谷物、肝脏、蔬菜中。

维生素 B6，吡哆醇类，水溶性。由 Paul Gyorgy 在 1934 年发现。包括吡哆醇、吡哆醛及吡哆胺，多存在于酵母、谷物、肝脏、蛋类、乳制品中。

生物素，也被称为维生素 H 或辅酶 R，水溶性。多存在于酵母、肝脏、谷物中。

维生素 B9，叶酸，水溶性。也被称为蝶酰谷氨酸、蝶酸单麸胺酸、维生素 M 或叶精。多存在于蔬菜叶、肝脏中。

维生素 B12，氰钴胺素，水溶性。由 Karl Folkers 和 Alexander Todd 在 1948 年发现。也被称为氰钴胺或辅酶 B12。多存在于肝脏、鱼肉、肉类、蛋类中。

肌醇，水溶性，环己六醇、维生素 B‑h。多存在于心脏、肉类中。

维生素 C，抗坏血酸，水溶性。由詹姆斯·林德在 1747 年发现。亦称为抗坏血酸。多存在于新鲜蔬菜、水果中。

维生素 D，钙化醇，脂溶性。由 Edward Mellanby 在 1922 年发现。亦称为骨化醇、抗佝偻病维生素，主要有维生素 D2（即麦角钙化醇）和维生素 D3（即胆钙化醇）。这是唯一一种人体可以少量合成的维生素。多存在于鱼肝油、蛋黄、乳制品、酵母中。

维生素 E，生育酚脂溶性。由 Herbert Evans 及 Katherine Bishop 在 1922 年发现。主要有 α、β、γ、δ 四种。多存在于鸡蛋、肝脏、鱼类、植物油中。

维生素 K，萘醌类，脂溶性。由 Henrik Dam 在 1929 年发现。是一系列萘醌的衍生物的统称，主要有天然的来自植物的维生素 K1、来自动物的维生素 K2 以及人工合成的维生素 K3 和维生素 K4，又被称为凝血维生素。多存在于菠菜、苜蓿、白菜、肝脏中。

维生素的定义中要求维生素满足四个特点才可以称之为必需维生素：

外源性。人体自身不可合成（维生素 D 人体可以少量合成，但是由于较重要，仍被作为必需维生素），需要通过食物补充。

微量性。人体所需量很少，但是可以发挥巨大作用。

调节性。维生素必须能够调节人体新陈代谢或能量转变。

特异性。缺乏了某种维生素后，人将呈现特有的病态。

根据这四个特点，人体一共需要 13 种维生素，也就是通常所说的 13 种必要维生素。

10.2.1　维生素 A 的生理功能

不饱和的一元醇类，属脂溶性维生素。由于人体或哺乳动物缺乏维生素 A 时易出现干眼病，故又称为抗干眼醇。已知维生素 A 有 A1 和 A2 两种，A1 存在于动物肝脏、血液和眼球的视网膜中，又称为视黄醇，天然维生素 A 主要以此形式存在；A2 主要存在于淡水鱼的肝脏中。维生素 A1 是一种脂溶性淡黄色片状结晶，熔点为 64 ℃，维生素 A2 熔点为 17～19 ℃，通常为金黄色油状物。维生素 A 是含有 β - 白芷酮环的多烯醇。维生素 A2 的化学结构与 A1 的区别只是在 β - 白芷酮环的 3,4 位上多一个双键。维生素 A 分子中有不饱和键，化学性质活泼，在空气中易被氧化，或受紫外线照射而破坏，失去生理作用，故维生素 A 的制剂应装在棕色瓶内避光保存。不论是 A1 或 A2，都能与三氯化锑作用，呈现深蓝色，这种性质可作为定量测定维生素 A 的依据。许多植物如胡萝卜、番茄、绿叶蔬菜、玉米、含类胡萝卜素物质，如 α,β,γ - 胡萝卜素、隐黄质、叶黄素等。其中有些类胡萝卜素具有与维生素 A1 相同的环结构，在体内可转变为维生素 A，故称为维生素 A 原，β - 胡萝卜素含有两个维生素 A1 的环结构，转换率最高。一分子 β - 胡萝卜素，加两分子水可生成两分子维生素 A1。在动物体内，这种加水氧化过程由 β - 胡萝卜素 - 15,15′ - 加氧酶催化，主要在动物小肠黏膜内进行。食物中，或由 β - 胡萝卜素裂解生成的维生素 A 在小肠黏膜细胞内与脂肪酸结合成酯，然后掺入乳糜微粒，通过淋巴吸收进入体内。动物的肝脏为储存维生素 A 的主要场所，当机体需要时，再释放入血。

在血液中，视黄醇（R）与视黄醇结合蛋白（RBP）以及血浆前清蛋白（PA）结合，生成 R - RBP - PA 复合物而转运至各组织。它是 1913 年美国化学家台维斯从鳕鱼肝中提取得到的。它是黄色粉末，不溶于水，易溶于脂肪、油等有机溶剂。其化学性质比较稳定，但易为紫外线破坏，应储存在棕色瓶中。

维生素 A 是眼睛中视紫质的材料，也是皮肤组织必需的材料，人缺少它会得干眼病、夜盲症等。

维生素 A 是复杂机体必需的一种营养素，它以不同方式几乎影响着机体的一切组织细胞。尽管是一种最早发现的维生素，但有关它的生理功能至今尚未完全揭开。就目前的知识而言，维生素 A（包括胡萝卜素）的最主要生理功能包括：

1. 维持视觉

维生素 A 可促进视觉细胞内感光色素的形成。全反式视黄醛可以被视黄醛异构酶催化为 4 - 顺 - 视黄醛，4 - 顺 - 视黄醛可以和视蛋白结合成为视紫红质（Rhodopsin）。视紫红质遇光后其中的 4 - 顺 - 视黄醛变为全反视黄醛，因为构像的变化，引起对视神经的刺激作用,引发视觉。而遇光后的视紫红质不稳定,迅速分解为视蛋白和全反视黄醛,重新开始整个循环过程。维生素 A 可调试眼睛适应外界光线的强弱的能力,以降低夜盲症和视力减退的发生,维持正常的视觉反应,有助于对多种眼疾(如眼球干燥与结膜炎等的治疗)。维生素 A 对视力的作用是被最早发现的,也是被了解最多的功能。

2. 促进生长发育

与视黄醇对基因的调控有关,视黄醇也具有相当于类固醇激素的作用,可促进糖蛋白的合成,促进生长、发育,强壮骨骼,维护头发、牙齿和牙床的健康。

3. 维持上皮结构的完整与健全

视黄醇和视黄酸可以调控基因表达,减弱上皮细胞向鳞片状的分化,增加上皮生长因子受体的数量。因此,维生素 A 可以调节上皮组织细胞的生长,维持上皮组织的正常形态与功能。保持皮肤湿润,防止皮肤黏膜干燥角质化,不易受细菌伤害,有助于对粉刺、脓包、疖疮、皮肤表面溃疡等症的治疗;有助于祛除老年斑;能保持组织或器官表层的健康。缺乏维生素 A,会使上皮细胞的功能减退,导致皮肤弹性下降,干燥粗糙,失去光泽。

4. 加强免疫能力

维生素 A 有助于维持免疫系统功能正常,能加强对传染病特别是呼吸道感染及寄生虫感染的身体抵抗力;有助于对肺气肿、甲状腺机能亢进症的治疗。

5. 清除自由基

维生素 A 也有一定的抗氧化作用,可以中和有害的自由基。

另外,许多研究显示皮肤癌、肺癌、喉癌、膀胱癌和食道癌都跟维生素 A 的摄取量有关;不过这些研究仍待临床更进一步证实其可靠性。

每天的需求量:

正常成人每天的维生素 A 最低需要量约为 3 500 IU(0.3 μg 维生素 A 或 0.332 μg 乙酰维生素 A 相当于 1 IU),儿童为 2 000 ~ 2 500 IU,不能摄入过多。近年来有关研究表明,它还有抗癌作用。动物肝中含维生素 A 特别多,其次是奶油和鸡蛋等。

功效:增强免疫系统,帮助细胞再生,保护细胞免受能够引起多种疾病的自由基的侵害。它能使呼吸道、口腔、胃和肠道等器官的黏膜不受损害,维生素 A 还可明目。

副作用:每天摄入 3 mg 维生素 A,就有导致骨质疏松的危险。长期每天摄入大于 3 mg维生素 A 会使食欲不振、皮肤干燥、头发脱落、骨骼和关节疼痛,甚至引起流产。

10.2.2　维生素 B 的生理功能

B 族维生素富含于动物肝脏、瘦肉、禽蛋、牛奶、豆制品、谷物、胡萝卜、鱼、蔬菜等食物中。它是一类水溶性维生素,大部分是人体内的辅酶,主要有以下几种。

1. 维生素 B1

B1 是最早被人们提纯的维生素,1896 年荷兰科学家伊克曼首先发现,1910 年为波兰化学家丰克从米糠中提取和提纯。它是白色粉末,易溶于水,遇碱易分解。它的生理功能是能增进食欲,维持神经正常活动等,缺少它会得脚气病、神经性皮炎等。成人每天需摄入 2 mg。

它广泛存在于米糠、蛋黄、牛奶、番茄等食物中,目前已能由人工合成。因其分子中含有硫及氨基,故称为硫胺素,又称抗脚气病维生素。维生素 B1 易溶于水,在食物清洗过程中可随水大量流失,经加热后菜中 B1 主要存在于汤中。如菜类加工过细、烹调不当或制成罐头食品,维生素会大量丢失或破坏。维生素 B1 在碱性溶液中加热极易被破坏,而在酸性溶液中则对热稳定。氧化剂及还原剂也可使其失去作用。维生素 B1 经氧化后转变为脱氢硫胺素(又称硫色素),后者在紫外光下可呈现蓝色荧光,利用这一特性可对维生素 B1 进行检测及定量。维生素 B1 在体内转变成硫胺素焦磷酸(又称辅羧化酶),参与糖在体内的代谢。因此维生素 B1 缺乏时,糖在组织内的氧化受到影响。它还有抑制胆碱酯酶活性的作用,缺乏维生素 B1 时此酶活性过高,乙酰胆碱(神经递质之一)大量破坏使神经传导受到影响,可造成胃肠蠕动缓慢、消化道分泌减少、食欲不振、消化不良等障碍。

2. 维生素 B2

B2 又名核黄素。1879 年英国化学家布鲁斯首先从乳清中发现,1933 年美国化学家哥尔倍格从牛奶中提取,1935 年德国化学家柯恩合成了它。维生素 B2 是橙黄色针状晶体,味微苦,水溶液有黄绿色荧光,在碱性或光照条件下极易分解。熬粥不放碱就是这个道理。人体缺少它易患口腔炎、皮炎、微血管增生症等。成年人每天应摄入 2 ~ 4 mg,它大量存在于谷物、蔬菜、牛乳和鱼等食品中。

3. 维生素 B3

维生素 B3 是 B 族维生素中人体需要量最多者。它不但是维持消化系统健康的维生素,也是性荷尔蒙合成不可缺少的物质。对生活充满压力的现代人来说,烟酸维系神经系统健康和脑机能正常运作的功效,也绝对不可以忽视。

建议日摄取量:成人的建议每日摄取量是 13 ~19 mg;孕妇为 20 mg;哺乳期妇女则为 22 mg。

缺乏症:糙皮病。

食物来源:全麦制品、糙米、绿豆、芝麻、花生、香菇、紫菜、无花果、乳品、蛋、鸡肉、肝、瘦肉、鱼等。

需要人群:因胆固醇而烦恼的人增加烟酸的摄取量会有所助益;当皮肤对太阳光线特别敏感时,常常是烟酸不足的早期症状;皮炎、脱皮、皮肤粗糙的人需要烟酸;体内缺乏维生素 B1、B2、B6 的人因不能由色氨酸自行合成烟酸而需要额外补充;经常精神紧张、暴躁不安,甚至患精神分裂者补充维生素 B3 有好处;糖尿病患者、甲状腺机能亢进者也需要烟酸。

4. 维生素 B5

B5 又称泛酸。它抗应激、抗寒冷、抗感染、防止某些抗生素的毒性,消除术后腹胀。

5. 维生素 B6

它有抑制呕吐、促进发育等功能,缺少它会引起呕吐、抽筋等症状。包括三种物质,即吡哆醇、吡哆醛及吡哆胺。吡哆醇在体内转变成吡哆醛,吡哆醛与吡哆胺可相互转变。酵母、肝、瘦肉及谷物、卷心菜等食物中均含有丰富的维生素 B6。

维生素 B6 易溶于水和酒精,稍溶于脂肪溶剂;遇光和碱易被破坏,不耐高温。维生素 B6 在体内与磷酸结合成为磷酸吡哆醛或磷酸吡哆胺。它们是许多种有关氨基酸代谢酶的辅酶,故对氨基酸代谢十分重要。

每天的需求量:人体每日需要量为 1.5~2 mg。食物中含有丰富的维生素 B6,且肠道细菌也能合成,所以人类很少发生维生素 B6 缺乏症。

副作用:日服 100 mg 左右就会对大脑和神经造成伤害。过量摄入还可能导致所谓的神经病,即一种感觉迟钝的神经性疾病。最坏的情况是导致皮肤失去知觉。

6. 维生素 B7

维生素 B7(也称为生物素)是 B 族复合维生素的一部分。Vincent DuVigneaud 在 1940 年首先发现了这种生物素。B7 的主要作用是帮助人体细胞把碳水化合物、脂肪和蛋白质转换成它们可以使用的能量。然而,这只是其许多功能之一。

①它是水溶性纤维。有脂溶性和水溶性两种不同类型的维生素。首先,脂溶性维生素非常稳定,难以摧毁。水溶性维生素则更为敏感,很容易被强大的热和光摧毁。其次,脂溶性维生素可以储存在体内,而水溶性维生素不能。

维生素 B7 是一种水溶性维生素,这意味着每天需要摄入一定的数量,建议量是男子 0.03 mg,女性 0.01 mg。此外,还要确保适当保存和烹饪含有该维生素的食物,确保其 B7 成分完好无损。

②几乎所有食物中都包含它。几乎所有的粮食都含有微量的维生素 B7。然而,某些食物的含量更为丰富。如蛋黄、肝、牛奶、蘑菇和坚果是最好的生物素来源。

③有很多因素可以导致维生素 B7 缺乏。不同于大多数维生素,B7 摄入量不足不是唯一导致缺乏症的原因。酗酒会妨碍对这种维生素的吸收,一些遗传性疾病也会要求提高 B7 的摄入量。因此,应该根据上述因素适当考虑更多的补充。

④有助于控制糖尿病。研究表明,维生素 B7 的作用还包括帮助糖尿病患者控制血糖水平,并防止该疾病造成的神经损伤。

7. 维生素 B9

在细胞中有多种辅酶形式,负责单碳代谢利用,用于合成嘌呤和胸腺嘧啶,于细胞增生时作为 DNA 复制的材料,提供甲基使半同胱胺酸合成甲硫胺酸,协助多种氨基酸之间的转换。因此叶酸参与细胞增生、生殖、血红素合成等作用,对血球的分化成熟,胎儿的发育(血球增生与胎儿神经发育)有重大的影响。避免半同胱胺酸堆积可以保护心脏血管,还可能减缓老年痴呆症的发生。

8. 维生素 B12

1947 年美国女科学家肖波在牛肝浸液中发现维生素 B12,后经化学家分析,它是一种含钴的有机化合物。它化学性质稳定,是人体造血不可缺少的物质,缺少它会产生恶性贫血症。

维生素 B12,即抗恶性贫血维生素,又称钴胺素,含有金属元素钴,是维生素中唯一含有金属元素的;抗脂肪肝,促进维生素 A 在肝中的储存;促进细胞发育成熟和机体代谢;它与其他 B 族维生素不同,一般植物中含量极少,而仅由某些细菌及土壤中的细菌生成。肝、瘦肉、鱼、牛奶及鸡蛋是人类获得维生素 B12 的来源。也可从制造某些抗生素的副产品或特殊的发酵制得。维生素 B12 是粉红色结晶,水溶液在弱酸中相当稳定,强酸、强碱下极易分解,日光、氧化剂及还原剂均易破坏维生素 B12。它经胃肠道吸收时,须先与胃幽门部分泌的一种糖蛋白(亦称内因子)结合,才能被吸收。因缺乏"内因子"而导致的 B12 缺乏,治疗应采用注射剂。

脱氧腺苷钴胺素是维生素 B12 在体内主要存在形式。它是一些催化相邻两碳原子上氢原子、烷基、羰基或氨基相互交换的酶的辅酶。体内另一种辅酶形式为甲基钴胺素,它参与甲基的转运,和叶酸的作用常互相关联,可以通过增加叶酸的利用率来影响核酸与蛋白质生物合成,从而促进红细胞的发育和成熟。

缺乏维生素 B12 时会发生恶性贫血,人体对 B12 的需要量极少,人体每天约需12 μg (1/1 000 mg),人在一般情况下不会缺少。

9. 维生素 B13

B13 化学名为乳酸清,尚未有建议每日摄取量。可防肝病及未老先衰症,有助于对多种硬化症的治疗。研究尚未发现有关维生素 B13 的缺乏症。富含维生素 B13 的食物有根茎类蔬菜和乳制品。市场上有含有维生素 B13 的补品。

副作用:目前为止,人们对维生素 B13 的了解有限,因此尚没有有关例证指引。

维生素 B13 之敌:水、阳光。

建议:人们对维生素 B13 了解有限,未能作出建议,遵照医嘱或营养医师。

10. 维生素 B15

主要用于抗脂肪肝,提高组织的氧气代谢率。有时来治疗冠心病和慢性酒精中毒。

11. 维生素 B17

B17 有剧毒。有人认为有控制及预防癌症的作用。除此之外,胆碱和肌醇也往往归于必需维生素类,它们是维生素 B 族的成员。

10.2.3　维生素 C 的生理功能

维生素 C 又称 L-抗坏血酸,是一种水溶性维生素,能够治疗坏血病并且具有酸性,所以称为抗坏血酸。它在柠檬汁、绿色植物及番茄中含量很高。抗坏血酸是单斜片晶或针晶,容易被氧化而生成脱氢坏血酸,脱氢坏血酸仍具有维生素 C 的作用。在碱性溶液中,脱氢坏血酸分子中的内酯环容易被水解成二酮古洛酸。这种化合物在动物体内不能变成内酯型结构。在人体内最后生成草酸或与硫酸结合成的硫酸酯,从尿中排出。

维生素 C 是 1907 年挪威化学家霍尔斯特在柠檬汁中发现,1934 年才获得纯品,现已可人工合成。维生素 C 是最不稳定的一种维生素,由于它容易被氧化,在食物储藏或烹调过程中,甚至切碎新鲜蔬菜时维生素 C 都能被破坏。微量的铜、铁离子可加快破坏的速度。因此,只有新鲜的蔬菜、水果或生拌菜才是维生素 C 的丰富来源。它是无色晶体,熔点为 190~192 ℃,易溶于水,水溶液呈酸性,化学性质较活泼,遇热、碱和重金属离子容易分解,所以炒菜不可用铜锅加热过久。

植物及绝大多数动物均可在自身体内合成维生素 C。可是人、灵长类及豚鼠则因缺乏将 L-古洛酸转变成为维生素 C 的酶类,不能合成维生素 C,故必须从食物中摄取,如果在食物中缺乏维生素 C 时,则会发生坏血病。这时由于细胞间质生成障碍而出现出血、牙齿松动、伤口不易愈合、易骨折等症状。由于维生素 C 在人体内的半衰期较长(大约 16 天),所以食用不含维生素 C 的食物 3~4 个月后才会出现坏血病。因为维生素 C 易被氧化还原,故一般认为其天然作用应与此特性有关。维生素 C 与胶原的正常合成、体内酪氨酸代谢及铁的吸收有直接关系。维生素 C 的主要功能是帮助人体完成氧化还原反应,提高人体灭菌能力和解毒能力,长期缺少维生素 C 会得坏血病。多吃水果、蔬菜能满足人体对维生素 C 的需要。维生素 C 在促进脑细胞结构的坚固、防止脑细胞结构松弛与紧缩方面起着相当大的作用,并能防止输送养料的神经细管堵塞、变细、弛缓。摄取足量的维生素 C 能使神经细管通透性好转,使大脑及时顺利地得到营养补充,从而使脑力好转,智力提高。据诺贝尔奖获得者鲍林研究表明,服大剂量维生素 C 对预防感冒和抗癌有一定作用。但有人提出,有亚铁离子(Fe^{2+})存在时维生素 C 可促进自由基的生成,因而认为大量应用是不安全的。

每天的需求量:成人每天需摄入 50~100 mg。即半个番石榴,75 g 辣椒,90 g 花茎甘蓝,2 个猕猴桃,150 g 草莓,1 个柚子,半个番木瓜,125 g 茴香,150 g 菜花和 200 mL 橙汁。

功效:维生素 C 能够捕获自由基,在此能预防像癌症、动脉硬化、风湿病等疾病。此外,它还能增强免疫力和对皮肤、牙龈和神经也有好处。

副作用:迄今,维生素 C 被认为没有害处,因为肾脏能够把多余的维生素 C 排泄掉。美国新发表的研究报告指出,体内有大量维生素 C 循环不利伤口愈合。每天摄入的维生素 C 超过 1 000 mg 会导致腹泻、肾结石和不育症,甚至还会引起基因缺损。

服用维生素 C 的不良反应:据国内外研究表明,随着维生素 C 的用量日趋增大,产生的不良反应也越来越多。

①腹泻。每日服用 1~4 g 维生素 C,即可使小肠蠕动加速,出现腹痛、腹泻等症。

②胃出血。长期大量口服维生素 C,会发生恶心、呕吐等现象。同时,由于胃酸分泌增多,能促使胃及十二指肠溃疡疼痛加剧,严重者还可酿成胃黏膜充血、水肿,而导致胃出血。

③结石。大量维生素 C 进入人体后,绝大部分被肝脏代谢分解,最终产物为草酸,草酸从尿排泄成为草酸盐;有研究发现,每日口服 4 g 维生素 C,在 24 h 内,尿中草酸盐的含量会由 58 mg 激增至 620 mg。若继续服用,草酸盐不断增加,极易形成泌尿系统结石。

④痛风。痛风是由于体内嘌呤代谢发生紊乱引起的一种疾病,主要表现为血中尿酸浓度过高,致使关节、结缔组织和肾脏等处发生一系列症状。而大量服用维生素 C 可引起尿酸剧增,诱发痛风。

⑤婴儿依赖性。怀孕妇女连续大量服用维生素 C,会使胎儿对该药产生依赖性。出生后,若不给婴儿服用大量维生素 C,可发生坏血病,如出现精神不振、牙龈红肿出血、皮下出血,甚至有胃肠道、泌尿道出血等症状。

⑥儿童骨科病。儿童大量服用维生素 C,可罹患骨科病,且发生率较高。

⑦不孕症。育龄妇女长期大量服用维生素 C(如每日剂量大于 2 g 时),会使生育能力降低。

⑧免疫力降低。长期大量服用维生素 C,能降低白细胞的吞噬功能,使机体抗病能力下降。

⑨过敏反应。主要表现为皮疹,恶心,呕吐,严重时可发生过敏性休克,故不能滥用。

10.2.4　维生素 D 的生理功能

维生素 D 为类固醇衍生物,属脂溶性维生素。维生素 D 与动物骨骼的钙化有关,故又称为钙化醇。它具有抗佝偻病的作用,在动物的肝、奶及蛋黄中含量较多,尤以鱼肝油中含量最丰富。天然的维生素 D 有两种,麦角钙化醇(D2)和胆钙化醇(D3)。植物油或酵母中所含的麦角固醇(24 - 甲基 - 22 - 脱氢 - 7 - 脱氢胆固醇),经紫外线激活后可转化为维生素 D2。在动物皮下的 7 - 脱氢胆固醇,经紫外线照射也可以转化为维生素 D3,因此麦角固醇和 7 - 脱氢胆固醇常被称为维生素 D 原。在动物体内,食物中的维生素 D2 和 D3 可在小肠吸收,经淋巴管吸收入血,主要被肝脏摄取,然后再储存于脂肪组织或其他含脂类丰富的组织中。在人体中的维生素 D 主要是 D3,来自于维生素 D3 原(7 - 脱氢胆固醇)。因此多晒太阳是预防维生素 D 缺乏的主要方法之一。维生素 D2 及 D3 皆为无色结晶,性质比较稳定,不易被破坏,不论维生素 D2 或 D3,本身都没有生物活性,它们必须在动物体内进行一系列的代谢转变,才能成为具有活性的物质。这一转变主要是在肝脏及肾脏中进行的羟化反应,首先在肝脏羟化成 25 - 羟维生素 D3,然后在肾脏进一步羟化成为 $1,25 - (OH)_2 - D3$,后者是维生素 D3 在体内的活性形式。1,25 - 二羟维生素 D3 具有显著的调节钙、磷代谢的活性。它促进小肠黏膜对磷的吸收和转运,同时也促进肾小管对钙和磷的重吸收。在骨骼中,它既有助于新骨的钙化,又能促进钙由老骨髓质游离出来,从而使骨质不断更新,同时,又能维持血钙的平衡。由于 1,25 - 二羟维生素 D3 在肾脏合成后转入血液循环,作用于小肠、肾小管、骨组织等远距离的靶组织,基本上符合激素的特点,故有人将维生素 D 归入激素类物质。维生素 D 有调节钙的作用,所以是骨及牙齿正常发育所必需,特别在孕妇、婴儿及青少年需要量大。如果此时维生素 D 量不足,则血中钙与磷低于正常值,会出现骨骼变软及畸形,发生在儿童身上称为佝偻病;发生在孕妇身上为骨质软化症。1 g 维生素 D 为 40 000 000 IU。婴儿、青少年、孕妇及喂乳者每日需要量为 400~800 IU。

维生素 D 于 1926 年由化学家卡尔首先从鱼肝油中提取。它是淡黄色晶体,熔点为 115~118 ℃,不溶于水,能溶于醚等有机溶剂。它的化学性质稳定,在 200 ℃下仍能保持生物活性,但易被紫外光破坏,因此,含维生素 D 的药剂均应保存在棕色瓶中。维生素 D 的生理功能是帮助人体吸收磷和钙,是造骨的必需材料,因此缺少维生素 D 会得佝偻症。在鱼肝油、动物肝、蛋黄中,它的含量较丰富。人体中维生素 D 的合成跟晒太阳有关,因此,适当地光照有利健康。

每天的需求量:0.000 5 至 0.01 mg。35 g 鲱鱼片,60 g 鲑鱼片,50 g 鳗鱼或 2 个鸡蛋加 150 g 蘑菇。只有休息少的人,才需要额外吃些含维生素 D 的食品或制剂。

功效:维生素 D 是形成骨骼和软骨的发动机,能使牙齿坚硬。对神经也很重要,并对炎症有抑制作用。

副作用:研究人员估计,长期每天摄入 0.025 mg 维生素 D 对人体有害。可能造成的后果是恶心、头痛、肾结石、肌肉萎缩、关节炎、动脉硬化、高血压、轻微中毒、腹泻、口渴、体重减轻、多尿及夜尿等症状。严重中毒时,则会损伤肾脏,使软组织(如心、血管、支气管、胃、肾小管等)钙化。

10.2.5　维生素 E 的生理功能

维生素 E 又名生育酚,是一种脂溶性维生素,主要存在于蔬菜、豆类之中,在麦胚油中含量最丰富。天然存在的维生素 E 有 8 种,均为苯骈二氢吡喃的衍生物,根据其化学结构可分为生育酚及生育三烯酚两类,每类又可根据甲基的数目和位置不同,分为 $\alpha-$,$\beta-$、$\gamma-$ 和 $\delta-$ 四种。商品维生素 E 以 $\alpha-$ 生育酚生理活性最高。$\beta-$ 及 $\gamma-$ 生育酚和 $\alpha-$ 三烯生育酚的生理活性仅为 $\alpha-$ 的 40% ,8% 和 20%。维生素 E 为微带黏性的淡黄色油状物,在无氧条件下较为稳定,甚至加热至 200 ℃ 以上也不被破坏。但在空气中维生素 E 极易被氧化,颜色变深。维生素 E 易于氧化,故能保护其他易被氧化的物质(如维生素 A 及不饱和脂肪酸等)不被破坏。食物中维生素 E 主要在动物体内小肠上部吸收,在血液中主要由 $\beta-$ 脂蛋白携带,运输至各组织。同位素示踪实验表明,$\alpha-$ 生育酚在组织中能氧化成 $\alpha-$ 生育醌。后者再还原为 $\alpha-$ 生育氢醌后,可在肝脏中与葡萄糖醛酸结合,随胆汁入肠,经粪排出。其他维生素 E 的代谢与 $\alpha-$ 生育酚类似。

维生素 E 对动物生育是必需的。缺乏维生素 E 时,雄鼠睾丸退化,不能形成正常的精子;雌鼠胚胎及胎盘萎缩而被吸收,会引起流产。动物缺乏维生素 E 也可能发生肌肉萎缩、贫血、脑软化及其他神经退化性病变。如果还伴有蛋白质不足时,会引起急性肝硬化。虽然这些病变的代谢机理尚未完全阐明,但是维生素 E 的各种功能可能都与其抗氧化作用有关。

人体有些疾病的症状与动物缺乏维生素 E 的症状相似。由于一般食品中维生素 E 含量尚充分,较易吸收,故不易发生维生素 E 缺乏症,维生素 E 缺乏症仅见于肠道吸收脂类不全时。维生素 E 在临床上试用范围较广泛,并发现对某些病变有一定防治作用,如贫血动物粥样硬化、肌营养不良症、脑水肿、男性或女性不育症、先兆流产等,近年来又用维生素 E 预防衰老。

维生素 E 于 1922 年由美国化学家伊万斯在麦芽油中发现并提取,20 世纪 40 年代已能人工合成。1960 年我国已能大量生产。它是无臭、无味液体,不溶于水,易溶于醚等有机溶剂中。它的化学性质较稳定,能耐热、酸和碱,但易被紫外光破坏,因此要保存在棕色瓶中。维生素 E 是人体内优良的抗氧化剂,人体缺少它,男女都不能生育,严重者会患肌肉萎缩症、神经麻木症等。维生素 E 广泛存在于肉类、蔬菜、植物油中,通常情况下,人是不会缺少的。

每天的需求量:成人每天的维生素 E 需要量尚不清楚,但动物实验结果表明,每天食物中有 50 mg 即可满足需要。妊娠及哺乳期需要量略增。4 匙葵花油,100 mg 橄榄油,100 g 花生或 30 g 杏仁加 70 g 核桃含有一天所需的维生素 E。

功效:维生素 E 能抵抗自由基的侵害,预防癌症的心肌梗死。此外,它还能参与抗体的形成,是真正的"后代支持者"。它促进男性产生有活力的精子。维生素 E 是强抗氧化剂,供应不足会引起各种智能障碍或情绪障碍。小麦胚芽、棉籽油、大豆油、芝麻油、玉米油、豌豆、红薯、禽蛋、黄油等含维生素 E 较丰富。

副作用:每天摄入 200 mg 的维生素 E 就会出现恶心、肌肉萎缩、头痛和乏力等症状。每天摄入的维生素 E 超过 300 mg 会导致高血压,伤口愈合延缓,甲状腺功能受到限制。

10.2.6　维生素 K 的生理功能

维生素 K 属脂溶性维生素。由于它具有促进凝血的功能,故又称凝血维生素。常见的有维生素 K1 和 K2。K1 是由植物合成的,如苜蓿、菠菜等绿叶植物;K2 则由微生物合成。人体肠道细菌也可合成维生素 K2。现代维生素 K 已能人工合成,如维生素 K3,为临床所常用。维生素 K 均为 2 - 甲基 - 1,4 - 萘醌的衍生物。维生素 K1 是黄色油状物,K2 是淡黄色结晶,均有耐热性,但易受紫外线照射而破坏,故要避光保存。人工合成的 K3 和 K4 是水溶性的,可用于口服或注射。临床上使用的抗凝血药双香豆素,其化学结构与维生素 K 相似,能对抗维生素 K 的作用,可用以防治血栓的形成。

维生素 K 和肝脏合成四种凝血因子(凝血酶原、凝血因子Ⅶ,Ⅸ及Ⅹ)密切相关,如果缺乏维生素 K1,则肝脏合成的上述四种凝血因子为异常蛋白质分子,它们催化凝血作用的能力大为下降。人们已知维生素 K 是谷氨酸 γ 羧化反应的辅因子。缺乏维生素 K 则上述凝血因子的 γ - 羧化不能进行,此外,血中这几种凝血因子减少,会出现凝血迟缓和出血病症。此外,人们公认维生素 K 溶于线粒体膜的类脂中,起着电子转移作用,维生素 K 可增加肠道蠕动和分泌功能,缺乏维生素 K 时平滑肌张力及收缩减弱,它还可影响一些激素的代谢。如延缓糖皮质激素在肝中的分解,同时具有类似氢化可的松作用,长期注射维生素 K 可增加甲状腺的内分泌活性等。

在临床上维生素 K 缺乏常见于胆管梗阻、脂肪痢、长期服用广谱抗菌素以及新生儿中,使用维生素 K 可予纠正。但过大剂量维生素 K 也有一定的毒性,如新生儿注射 30 mg/d,连用 3 天有可能引起高胆红素血症。

维生素 K 于 1929 年丹麦化学家达姆从动物肝和麻子油中发现并提取。它是黄色晶体,熔点为 52~54 ℃,不溶于水,能溶于醚等有机溶剂。维生素 K 化学性质较稳定,能耐热耐酸,但易被碱和紫外线分解。它在人体内能促使血液凝固。人体缺少它,凝血时间会延长,严重者会流血不止,甚至死亡。奇怪的是人的肠中有一种细菌会为人体源源不断地制造维生素 K,加上在猪肝、鸡蛋、蔬菜中含量较丰,因此,一般人不会缺乏。目前已能人工合成,且化学家能巧妙地改变它的"性格"为水溶性,有利于人体吸收,已广泛地用于医疗上。

10.2.7　维生素 H 的生理功能

生物素,又称维生素 H、辅酶 R,也属于维生素 B 族,它是合成维生素 C 的必要物质,是脂肪和蛋白质正常代谢不可或缺的物质。它为无色长针状结晶,具有尿素与噻吩相结合的骈环,并带有戊酸侧链,能溶于热水,不溶于有机溶剂,在普通温度下相当稳定,但高温和氧化剂可使其丧失活性。它存在于肝、蛋黄、奶、酵母等食物中。生物素与酶结合参与体内二氧化碳的固定和羧化过程,与体内的重要代谢过程如丙酮酸羧化而转变成为草酰乙酸,乙酰辅酶 A 羧化成为丙二酰辅酶 A 等糖及脂肪代谢中的主要生化反应有关。它也是某些微生物的生长因子,极微量(0.005 μg)即可使实验的细菌生长。例如,链孢霉生长时需要极微量的生物素。人体每天需要量为 100~300 μg。生鸡蛋清中有一种抗生物素的蛋白质能和生物素结合,结合后的生物素不能由消化道吸收,造成动物体生物素缺乏,此时出现食欲不振、舌炎、皮屑性皮炎、脱毛等。然而,尚未见人类生物素缺乏病例,可能是由于除了食物来源以外,肠道细菌也能合成生物素之故。

维生素 H 具有防止白发和脱发,保持皮肤健康的作用。如果将生物素与维生素 A、B2、B6、烟酸(维生素 B3)一同使用,相辅相成,作用更佳。在牛奶、牛肝、蛋黄、动物肾脏、水果、糙米中都含有生物素。在复合维生素 B 和多种维生素的制剂中,通常都含有维生素 H。

10.2.8 维生素 P 的生理功能

维生素 P 是由柑橘属生物类黄酮、芸香素和橙皮素构成的。在复合维生素 C 中都含有维生素 P,也是水溶性的。它能防止维生素 C 被氧化而受到破坏,增强其效果。它能增强毛细血管壁,防止瘀伤;有助于牙龈出血的预防和治疗;有助于因内耳疾病引起的浮肿或头晕的治疗等。许多营养学家认为,每服用 500 mg 维生素 C 时,最少应该同时服用 100 mg 生物类黄酮,以增强它们的协同作用。在橙、柠檬、杏、樱桃、玫瑰果实中及荞麦粉中含有维生素 P。

10.2.9 维生素 PP 的生理功能

维生素 PP,抗癞皮病维生素,也称烟酸,化学命名为尼克酸或尼克酰胺,两者能在体内相互转化。它为白色针状结晶,微溶于水;尼克酰胺为白色结晶,易溶于水。药用者一般为尼克酰胺,因尼克酸有一时性血管扩张作用。这种维生素较为稳定,一般烹调不致失活。尼克酰胺在体内与核糖、磷酸、腺嘌呤组成脱氢酶的辅酶Ⅰ及辅酶Ⅱ。这两种辅酶结构中的尼克酰胺部分具有可逆的加氢和脱氢的特性,在生物氧化中起着递氢的作用。糖、脂肪及蛋白质代谢中均需要此类辅酶参加。酵母、花生、肝、鱼及瘦肉中含量丰富,也可工业合成。人体每日需约 20 mg。人缺乏此种维生素时,表现为神经营养障碍,初时全身乏力,以后在两手、两颊、额及其他裸露部位出现对称性皮炎。大剂量的尼克酸能扩张小血管和降低血胆固醇的含量;临床上常用以治疗内耳眩晕症、外周血管病、高胆固醇血症、视神经萎缩等。

10.2.10 维生素 M 的生理功能

维生素 M 也称叶酸,它能抗贫血,维护细胞的正常生长和免疫系统的功能,防止胎儿畸形。由嘌呤、对氨基苯甲酸及谷氨酸结合而成,富含于蔬菜的绿叶中故名。它是黄色结晶,微溶于水,在酸性溶液中不稳定,易被光破坏。食物在室温下储存,其所含叶酸也易损失。叶酸在体内转变成四氢叶酸,后者是许多种酶的辅酶。四氢叶酸传递一碳基团在化合物之间的交换,这些一碳基团包括甲基(- CH$_3$)、羟甲基(- C - OH)、甲氧基

（ $-OCH_3$ ）、亚胺甲酰基（ $-CO-NH$ ）。一碳基团的转换是胆碱、丝氨酸、组氨酸、DNA等生物合成时的必需步骤。人体缺乏叶酸主要表现为白细胞减少，红细胞的体积变大，发生巨细胞性贫血。中性白细胞的分叶数不是正常时平均 $2\sim3$ 叶，而是 5 叶以上的白细胞数显著增加。人的肠道细菌能合成叶酸，故一般不易发生缺乏病。但当吸收不良，代谢失常或组织需要量过高以及长期使用肠道抑菌药（如磺胺类）等时，皆可引起叶酸缺乏。人体每日需要量约 $400~\mu g$ 。

　　在理想状态，人们从膳食中获得需要的维生素。在下面情况造成人体所需的维生素缺乏。所有水溶性维生素都参与催化功能，B 族维生素是许多种辅酶的组成成分，这些辅酶担负着氢、电子或基团的转移。它们参与由酶催化的糖、脂肪、蛋白质及核苷酸等的代谢，维生素 C 参与许多羟化反应。水溶性维生素在动植物细胞中广泛存在。脂溶性维生素的功能没有 B 族维生素那样清楚。维生素 K 参与一些蛋白质中谷氨酸的羧化，维生素 D 促进钙的吸收，维生素 A 为视紫蛋白的组成部分。

　　①食物匮乏，食物运输、储藏、加工不当，造成食物中的维生素丢失，结果造成维生素摄入不足。

　　②当人们消化吸收功能降低，如咀嚼不足、胃肠功能降低、膳食中脂肪过少、纤维素过多等会造成维生素消化吸收率下降。

　　③不同生理期的人群，如妊娠、哺乳期的妇女，生长发育期的儿童，疾病、手术期的人群对维生素的需要量相对增加。

　　④特殊环境下生活、工作的人群，由于精神压力或环境污染的缘故，对维生素的需要量相对增加。

　　往往是由于某种维生素的缺乏症引起人们的注意，接着发现补充某种食物后，症状就消失了，再从此种食物中提取出有效成分，接着以化学合成的方法得到这种物质，并加以更加深入的研究。

10.3　"伪"维生素

　　在维生素的发现过程中，有些化合物被误认为是维生素，但是并不满足维生素的定义，还有些化合物因为商业利益而被故意错误地命名为维生素：

　　维生素 B 族中有一些化合物曾经被认为是维生素，如维生素 B4（腺嘌呤）等。

　　维生素 F：最初是用于表示人体必需而又不能自身合成的脂肪酸，因为脂肪酸的英文名称（Fatty Acid）以 F 开头。但是因为它其实是构成脂肪的主要成分，而脂肪在生物体内也是一种能量来源，并组成细胞，所以维生素 F 不是维生素。

　　维生素 K：氯胺酮作为镇静剂在某些娱乐性药物（毒品）的成分中被标为维生素 K，但是它并不是真正的维生素 K，它被俗称为"K 它命"。

　　维生素 Q：有些专家认为泛醌（辅酶 Q10）应该被看作一种维生素，其实它可以通过人体自身少量合成。

　　维生素 S：有些人建议将水杨酸（邻羟基苯甲酸）命名为维生素 S（S 是水杨酸 Salicylic Acid 的首字母）。

维生素 T:在一些自然医学的资料中被用来指代从芝麻中提取的物质,它没有单一而固定的成分,因此不可能称为维生素。而且它的功能和效果也没有明确的判断。在某些场合,维生素 T 作为睾丸酮(Testosterone)的俚语称呼。

维生素 U:某些制药企业使用维生素 U 来指代氯化甲硫氨基酸(Methylmethionine Sulfonium Chloride),这是一种抗溃疡剂,主要用于治疗胃溃疡和十二指肠溃疡。它并不是人体必需的营养素。

维生素 V:这是对治疗男性勃起障碍的药物西地那非(Sildenafil Citrate,商品名:万艾可/威而钢/Viagra)的口语称呼。

在实际生活中,维生素经常被泛指为补充人体所需维生素和微量元素或其他营养物质的药物或其他产品,如很多生产多维元素片的厂商都将自己的产品直接标为维生素。

1. 缺乏症

维生素 A:夜盲症,角膜干燥症,皮肤干燥,脱屑。

维生素 B1:神经炎,脚气病,食欲不振,消化不良,生长迟缓。

维生素 B2:口腔溃疡,皮炎,口角炎,舌炎,唇裂症,角膜炎等。

维生素 B12:巨幼红细胞性贫血。

维生素 C:坏血病,抵抗力下降。

维生素 D:儿童的佝偻病,成人的骨质疏松症。

维生素 E:不育,流产,肌肉性萎缩等。

2. 维生素所在

维生素 A:动物肝脏、蛋类、乳制品、胡萝卜、南瓜、香蕉、橘子和一些绿叶蔬菜中。

维生素 B1:葵花籽、花生、大豆、猪肉、谷类中。

维生素 B6:肉类、谷类、蔬菜和坚果中。

维生素 B12:猪牛羊肉、鱼、禽、贝壳类、蛋类中。

维生素 C:柠檬、橘子、苹果、酸枣、草莓、辣椒、土豆、菠菜中。

维生素 D:鱼肝油、鸡蛋、人造黄油、牛奶、金枪鱼中。

维生素 E:谷物胚胎、植物油、绿叶。

维生素 K:绿叶蔬菜中。

维生素忠告:食用新鲜蔬菜和水果是最简单而安全的补充维生素的方法,千万不要长期大剂量服用维生素保健品!不要把维生素当成"补药"。

维生素是人体的七大营养素之一,现在已经发现的维生素有 20 多种。它们都是维持人体组织细胞正常功能必不可少的物质。因此,许多人把维生素当作一种"补药",认为维生素多多益善。其实不然,盲目地乱用维生素,必然会使维生素走向其反面——危害健康。

10.4 矿 物 质 类

矿物质是除了碳、氢、氮和氧之外,生物必需的化学元素之一,也是构成人体组织、维持正常的生理功能和生化代谢等生命活动的主要元素。它们可以是巨量矿物质(需求相对比较大)或微量矿物质(需求较小);可以自然地存在于食物中,或是元素或矿物形式地被加入,例如碳酸钙或氯化钠;有部分添加物来自自然来源,例如地下的牡蛎壳。有时矿物质会被加入食物以外的饮食里,因为维生素和矿物质补充,和在食土病里,称为"异食癖"或"食土症"。

适当地吸取一定程度的每种食用矿物质对维持身体健康是有必要的,而过量吸取食用矿物质可能会导致直接或间接的病症,归咎于身体里矿物质程度之间的竞争特性。例如,大量的锌并不有害于它自己,但却会导致铜的不足(除非补偿,按照老年眼疾研究计划里指出)。在人类营养里,饮食的巨量矿物质元素(每日营养素建议摄取量,RDA $>$ 200 mg/d)分别是钙(Ca)、氯(Cl)、镁(Mg)、磷(P)、钾(K)、钠(Na)、硫(S)。最重要的微量矿物质元素(RDA $<$ 200 mg/d)分别是铬(Cr)、钴(Co)、铜(Cu)、氟(F)、碘(I)、铁(Fe)、锰(Mn)、钼(Mo)、硒(Se)、锌(Zn)。

在高温环境中,机体为了散发热量而大量出汗,每小时可达 4.2 L。由于汗液含有大量氯化钠,所以在高温环境中生活的人每日有大量氯化钠可随同汗液由体内丧失,经汗液由机体排出的还有钾、钙(钙食品)和镁等。大量出汗可损失多种无机盐类,所以不能仅补充氯化钠,还必须考虑到体内电解质的平衡。

一般情况下,每日可通过排汗损失氯化钠 20 ~ 25 g,如不及时补充,可引起严重缺水和缺氯化钠,甚至可引起循环衰竭及痉挛等。有人建议,气温在 36.7 ℃ 以上时,每升高0.1 ℃,每天应增加氯化钠 1 g;但也不能过高,约 25 g 或稍多,不应超过 30 g。在高温环境下的人员随着体内水分的丧失,血液内可出现缺钾,红细胞内钾含量降低,中暑患者血钾浓度下降,在高温条件下最易中暑。所以,高温环境下要注意补钾,以提高机体耐热力,可以增加含钾丰富的食物,在普通的植物食品中,各种豆类含钾特别丰富,无论黄豆、绿豆、赤豆、豇豆、蚕豆和豌豆含钾都较高。大量出汗与机体过热,水溶性维生素(维生素食品)也大量由体内丧失。由于机体过热,蛋白质(蛋白质食品)分解加速,胰脏和胃肠消化液及其中消化酶分泌减少,胃蠕动减弱,消化(消化食品)功能下降。一般情况下,应根据供应情况尽量多吃各种新鲜蔬菜(蔬菜食品)和瓜果来增加维生素 C、维生素 B2 以及胡萝卜素的来源。除钠和钾以外,对于钙、镁和铁也应注意,每天由汗液损失铁可达0.3 mg,相当于通过食物所吸收铁的数量的 1/3。因此高温下生活或作业的人员的膳食应特别注意铁(铁食品)的补充。除动物肝脏等内脏和蛋黄外,还可补充豆类食品。

10.5   药食同源食物及功能性成分

古人认为药与食物同起源于一个根源。《黄帝内经》中《素问——生气通天论》有言:"阴之所生,本在五味;阴之五宫,伤在无味。"提出了无味调阴阳的观点,记载"酸、甜、苦、辛、咸"五味调和之摄取致使人民百姓保持身体健康。唐朝时期的《黄帝内经太素》一书中写道:"空腹食之为食物,患者食之为药物",反映出"药食同源"的思想。《淮南子·修务训》称:"神农尝百草之滋味,水泉之甘苦,令民知所避就。当此之时,一日而遇七十毒。"可见神农时代药与食不分,无毒者可就,有毒者当避。随着经验的积累,药食才开始分化。在使用火后,人们开始食熟食,烹调加工技术才逐渐发展起来。《素问·汤液醪醴》称:"黄帝问曰:为五谷汤液及醪醴奈何?""帝曰:上古圣人作汤液醪醴,为而不用,何也? 歧伯曰:自古圣人之作汤液醪醴者,以为备耳!"五谷汤液是食物,醪醴是药酒,是药物。可见,此时食与药开始分化了,食疗与药疗也初见区分。《内经》对食疗有非常卓越的理论,如"大毒治病,十去其六;常毒治病,十去其七;小毒治病,十去其八;无毒治病,十去其九;谷肉果菜,食养尽之,无使过之,伤其正也",这可称为最早的食疗原则。

由此从发展过程来看,远古时代药食是同源的,后经几千年的发展,药食分化,若再往后之前景看,也可能返璞归真,以食为药,以食代药。

我国素有"药食同源"之说。传统中医学认为食即是药,或者说相当于药。因为它们同源、同用、同效。食物的性能与药物的性能一致,包括"气"、"味"、"升降浮沉"、"归经"、"补泻"等内容,并在阴阳、五行、脏腑、经络、病因、病机、治则、治法等中医基础理论指导下应用。传统中医食与药并没有明确界限,因此药疗中有食,食疗中有药。

药食同源,源远流长。据资料记载已有 3 000 年以上的历史。在漫长的原始社会中,我们的祖先逐渐把一些天然物产区分为食物、药物和毒物。到了奴隶社会,随着生产力的发展,烹饪技术逐渐形成,出现了羹和汤液,发明了汤药和酒,并进而制造了药用酒。制酒技术推行而产生的醋、酱、豆豉、饴等,丰富了医药内容。周代已经有了世界最早的专职营养师——食医,《周礼》有"以五味、五谷、五药养其病"的记载,《山海经》载有食鱼、鸟治病的内容。战国时代出现了我国第一部医学理论专著《黄帝内经》,它不仅奠定了食疗的理论基础,而且收有食疗方剂。汉代的《神农本草经》是我国第一部药物专著,收有许多药用食物;张仲景的《伤寒论》、《金匮要略》载有"猪肤汤"、"当归生姜羊肉汤"等食疗方剂。唐代是我国食疗学发展的重要阶段。孙思邈的《备急千金要方》中专解"食治"篇,是现存最早的中医食疗专论,第一次全面而系统地阐述了食疗、食药结合的理论。他在《千金翼方》中强调:"若能用食平疴,释情遣疾者,可谓良工,长年饵生之奇法,积养生之术也。夫为医者,当需先洞晓病源,知其所犯,以食治之,食乃不愈,然后命药"。宋、金、元时期,食疗理论与应用有较大发展。宋代《太平圣惠方》的"食治论"记载了 28 种疾病的食疗方;《养老奉亲书》记述了老人饮食保健与治疗。元代饮膳大臣忽思慧的《饮膳正要》,是一部完整的营养学专著。明清时期,有关饮食保健的著作大量涌现,还出现了一些野菜类著作,扩大了食物来源。李时珍的《本草纲目》也收有 200 余种药物食物。

对于"药食同源"的理解,应从两个方面来看,一是中药与食物的产生方法相同,二是它们的来源相同。所谓中药与食物的产生方法相同,中药的产生与食物一样来源于我们祖先千万年的生活实践,是与大自然、与疾病长期斗争的经验结晶。原始人最初的生产方式——尝试和寻找食物,往往在饥不择食的情况下,在吃的过程中,难免会误食一些有毒或有剧烈生理效应的动、植物,以致产生明显的药理作用,甚至死亡,经过无数次反复实验,对动、植物产生了第二认识,即产生了原始的中药,因而吃是积累中药知识和经验的重要途径。

所谓中药与食物的来源相同,中药与食物一样来源于自然中的动、植物,而且很多中药与食物,很难截然分开,可以说身兼两职,如粮食类中的药物,如谷芽、麦芽、淮小麦、浮小麦等,蔬菜类如荠菜、萝卜、芥菜、山药、百合、藕、败酱草、冬瓜、南瓜、赤小豆、黑大豆、刀豆、扁豆等。果品类如山楂、乌梅、龙眼、橘类、柚类、莲子、杏仁、无花果等,调味品类如山柰、生姜、桂皮、丁香、花椒、胡椒、八角茴香、小茴香、草果等,动物类中就更多,包括蛇类、家畜类、水产类、野兽类等。药食同源,使中药具有浓厚的生活气息,也使中药强化了它的实用性和经验性,人类生活中包含了中药,中药就在人类生活中产生。

我国从1981年开始,先后公布了四批既是食品又是药品的物品名单:

第一批《中华人民共和国食品卫生法(试行)》第八条规定的按照传统既是食品又是药品的物品名单如下:

一、《中华人民共和国药典》85版和中国医学科学院卫生研究所编著的《食品成分表》(1981年第三版,野菜类除外)中同时列入的品种:

刀豆 山药 百合 薏苡仁 赤小豆 生、干姜 紫苏 木瓜 枸杞子 昆布 海藻 山楂(红果) 桑葚 杏仁(苦) 白果 莲子 牡蛎 榧子(香榧) 花椒 蜂蜜 佛手 藿香(小) 扁豆(白) 龙眼肉(桂圆) 芡实(鸡头米) 莴苣 淡豆豉 桃仁 黑芝麻 八角 茴香

二、乌梢蛇 蝮蛇 酸枣仁 牡蛎 栀子 甘草 代代花 罗汉果 肉桂 决明子 莱菔子 陈皮 砂仁 乌梅 肉豆蔻 白芷 菊花 藿香 沙棘 郁李仁 青果 薤白 薄荷 丁香 高良姜 白果 香橼 火麻仁 橘红 茯苓 香薷 红花 紫苏

第二批(91)第45号文

麦芽 黄芥子 鲜白茅根 荷叶 桑叶 鸡内金 马齿苋 鲜芦根

第三批(98)

卫生部公布新增一批药食同源的天然食物名单。同时要求各级食品卫生监督机构在保健食品市场整顿中,注意把握政策界限,依法规范各级食品的生产经营活动。

新公布的药食同用的七种天然植物是:蒲公英 益智 淡竹叶 胖大海 金银花 葛根 鱼腥草。

连同过去公布的两批69种天然植物,我国确定的既是食品又是药品的天然植物已达76种。(98.11.6.)

第四批(2002):

卫生部2002年公布的《关于进一步规范保健食品材料管理的通知》中,对药食同源物品、可用于保健食品的物品和保健食品禁用物品做出具体规定。三种物品名单如下:

1.既是食品又是药品的物品名单(按笔画顺序排列)

丁香、八角、茴香、刀豆、小茴香、小蓟、山药、山楂、马齿苋、乌梢蛇、乌梅、木瓜、火麻仁、代代花、玉竹、甘草、白芷、白果、白扁豆、白扁豆花、龙眼肉(桂圆)、决明子、百合、肉豆蔻、肉桂、余甘子、佛手、杏仁(甜、苦)、沙棘、牡蛎、芡实、花椒、赤小豆、阿胶、鸡内金、麦芽、昆布、枣(大枣、酸枣、黑枣)、罗汉果、郁李仁、金银花、青果、鱼腥草、姜(生姜、干姜)……莲子、高良姜、淡竹叶、淡豆豉、菊花、菊苣、黄芥子、黄精、紫苏、紫苏籽、葛根、黑芝麻、黑胡椒、槐米、槐花、蒲公英、蜂蜜、榧子、酸枣仁、鲜白茅根、鲜芦根、蝮蛇、橘皮、薄荷、薏苡仁、薤白、覆盆子、藿香。

2.可用于保健食品的物品名单(按笔画顺序排列)

人参、人参叶、人参果、三七、土茯苓、大蓟、女贞子、山茱萸、川牛膝、川贝母、川芎、马鹿胎、马鹿茸、马鹿骨、丹参、五加皮、五味子、升麻、天门冬、天麻、太子参、巴戟天、木香、木贼、牛蒡子、牛蒡根、车前子、车前草、北沙参、平贝母、玄参、生地黄、生何首乌、白及、白

术、白芍、白豆蔻、石决明、石斛(需提供可使用证明)、地骨皮、当归、竹茹、红花、红景天、西洋参、吴茱萸、怀牛膝、杜仲、杜仲叶、沙苑子、牡丹皮、芦荟、苍术、补骨脂、诃子、赤芍、远志、麦门冬、龟甲、佩兰、侧柏叶、制大黄、制何首乌、刺五加、刺玫果、泽兰、泽泻、玫瑰花、玫瑰茄、知母、罗布麻、苦丁茶、金荞麦、金樱子、青皮、厚朴、厚朴花、姜黄、枳壳、枳实、柏子仁、珍珠、绞股蓝、胡芦巴、茜草、荜茇、韭菜子、首乌藤、香附、骨碎补、党参、桑白皮、桑枝、浙贝母、益母草、积雪草、淫羊藿、菟丝子、野菊花、银杏叶、黄芪、湖北贝母、番泻叶、蛤蚧、越橘、槐实、蒲黄、蒺藜、蜂胶、酸角、墨旱莲、熟大黄、熟地黄、鳖甲。

3. 保健食品禁用物品名单（按笔画顺序排列）

八角莲、八里麻、千金子、土青木香、山莨菪、川乌、广防己、马桑叶、马钱子、六角莲、天仙子、巴豆、水银、长春花、甘遂、生天南星、生半夏、生白附子、生狼毒、白降丹、石蒜、关木通、农吉痢、夹竹桃、朱砂、米壳(罂粟壳)、红升丹、红豆杉、红茴香、红粉、羊角拗、羊踯躅、丽江山慈姑、京大戟、昆明山海棠、河豚、闹羊花、青娘虫、鱼藤、洋地黄、洋金花、牵牛子、砒石(白砒、红砒、砒霜)、草乌、香加皮(杠柳皮)、骆驼蓬、鬼臼、莽草、铁棒槌、铃兰、雪上一枝蒿、黄花夹竹桃、斑蝥、硫黄、雄黄、雷公藤、颠茄、藜芦、蟾酥。

参 考 文 献

[1] 蔡兵,崔承彬,陈玉华,等.中药巴戟天抗抑郁作用的大小鼠模型三级组合测试评价[J].解放军药学学报,2005,21(05):321-325.

[2] 程栋,龙攀,周海艇,等.中医药治疗骨质疏松症研究近况[J].中国骨质疏松杂志,2003,9(01):86.

[3] 程光丽.杜仲有效成分分析及药理学研究进展[J].中成药,2006,5(28):723-725.

[4] 陈斌,康健,吕中明,等.黄芪甲苷对中波紫外线损伤皮肤角质形成细胞的保护作用[J].中国中西医结合皮肤性病学杂志,2009,8(01):1-4.

[5] 陈海娟,周晓棉,贾凌云,等.青海产两种不同种红景天的药理作用研究比较[J].时珍国医国药,2010,21(01):491-492.

[6] 陈家源,牙启康,卢文杰,等.中药肉桂的研究概况[J].广西医学,2009,6(31):872-874.

[7] 陈洁文,王勇,谭宝漩,等.巴戟素补肾健脑作用的神经活动基础[J].广州中医药大学,1999,16(04):314.

[8] 陈卡,糜漫天,余小平.牛磺酸对大鼠视网膜光化学损伤的保护作用研究[J].第三军医大学学报,2005,27(09):881-884.

[9] 陈巍,柳巨雄,杨勇军,等.几种中药及营养物质抗寒作用的研究进展[J].动物医学进展,2002,23(05):37-39.

[10] 陈为,张友成,周苗苗,等.三七多糖对微波辐射大鼠血清氧化指标的影响研究[J].中国辐射卫生,2009(06):184.

[11] 陈晓萍,张长林.白术不同化学成分的药理作用研究概况[J].中医药信息,2011,2(28):124-126.

[12] 陈寅生,李武营.茜草中多糖成分的提取分离与抗辐射作用的实验研究[J].河南大学学报,2004,23(01):32-34.

[13] 崔福顺,周丽萍.苹果梨果冻的加工工艺[J].食品与机械,2006(04):100-105.

[14] 崔广智.芍药苷抗抑郁作用的实验研究[J].中华中医药杂志,2009,24(04):231-233.

[15] 崔燎,邹丽宜,刘钰瑜,等.丹参水提物和丹参素促进成骨细胞活性和防治泼尼松所致大鼠骨质疏松[J].中国药理学通报,2004(03):50.

[16] 崔维利,陈涛.山茱萸水提液防治骨质疏松的药效学研究[J].时珍国医国药,2007(05):107.

[17] 崔文明,张馨,刘泽钦,等.螺旋藻抗辐射作用研究[J].卫生毒理学杂志,2002(03):174-175.

[18] 邓澄文,张纳新,王慧,等.抗噪保健基础动物实验的研究[J].铁道劳动安全卫生与环保,1997,24(04):244-247.

[19] 邓琳,张莉,白秦玉,等.丹参和枸杞对中波紫外线损伤角质形成细胞的保护作用[J].江西中医学院学报,2007,19(03):61-63.

[20] 段冠清,蔡莹,沈慧.骨碎补总黄酮含药血清对大鼠成骨细胞 AR mRNA 表达的影响[J].中医药导报,2010(02):65.

[21] 段冷昕,马吉胜,翁梁,等.鹿茸总多肽对维 A 酸致骨质疏松大鼠的防治作用[J].中国药学杂志,

2007,43(04):264.

[22] 杜光.枸杞子免疫药理研究及临床应用[J].湖北中医杂志,2005,27(02):54-55.

[23] 杜培凤,聂进红.白术研究综述[J].齐鲁药事,2004,9(23),41-43.

[24] 杜向红,赵红卫,王豫,等.银杏叶提取物对神经系统作用的研究进展[J].中药材,2003,26(11):838-840.

[25] 樊粤光,黄永明,曾意荣,等.骨碎补提取液对体外分离破骨细胞性骨吸收的作用[J].中国中医骨伤科杂志,2003(06):6.

[26] 冯光卉.青藏高原自然环境与高原病[J].青海师范大学学报(自然科版),2001(03):83-86.

[27] 冯悦,王锦玲,纵亮,等.丹参对低气压环境下噪声性听器损伤的防护作用及机理研究[J].听力学及言语疾病杂志,2005,13(05):347-351.

[28] 冯悦,王锦玲.丹参素在豚鼠血液、脑脊液和外淋巴液中的分布与噪声性耳聋的关系[J].中国临床康复,2004,8(14):2702-2703.

[29] 冯悦,纵亮,黄华,等.川芎嗪对低气压噪声环境条件下豚鼠听阈改变的影响[J].解放军医学杂志,2006,31(06):595-596.

[30] 高风林.公路施工中的噪声污染与防治措施[J].民晋科技,2010(11):262-263.

[31] 高峰,王彬,梁硕,等.低剂量丝裂霉素C的辐射防护作用[J].中国卫生工程学,2008,07(01):58-59.

[32] 戈宏炎.柴胡皂苷抗抑郁作用及其机制的研究[D].长春:吉林大学,2010.

[33] 葛振民,马枢,贾晓青,等.N-乙酰半胱氨酸对噪声性耳聋的预防作用研究[J].临床耳鼻咽喉头颈外科杂志,2011,25(22):1040-1041.

[34] 吴德昌,主编.放射医学[M].北京:军事医学科学出版社,2005.

[35] 龚海英,李建宇,梁林,等.枸杞多糖对神经元缺氧损伤的保护作用[J].武警医学院学报,2009,18(12):1002-1004.

[36] 郭长江,杨继军,韦京豫,等.提高急性耐缺氧能力的复合营养制剂研究[J].高原医学杂志,2004,14(04):1-3.

[37] 郭密,张仲君,徐寿水,等.葛根素抗缺氧及抗氧化作用的实验研究[J].中华老年心脑血管病杂志,2007,9(04):279.

[38] 郭瑞敏,朱海燕,周桂霞,等.维生素E修饰的透析膜在血液透析中对血脂的影响[J].华北煤炭医学院学报,2007,9(04):515-516.

[39] 韩亚萍.决明子的现代药理研究概述[J].环球中医药,2009,6(02):461-463.

[40] 何丽华,廖小燕,何作顺,等.噪声与高血压关系的Meta-分析[J].工业卫生与职业病,2006,32(04):219-223.

[41] 红霞,糜漫天,韦娜.牛磺酸和复合微量营养素对大鼠视网膜mGluR6mRNA的影响[J].营养学报,2000,22(04):303-1142.

[42] 侯粉霞,王生,翟所强,等.维生素C对豚鼠噪声性听力损失的预防作用[J].工业卫生与职业病,2003,29(05):270-272.

[43] 侯粉霞,王生.维生素E对短期噪声暴露引起豚鼠听力损失的预防作用[J].中华劳动卫生职业病杂志,2005,23(06):408-410.

[44] 侯建萍,晓波,青扬,等.防晕船口服液对晕船患者心率变异性的影响[J].解放军医学杂志,2006,31(5):489-490.

[45] 黄简抒.镁对噪声性听力损伤的影响及研究进展[J].工业卫生与职业病,2006,32(2):126-128.

[46] 黄仕孙. 栀子的现代药理研究及临床应用概述[J]. 内科,2010,5(05):534 - 536.

[47] 江玲. 用饮食治理坏脾气[J]. 自我保健,2010,9(24):13 - 14.

[48] 贾建昌,韩涛. 红景天抗疲劳作用机理的研究进展[J]. 甘肃中医 2005,18(11):45 - 47.

[49] 金宗廉,文境,唐粉芳,等. 功能食品评价原理及方法[M]. 北京:北京大学出版社,1995.

[50] 吉雁鸿,郭俊生,李敏. 晕船对血清钙、磷、镁、铁、铜、锌的影响[J]. 中国职业医学,2002,29(05):24 - 26.

[51] 赖明生. 中国防治疫病的制度研究[J]. 中国防治疫病的制度研究,2008,6(10):366 - 367.

[52] 蓝玉梅. 独味桂枝外洗治疗轻型冻疮[J]. 齐齐哈尔医学院学报,2004,25(02):236 - 237.

[53] 梁呈元,李维林,张涵庆,等. 薄荷的化学成分及药理研究[J]. 中国野生植物资源,2003,3(22):9 - 12.

[54] 李德远,汤坚,刘建峰,等. 枸杞抗辐射效应研究[J]. 营养卫生,2003,24(03):132 - 134.

[55] 李德远,周韫珍,余应利,等. 银杏叶黄酮抗辐射效应研究[J]. 营养学报,2004,26(03):220 - 222.

[56] 李海龙,李梅,金珊,等. 莱菔子对豚鼠体外胃窦环行肌条收缩活动的影响[J]. 中国中西医结合消化杂志,2008,16(04):215.

[57] 李华青,郭俊生,李敏. 抗晕维力合剂对实验性晕船动物脑体功能的作用[J]. 解放军预防医学杂志,2005,23(04):242 - 244.

[58] 李红艳,赵雨,孙晓迪,等. 人参蛋白抗辐射损伤作用研究[J]. 时珍国医国药,2010,21(9):2143 - 2144.

[59] 李论,柯俐,彭定凤,等. 黄芪对心肌细胞缺氧时的作用研究[J]. 中西医结合心脑血管病杂志,2003,1(02):79 - 80.

[60] 李美茹,刘秀芬. 维生素 C 的作用[J]. 生物学教学,2006,31(10):28 - 29.

[61] 李明明,吴丽颖,朱玲玲,等. 当归有效成分抗缺氧损伤作用的研究进展[J]. 军事医学科学院院刊,2008,32(01):87 - 90.

[62] 李伟,徐朝焰,庄彦,等. 葛根素在治疗突发性耳聋中的作用[J]. 海峡药学,2004,16(06):111 - 112.

[63] 李颖,李庆典. 桑葚多糖抗氧化作用的研究[J]. 中国酿造,2010,(04):59 - 60.

[64] 林红. 微量元素与心理健康和临床应用[J]. 中国实用医药,2010,5(29):223 - 224.

[65] 刘红梅,李瑞雪,杨学军,等. 人参皂苷的神经保护作用和机制及其在神经变性疾病中的应用[J]. 大连医科大学学报,2009,10:595 - 598.

[66] 刘华钢,刘俊英,赖茂祥,等,郁金化学成分及药理作用的研究进展[J]. 广西中医学院学报,2008,2(11):81 - 86.

[67] 刘继鹏,奚金宝,阎志,等. 血清维生素 A 微量荧光测定法的改进及应用[J]. 营养学报,1955,7(02):13 - 16.

[68] 刘俊英,范明,张经伦,等. 不同高度急性低压缺氧时大鼠脑组织腺苷三磷酸酶及琥珀酸脱氢酶变化[J]. 中华航空医学杂志,1996,7(02):72 - 74.

[69] 刘丽萍. 航海维生素缺乏症中的中医辨证思路[J]. 光明中医,2009,24(11):365 - 266.

[70] 刘淑颖,骆丹. 阿魏酸对导致人角质形成细胞氧化损伤的保护作用研究[J]. 中国中西医结合皮肤性病学杂志,2009,8(06):331 - 334.

[71] 刘志辉,孟庆勇,刘秋英,等. 海藻多糖对 γ 射线照射小鼠免疫功能的影响[J]. 中国公共卫生,2003,19(2):171 - 172.

[72] 李校冲,林灼锋,黄亚东,等. 人参三醇组苷抗辐射作用的研究[J]. 中药材,2002,25(11):805 -

807.

[73] 李琰.柴胡药理作用的研究进展[J].河北医学,2010,5(16):633-635.

[74] 李志峰,杨金火,张武岗.刺五加的化学成分研究[J].中草药,2011,5(42):852-855.

[75] 李宗山,邱世翠,吕俊华,等.枸杞抗γ射线辐射作用的研究[J].时珍国医国药,2002,13(11):645-646.

[76] 李宗山,张迪,邱世翠,等.黄芪抗γ射线辐射作用的研究[J].时珍国医国药,2003,14(12):733-734.

[77] 卢敏贞,黄岸仲.噪声对作业工人血压的影响[J].现代预防医学,2006,33(10):1882-1884.

[78] 吕翠婷,黎海彬,李绫娥,等.中药决明子的研究进展[J].食品科技,2006,31(08):295-297.

[79] 马根顺,罗丁.红景天药理作用研究进展[J].中国实用医药,2009,4(28):227-228.

[80] 孟祥坤,朱慧晶.浅析噪声污染问题及其防治对策[J].内蒙古石油化工,2011(01):83-84.

[81] 苗明三.大枣多糖对免疫抑制小鼠腹腔巨噬细胞产生IL-1及脾细胞体外增殖的影响[J].中药药理与临床,2004,20(04):21-22.

[82] 彭定凤,柯丽,李论,等.黄芪对缺氧心肌细胞保护作用的研究[J].临床心血管病,2003,19(04):234-236.

[83] 彭强,苏海.血脂异常与高血压的关联[J].中华高血压,2007,15(10):874-875.

[84] 乔玉文,郝晋阳.彩色多普勒评价维生素C和维生素E对高血压肱动脉舒张功能的影响[J].天津医药,2008,20(06):36-37.

[85] 秦德柱,杨成君.寒区预防冻伤的方法与措施[J].中国临床医学,2004,21(05):1-3.

[86] 饶华,胡金家,高书亮,等.成骨样细胞体外培养法筛选杜仲叶防治骨质疏松症的药效成分[J].解剖学研究,2004(2):38.

[87] 石瑞丽,张建军.葛根素对缺氧性血管内皮细胞凋亡的保护作用[J].药学学报,2003,38(2):103-107.

[88] 石中元.待开发的花粉资源[J].技术与市场,2002(07):30.

[89] 沈干,金钰,陈德监,等.人参皂苷与红景天苷对抗皮肤光老化作用的研究[J].东南大学学报,2010,29(03):336-339.

[90] 沈金芳,逢晓云,孙黎.异甘草酸镁注射液人体内药动学研究[J].中国药学,2005,40(10):769-771.

[91] 孙建仙,刘小立.神经酰胺的代谢及其在细胞凋亡中的作用[J].科技信息,2008(33):22-58.

[92] 孙元琳,顾小红,李德远,等.当归多糖对亚急性辐射损伤小鼠的防护作用研究[J].食品科学,2007,28(02):305-308.

[93] 孙元琳,蔺毅峰,高文庚,等.当归多糖抗辐射功能的构效关系探讨[J].中国食品学报,2009,9(03):33-37.

[94] 孙元琳,马国刚,汤坚.当归多糖对亚慢性辐射损伤小鼠的防护作用研究[J].中国食品学报,2008,9(04):33-37.

[95] 孙元琳,汤坚,顾小红.当归多糖对亚慢性辐射损伤小鼠细胞凋亡的影响及其防护作用[J].中国预防医学,2009,12(10):1050-1052.

[96] 孙中实,朱珠.维生素E临床应用再评价[J].中国药学,2003,28(3):221-222.

[97] 唐富天,梁莉,李新芳.南沙参多糖对大鼠的辐射防护作用[J].中药药理与临床,2002,18(02):15-16.

[98] 唐健元,张磊,彭成,等.莱菔子行气消食的机制研究[J].中国中西医结合消化,2003,11(5):287.

[99]　汤文倩.城市道路交通面临挑战及应对策略[J].科教导刊,2010(11):235-236.

[100]　田代华.实用中药辞典[M].北京:人民卫生出版社,2002.

[101]　王秉伋,黄沙菲,程鲁榕,等.植物多糖的抗辐射防护研究[J].中华放射医学与防护杂志,2009,9(01):24-28.

[102]　王春秋.中药对机体免疫的作用[J].中华当代医学,2004,2(01):71.

[103]　王恩芳,林妍,孙铭.丹参制剂的临床应用[J].临床交流,2000,9(02):40-41.

[104]　王海凤,郭兵,许丽,等.人参皂苷对免疫抑制小鼠 T 细胞亚群(CD4+,CD8+)及血清 TN F-α含量的影响[J].中国饲料,2011(14):41.

[105]　王红玲,熊顺军,洪燕,等.黄精多糖对全身 60Coγ 射线照射小鼠外周血细胞数量及功能的影响[J].数量医药学,2002,22(4):291.

[106]　王靖,吉民,华维一.葛根素研究进展[J].药学进展,2003,27(02):70-73.

[107]　王景霞,张建军,李伟,等.白芍提取物对慢性应激抑郁模型大鼠行为学及大脑皮质单胺类神经递质的影响[J].中华中医药,2010,25(11):1895-1897.

[108]　王玫玲,吴秀红,周静芬,等.黄芪甲苷抑制长波紫外线引起人成纤维细胞氧化损伤的研究[J].中国中西医结合皮肤性病学,2009,8(5):268-270.

[109]　王诗晗.黄芪提取液对光老化无毛小鼠皮肤组织含量及活力的影响[J].中医药学刊,2006,24(4):4-5.

[110]　王淑英,周丽,赵守琪,等.灵芝和黄芪对噪声暴露小鼠肝脏核酸含量的影响[J].环境与健康,2005,22(03):207-208.

[111]　王雪梅,李应东.当归有效成分及其药理作用的研究进展[J].甘肃中医,2009,22(11):50-51.

[112]　王晓梅,何承辉,王新玲,等.蔷薇红景天化学成分研究[J].中药材,2010,8(33):1252-1253.

[113]　汪小玉,谭丽,黄真,等.中药桑寄生治疗冻伤的实验研究[J].中成药,2011,33(11):1990-1993.

[114]　王欣,王璐,陈宏莉,等.维生素 A 和 E 抗辐射氧化损伤作用的研究[J].癌变·畸变·突变,2011,3(05):181-185.

[115]　王艳丽,陈婉华,谢应先,等.螺旋藻多糖的药理作用研究[J].生物技术通报,2007(21):46-47.

[116]　王彦明,周万山.枸杞多糖对去势雌性大鼠骨质疏松影响的研究[J].中国医药指南,2011,32(9):255-256.

[117]　王艳.噪声干扰对小鼠学习和记忆的影响[J].畜牧与饲料科学,2010,31(08):45-46.

[118]　王艳,张朝凤,张勉,等.桂郁金化学成分研究[J],药学与临床研究,2010,18(03):274-278.

[119]　王允杰,林英,李树壮,等.川芎对噪声致小鼠肝糖原含量、肝 ALT 活性变化的影响[J].中国工业医学杂志,2001,14(01):45.

[120]　魏华,彭勇,马国需,等.木香有效成分及药理作用研究进展[J],中草药,2012,3(43):613-619.

[121]　韦京豫,郭长江,杨继军,等.复合营养素制剂对高原青年营养状况与耐低氧能力的干预作用[J].中国应用生理,2007,23(02):16-19.

[122]　韦娜,糜漫天,黄国荣,等.牛磺酸和微量营养素干预对人体蛋白营养状况及暗适应功能的影响[J].微量元素与健康研究,2000,17(03):43-162.

[123]　文文,高文元.声条件刺激对噪声性听力损失的保护作用[J].中国眼耳鼻喉科,2005,5(06):395-397.

[124]　吴宏忠,杨帆,崔书亚,等.阿胶有效组分对辐射损伤小鼠造血系统的保护作用研究[J].中国临

床药理学与治疗学,2007,12(04):417-421.

[125] 吴黎明,罗滨.刺五加治疗焦虑症的临床观察[J].医学论坛,2006:121-122.

[126] 吴婧,赵丹宇.噪声对人体健康影响分析[J].环境与可持续发展,2008,(02):114-116.

[127] 湘水.补充营养提高免疫力[J].年轻人,2011(4):1.

[128] 肖逢春.蛋白质的免疫及抗疲劳作用[J].医疗保健器具,2005,5(08):73.

[129] 谢东浩,蔡宝昌,安益强,等.柴胡皂苷类化学成分及药理作用研究进展[J],南京中医药大学学报,2007,1(23):63-65.

[130] 徐德平,梅金龙,胡长鹰,等.沙棘籽粕原花青素的提取与抗心肌细胞缺氧活性的研究[J].中国油脂,2009,34(11):56.

[131] 徐峰,赵江燕,刘天硕.刺五加提取物抗疲劳作用的研究[J].食品科学,2005,26(09):453-456.

[132] 徐国兴,林媛,王婷婷,等.石决明的药理研究及眼科应用[J].国际眼科,2009,12(09):2389-2390.

[133] 徐静,贾力,赵余庆.人参的化学成分与人参产品的质量评价[J].药物评价研究,2011,34(03):199-203.

[134] 杨富国,刘革新,王力.黄芪甲苷对缺氧/复氧损伤血管内皮细胞核转录因子-B表达的影响[J].中国中西医结合急救,2007,14(06):367-369.

[135] 杨黎辉,闫福曼,陈朝凤,等,中药巴戟天提取物药理作用研究进展[J].中医药学报,2005,33(02):6-8.

[136] 杨龙江.辐射对肉营养价值的影响[J].肉类工业,1992(01):25-29.

[137] 杨莹飞,胡汉昆,刘萍,等.乌梅化学成分、临床应用及现代药理研究进展[J].中国药师,2012,15(03):415-417.

[138] 鄢德俊,刘霞,吕淑琴.鹿茸的化学成分与药理作用的研究概述[J],上海中医药,2004,38(03):63-65.

[139] 营大礼.干姜化学成分及药理作用研究进展[J].中国药房,2008,18(19):1435-1436.

[140] 苑伟,李士博,马迎春,等.红景天纳米粉对小鼠抗缺氧和抗疲劳作用的实验研究[J].西北药学,2011,26(02):122-123.

[141] 玉从容,吕俊华.葛根素对胰岛素抵抗高血压模型大鼠血压和肾素血管紧张素系统的影响[J].四川中医,2005,23(04):20-22.

[142] 于雷,王剑锋,刘丽波,等.枸杞抗辐射损伤作用[J].中国公共卫生,2007,23(10):1158-1159.

[143] 喻林华,王义强,蓝华,等.银杏叶或银杏提取物药理作用机制的研究进展[J].北方园艺,2011(10):188-189.

[144] 于雯森,李璟斌.噪声与职业健康[J].现代职业安全,2010(11):94-95.

[145] 于震,周红艳,王军.地黄药理作用研究进展[J],中医药研究进展,2001,1(14):43-45.

[146] 臧洪敏,陈君长,刘亦恒,等.葛根素对成骨细胞生物学作用的实验研究[J].中国中药,2005,30(24):1947.

[147] 赵娜,郭治昕,赵雪,等.丹参的化学成分与药理作用[J].国外医药:植物药分册,2007,22(04):156-160.

[148] 赵清,舒为群.耐辐射球菌抗辐射机制研究进展及其环境修复应用前景[J].应用与环境生物学报,2008,14(04):578-583.

[149] 赵诣,郭素华.巴戟天化学成分研究概况[J].海峡药学,2007,19(02):59-60.

[150] 张东杰,冯昆,张爱武.刺五加茶饮料抗疲劳作用的实验研究[J].营养学报,2003,25(03):309

－311.

[151]　朱海燕,陈立新,朱陵群.黄芪多糖对缺氧再复氧后人心脏微血管内皮细胞 ICAM－1、VCAM－1 表达的影响[J].辽宁中医,2008,35(02):293－295.

[152]　朱智彤,姚智,娄建石,等.葛根素对缺氧－复氧时乳鼠心肌细胞分泌细胞因子的作用[J].中国药理学通报,2001,17(03):296－298.

[153]　张华林,郭静,袁春平,等.三七叶抗抑郁活性组分与其他来源人参皂苷提取物的成分比较[J].时珍国医国药,2012,1(23):91－92.

[154]　张慧云,欧阳蓉.丹参对中枢神经系统的抑制作用[J].药学学报,1979,14(05):288－291.

[155]　张珂,李国玉,王航宇,等.新疆蔷薇红景天的化学成分研究[J].农垦医学,2010,4(32):296－299.

[156]　张倩,张冰,金锐,等.肉桂油与肉桂水提物对虚寒症模型大鼠的药理作用及其数理分析[J].中西医结合学报,2011,9(09):983－990.

[157]　张少青.喝菊花茶能清肝明目[J].饮食养生,2011(22):68.

[158]　张喜平,齐丽丽,刘达人.三七及其有效成分的药理作用研究现状[J].医学研究,2007,4(36):96－98.

[159]　张莹,钟凌云.黄精炮制前后对小鼠免疫功能的影响[J].江苏中医药,2010,42(10):78－79.

[160]　张莹,钟凌云.炮制对黄精化学成分和药理作用影响研究[J].江西中医药学报,2010,22(04):77－79.

[161]　张云霞,王萍,刘敦华.枸杞活性成分的研究进展[J].农业科学研究,2008,29(02):79－83.

[162]　章小丽,罗士德,许云龙,等.白术化学成分研究[J].天然产物研究与开发,2008,20:5－7.

[163]　赵文峰,游言文.黄芪对大鼠缺血缺氧脑损伤 FOS 蛋白表达影响的实验研究[J].河南预防医学,2005,16(05):264－266.

[164]　钟桂香,严佳,贺全山.抗晕动病药物的研究进展[J].医药导报,2010,29(06):747－749.

[165]　钟湘,杨文君,吴禹,等.谷维素合并维生素 E 治疗高脂血症的临床观察[J].第三军医大学学报,2007,29(11):11－28.

[166]　周吉银,周世文,汤建林.单味中药及其有效成分抗焦虑作用的研究进展[J].中国医院药学,2009,12(29):1209.

[167]　周英彪,张鹏,柳朝晖,等.钙基矿物质光学特性和辐射特性研究[J].中国电机工程学报,2002(8):157－160.

[168]　朱蓓薇,云霞,韩杰,等.黄芪和红景天抵抗噪声引起的动物肝中乳酸降低的探讨[J].中国工业医学,2001,14(03):169－170.

[169]　朱晓薇.桑寄生科植物的化学成分与抗肿瘤作用[J].国外医药:植物药分册,2001,16(04):142－145.

[170]　朱志明,杜庆喜.合理营养在延缓和消除运动性疲劳中的重要作用[J].淮北煤师院学报,2003,24(04):39－43.

[171]　邹盛勤.茶叶的药用成分、药理作用及应用研究进展[J].宜春学院生物工程研究所,2004,23(03):35－37.

[172]　PAVY－LE TRAON A, HEER M, NARICI M V et al. From Space to Earth: Advances in Human Physiology from 20 Years of Bed Rest Studies (1986－2006) [J]. European Journal of Applied Physiology, 2007, 101(02): 143－194.

[173]　ATKOWSKI A. In vitroisoflavonoid production in callus from different organs of Pueraria lobata (Wild) Ohwi[J]. Plant Physiology, 2004, 161: 343－346.

[174] BARBAGALLO M, DOMINGUEZ LJ, TAGLIAMONTE MR, et al. Effects of vitamin E and glutathione on glucose metabolism: role of magnesium[J]. Hypertension, 1999, 34(04): 1002 – 1006.

[175] BAROU O, LAROCHE N, PALLE S, et al. Preosteoblastic Proliferation Assessed with BrdU in Undecalcified, Epon – embedded Adult Rat Trabecular Bone[J]. Histochem Cytochem, 1997, 45: 1189 – 1195.

[176] BIKLE D D, HARRIS J, HALLORAN B P, et al. Altered Skeletal Pattern of Gene Expression in Response to Spaceflight and Hindlimb Elevation[J]. Am J Physiol, 1994, 267: 822 – 827.

[177] BILL J, YATE S, ALAN D. Miller. Vestibular Autonomic Regulation[J]. Boca Raton FL, CRC Press, 1996, 97 – 111.

[178] BIRCH E E, CASTANEDA Y S, WHEATON D H, et al. Visual Maturation of Term infants Fed long – chain polyunsaturated fatty Acid – supplemented or Control Formula for 12mo[J]. Am J Chin Nutr, 2005, 81(04): 871.

[179] BRADDOCK M, SCHWACHTGEN JL, HOUSTON P, et all. Fluid Shear Stress Modulation of Gene Expression in Endothelial Cells[J]. News Physiol Sci, 1998, 13(05): 241 – 246.

[180] BUCARO M A, FERTAL A J, ADAMS C S, et all. Bone Cell Survival in Microgravity: Evidence that Modeled Microgravity Increases Osteoblast Sensitivity to Apoptogens[J]. Ann NY Acad Sci, 2004, 27:64 – 73.

[181] CAILLOT – AUGUSSEAU A, LAFAGE – PROUST MH, SOLER C, et all. Bone Formation and Resorption Biological Markers in Cosmonauts During and After a 180 – day Space Flight (Euromir 95) [J]. Clin Chem, 1998, 44: 578 – 585.

[182] CAILLOT – AUGUSSEAU A, VICO L, HEER M, et all. Space Flight is Associated Rapid Decreases of Undercarboxylated Osteocalicin and Increases of Markers of Bone Resorption without Changes in Their Circadian Variation: Observations in Two Cosmonauts[J]. ClinChem, 2000, 46(8 Pt 1):1136 – 1143.

[183] CASEZ JP, FISCHER S, STUSSI E, et all. Bone Mass at Lumbar Spine and Tibia in Young Males – impact of Physical Fitness, Exercise, and Anthro pometric Parameters: A Prospective Study in a Cohort of Military Recruits[J]. Bone, 1995, 17:211 – 219.

[184] CAVOLINA, J M, EVANS, G L, HARRIS, S A, et all. The Effects of Orbital Spaceflight on Bone Histomorphometry and Messenger Ribonucleic Acid Levels for Bone Matrix Proteins and Skeletal Signaling Peptides in Ovariectomized Growing Rats[J]. Endocrinology, 1997, 138:1567 – 1576.

[185] CHANG E J, LEE W J, CHO S H, et all. Proliferative Effects of Flavan – 3 – ols and Pelargonidin From rhizomes of Drynaria Fortunei on MCP – 7 and Osteoblastic Cells[J]. Arch Pham Res, 2003, 11(06): 620.

[186] CLéMENT, G. Fundamentals of Space Medicine[M]. Heidelberg: Springer, 2004.

[187] COHEN M M. Perception of Facial Features and Face – to – face Communications in Space[J]. Aviation, Space and Environmental Medicine, 2000(71): A51 – 57.

[188] COLE ZA, DeNNISON EM, COOPER C. Osteoporosis Epidemiology Update[J]. Curr Rheumatol Rep, 2008, 10(02):92 – 96.

[189] CONVERTINO, V A, COOKE, W H. Evaluation of Cardiovascular Risks of Spaceflight does not Support the NASA Bioastronautics Critical Path Roadmap[J]. Aviat. Space Environ. Med, 2005 (76): 869 – 876.

[190] DONALDSON CL, HULLEY SB, VOGEL JM, et al. Effect of Prolonged Bed Rest on Bone Mineral

[J]. Metabolism, 1970, 19: 1071 – 1084.

[191]　DRISSI H, LOMRI A, LASMOLES F, et al. Skeletal Unloading Induces Biphasic Changes in Insulin Like Growth Factor – I mRNA Levels and Osteoblast Activity[J]. Exp Cell Res, 1999, 251: 275 – 284.

[192]　DUNCAN, R L, HRUSKA, K A. Chronic, Intermittent Loading Alters Mechanosensitive Channel Characteristics in Osteoblast – like Cells[J]. Am. J. Physiol, 1994, 267:909 – 916.

[193]　EISSNER G, KOHLHUBER F, GRELL M, et all. Critical Involvement of Transmembrane Tumor Necrosis Factor – alpha in Endothelial Programmed Cell Death Mediated by Ionizing Radiation and Bacterial Endotoxin[J]. Blood, 1995, 86: 4184 – 4193.

[194]　ELLEN S. BAKE R, MICHAEL R, et al. Principles of Clinical Medicine for Space Flight[M]. New York: Springer, 2008.

[195]　GARMELIET G, VICO L, Bouillon R. Space Flight: A Challenge for Normal Bone Homeostasis[J]. Crit Rew Eukary Gene Exp, 2001, 11(1 – 3): 131 – 144.

[196]　GUIGNANDON A, GENTY C, VICO L, et al. Demonstration of Feasibility of Automated Osteoblastic Line Culture in Spaceflight[J]. Bone, 1997, 20(2): 109 – 116.

[197]　GUIGNANDON A, GENTY C, VICO L, et al. Stration of Feasibility of Automated Osteoblastic Line Culture in Space Flight[J]. Bone, 1997, 20:109 – 116.

[198]　HAMILTON D. Principles of Clinical Medicine for Spaceflight[M]. New York: Springer, 2008.

[199]　HG VOGEl. Drug Discovery and Evaluation: Pharmacological Assays[M]. New York: Springer, 2002.

[200]　HIROTA M, NOZAWA F, OKABE A M, et al. Relationship between Plasma Cytokine Concentration and Multiple Organ Failure in Patients with Acute Pancreatitis[J]. Pancreas, 2000, 21: 141 – 146.

[201]　INFANGER M, KOSSMEHL P, SHAKIBAEI M, et al. Induction of Three – dimensional Assembly and Increase in Apoptosis of Human Endothelial Cells by Simulated Microgravity: Impact of Vascular Endothelial Growth Factor[J]. Apoptosis, 2006, 11(05): 749 – 764.

[202]　ISHIDA K, YAMAGUCHI M. Role of Albumin in Osteoblastic Cells: Enhancement of Cell Proliferation and Suppression of Alkaline Phosphatase Activity[J]. Int J Mol Med, 2004, 14: 1077 – 1081.

[203]　JACQUES P F, TAYLOR A, MOELLER S, et all. Long – term Nutrient Intake and 5 – year Change in Nuclear Lens Opacities[J]. ArchOphthalmol, 2005, 123(04): 517 – 526.

[204]　LIPS P. Hypervitaminosis A and Fractures[J]. NEJM, 2003, 348: 347 – 349.

[205]　MICHAELSSON K, LITHEL L H, VESSBY B, et al. Serum retinol Levels and the Risk of Fracture [J]. NEJM, 2003, 348(04): 287 – 294.

[206]　ZERATH E, HOLY X, ROBERTS SG, et al. Spaceflight Inhibits Osteoblast Recruitment and Bone Formation Independent of Corticosteroid Status in Growing Rats[J]. Bone Min Res, 2000, 15: 1310 – 1320.

[207]　MARIE PJ, ZERATH E. Role of Growth Factors in Osteoblast Alterations Induced by Skeletal Unloading in Rats[J]. Growth Factors, 2000, 18(1):1 – 10.

[208]　MASSOULIE J, PEZZEMENTi L, BON S, et al. Molecular and Cellular Biology of Cholinesterases [J]. Prog. Neurobiol, 1993, 41(1):31 – 91.

[209]　MATHEWS – ROT H MM, PAT HAK UA, FIT ZPATRICK TB, et al. Bet A – carot Ene as an Oral-phot Oprotective Agentineryt Hropoieticproto – porphyria[J]. JAMA, 1974, 228(08): 1004 – 1008.

[210]　MECK J V, WATERS W W, ZIEGLER M G, et al. Mechanisms of Postspace Flight Orthostatic Hy-

potension: Lowell – adrenergic Receptor Responses Before Flight and Central Autonomic Dysregulation Postflight[J]. Am. J. Physiol. , 2004, 286: 1486 – 1495.

[211] MARIOTTI M, MAIER J. Human Micro – and Macrovascular Endothelial Cells Exposed to Simulated Microgravity Upregulate hsp70[J]. Microgravity Sci. Technol, 2009, 21: 141 – 144.

[212] MONTUFAR – SOLIS D, DUKE PJ, DURNOVA G. Spaceflight and Age Affect Tibial Epiphyseal Growth Plate Histomorphometry[J]. Appl Physiol, 1992, 73(2): 19 – 25.

[213] NICK KANAS, DIETRICH MANZEY. Space Psychology and Psychiatry[M]. Heidelberg: Springer, 2008.

[214] PALLE S, VICO L, BOURRIN S, et al. Bone tissue Response to Four – month Antiorthostatic Bedrest: A Bone Histomorphometric Study[J]. Calcif Tissue Int, 1992, 51(3): 189 – 194.

[215] PARDO SJ, PATEL MJ, SYKES MC, et al. Simulated Microgravity Using the Random Positioning Machine Inhibits Differentiation and Alters Gene Expression Profiles of 2T3 Preosteoblasts[J]. Am J Physiol Cell Physiol, 2005, 288(6): C1211 – C1221.

[216] PERHONEN M A, FRANCO F, LANE L D, et al. Cardiac Atrophy after Bed Rest and Spaceflight [J]. Appl. Physiol, 2001, 91: 645 – 653.

[217] QUAN T, HE T, KANG S, et al. Solar ultraviolet Irradiation Reduces Collagen in Photo Aged Human Skin by Blocking Transforming Growth Factor – beta Type II Receptor/Smad Signaling[J]. Am J Patho, 2004, 165(03): 741 – 751.

[218] RITTIE L, FISHER GJ. UV – light – induced Signal Cascades and Skin Aging[J]. Ageing Res Rev, 2002, 1(04): 705 – 720.

[219] ROER RD, DILLAMAN RM. Bone Growth and Calcium Balance During Simulated Weightlessness in the Rat[J], Appl Physiol, 1990, 68(1): 13 – 20.

[220] SHANNON A L, MICHAEl H F, PETER B K. The Sensitivity of Grass Shrimp, Palaemonetes Pugio, Embryos to Organophosphate Pesticide Induced Acetylcholinesterase Inhibition[J]. Aquatic Toxicology, 2000, 48: 127 – 134.

[221] SMITH S M, MATINA H. Calcium and Bone Metabolism During Space Flight[J]. Nutrition, 2002, 18 (10): 849 – 852.

[222] SONG J Y, HAN S K, BAE K G, et all. Radioprotective Effects of Ginsan an Immunomodulator[J]. RadiatRes, 2003, 159: 768 – 774.

[223] STAHL W, HEINRICH U, WISEMAN S, et al. Dietary tomato paste protects against/ultraviolet light – induced Erythema Inhumans[J]. J Nutr, 2001, 131(05): 1449 – 1451.

[224] SUN J S, LIN C Y, DONG G C, et al. The Effect Gu – shui – Bu on Bone Cell Activities[J]. Biomater, 2003, 23(16): 3377 – 3385.

[225] TOMA C D, ASHKAR S, GRAY M L, et al. Signal Transduction of Mechanical Stimuli is Dependent on Microfilament Integrity: Identification of Osteopontin as a Mechanically Induced Gene in Osteoblasts[J]. Bone Miner. Res, 1997, 12,1626 – 1636.

[226] UEBELHART D, BERNARD J, HARTMANN DJ, et all. Modifications of Bone and Connective Tissue after Orthostatic Bedrest[J]. Osteoporos Int, 2000, 11(01): 59 – 67.

[227] USSON Y, GUIGNANDO N A, LAROCHE N, et al. Quantitation of Cell – matrix Adhesion Using Confocal Image Analysis of Focal Contact Associated Proteins and Interference Reflexion Microscopuy [J]. Cytometry, 1997, 28(04): 298 – 304.

[228] VICO L, COLLET P, GUIGNANDON A, et al. Effects of Long – term Microgravity Exposure on Can-

cellous and Cortical Weight – bearing Bones of Cosmonauts[J]. Lancet, 2000, 3(06): 1607 – 1611.

[229] VICO L. Summary of research issues in biomechanics and mechanical sensing[J]. Bone, 1998, 22: 135S – 137S.

[230] WESTERLIND K C, WRONSKI T J, RITMAN E L, et al. Estrogen Regulates the Rate of Bone Urnover but Bone Balance in Ovariectomized Rats is Modulated y Prevailing Mechanical Strain[J]. Proc Natl Acad Sci USA, 1997, 4: 4199 – 4204.

[231] LEE D, KANG S, CHANG H, et al. Nat Prod[J]. Sci, 1997, 3(01): 19 – 28.